Cadernos de Lógica e Computação

Volume 8

Lógica e Estrutura

Volume 1
Fundamentos de Lógica e Teoria da Computação. Segunda Edição
Amílcar Sernadas e Cristina Sernadas

Volume 2
Introdução ao Cálculo Lambda
Chris Hankin. Traduzido por João Rasga

Volume 3
Uma Versão Mais Curta de Teoria dos Modelos
Wilfrid Hodges. Traduzido por Ruy J. G. B. de Queiroz

Volume 4
Incompletude na Terra dos Conjuntos
Melvin Fitting. Traduzido por Jaime Ramos

Volume 5
Elementos de Matemática Discreta
José Carmo, Paula Gouveia e Francisco Miguel Dionísio

Volume 6
Lógica e Raciocínio
João Pavão Martins

Volume 7
Apprenda Prolog Já!
Patrick Blackburn, Johan Bos, Kristina Striegnitz

Volume 8
Lógica e Estrutura
Dirk van Dalen, traduzido do Original em ingles por Ruy J. G. B. de Queiroz

Coordenadores da Série Cadernos de Lógica e Computação
Cristina Sernadas   css@math.tecnico.ulisboa.pt

Editor fundador, Amilcar Sernadas

Lógica e Estrutura

Dirk van Dalen
Traduzido do original em ingles por
Ruy J. G. B. de Queiroz

Translation from the English language edition:
Logic and Structure
by Dirk van Dalen
Copyright © Springer-Verlag London 2013
This Springer imprint is published by Springer Nature
The registered company is Springer-Verlag London Ltd.
All Rights Reserved

Tihis translation published by College Publications 2017
ISBN 978-1-84890-262-6

College Publications
Scientific Director: Dov Gabbay
Managing Director: Jane Spurr

http://www.collegepublications.co.uk

Cover designed by Laraine Welch
Printed by Lightning Source, Milton Keynes, UK

All rights reserved. No part of this publication may be reproduced, stored in a retrieval system or transmitted in any form, or by any means, electronic, mechanical, photocopying, recording or otherwise without prior permission, in writing, from the publisher.

Prefácio

Lógica aparece sob forma 'sagrada' e sob forma 'profana'; a forma sagrada é predominante em teoria da prova, a forma profana em teoria dos modelos. O fenômeno não é incomum, observa-se essa dicotomia também em outras áreas, e.g. teoria dos conjuntos e teoria da recursão. Algumas catástrofes antigas, tais como a descoberta dos paradoxos da teoria dos conjuntos (Cantor, Russell), ou os paradoxos da definibilidade (Richard, Berry), nos fazem tratar um assunto por algum tempo com espanto e timidez. Mais cedo ou mais tarde, entretanto, as pessoas começam a tratar o assunto de uma maneira mais livre e mais fácil. Tendo sido educado na tradição 'sagrada', meu primeiro contato com a tradição profana foi algo como um choque cultural. Hartley Rogers me introduziu a um mundo mais descontraído da lógica através de seu exemplo de ensinar teoria da recursão a matemáticos como se fosse apenas um curso comum em, digamos, álgebra linear ou topologia algébrica. No decorrer do tempo acabei aceitando esse ponto de vista como o didaticamente seguro: antes de entrar para as belezas esotéricas seria preciso desenvolver um certo sentimento pelo assunto e obter uma quantidade razoável de conhecimento pleno de trabalho. Por essa razão este texto introdutório inicia-se na vertente profana e tende à sagrada apenas no final.

O presente livro foi desenvolvido a partir de cursos dados no Departamento de Matemática da Universidade de Utrecht. A experiência adquirida nesses cursos e a reação dos participantes sugeriram fortemente que não se deveria praticar e ensinar lógica em isolamento. Assim que possível exemplos da prática cotidiana da matemática deveriam ser introduzidos; de fato, lógica de primeira ordem encontra um campo repleto de aplicações no estudo de grupos, anéis, conjuntos parcialmente ordenados, etc.

O papel da lógica em matemática e ciência da computação tem dois aspectos — uma ferramenta para aplicações em ambas as áreas, e uma técnica para assentar os fundamentos. Esse último papel será neglicenciado aqui, e nos concentraremos nos problemas cotidianos da ciência formalizada (ou formalizável). De fato, optei por uma abordagem prática, — cobrirei o básico de técnicas de prova e de semântica, e passarei então para os tópicos que são menos abstratos. A experiência tem nos ensinado que a técnica de dedução natural de Gentzen se presta melhor para uma introdução, é próxima o suficiente do verdadeiro raciocínio informal para permitir que os estudantes construam as provas por si próprios. Praticamente nenhum truque artificial está envolvido e no final existe a agradável descoberta de que o sistema tem propriedades impressionantes, em particular ele se adequa perfeitamente à interpretação construtiva da lógica e permite formas normais. Esse último tópico foi adicionado a esta edição em vista de sua importância em teoria da computação. No capítulo 3 já temos poder técnico suficiente para obter alguns dos tradicionais e (mesmo hoje) surpreendentes resultados da teoria dos modelos.

O livro está escrito para principiantes sem conhecimento de tópicos mais avançados, nada de teoria esotérica dos conjuntos ou teoria da recursão. Os ingredientes básicos são dedução natural e semântica, esse último sendo apresentado tanto na forma construtiva quanto na forma clássica.

No capítulo 5 a lógica intuicionística é tratada com base na dedução natural sem a regra de reductio ad absurdum, e da semântica de Kripke. A lógica intuicionística tem se livrado gradualmente da imagem de excentricidade e hoje é reconhecida por sua utilidade em e.g., teoria de topos e teoria de tipos, por isso sua inclusão em um texto introdutório é plenamente justificado. O capítulo final, sobre normalização, foi adicionado pelas mesmas razões; normalização tem um papel importante em certas partes da ciência da computação; tradicionalmente normalização (e eliminação do corte) pertence à teoria da prova, mas gradualmente aplicações em outras áreas têm sido introduzidas. No capítulo 6 consideramos apenas normalização fraca, e um número de aplicações simples é fornecido.

Várias pessoas têm contribuído para a formatação do texto em uma ocasião ou outra; Dana Scott, Jane Bridge, Henk Barendregt e Jeff Zucker foram muito importantes na preparação da primeira edição. Desde então muitos colegas e estudantes têm localizado erros e sugerido melhoramentos; esta edição teve o benefício de contar com as observações de Eleanor McDonnell, A. Scedrov e Karst Koymans. A todos esses críticos e consultores sou grato.

O progresso impôs que a máquina de datilografar tradicional deveria ser substituída por dispositivos mais modernos; este livro foi refeito em LaTeX por Addie Dekker e minha mulher Doke. Addie abriu caminho com as primeiras três seções do capítulo um e Doke concluiu o restante do manuscrito; devo a ambas, especialmente a Doke que encontrou tempo e coragem para dominar os segredos do LaTeX. Agradecimentos também a Leen Kievit por ter confeccionado as derivações e por ter adicionado o toque final necessário a um manuscrito LaTeX. A macro de Paul Taylor para árvores de prova foi usada para as derivações em dedução natural.

Junho 1994   Dirk van Dalen

A conversão para TeX introduziu um punhado de erros de tipográficos que estão corrigidos nesta nova tiragem. Muitos leitores têm sido bondosos me enviando sua coleção de erros de impressão, sou-lhes grato por sua ajuda. Em particular quero agradecer a Jan Smith, Vincenzo Scianna, A. Ursini, Mohammad Ardeshir e Norihiro Kamide. Aqui em Utrecht minhas turmas de lógica têm sido de grande ajuda, e em particular Marko Hollenberg, que ensinou parte de um curso, me passou comentários úteis. Gostaria de agradecê-los também.

Usei a ocasião para incorporar uns poucos melhoramentos. A definição de 'subfórmula' foi padronizada – juntamente com a noção de ocorrência positiva e negativa. Existe também um pequeno adendo sobre 'indução sobre a complexidade de uma fórmula'.

Janeiro 1997   Dirk van Dalen

A pedido de usuários adicionei um capítulo sobre a incompletude da aritmética. Isso torna o livro mais auto-contido, e adiciona informação útil sobre teoria básica da recursão e aritmética. A codificação da aritmética formal faz uso da exponencial; essa não é a codificação mais eficiente, mas para o coração do argumento isso não é de importância radical. De modo a evitar trabalho extra o sistema formal da aritmética contém a exponencial. Como a técnica de prova do livro é a da dedução natural, a codificação da noção de derivabilidade também é baseada nela. Existem, é claro, muitas outras abordagens. O leitor é encorajado a consultar a literatura.

O material desse capítulo é em grande medida aquele de um curso dado em Utrecht em 1993. Os alunos têm sido da maior ajuda ao comentar a apresentação, e ao preparar versões em TeX. W. Dean generosamente apontou algumas correções a mais no texto antigo.

O texto final foi beneficiado pelos comentários e as críticas de um número de colegas e alunos. Sou agradecido aos conselhos de Lev Beklemishev, John Kuiper, Craig Smoryński, e Albert Visser. Agradecimentos também são devidos a Xander Schrijen, cuja inestimável assistência ajudou a superar os TeX-problemas.

Maio 2003   Dirk van Dalen

Várias correções foram fornecidas por Tony Hurkens; além do mais, devo a ele e a Harold Hodes por chamar a atenção para o fato de que a definição de "livre para"estava precisando de melhorias. Sjoerd Zwart encontrou um erro tipográfico grave que havia me escapado e a todos (ou quase todos) os leitores.

Abril 2008   Dirk van Dalen

À quinta edição uma nova seção sobre ultraprodutos foi adicionada. O tópico tem uma longa história e apresenta uma abordagem elegante e instrutiva ao papel de modelos em lógica.

Novamente, recebí comentários e sugestões de leitores. É um prazer agradecer a Diego Barreiro, Victor Krivtsov, Einam Livnat, Thomas Opfer, Masahiko Rokuyama, Katsuhiko Sano, Patrick Skevik e Iskender Tasdelen.

2012   Dirk van Dalen

Nota do tradutor

A escolha dos termos utilizados na tradução da terminologia especializada seguiu, no melhor dos esforços, a prática de ensino e pesquisa em Lógica Matemática e Lógica para Ciência (e Engenharia) da Computação por quase três décadas numa instituição brasileira. Havendo algum tipo de divergência, ou detectada alguma necessidade de ajuste na terminologia, o leitor deve se pronunciar, o que poderá levar a novas edições do presente texto.

Para fins de registro histórico, vale a pena mencionar que o primeiro rascunho veio a ser distribuído a uma reduzida comunidade de especialistas lá pelos idos de 2007.

Cumpre destacar o apoio do autor da obra original na produção desta tradução do trabalho: Obrigado, Dirk!

Outubro 2017   Ruy de Queiroz

Sumário

	Prefácio	i
1	**Introdução**	1
2	**Lógica Proposicional**	5
	2.1 Proposições e Conectivos	5
	2.2 Semântica	15
	2.3 Algumas Propriedades da Lógica Proposicional	20
	2.4 Dedução Natural	28
	2.5 Completude	37
	2.6 Os Conectivos Remanescentes	45
3	**Lógica de Predicados**	53
	3.1 Quantificadores	53
	3.2 Estruturas	54
	3.3 A Linguagem de um Tipo de Similaridade	56
	3.4 Semântica	64
	3.5 Propriedades Simples da Lógica de Predicados ...	68
	3.6 Identidade	76
	3.7 Exemplos	78
	3.8 Dedução Natural	86
	3.9 Adicionando o Quantificador Existencial	90
	3.10 Dedução Natural e Identidade	93
4	**Completude e Aplicações**	99
	4.1 O Teorema da Completude	99
	4.2 Compaccidade e Skolem–Löwenheim	107
	4.3 Um Pouco de Teoria dos Modelos	113
	4.4 Funções de Skolem ou Como Enriquecer Sua Linguagem	130
	4.5 Ultraprodutos	137
5	**Lógica de Segunda Ordem**	149

6	**Lógica Intuicionística**	159
	6.1 Raciocínio Construtivo	159
	6.2 Lógica Intuicionística Proposicional e de Predicados	161
	6.3 Semântica de Kripke	168
	6.4 Um Pouco de Teoria dos Modelos	178
7	**Normalização**	191
	7.1 Cortes	191
	7.2 Normalização para a Lógica Clássica	195
	7.3 Normalização para a Lógica Intuicionística	201
	7.4 Observações Adicionais: Normalização forte e a Propriedade de Church–Rosser	210
8	**Teorema de Gödel**	211
	8.1 Funções Recursivas Primitivas	211
	8.2 Funções Recursivas Parciais	219
	8.3 Conjuntos Recursivamente Enumeráveis	231
	8.4 Um Pouco de Aritmética	237
	8.5 Representabilidade	243
	8.6 Derivabilidade	247
	8.7 Incompletude	251

Referências 257

Índice Remissivo 259

1
Introdução

Sem adotar uma das várias visões defendidas nos fundamentos da matemática, podemos concordar que matemáticos precisam e fazem uso de uma linguagem, mesmo se apenas para a comunicação de seus resultados e seus problemas. Enquanto matemáticos têm afirmado pela máxima possível exatidão para seus métodos, eles têm sido menos sensíveis com respeito a seu meio de comunicação. É bem conhecido que Leibniz propôs colocar a prática da comunicação matemática e do raciocínio matemático sobre uma base firme; entretanto, não foi antes do século dezenove que tais empreitadas foram levadas a cabo com mais sucesso por G. Frege e G. Peano. Independentemente do quão engenhosa e rigorosamente Frege, Russell, Hilbert, Bernays e outros desenvolveram a lógica matemática, foi apenas na segunda metade desse século que lógica e sua linguagem mostraram algumas características de interesse para o matemático em geral. Os resultados sofisticados de Gödel obviamente foram logo apreciados, mas eles permaneceram por um longo tempo como destaques técnicos mas sem uso prático. Até mesmo o resultado de Tarski sobr a decidibilidade da álgebra elementar e geometria tiveram que esperar seu momento adequado até que algumas aplicações aparecessem.

Hoje em dia as aplicações de lógica a álgebra, análise, topologia, etc. são em grande número e bem reconhecidas. Parece estranho que um bom número de fatos simples, dentro da capacidade de percepção de qualquer estudante, passassem despercebidos por tanto tempo. Não é possível dar o crédito apropriado a todos aqueles que abriram esse novo território, qualquer lista demonstraria inevitavelmente as preferências do autor, e omitiria algumas áreas e pessoas.

Vamos observar que matemática tem uma maneira bem regular, canônica de formular seu material, em parte por sua natureza sob a influência de fortes escolas, como a de Bourbaki. Além do mais, a crise no início do século forçou os matemáticos a prestar mais atenção aos detalhes mais finos de sua linguagem e às suas pressuposições concernentes à natureza e o alcance do universo matemático. Essa atenção começou a dar frutos quando se descobriu que havia em certos casos uma estreita ligação entre classes de estruturas matemáticas e suas descrições sintáticas. Aqui vai um exemplo:

Sabe-se bem que um subconjunto de um grupo G que é fechado sob multiplicação e inverso, é um grupo; entretanto, um subconjunto de um corpo algebricamente fechado F que é fechado sob soma, produto, menos e inverso, é em geral um corpo que não é algebricamente fechado. Esse fenômeno é uma instância de algo bem geral: uma classe axiomatizável de estruturas é axiomatizada por um conjunto de sentenças universais (da forma $\forall x_1, \ldots, x_n \varphi$, com φ sem-quantificadores) sse ela é fechada sob subestruturas. Se verificarmos os axiomas da teoria dos grupos veremos que de fato todos os axiomas são universais, enquanto que nem todos os axiomas da teoria dos corpos algebricamente fechados são universais. Esse último fato poderia obviamente ser acidental, poderia ser o caso que não fôssemos espertos o suficiente para descobrir uma axiomatização universal da classe de corpos algebricamente fechados. O teorema acima de Tarski e Los nos diz, entretanto, que é impossível encontrar tal axiomatização!

O ponto de interesse é que para algumas propriedades de uma classe de estruturas temos critérios sintáticos simples. Podemos, por assim dizer, ler o comportamento do mundo matemático real (em alguns casos simples) a partir de sua descrição sintática.

Existem numerosos exemplos do mesmo tipo, e.g. o *Teorema de Lyndon*: uma classe axiomatizável de estruturas é fechada sob homomorfismos sse ela pode ser axiomatizada por um conjunto de sentenças positivas (i.e. sentenças que, em forma normal prenex com a parte aberta em forma normal disjuntiva, não contêm negação).

O exemplo mais básico e ao mesmo tempo monumental de tal ligação entre noções sintáticas e o universo matemático é obviamente o *teorema da completude de Gödel*, que nos diz que demonstrabilidade nos sistemas formais usuais é extensionalmente idêntica à noção de *verdade* em todas as estruturas. Isto é o mesmo que dizer, embora demonstrabilidade e verdade sejam noções totalmente diferentes (a primeira é combinatorial por natureza, e a outra é conjuntista), elas determinam a mesma classe de sentenças: φ é demonstrável sse φ é verdadeira em todas as estruturas.

Dado que o estudo de lógica envolve uma boa dose de trabalho sintático, iniciaremos apresentando uma maquinaria eficiente para lidar com sintaxe. Usamos a técnica de *definições indutivas* e como uma conseqüência ficamos bem inclinados a ver árvores onde for possível, em particular preferimos dedução natural na forma de árvores às versões lineares que aparecem aqui e ali em uso na literatura.

Um dos fenômenos impressionantes no desenvolvimento dos fundamentos da matemática é a descoberta de que a própria linguagem da matemática pode ser estudada por meios matemáticos. Isso está longe de ser um jogo fútil: os teoremas da incompletude de Gödel, por exemplo, e o trabalho de Gödel e Cohen no campo das provas de independência em teoria dos conjuntos requerem um minucioso conhecimento da matemática e da linguagem matemática. Esses tópicos não fazem parte do escopo do presente livro, portanto podemos nos concentrar nas partes mais simples da sintaxe. Entretanto objetivaremos fazer um tratamento minucioso, na esperança de que o leitor perceberá que todas essas coisas que ele suspeita ser trivial, mas não consegue ver por que, são perfeitamente acessíveis a demonstrações. Ao leitor pode ser uma ajuda pensar de si próprio como um computador com enormes capacidades mecânicas, mas sem qualquer estalo criativo, naqueles casos em que fica intrigado devido a questões do tipo 'por que devemos provar algo tão completamente evidente'! Por outro lado o leitor deve sempre se lembrar que ele não é um computador e que, certamente quando ele chegar ao capítulo 3, alguns detalhes devem ser reconhecidos como triviais.

Para a prática propriamente dita da matemática a lógica de predicados é sem dúvida a ferramenta perfeita, pois ela nos permite manusear objetos individualmente. Mesmo assim iniciamos o livro com uma exposição da lógica proposicional. Há várias razões para essa escolha.

Em primeiro lugar a lógica proposicional oferece em miniatura os problemas que encontramos na lógica de predicados, mas lá as dificuldades obscurecem alguns dos aspectos relevantes e.g. o teorema da completude para a lógica proposicional já usa o conceito de 'conjunto consistente maximal', mas sem as complicações dos axiomas de Henkin.

Em segundo lugar existem um número de questões verdadeiramente proposicionais que seriam difíceis de tratar em um capítulo sobre a lógica de predicados sem criar uma impressão de descontinuidade que se aproxima do caos. Finalmente parece uma questão de pedagogia saudável deixar que a lógica proposicional preceda a lógica de predicados. O principiante pode em um único contexto se familiarizar com as técnicas de teoria da prova, as algébricas e as da teoria dos modelos que seria demasiado em um primeiro contato com a lógica de predicados.

Tudo o que foi dito sobre o papel da lógica em matemática pode ser repetido para a ciência da computação; a importância dos aspectos sintáticos é ainda mais pronunciada que em matemática, mas não pára aqui. A literatura de teoria da computação é abundante em sistemas lógicos, provas de completude e coisas do gênero. No contexto de teoria dos tipos (lambda cálculo tipificado) a lógica intuicionística tem adquirido um papel importante, enquanto que as técnicas de normalização têm se tornado uma dieta básica para cientistas da computação.

2
Lógica Proposicional

2.1 Proposições e Conectivos

Tradicionalmente, lógica é dita ser a arte (ou estudo) do raciocínio; portanto, para descrever a lógica na sua tradição, temos que saber o que 'raciocínio' de fato é. De acordo com algumas visões tradicionais, o raciocínio consiste do processo de construir cadeias de entidades lingüísticas por meio de uma certa relação '... segue de ...', uma visão que é suficientemente boa para nosso propósito atual. As entidades lingüísticas ocorrendo nesse tipo de raciocínio são tomadas como sendo *sentenças*, i.e. entidades que exprimem um pensamento completo, ou estado de coisas. Chamamos tais sentenças de *declarativas*. Isso significa que, do ponto de vista da língua natural, nossa classe de objetos lingüísticos aceitáveis é um tanto restrita.

Felizmente essa classe é suficientemente ampla quando olhada do ponto de vista do matemático. Até agora, a lógica tem sido capaz de caminhar muito bem mesmo com essa restrição. É verdade, não se pode lidar com perguntas, ou enunciados imperativos, mas o papel dessas entidades é negligenciável em matemática pura. Devo fazer uma exceção a enunciados de ação, que têm um papel importante em programação; pense em instruções como 'goto, if ... then, else ...', etc. Por razões dadas adiante, vamos, no entanto, deixá-las de fora.

As sentenças que temos em mente são do tipo '27 é um número quadrado', 'todo inteiro positivo é a soma de quatro quadrados', 'existe apenas um conjunto vazio'. Um aspecto comum de todas essas sentenças declarativas é a possibilidade de atribuí-las um valor de verdade, *verdadeiro* ou *falso*. Não exigimos a determinação propriamente dita do valor de verdade em casos concretos, como por exemplo a conjectura de Goldbach ou a hipótese de Riemann. Basta que possamos 'em princípio' atribuir um valor de verdade.

Nossa assim-chamada lógica *bi-valorada* é baseada na suposição de que toda sentença é verdadeira ou falsa, e é a pedra angular da prática de tabelas-verdade.

Algumas sentenças são minimais no sentido de que não há parte própria que seja também uma sentença. E.g. $5 \in \{0, 1, 2, 5, 7\}$, ou $2 + 2 = 5$; outras podem ser divididas em partes menores, e.g. 'c é racional ou c é irracional' (onde c é uma dada constante). Por outro lado, podemos construir sentenças maiores a partir de sentenças menores através do uso de *conectivos*. Conhecemos muitos conectivos em língua natural; a seguinte lista não tem de forma alguma o propósito de ser exaustiva: *e*, *ou*, *não*, *se ... então ...*, *mas*, *pois*, *como*, *por*, *embora*, *nem*. No discurso comum, como também em matemática informal, usam-se esses conectivos incessantemente; entretanto, em matemática formal seremos econômicos nos conectivos que admitimos. Isso é sobretudo por razões de exatidão. Compare, por exemplo, as seguintes sentenças: "π é irracional, mas não é algébrico", "Max é um marxista, mas ele não é carrancudo". No segundo enunciado podemos descobrir uma sugestão de algum contraste, como se deveríamos nos surpreender que Max não é carrancudo. No primeiro caso tal surpresa não pode ser facilmente imaginada (a menos que, e.g. se tenha acabado de ler que quase todos os irracionais são algébricos); sem modificar o significado pode-se transformar esse enunciado em "π é irracional e π não é algébrico". Logo, por que usar (em um texto formal) uma formulação que traz certos tons vagos, emocionais? Por essas e outras razões (e.g. de economia) em lógica nos fixamos em um número limitado de conectivos, em particular, aqueles que têm-se mostrado úteis na rotina diária de formular e demonstrar.

Note, entretanto, que mesmo aqui as ambigüidades ameaçam. Cada um dos conectivos já tem um ou mais significados em língua natural. Vamos dar alguns exemplos:

1. João passou direto e bateu num pedestre.
2. João bateu num pedestre e passou direto.
3. Se eu abrir a janela então teremos ar fresco.
4. Se eu abrir a janela então $1 + 3 = 4$.
5. Se $1 + 2 = 4$, então teremos ar fresco.
6. João está trabalhando ou está em casa.
7. Euclides foi um grego ou um matemático.

De 1 e 2 concluimos que 'e' pode ter uma função de ordenação no tempo. Não é assim em matemática; "π é irracional e 5 é positivo" simplesmente significa que ambas as partes se verificam. O tempo simplesmente não tem qualquer papel na matemática formal. Certamente não poderíamos dizer "π não era nem algébrico nem transcendente antes de 1882". O que desejaríamos dizer é que "antes de 1882 não se sabia se π era algébrico ou transcendente".

Nos exemplos 3–5 consideramos a implicação. O exemplo 3 será em geral aceito, pois mostra um aspecto que viemos a aceitar como inerente à implicação: existe uma relação entre a premissa e a conclusão. Esse aspecto está ausente nos exemplos 4 e 5. Mesmo assim permitiremos casos tais como o 4 e o 5 em matemática. Há várias razões para se fazer isso. Uma é que a consideração de que o significado deveria ser deixado fora de considerações sintáticas. Do contrário a sintaxe se tornaria difícil de manusear e acabaríamos sendo levados a uma prática esotérica de casos excepcionais. Essa implicação generalizada, em uso em matemática, é chamada de *implicação material*. Algumas outras implicações têm sido estudadas sob as denominações de *implicação estrita*, *implicação relevante*, etc.

Finalmente 6 e 7 demonstram o uso do 'ou'. Tendemos a aceitar 6 e a rejeitar 7. Na maioria das vezes se pensa no 'ou' como algo exclusivo. Em 6 até certo ponto esperamos que João não trabalhe em casa, enquanto que 7 é incomum no sentido de que via de regra não usamos 'ou' quando poderíamos de fato usar 'e'. Além disso, normalmente hesitamos em usar uma disjunção se já sabemos qual das duas partes se verifica, e.g. "32 é um número primo ou 32 não é um número primo" será considerada (no mínimo) artificial pela maioria das pessoas, pois já sabemos que 32 não é um número primo. Ainda assim a matemática usa livremente tais disjunções supérfluas, por exemplo "$2 \geq 2$" (que denota "$2 > 2$ ou $2 = 2$").

De forma a prover a matemática de uma linguagem precisa criaremos uma linguagem artificial, formal, que se prestará ao tratamento matemático. Primeiramente definiremos uma linguagem para a lógica proposicional, i.e. a lógica que lida apenas com *proposições* (sentenças, enunciados). Mais adiante estenderemos nosso tratamento à lógica que também leva em conta propriedades de indivíduos.

O processo de *formalização* da lógica proposicional consiste de dois estágios: (1) apresentar uma linguagem formal, (2) especificar um procedimento para se obter proposições *válidas* ou *verdadeiras*.

Primeiramente descreveremos a linguagem, usando a técnica de *definições indutivas*. O procedimento é bem simples: *Primeiro*, especifique quem são as proposições menores, que não s˜ao decomponíveis em proposições menores que elas; *a seguir* descreva como proposições compostas são construídas a partir de proposições previamente dadas.

Definição 2.1.1 *A linguagem da lógica propositional tem um alfabeto consistindo de*
 (i) símbolos proposicionais: $p_0, p_1, p_2, \ldots$,
 (ii) conectivos: $\land, \lor, \rightarrow, \neg, \leftrightarrow, \bot$,
 (iii) símbolos auxiliares: (,).

Os conectivos carregam nomes tradicionais:
 $\land$ - e   - conjunção
 $\lor$ - ou   - disjunção
 $\rightarrow$ - se ..., então ... - implicação
 $\neg$ - não   - negação
 $\leftrightarrow$ - sse   - equivalência, bi-implicação
 $\bot$ - falso   - falsum, absurdum

Os símbolos proposicionais e o símbolo $\bot$ denotam proposições indecomponíveis, que chamamos átomos, *ou* proposições atômicas.

Definição 2.1.2 *O conjunto $PROP$ de proposições é o menor conjunto X com as propriedades*
(i) $p_i \in X$ $(i \in N)$, $\bot \in X$,
(ii) $\varphi, \psi \in X \Rightarrow (\varphi \land \psi), (\varphi \lor \psi), (\varphi \rightarrow \psi), (\varphi \leftrightarrow \psi) \in X$,
(iii) $\varphi \in X \Rightarrow (\neg \varphi) \in X$.

As cláusulas descrevem exatamente as maneiras possíveis de construir proposições. De modo a simplificar a cláusula (ii) escrevemos $\varphi, \psi \in X \Rightarrow (\varphi \Box \psi) \in X$, onde $\Box$ é um dos conectivos $\land, \lor, \rightarrow, \leftrightarrow$.

Uma advertência ao leitor é recomendável nesse ponto. Usamos letras gregas φ, ψ na definição; elas são proposições? Claramente não tivemos a intenção de que elas fossem, pois queremos apenas aquelas cadeias de símbolos obtidas combinando-se símbolos do alfabeto de maneira correta. Evidentemente nenhuma letra grega entra de forma alguma! A explicação é que φ e ψ são usadas como variáveis para proposições. Como queremos estudar lógica, devemos usar uma linguagem para discutí-la nessa linguagem. Via de regra, essa linguagem é o português puro, cotidiano. Chamamos a linguagem usada para discutir lógica de nossa *meta-linguagem* e φ e ψ são *meta-variáveis* para proposições. Poderíamos dispensar meta-variáveis lidando com (ii) e (iii) verbalmente: se duas proposições são dadas, então uma nova proposição é obtida colocando-se o conectivo $\wedge$ entre elas e adicionando-se parênteses na frente e no final, etc. Essa versão verbal deveria bastar para convencer o leitor das vantagens da maquinaria matemática.

Note que adicionamos um conectivo um tanto incomum, $\bot$. Incomum no sentido de que ele não conecta nada. *Constante lógica* seria um termo melhor. Por uniformidade ficamos com o nosso uso já mencionado. $\bot$ é adicionado por conveniência, poder-se-ia muito bem dispensá-lo, mas ele tem certas vantagens. Pode-se notar que há algo faltando, a saber um símbolo para a proposição verdadeira; de fato, adicionaremos um outro símbolo, $\top$, como uma abreviação para a proposição "verdadeira".

Exemplos.

$$(p_7 \to p_0), ((\bot \vee p_{32}) \wedge (\neg p_2)) \in PROP.$$
$$p_1 \leftrightarrow p_7, \neg\neg\bot, ((\to \wedge \notin PROP$$

É fácil mostrar que algo pertence a $PROP$ (simplesmente execute a construção de acordo com 1.1.2); é um pouco mais difícil mostrar que algo não pertence a $PROP$. Faremos um exemplo:

$$\neg\neg\bot \notin PROP.$$

Suponha que $\neg\neg\bot \in X$ e X satisfaz (i), (ii), (iii) da Definição 1.1.2. Afirmamos que $Y = X - \{\neg\neg\bot\}$ também satisfaz (i), (ii) e (iii). Como $\bot, p_i \in X$, também $\bot, p_i \in Y$. Se $\varphi, \psi \in Y$, então $\varphi, \psi \in X$. Como X satisfaz (ii) $(\varphi \Box \psi) \in X$. Da forma das expressões fica claro que $(\varphi \Box \psi) \neq \neg\neg\bot$ (veja os parênteses), logo $(\varphi \Box \psi) \in X - \{\neg\neg\bot\} = Y$. Igualmente, se demonstra que Y satisfaz (iii). Logo X não é o menor conjunto satisfazendo (i), (ii) e (iii), portanto $\neg\neg\bot$ não pode pertencer a $PROP$.

Propriedades de proposições são estabelecidas por um procedimento indutivo análogo à Definição 1.1.2: primeiro lida com os átomos, e depois vai das partes às proposições compostas. Isso é expresso mais precisamente em

Teorema 2.1.3 (Princípio da indução) *Seja A uma propriedade, então $A(\varphi)$ se verifica para todo $\varphi \in PROP$ se*
(i) $A(p_i)$, *para todo i, e* $A(\bot)$,
(ii) $A(\varphi), A(\psi) \Rightarrow A((\varphi \Box \psi))$,
(iii) $A(\varphi) \Rightarrow A((\neg\varphi))$.

Demonstração. Seja $X = \{\varphi \in PROP \mid A(\varphi)\}$, então X satisfaz (i), (ii) e (iii) da definição 1.1.2. Logo $PROP \subseteq X$, i.e. para todo $\varphi \in PROP$ $A(\varphi)$ se verifica. □

A uma aplicação do teorema 1.1.3 chamamos de uma *prova por indução sobre* φ. O leitor vai notar uma semelhança óbvia entre o teorema acima e o princípio da indução completa em aritmética.

O procedimento acima que permite obter todas as proposições e provar propriedades de proposições é elegante e perspicaz; existe uma outra abordagem, no entanto, que tem suas próprias vantagens (em particular para codificação): considere proposições como o resultado de uma construção linear passo-a-passo. E.g. $((\neg p_0) \to \bot)$ é construído montando-se a expressão a partir de suas partes básicas usando as partes previamente construídas: $p_0 \ldots \bot (\neg p_0) \ldots ((\neg p_0) \to \bot)$. Isso é formalizado da seguinte maneira:

Definição 2.1.4 *Uma seqüência $\varphi_0, \ldots, \varphi_n$ é chamada de seqüência de formação de φ se $\varphi_n = \varphi$ e para todo $i \leq n$, φ_i é atômica, ou*

$$\varphi_i = (\varphi_j \square \varphi_k) \text{ para certos } j, k < i \text{ ou}$$
$$\varphi_i = (\neg \varphi_j) \text{ para certo } j < i.$$

Observe que nessa definição estamos considerando cadeias φ de símbolos do alfabeto dado; isso abusa um pouco da convenção notacional.

Exemplos. $\bot, p_2, p_3, (\bot \vee p_2), (\neg(\bot \vee p_2)), (\neg p_3)$ e $p_3, (\neg p_3)$ são ambas seqüências de formação de $(\neg p_3)$. Note que seqüências de formação podem conter 'lixo'.

Agora vamos dar alguns exemplos triviais de prova por indução. Na prática apenas verificamos verdadeiramente as cláusulas da prova por indução e deixamos a conclusão para o leitor.

1. *Cada proposição tem um número par de parênteses.*

Demonstração. (i) Cada átomo tem 0 parênteses e 0 é par.

(ii) Suponha que φ e ψ tenham $2n$, resp. $2m$ parênteses, então $(\varphi \square \psi)$ tem $2(n+m+1)$ parênteses.

(iii) Suponha que φ tem $2n$ parênteses, então $(\neg \varphi)$ tem $2(n+1)$ parênteses. □

2. *Cada proposição tem uma seqüência de formação.*

Demonstração. (i) Se φ for um átomo, então a seqüência consistindo de apenas φ é uma seqüência de formação de φ.

(ii) Sejam $\varphi_0, \ldots, \varphi_n$ e $\psi_0, \ldots, \psi_m$ seqüências de formação de φ e ψ, então observa-se facilmente que $\varphi_0, \ldots, \varphi_n, \psi_0, \ldots, \psi_m, (\varphi_n \square \psi_m)$ é uma seqüência de formação de $(\varphi \square \psi)$.

(iii) Deixo para o leitor. □

Podemos melhorar 2:

Teorema 2.1.5 *PROP é o conjunto de todas as expressões que têm seqüência de formação.*

Demonstração. Seja F o conjunto de todas as expressões (i.e. cadeias de símbolos) que têm seqüência de formação. Demonstramos acima que $PROP \subseteq F$.

Suponha que φ tenha uma seqüência de formação $\varphi_0, \ldots, \varphi_n$, mostramos que $\varphi \in PROP$ por indução sobre n.

$n = 0 : \varphi = \varphi_0$ e por definição φ é atômica, logo, $\varphi \in PROP$.

Suponha que todas as expressões com seqüência de formação de comprimento $m < n$ pertençam a $PROP$. Por definição $\varphi_n = (\varphi_i \square \psi_j)$ para $i, j < n$, ou $\varphi_n = (\neg \varphi_i)$ para $i < n$, ou φ_n é atômica. No primeiro caso φ_i e φ_j têm seqüências de formação de comprimento $i, j < n$, logo, pela hipótese da indução $\varphi_i, \varphi_j \in PROP$. Como $PROP$ satisfaz às cláusulas da definição 1.1.2, temos também $(\varphi_i \square \varphi_j) \in PROP$. Trate negação igualmente. O caso atômico é trivial. Conclusão $F \subseteq PROP$.
□

Em um certo sentido, o Teorema 1.1.5 é uma justificação da definição de seqüência de formação. Ele também nos permite estabelecer propriedades de proposi- ções por indução comum sobre o comprimento de seqüências de formação.

Em aritmética frequentemente se define funções por recursão, e.g. exponenciação é definida por $x^0 = 1$, e $x^{y+1} = x^y \cdot x$, ou a função fatorial por $0! = 1$ e $(x + 1)! = x! \cdot (x + 1)$. A justificação é bem imediata: cada valor é obtido usando-se os valores precedentes (para argumentos positivos). Existe um princípio análogo em nossa sintaxe.

Exemplos. O número $p(\varphi)$ de parênteses de φ, pode ser definido como se segue:

$$\begin{cases} p(\varphi) & = 0 \text{ para } \varphi \text{ atômica}, \\ p((\varphi \square \psi)) & = p(\varphi) + p(\psi) + 2, \\ p((\neg \varphi)) & = p(\varphi) + 2. \end{cases}$$

O valor de $p(\varphi)$ pode ser computado calculando-se sucessivamente $p(\psi)$ para suas subfórmulas ψ.
□

Podemos dar esse tipo de definição para todos os conjuntos que são definidos por indução. O princípio de "definição por recursão" toma a forma de "existe uma única função tal que ...". O leitor deve se manter lembrado de que a ideia básica é que se pode 'computar' o valor da função para uma composição de uma forma prescrita a partir dos valores da função nas partes componentes.

O princípio geral por trás dessa prática é firmado pelo seguinte teorema.

Teorema 2.1.6 (Definição por Recursão) *Suponha que sejam dados os mapeamentos $H_\square : A^2 \to A$ e $H_\neg : A \to A$ e suponha que H_{at} seja um mapeamento do conjunto de átomos para A, então existe exatamente um mapeamento $F : PROP \to A$ tal que*

$$\begin{cases} F(\varphi) & = H_{at} \text{ para } \varphi \text{ atômica}, \\ F((\varphi \square \psi)) & = H_\square(F(\varphi), F(\psi)), \\ F((\neg \varphi)) & = H_\neg(F(\varphi)). \end{cases}$$

Usualmente, em aplicações concretas o princípio é bem facilmente reconhecido como um princípio correto. Entretanto, em geral tem-se que demonstrar a existência de uma única função satisfazendo às equações acima. A demonstração é deixada como um exercício, cf. Exercício 11.

2.1 Proposições e Conectivos

Aqui estão alguns exemplos de definição por recursão:

1. A *árvore* (léxica) de uma proposição φ é definida por
$T(\varphi) = \bullet \varphi \quad$ para φ atômica

$T((\varphi \Box \psi)) = $ uma árvore com raiz $(\varphi \Box \psi)$ e subárvores $T(\varphi)$ e $T(\psi)$

$T((\neg\varphi)) = $ uma árvore com raiz $(\neg\varphi)$ e subárvore $T(\varphi)$

Exemplos. $T((p_1 \to (\bot \lor (\neg p_3))));\quad T(\neg(\neg(p_1 \land (\neg p_1))))$

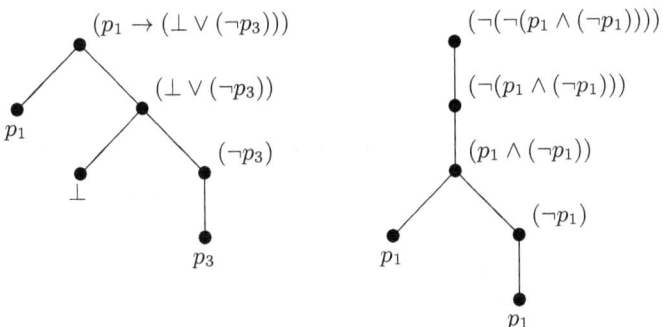

Uma maneira simples de exibir as árvores consiste em listar os átomos localizados no fundo, e indicar os conectivos presentes nos nós.

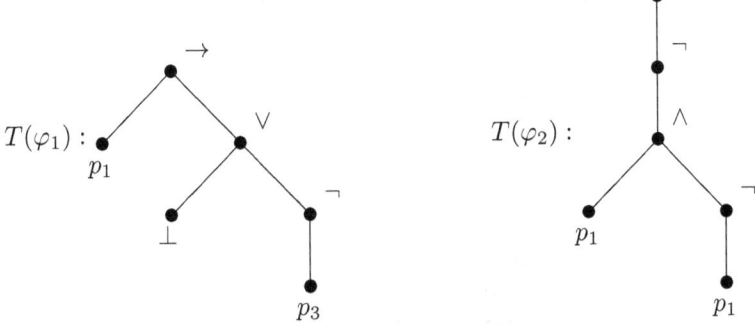

2. O *posto* $p(\varphi)$ de uma proposição φ é definido por

$$\begin{cases} p(\varphi) & = 0 \text{ para } \varphi \text{ atômica,} \\ p((\varphi \square \psi)) & = \max(p(\varphi), p(\psi)) + 1, \\ p((\neg \varphi)) & = p(\varphi) + 1. \end{cases}$$

Agora vamos usar a técnica da definição por recursão para definir a noção de subfórmula.

Definição 2.1.7 *O conjunto das subfórmulas $Sub(\varphi)$ é dado por*

$$\begin{aligned} Sub(\varphi) &= \{\varphi\} \text{ para } \varphi \text{ atômica} \\ Sub((\varphi_1 \square \varphi_2)) &= Sub(\varphi_1) \cup Sub(\varphi_2) \cup \{(\varphi_1 \square \varphi_2)\} \\ Sub(\neg \varphi) &= Sub(\varphi) \cup \{\neg \varphi\} \end{aligned}$$

Dizemos que ψ é uma subfórmula de φ se $\varphi \in Sub(\varphi)$.

Convenções de notação. De forma a simplificar nossa notação vamos economizar em parênteses. Vamos sempre desprezar os parênteses mais externos e omitiremos também os parênteses no caso de negações. Além do mais, usaremos a convenção de que $\wedge$ e $\vee$ têm precedência sobre $\rightarrow$ e $\leftrightarrow$ (cf. $\cdot$ e $+$ em aritmética), e que $\neg$ tem precedência sobre os outros conectivos.

Exemplos.

$\neg \varphi \vee \varphi$	designa $((\neg \varphi) \vee \varphi)$,
$\neg(\neg \neg \neg \varphi \wedge \bot)$	designa $(\neg((\neg(\neg(\neg \varphi))) \wedge \bot))$,
$\varphi \vee \psi \rightarrow \varphi$	designa $((\varphi \vee \psi) \rightarrow \varphi)$,
$\varphi \rightarrow \varphi \vee (\psi \rightarrow \chi)$	designa $(\varphi \rightarrow (\varphi \vee (\psi \chi)))$.

Advertência. Note que aquelas abreviações não são, rigorosamente falando, proposições.

Na proposição $(p_1 \rightarrow p_1)$ apenas um átomo é usado para defini-la, embora ele seja usado duas vezes e ocorra em dois lugares. Para um certo propósito é conveniente distinguir entre *fórmulas* e *ocorrências de fórmulas*. Agora, a definição de subfórmula não nos informa o que uma ocorrência de φ em ψ é, por isso temos que adicionar alguma informação. Uma maneira de indicar uma ocorrência de φ é especificar seu lugar na árvore de ψ, e.g. uma ocorrência de uma fórmula em uma dada fórmula ψ é um par (φ, k), onde k é um nó na árvore de ψ. Poder-se-ia até mesmo codificar k como uma seqüência de 0's e 1's, onde associamos a cada nó a seguinte seqüência: $\langle\,\langle$ (a seqüência vazia) para o nó raiz, $\langle s_0, \ldots, s_{n-1}, 0 \rangle$ para o descendente imediato à esquerda do nó com seqüência $\langle s_0, \ldots, s_{n-1} \rangle$ e $\langle s_0, \ldots, s_{n-1}, 1 \rangle$ para o seu segundo descendente imediato (se existe algum). Não seremos demasiadamente formais no manuseio de ocorrências de fórmulas (ou símbolos, na verdade), mas é importante que isso possa ser feito.

A introdução da função de posto não é mera ilustração da 'definição por recursão', pois ela também nos permite demonstrar fatos sobre proposições por meio de pura *indução completa* (ou *indução matemática*). Reduzimos, por assim dizer, a estrutura de árvore à linha reta dos números naturais. Note que outras 'medidas' servirão tão bem quanto essa, e.g. o número de símbolos. Para evitar omissão definiremos explicitamente o *Princípio da Indução sobre o Posto*:

Teorema 2.1.8 (Princípio da indução sobre o posto) *Se para todo φ, [$A(\psi)$ para todo ψ com posto menor que $p(\varphi)$] $\Rightarrow A(\varphi)$, então $A(\varphi)$ se verifica para todo $\varphi \in PROP$.*

Vamos mostrar que indução sobre φ e indução sobre o posto de φ são equivalentes.[1]
Primeiro introduzimos uma notação conveniente para a indução sobre o posto: escreva $\varphi \prec \psi$ ($\varphi \preceq \psi$) para designar $p(\varphi) < p(\psi)$ ($p(\varphi) \leq p(\psi)$). Logo $\forall \psi \preceq \varphi\, A(\psi)$ designa "$A(\psi)$ se verifica para todo ψ com posto no máximo $p(\varphi)$"
O *Princípio da Indução sobre o Posto* agora diz

$$\forall \varphi (\forall \psi \prec \varphi\, A(\psi) \Rightarrow A(\varphi)) \Rightarrow \forall \varphi\, A(\varphi)$$

agora demonstraremos que o princípio da indução sobre o posto segue do princípio da indução. Suponha que

$$\forall \varphi (\forall \psi \prec \varphi\, A(\psi) \Rightarrow A(\varphi)) \qquad (\dagger)$$

seja dado. Para mostrar que $\forall \varphi\, A(\varphi)$ vamos recorrer novamente à indução. Faça $B(\varphi) := \forall \psi \preceq \varphi\, A(\psi)$. Agora mostre $\forall \varphi\, B(\varphi)$ por indução sobre φ.

1. para φ atômica, $\forall \psi \prec \varphi\, A(\varphi)$ é vacuamente verdadeira, logo por ($\dagger$) $A(\varphi)$ se verifica. Portanto $A(\psi)$ se verifica para todo ψ com posto ≤ 0. Logo, $B(\varphi)$.
2. $\varphi = (\varphi_1 \square \varphi_2)$. Hipótese da indução: $B(\varphi_1), B(\varphi_2)$. Seja ρ uma proposição qualquer com $p(\rho) = p(\varphi) = n + 1$ (para um n apropriado). Temos que mostrar que ρ e todas as proposições com posto menor que $n + 1$ têm a propriedade A. Como $p(\varphi) = \max(p(\varphi_1), p(\varphi_2)) + 1$, ou φ_1 ou φ_2 tem posto n — digamos φ_1. Agora escolha um ψ arbitrário com $p(\psi) \leq n$, então $\psi \preceq \varphi_1$. Portanto, por $B(\varphi_1)$, $A(\psi)$ se verifica. Isso mostra que $\forall \psi \prec \rho\, A(\psi)$, logo, por ($\dagger$), $A(\rho)$ se verifica. Isso demonstra $B(\varphi)$.
3. $\varphi = \neg \varphi_1$. Argumento semelhante.

Uma aplicação do princípio da indução nos dá $\forall \varphi\, B(\varphi)$, e como uma conseqüência $\forall \varphi\, A(\varphi)$.

Reciprocamente, o princípio da indução sobre o posto implica o princípio da indução. Assumimos as premissas do princípio da indução. Para aplicar o princípio da indução sobre o posto temos que mostrar que ($\dagger$) se verifica. Agora escolha um φ arbitrário; há três casos:

1. φ atômica. Então ($\dagger$) trivialmente se verifica.
2. $\varphi = \varphi_1 \square \varphi_2$. Então $\varphi_1, \varphi_2 \preceq \varphi$ (veja exercício 6). Nossa suposição é $\forall \psi \prec \varphi\, A(\psi)$, portanto $A(\varphi_1)$ e $A(\varphi_2)$ se verificam. Logo, $A(\varphi)$ se verifica.
3. $\varphi = \neg \varphi_1$. Argumento semelhante.

Isso estabelece ($\dagger$). Logo, pela indução sobre o posto obtemos $\forall \varphi\, A(\varphi)$.

---
[1] O leitor pode pular essa demonstração na primeira leitura. Estará fazendo bem aplicando a indução sobre o posto ingenuamente.

Exercícios

1. Dê seqüências de formação de
   $(\neg p_2 \to (p_3 \vee (p_1 \leftrightarrow p_2))) \wedge \neg p_3$,
   $(p_7 \to \neg \bot) \leftrightarrow ((p_4 \wedge \neg p_2) \to p_1)$,
   $(((p_1 \to p_2) \to p_1) \to p_2) \to p_1$.
2. Mostre que $((\to \notin PROP$.
3. Mostre que a relação "é uma subfórmula de" é transitiva.
4. Seja φ uma subfórmula de ψ. Mostre que φ ocorre em cada seqüência de formação de ψ.
5. Se φ ocorre em uma seqüência de formação mínima de ψ então φ é uma subfórmula de ψ.
6. Seja p a função posto:
   (a) Mostre que $p(\varphi) \leq$ o número de ocorrências de conectivos de φ,
   (b) Dê exemplos de φ tais que $<$ ou $=$ se verifica em (a),
   (c) Ache o posto das proposições no exercício 1.
   (d) Mostre que $p(\varphi) < p(\psi)$ se φ é uma subfórmula própria de ψ.
7. (a) Determine as árvores das proposições no exercício 1,
   (b) Determine as proposições com as seguintes árvores.

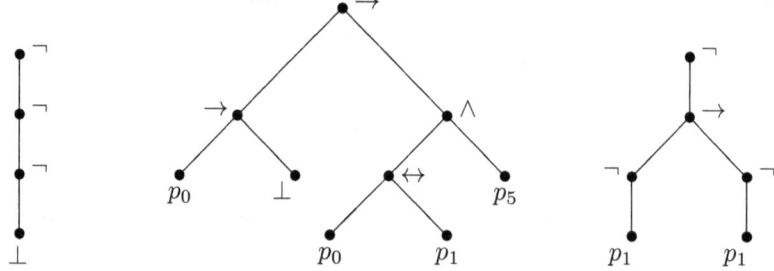

8. Seja $\#(T(\varphi))$ o número de nós de $T(\varphi)$. Pelo "número de conectivos em φ" queremos dizer o número de ocorrências de conectivos em φ. (Em geral $\#(A)$ designa o número de elementos de um conjunto (finito) A).
   (a) Se φ não contém $\bot$, mostre que: o número de conectivos de
       $\varphi +$ o número de átomos de $\varphi \leq \#(T(\varphi))$.
   (b) $\#(Sub(\varphi)) \leq \#(T(\varphi))$.
   (c) Um ramo de uma árvore é um conjunto maximal linearmente ordenado. O comprimento de um ramo é o número de seus nós menos um. Mostre que $p(\varphi)$ é o comprimento de um ramo de maior comprimento em $T(\varphi)$.
   (d) Suponha que φ não contém $\bot$. Mostre que: o número de conectivos em $\varphi +$ o número de átomos de $\varphi \leq 2^{p(\varphi)+1} - 1$.
9. Mostre que uma proposição com n conectivos tem no máximo $2n+1$ subfórmulas.

10. Mostre que para $PROP$ temos um teorema de decomposição única: para cada proposição não-atômica σ ou existem duas proposições φ e ψ tais que $\sigma = \varphi \Box \psi$, ou existe uma proposição φ tal que $\sigma = \neg \varphi$.

11. (a) Dê uma definição indutiva para a função F, definida por recursão sobre $PROP$ a partir das funções H_{at}, $H_\Box$, $H_\neg$, como um conjunto F^* de pares.
    (b) Formule e mostre para F^* o princípio da indução.
    (c) Mostre que F^* é de fato uma função sobre $PROP$.
    (d) Mostre que ela é a única função sobre $PROP$ satisfazendo as equações recursivas.

2.2 Semântica

A tarefa de interpretar a lógica proposicional é simplificada pelo fato de que as entidades consideradas têm uma estrutura simples. As proposições são construídas a partir de blocos grosseiros adicionando-se conectivos.

As partes mais simples (os átomos) são da forma "a grama é verde", "Maria gosta de Goethe", "6 − 3 = 2", que são simplesmente *verdadeiras* ou *falsas*. Estendemos essa atribuição de *valores-verdade* a proposições compostas, por reflexão sobre o significado dos conectivos lógicos.

Vamos combinar de usar 1 e 0 ao invés de 'verdadeiro' e 'falso'. O problema que enfrentamos é como interpretar $\varphi \Box \psi$, $\neg \varphi$, dados os valores-verdade de φ e ψ.

Ilustraremos a solução considerando a tabela presenç-ausência para os Srs. Smith e Jones.

Conjunção. Um visitante que deseja ver ambos Smith e Jones quer que a tabela esteja na posição mostrada aqui, i.e.

	presente	ausente
Smith	×	
Jones	×	

"Smith está" ∧ "Jones está" é verdadeiro sse
"Smith está" é verdadeiro e "Jones está" é verdadeiro

Escrevemos $v(\varphi) = 1$ (resp. 0) para "φ é verdadeiro". Então a consideração acima pode ser enunciada como sendo $v(\varphi \wedge \psi) = 1$ sse $v(\varphi) = v(\psi) = 1$, ou $v(\varphi \wedge \psi) = \min(v(\varphi), v(\psi))$.

Pode-se também escrever sob forma de uma *tabela-verdade*:

∧	0	1
0	0	0
1	0	1

A tabela-verdade deve ser lida da seguinte forma: o primeiro argumento é tomado da coluna mais à esquerda e o segundo argumento é tomado da linha superior.

Disjunção. Se um visitante deseja ver um dos parceiros, não importa qual, ele deseja que a tabela esteja em uma das posições

	presente	ausente
Smith	×	
Jones		×

	presente	ausente
Smith		×
Jones	×	

	presente	ausente
Smith	×	
Jones	×	

No último caso ele pode fazer uma escolha, porém isso não é um problema, pois ele deseja ver pelo menos um dos caras, não importa qual.

Em nossa notação, a interpretação de $\vee$ é dada por

$$v(\varphi \vee \psi) = 1 \quad \text{sse} \quad v(\varphi) = 1 \quad \text{ou} \quad v(\psi) = 1$$

Abreviando: $v(\varphi \vee \psi) = \max(v(\varphi), v(\psi))$.

Sob forma de tabela-verdade:

$\vee$	0	1
0	0	1
1	1	1

Negação. O visitante que está apenas interessado no Sr. Smith enunciará "Smith não está" se a tabela estiver na posição:

	presente	ausente
Smith		×

Portanto "Smith não está" é verdadeiro se "Smith está" é falso. Escrevemos isso da forma $v(\neg \varphi) = 1$ sse $v(\varphi) = 0$, ou $v(\neg \varphi) = 1 - v(\varphi)$.

Sob forma de tabela-verdade:

$\neg$	
0	1
1	0

Implicação. Nosso famoso visitante foi informado de que "Jones está se Smith está". Agora podemos ao menos prever as seguintes posições da tabela

	presente	ausente
Smith	×	
Jones	×	

	presente	ausente
Smith		×
Jones		×

Se a tabela está na posição:

	presente	ausente
Smith	×	
Jones		×

então ele sabe que a informação era falsa.

O caso remanescente,

	presente	ausente
Smith		×
Jones	×	

, não pode ser tratado de forma tão simples. Evidentemente não há razão para considerar a informação falsa, mas sim que "não ajuda muito", ou "irrelevante". Entretanto, nos comprometemos com a posição de que cada enunciado é verdadeiro ou falso, por isso temos que decidir atribuir a "Se Smith está, então Jones está" verdadeiro também nesse caso particular. O leitor vai se dar conta de que fizemos uma escolha deliberada aqui; uma escolha que se revelará uma escolha feliz em vista da elegância do sistema resultante. Não há razão convincente, entretanto, para se permanecer com a noção de implicação que acabamos de introduzir. Embora várias outras noções tenham sido estudadas na literatura, para propósitos matemáticos nossa noção é, no entanto, perfeitamente apropriada.

Note que há um caso em que a implicação é falsa (veja a tabela-verdade abaixo), e vamos manter essa observação na lembrança para aplicação mais adiante – ela vai ajudar a diminuir os cálculos.

Em nossa notação a interpretação da implicação é dada por $v(\varphi \to \psi) = 0$ sse $v(\varphi) = 1$ e $v(\psi) = 0$.

Sua tabela-verdade é:

$\to$	0	1
0	1	1
1	0	1

Equivalência. Se nosso visitante sabe que "Smith está se e somente se Jones está", então ele sabe que ambos estão presentes ou ambos não estão. Logo $v(\varphi \to \psi) = 1$ sse $v(\varphi) = v(\psi)$.

Sua tabela-verdade é:

$\leftrightarrow$	0	1
0	1	0
1	0	1

Falsum. Um absurdo, tal como "$0 \neq 0$", "alguns números ímpares são pares", "Eu não sou eu", não podem ser verdadeiros. Logo colocamos $v(\bot) = 0$.

Estritamente falando deveríamos adicionar uma tabela-verdade, i.e. a tabela para $\top$, o oposto de *falsum*.

Verum. Esse símbolo designa proposições evidentemente verdadeiras tais como $1 = 1$; colocamos $v(\top) = 1$ para todo v.

Definição 2.2.1 *Um mapeamento $v : PROP \to \{0, 1\}$ é uma valoração se*
$$\begin{aligned} v(\varphi \land \psi) &= \min(v(\varphi), v(\psi)), \\ v(\varphi \lor \psi) &= \max(v(\varphi), v(\psi)), \\ v(\varphi \to \psi) = 0 &\Leftrightarrow v(\varphi) = 1 \text{ e } v(\psi) = 0, \\ v(\varphi \leftrightarrow \psi) = 1 &\Leftrightarrow v(\varphi) = v(\psi), \\ v(\neg \varphi) &= 1 - v(\varphi), \\ v(\bot) &= 0. \end{aligned}$$

Se uma valoração é dada apenas para átomos então, em virtude da definição por recursão, é possível estendê-la para todas as proposições, portanto obtemos:

Teorema 2.2.2 *Se v for um mapeamento do conjunto de átomos em $\{0, 1\}$, satisfazendo $v(\bot) = 0$, então existe uma única valoração $[\![\cdot]\!]_v$, tal que $[\![\varphi]\!]_v = v(\varphi)$ para φ atômica.*

Tem sido prática comum designar valorações como definidas acima por $[\![\varphi]\!]$, por isso adotaremos essa notação. Como $[\![\cdot]\!]$ é completamente determinado por seus valores sobre os átomos, $[\![\varphi]\!]$ é frequentemente designado por $[\![\varphi]\!]_v$. Sempre que não houver confusão omitiremos o índice v.

O teorema 1.2.2 nos diz que cada um dos mapeamentos v e $[\![\cdot]\!]_v$ determina o outro de forma única, por conseguinte chamamos v também de valoração (ou de uma *valoração atômica*, se necessário). Desse teorema torna-se aparente que existem muitas valorações (cf. Exercício 4).

É óbvio também que o *valor* $[\![\varphi]\!]_v$ de φ sob v somente depende dos valores de v nas suas subfórmulas atômicas:

Lema 2.2.3 *Se* $v(p_i) = v'(p_i)$ *para todo* p_i *ocorrendo em* φ, *então* $[\![\varphi]\!]_v = [\![\varphi]\!]_{v'}$.

Demonstração. Uma indução fácil sobre φ.

Um importante subconjunto de $PROP$ é o conjunto de todas as proposições φ que são *sempre verdadeiras*, i.e. verdadeiras sob todas as valorações.

Definição 2.2.4 *(i)* φ *é uma* tautologia *se* $[\![\varphi]\!]_v = 1$ *para todas as valorações* v,
(ii) $\models \varphi$ *designa 'φ é uma tautologia'*,
(iii) Seja Γ *um conjunto de proposições, então* $\Gamma \models \varphi$ *sse para todo* v: $([\![\psi]\!]_v = 1$ *para todo* $\psi \in \Gamma) \Rightarrow [\![\varphi]\!]_v = 1$.

Em palavras, $\Gamma \models \varphi$ se verifica sse φ é verdadeira sob toda valoração que torna toda fórmula ψ em Γ verdadeira. Dizemos que φ é uma conseqüência semântica de Γ. Escrevemos $\Gamma \not\models \varphi$ se $\Gamma \models \varphi$ não é o caso.

Convenção. $\varphi_1, \ldots, \varphi_n \models \psi$ designa $\{\varphi_1, \ldots, \varphi_n\} \models \psi$.

Note que "$[\![\varphi]\!]_v = 1$ para toda v" é uma outra maneira de dizer "$[\![\varphi]\!] = 1$ para todas as valorações".

Exemplos. (i) $\models \varphi \to \varphi$; $\models \neg\neg\varphi \to \varphi$; $\models \varphi \vee \psi \leftrightarrow \psi \vee \varphi$,
 (ii) $\varphi, \psi \models \varphi \wedge \psi$; $\varphi, \varphi \to \psi \models \psi$; $\varphi \to \psi, \neg\psi \models \neg\varphi$.

Frequentemente se precisa de substituir subfórmulas por proposições; acontece que basta definir substituição apenas para átomos.

Escrevemos $\varphi[\psi/p_i]$ para designar a proposição obtida substituindo-se todas as ocorrências de p_i em φ por ψ. Na realidade, a substituição de p_i por ψ define um mapeamento de $PROP$ em $PROP$, que pode ser dado por recursão (sobre φ).

Definição 2.2.5

$$\varphi[\psi/p_i] = \begin{cases} \varphi \text{ se } \varphi \text{ atômica e } \varphi \neq p_i \\ \psi \text{ se } \varphi = p_i \end{cases}$$
$$(\varphi_1 \Box \varphi_2)[\psi/p_i] = \varphi_1[\psi/p_i] \Box \varphi_2[\psi/p_i]$$
$$(\neg\varphi)[\psi/p_i] = \neg\varphi[\psi/p_i].$$

O teorema seguinte expõe as propriedades básicas da substituição de proposições equivalentes.

Teorema 2.2.6 (Teorema da Substituição) *Se* $\models \varphi_1 \leftrightarrow \varphi_2$, *então* $\models \psi[\varphi_1/p] \leftrightarrow \psi[\varphi_2/p]$, *onde p é um átomo*.

O teorema da substituição é na verdade uma conseqüência de um lema um pouco mais forte

Lema 2.2.7 $[\![\varphi_1 \leftrightarrow \varphi_2]\!]_v \leq [\![\psi[\varphi_1/p] \leftrightarrow \psi[\varphi_2/p]]\!]_v$ e
$\models (\varphi_1 \leftrightarrow \varphi_2) \to (\psi[\varphi_1/p] \leftrightarrow \psi[\varphi_2/p])$

Demonstração. Indução sobre φ. Apenas temos que considerar $[\![\varphi_1 \leftrightarrow \varphi_2]\!]_v = 1$ (por que?).

- ψ atômica. Se $\psi = p$, então $\psi[\varphi_i/[] = \varphi_i$ e o resultado segue imediatamente. Se $\psi \neq p$, então $\psi[\varphi_i/p] = \psi$, e $[\![\psi[\varphi_1/p] \leftrightarrow \psi[\varphi_2/p]]\!]_v = [\![\psi \leftrightarrow \psi]\!]_v = 1$.
- $\psi = \psi_1 \square \psi_2$. Hipótese da indução: $[\![\psi_i[\varphi_1/p]]\!]_v = [\![\psi_i[\varphi_2/p]]\!]_v$. Agora o valor de $[\![(\psi_1 \square \psi_2)[\varphi_i/p]]\!]_v = [\![\psi_1[\varphi_i/p]\square\psi_2[\varphi_i/p]]\!]_v$ é univocamente determinado por suas partes $[\![\psi_j[\varphi_i/p]]\!]_v$, logo $[\![(\psi_1\square\psi_2)[\varphi_1/p]]\!]_v = [\![(\psi_1\square\psi_2)[\varphi_2/p]]\!]_v$.
- $\psi = \neg\psi_1$. Deixo ao leitor.

A prova da segunda parte essencialmente usa o fato de que $\models \varphi \to \psi$ sse $[\![\varphi]\!]_v \leq [\![\psi]\!]_v$ para toda v (cf. Exercício 6). $\square$

A prova do teorema da substituição agora segue imediatamente. $\square$

O teorema da substituição diz em bom português que *partes podem ser substituídas por partes equivalentes*.

Existem várias técnicas para se testar tautologias. Uma delas (um tanto lenta) usa tabelas-verdade. Damos um exemplo:

φ	ψ	$\neg\varphi$	$\neg\psi$	$\varphi \to \psi$	$\neg\psi \to \neg\varphi$	$(\varphi \to \psi) \leftrightarrow (\neg\psi \to \neg\varphi)$
0	0	1	1	1	1	1
0	1	1	0	1	1	1
1	0	0	1	0	0	1
1	1	0	0	1	1	1

A última coluna consiste de 1's apenas. Como, pelo lema 1.2.3 apenas os valores de φ e ψ são relevantes, tivemos que testar 2^2 casos. Se existirem n partes (atômicas) precisamos de 2^n linhas.

Podemos comprimir um pouco a tabela acima, escrevendo-a da seguinte forma:

$(\varphi$	$\to$	$\psi)$	$\leftrightarrow$	$(\neg\psi$	$\to$	$\neg\varphi)$
0	1	0	1	1	1	1
0	1	1	1	0	1	1
1	0	0	1	1	0	0
1	1	1	1	0	1	0

Vamos fazer uma outra observação sobre o papel dos conectivos 0-ários $\bot$ e $\top$. Claramente $\models \top \leftrightarrow (\bot \to \bot)$, logo podemos definir $\top$ a partir de $\bot$. Por outro lado, não podemos definir $\bot$ a partir de $\top$ e $\to$; note que a partir de $\top$ nunca podemos obter algo exceto uma proposição equivalente a $\top$ se usamos $\wedge, \vee, \to$, mas a partir de $\bot$ podemos gerar $\bot$ e $\top$ através da aplicação de $\wedge, \vee, \to$.

Exercícios

1. Verifique pelo método da tabela-verdade quais das seguintes proposições são tautologias:
   (a) $(\neg\varphi \vee \psi) \leftrightarrow (\psi \to \varphi)$
   (b) $\varphi \to ((\psi \to \sigma) \to ((\varphi \to \psi) \to (\varphi \to \sigma)))$
   (c) $(\varphi \to \neg\varphi) \leftrightarrow \neg\varphi$
   (d) $\neg(\varphi \to \neg\varphi)$
   (e) $(\varphi \to (\psi \to \sigma)) \leftrightarrow ((\varphi \wedge \psi) \to \sigma)$
   (f) $\varphi \vee \neg\varphi$ (*princípio do terceiro excluído*)
   (g) $\bot \leftrightarrow (\varphi \wedge \neg\varphi)$
   (h) $\bot \to \varphi$ (*ex falso sequitur quodlibet*)
2. Mostre que: (a) $\varphi \models \varphi$;
   (b) $\varphi \models \psi$ e $\psi \models \sigma \Rightarrow \varphi \models \sigma$;
   (c) $\models \varphi \to \psi \Leftrightarrow \varphi \models \psi$.
3. Determine $\varphi[\neg p_0 \to p_3/p_0]$ para $\varphi = p_1 \wedge p_0 \to (p_0 \to p_3)$; $\varphi = (p_3 \leftrightarrow p_0) \vee (p_2 \to \neg p_0)$.
4. Mostre que existem $2^{\aleph_0}$ valorações.
5. Mostre que $[\![\varphi \wedge \psi]\!]_v = [\![\varphi]\!]_v \cdot [\![\psi]\!]_v$,
   $[\![\varphi \vee \psi]\!]_v = [\![\varphi]\!]_v + [\![\psi]\!]_v - [\![\varphi]\!]_v \cdot [\![\psi]\!]_v$,
   $[\![\varphi \to \psi]\!]_v = 1 - [\![\varphi]\!]_v + [\![\varphi]\!]_v \cdot [\![\psi]\!]_v$,
   $[\![\varphi \leftrightarrow \psi]\!]_v = 1 - |[\![\varphi]\!]_v - [\![\psi]\!]_v|$.
6. Mostre que $[\![\varphi \to \psi]\!]_v = 1 \Leftrightarrow [\![\varphi]\!]_v \leq [\![\psi]\!]_v$.

2.3 Algumas Propriedades da Lógica Proposicional

Com base nas seções anteriores já podemos provar muitos teoremas sobre a lógica proposicional. Uma das primeiras descobertas na lógica proposicional moderna foi sua semelhança com álgebras.

Após Boole, um estudo amplo das propriedades algébricas foi realizado por muitos lógicos. Os aspectos puramente algébricos têm desde então sido estudados na chamada *Álgebra de Boole*.

Apenas mencionaremos um pequeno número dessas leis algébricas.

Teorema 2.3.1 *As seguintes proposições são tautologias.*

$$(\varphi \vee \psi) \vee \sigma \leftrightarrow \varphi \vee (\psi \vee \sigma) \quad (\varphi \wedge \psi) \wedge \sigma \leftrightarrow \varphi \wedge (\psi \wedge \sigma)$$
associatividade

$$\varphi \vee \psi \leftrightarrow \psi \vee \varphi \quad \varphi \wedge \psi \leftrightarrow \psi \wedge \varphi$$
comutatividade

$$\varphi \vee (\psi \wedge \sigma) \leftrightarrow (\varphi \vee \psi) \wedge (\varphi \vee \sigma) \quad \varphi \wedge (\psi \vee \sigma) \leftrightarrow (\varphi \wedge \psi) \vee (\varphi \wedge \sigma)$$
distributividade

$$\neg(\varphi \vee \psi) \leftrightarrow \neg\varphi \wedge \neg\psi \quad \neg(\varphi \wedge \psi) \leftrightarrow \neg\varphi \vee \neg\psi$$
leis de De Morgan

$$\varphi \vee \varphi \leftrightarrow \varphi \quad \varphi \wedge \varphi \leftrightarrow \varphi$$

2.3 Algumas Propriedades da Lógica Proposicional

idempotência
$$\neg\neg\varphi \leftrightarrow \varphi$$
lei da dupla negação

Demonstração. Verifique a tabela verdade ou faça alguns cálculos. E.g. a lei de De Morgan: $[\![\neg(\varphi \vee \psi)]\!] = 1 \Leftrightarrow [\![\varphi \vee \psi]\!] = 0 \Leftrightarrow [\![\varphi]\!] = [\![\psi]\!] = 0 \Leftrightarrow [\![\neg\varphi]\!] = [\![\neg\psi]\!] = 1 \Leftrightarrow [\![\neg\varphi \wedge \neg\psi]\!] = 1$.
Logo $[\![\neg(\varphi \vee \psi)]\!] = [\![\neg\varphi \wedge \neg\psi]\!]$ para todas as valorações, i.e. $\models \neg(\varphi \vee \psi) \leftrightarrow \neg\varphi \wedge \neg\psi$.
As tautologias remanescentes são deixadas ao leitor. □

Para aplicar o teorema anterior em "cálculos lógicos" precisamos de mais algumas equivalências. Isso é demonstrado na simples equivalência $\models \varphi \wedge (\varphi \vee \psi) \leftrightarrow \varphi$ (exercício para o leitor). Pois, pela lei da distributividade $\models \varphi \wedge (\varphi \vee \psi) \leftrightarrow (\varphi \wedge \varphi) \vee (\varphi \wedge \psi)$ e $\models (\varphi \wedge \varphi) \vee (\varphi \wedge \psi) \leftrightarrow \varphi \vee (\varphi \wedge \psi)$, por idempotência e pelo teorema da substituição. Logo $\models \varphi \wedge (\varphi \vee \psi) \leftrightarrow \varphi \vee (\varphi \wedge \psi)$. Uma outra aplicação da lei da distributividade nos levará de volta ao início, portanto apenas aplicando-se as leis acima não nos permitirá eliminar ψ!

Listamos portanto mais algumas propriedades convenientes.

Lema 2.3.2
Se $\models \varphi \rightarrow \psi$, então $\models \varphi \wedge \psi \leftrightarrow \varphi$
$\models \varphi \vee \psi \leftrightarrow \psi$

Demonstração. Pelo Exercício 6 da seção 1.2, $\models \varphi \rightarrow \psi$ implica que $[\![\varphi]\!]_v \leq [\![\psi]\!]_v$ para toda valoração v. Logo $[\![\varphi \wedge \psi]\!]_v = \min([\![\varphi]\!]_v, [\![\psi]\!]_v) = [\![\varphi]\!]_v$ e $[\![\varphi \vee \psi]\!]_v = \max([\![\varphi]\!]_v, [\![\psi]\!]_v) = [\![\psi]\!]_v$ para toda v. □

Lema 2.3.3
(a) $\models \varphi \Rightarrow \models \varphi \wedge \psi \leftrightarrow \psi$
(b) $\models \varphi \Rightarrow \models \neg\varphi \vee \psi \leftrightarrow \psi$
(c) $\models \bot \vee \psi \leftrightarrow \psi$
(d) $\models \top \wedge \psi \leftrightarrow \psi$

Demonstração. Deixo ao leitor. □

O teorema a seguir estabelece algumas equivalências envolvendo vários conectivos. Ele nos diz que podemos "definir" a menos de equivalência lógica todos os conectivos em termos de $\{\vee, \neg\}$, ou $\{\rightarrow, \neg\}$, ou $\{\wedge, \neg\}$, ou $\{\rightarrow, \bot\}$.
Ou seja, podemos encontrar e.g. uma proposição envolvendo apenas $\vee$ e $\neg$, que é equivalente a $\varphi \leftrightarrow \psi$, etc.

Teorema 2.3.4
(a) $\models (\varphi \leftrightarrow \psi) \leftrightarrow (\varphi \rightarrow \psi) \wedge (\psi \rightarrow \varphi)$,
(b) $\models (\varphi \rightarrow \psi) \leftrightarrow (\neg\varphi \vee \psi)$,
(c) $\models \varphi \vee \psi \leftrightarrow (\neg\varphi \rightarrow \psi)$,
(d) $\models \varphi \vee \psi \leftrightarrow \neg(\neg\varphi \wedge \neg\psi)$,
(e) $\models \varphi \wedge \psi \leftrightarrow \neg(\neg\varphi \vee \neg\psi)$,
(f) $\models \neg\varphi \leftrightarrow (\varphi \rightarrow \bot)$,
(g) $\models \bot \leftrightarrow \varphi \wedge \neg\varphi$.

Demonstração. Calcule os valores-verdade das proposições à esquerda e das proposições à direita. □

Agora temos material suficiente para lidar com lógica como se fosse álgebra. Por conveniência escrevemos $\varphi \approx \psi$ para designar $\models \varphi \leftrightarrow \psi$.

Lema 2.3.5
$\approx$ *é uma relação de equivalência sobre PROP, i.e.*
$\varphi \approx \varphi$ *(reflexividade),*
$\varphi \approx \psi \;\Rightarrow\; \psi \approx \varphi$ *(simetria),*
$\varphi \approx \psi$ *e* $\psi \approx \sigma \;\Rightarrow\; \varphi \approx \sigma$ *(transitividade).*

Demonstração. Use $\models \varphi \leftrightarrow \psi$ sse $[\![\varphi]\!]_v = [\![\psi]\!]_v$ para toda v. □

Vamos dar alguns exemplos de cálculos algébricos que estabelecem uma cadeia de equivalências.

1. $\models (\varphi \to (\psi \to \sigma)) \leftrightarrow (\varphi \wedge \psi \to \sigma)$,
   $\varphi \to (\psi \to \sigma) \approx \neg\varphi \vee (\psi \to \sigma)$, (1.3.4(b))
   $\neg\varphi \vee (\psi \to \sigma) \approx \neg\varphi \vee (\neg\psi \vee \sigma)$, (1.3.4(b) e teor. subst.)
   $\neg\varphi \vee (\neg\psi \vee \sigma) \approx (\neg\varphi \vee \neg\psi) \vee \sigma$, (associatividade)
   $(\neg\varphi \vee \neg\psi) \vee \sigma \approx \neg(\varphi \wedge \psi) \vee \sigma$ (De Morgan e teor. subst.)
   $\neg(\varphi \wedge \psi) \vee \sigma \approx (\varphi \wedge \psi) \to \sigma$, (1.3.4(b))
   Logo $\varphi \to (\psi \to \sigma) \approx (\varphi \wedge \psi) \to \sigma$.
   Agora deixamos de fora as referências aos fatos utilizados, e formamos uma longa cadeia. Basta calcular até atingirmos uma tautologia.
2. $\models (\varphi \to \psi) \leftrightarrow (\neg\psi \to \neg\varphi)$,
   $\neg\psi \to \neg\varphi \approx \neg\neg\psi \vee \neg\varphi \approx \psi \vee \neg\varphi \approx \neg\varphi \vee \psi \approx \varphi \to \psi$
3. $\models \varphi \to (\psi \to \varphi)$,
   $\varphi \to (\psi \to \varphi) \approx \neg\varphi \vee (\neg\psi \vee \varphi) \approx (\neg\varphi \vee \varphi) \vee \neg\psi$.

Vimos que $\vee$ e $\wedge$ são associativos, por isso adotamos a convenção, também usada em álgebra, de omitir parênteses em disjunções e conjunções iteradas; ou seja, escrevemos $\varphi_1 \vee \varphi_2 \vee \varphi_3 \vee \varphi_4$, etc. Isso é correto, pois independentemente da forma como recuperarmos (corretamente do ponto de vista sintático) os parênteses, a fórmula resultante é determinada univocamente a menos de equivalência.

Será que até esse ponto introduzimos *todos* os conectivos? Obviamente não. Podemos facilmente inventar novos conectivos. Aqui vai um famoso, introduzido por Sheffer: $\varphi|\psi$ designa "não é verdade que ambos φ e ψ são verdadeiros". Mais precisamente: $\varphi|\psi$ é dado pela seguinte tabela-verdade:

barra de Sheffer	0	1
0	1	1
1	1	0

Vamos dizer que um conectivo lógico n-ário \$ é *definido* por sua tabela-verdade, ou por sua função de valoração, se $[\![\$(p_1, \ldots, p_n)]\!] = f([\![p_1]\!], \ldots, [\![p_n]\!])$ para alguma função f.

Embora possamos aparentemente introduzir muitos conectivos novos dessa forma, não

2.3 Algumas Propriedades da Lógica Proposicional

há surpresas em estoque nos esperando, pois todos aqueles conectivos são definíveis em termos de $\vee$ e $\neg$:

Teorema 2.3.6 *Para cada conectivo n-ário $\$$ definido por sua função de valoração, existe uma proposição τ, contendo apenas $p_1, \ldots, p_n$, $\vee$ e $\neg$, tal que $\models \tau \leftrightarrow \$(p_1, \ldots, p_n)$.*

Demonstração. Por indução sobre n. Para $n = 1$ existem 4 conectivos possíveis com tabelas-verdade

$\$_1$		$\$_2$		$\$_3$		$\$_4$	
0	0	0	1	0	0	0	1
1	0	1	1	1	1	1	0

Facilmente se verifica que todas as proposições $\neg(p \vee \neg p)$, $p \vee \neg p$, p e $\neg p$ atenderão aos requisitos.

Suponha que para todos os conectivos n-ários foram encontradas as proposições. Considere $\$(p_1, \ldots, p_n, p_{n+1})$ com a tabela-verdade:

p_1	p_2	$\ldots$	p_n	p_{n+1}	$\$(p_1, \ldots, p_n, p_{n+1})$
0	0		0	0	i_1
.	.		0	1	i_2
.	0		1	.	.
.	1		1	.	.
0	.		.	.	.
.	1		.	.	.
$\ldots$				$\ldots$	$\ldots$
1	0		.	.	.
.	.		.	.	.
.	0		.	.	.
.	1		0	.	.
.	.		0	.	.
1	.		1	0	.
.	.		1	1	$i_{2^{n+1}}$

onde $i_k \leq 1$.

Consideramos dois conectivos auxiliares $\$_1$ e $\$_2$ definidos por

$\$_1(p_2, \ldots, p_{n+1}) = \$(\bot, p_2, \ldots, p_{n+1})$ e
$\$_2(p_2, \ldots, p_{n+1}) = \$(\top, p_2, \ldots, p_{n+1})$ onde $\top = \neg\bot$.

(como foi dado pelas metades superior e inferior da tabela acima).

Pela hipótese da indução existem proposições σ_1 e σ_2, contendo apenas $p_2, \ldots, p_{n+1}$, $\vee$ e $\neg$ tal que $\models \$_i(p_2, \ldots, p_{n+1}) \leftrightarrow \sigma_i$.

A partir daquelas duas proposições podemos construir a proposição τ:

$\tau := (p_1 \to \sigma_2) \wedge (\neg p_1 \to \sigma_1)$.

Afirmação $\models \$(p_1, \ldots, p_{n+1}) \leftrightarrow \tau$.

Se $[p_1]_v = 0$ então $[p_1 \to \sigma_2]_v = 1$, logo $[\tau]_v = [\neg p_1 \to \sigma_1]_v = [\sigma_1]_v = [\$_1(p_2, \ldots, p_{n+1})]_v = [\$(p_1, p_2, \ldots, p_{n+1})]_v$, usando $[p_1]_v = 0 = [\bot]_v$.

O caso $[\![p_1]\!]_v = 1$ é semelhante.

Agora exprimindo $\to$ e $\land$ em termos de $\lor$ e $\neg$ (1.3.4), temos $[\![\tau']\!] = [\![\$(p_1, \ldots, p_{n+1})]\!]$ para todas as valorações (um outro uso do lema 1.2.3), onde $\tau' \approx \tau$ e τ' contém apenas os conectivos $\lor$ e $\neg$. □

Para uma outra solução veja o Exercício 7.

O teorema acima e o teorema 1.3.4 são justificações pragmáticas para nossa escolha da tabela-verdade para $\to$: obtemos uma teoria extremamente elegante e útil. O teorema 1.3.6 é usualmente expresso dizendo-se que $\lor$ e $\neg$ formam um conjunto *funcionalmente completo* de conectivos. Igualmente $\land$, $\neg$ e $\to$, $\neg$ e $\bot$, $\to$ formam conjuntos funcionalmente completos.

Por analogia com $\sum$ e $\prod$ de álgebra, introduzimos disjunções e conjunções finitas:

Definição 2.3.7

$$\begin{cases} \bigwedge_{i \leq 0} \varphi_i = \varphi_0 \\ \bigwedge_{i \leq n+1} \varphi_i = \bigwedge_{i \leq n} \varphi_i \land \varphi_{n+1} \end{cases} \qquad \begin{cases} \bigvee_{i \leq 0} \varphi_i = \varphi_0 \\ \bigvee_{i \leq n+1} \varphi_i = \bigvee_{i \leq n} \varphi_i \lor \varphi_{n+1} \end{cases}$$

Definição 2.3.8 Se $\varphi = \bigwedge_{i \leq n} \bigvee_{j \leq m_i} \varphi_{ij}$, onde φ_{ij} é atômica ou a negação de um átomo, então φ é uma forma normal conjuntiva. Se $\varphi = \bigvee_{i \leq n} \bigwedge_{j \leq m_i} \varphi_{ij}$, onde φ_{ij} é atômica ou a negação de um átomo, então φ é uma forma normal disjuntiva.

As formas normais são análogas às bem-conhecidas formas normais em álgebra: $ax^2 + byx$ é "normal", enquanto que $x(ax + by)$ não é. Pode-se obter formas normais simplesmente "multiplicando", i.e. aplicação repetida de leis distributivas. Em álgebra existe apenas uma "forma normal"; em lógica existe uma certa dualidade entre $\land$ e $\lor$, de tal forma que temos dois teoremas de forma normal.

Teorema 2.3.9 *Para cada φ existem formas normais conjuntivas $\varphi^\land$ e formas normais disjuntivas $\varphi^\lor$, tais que $\models \varphi \leftrightarrow \varphi^\land$ e $\models \varphi \leftrightarrow \varphi^\lor$.*

Demonstração. Primeiro elimine todos os conectivos exceto $\bot$, $\land$, $\lor$ e $\neg$. Então prove o teorema por indução sobre a proposição resultante na linguagem restrita a $\bot$, $\land$, $\lor$ e $\neg$. Na verdade $\bot$ não tem qualquer papel nesse cenário; poderia muito bem ser ignorado.

(a) φ é atômica. Então $\varphi^\land = \varphi^\lor = \varphi$.
(b) $\varphi = \psi \land \sigma$. Então $\varphi^\land = \psi^\land \land \sigma^\land$.

Para obter uma forma normal disjuntiva consideramos $\psi^\lor = \bigvee \psi_i$, $\sigma^\lor = \bigvee \sigma_j$, onde os ψ_i's e os σ_j's são conjunções de átomos e negações de átomos.

Agora $\varphi = \psi \land \sigma \approx \psi^\lor \land \sigma^\lor \approx \bigvee_{i,j}(\psi_i \land \sigma_j)$.

A última proposição está na forma normal, logo dizemos que $\varphi^\lor$ é essa fórmula.

2.3 Algumas Propriedades da Lógica Proposicional

(c) $\varphi = \psi \wedge \sigma$. Semelhante a (b).
(d) $\varphi = \neg\psi$. Por hipótese da indução ψ tem formas normais $\psi^{\vee}$ e $\psi^{\wedge}$.

$\neg\psi \approx \neg\psi^{\wedge} \approx \neg\bigvee\bigwedge\psi_{i,j} \approx \bigwedge\bigvee\neg\psi_{i,j} \approx \bigwedge\bigvee\psi'_{i,j}$, onde $\psi'_{i,j} = \neg\psi_{i,j}$ se $\psi_{i,j}$ é atômica, e $\psi_{i,j} = \neg\psi'_{i,j}$ se $\psi_{i,j}$ é a negação de um átomo. (Observe que $\neg\neg\psi_{i,j} \approx \psi_{i,j}$.) Claramente $\bigwedge\bigvee\psi'_{i,j}$ é uma forma normal conjuntiva para φ. A forma normal disjuntiva é deixada para o leitor.
Para uma outra prova dos teoremas da forma normal veja Exercício 7. □

Olhando para a álgebra da lógica no teorema 1.3.1, vimos que $\vee$ e $\wedge$ se comportaram de uma maneira semelhante, a ponto de que as mesmas leis se verificam para ambos. Vamos tornar essa 'dualidade' mais precisa. Para esse propósito consideramos uma linguagem com apenas os conectivos $\vee$, $\wedge$ e $\neg$.

Definição 2.3.10 *Defina um mapeamento auxiliar* $* : PROP \to PROP$ *recursivamente da seguinte forma*
$\varphi^* = \neg\varphi$ *se φ é atômica,*
$(\varphi \wedge \psi)^* = \varphi^* \vee \psi^*$,
$(\varphi \vee \psi)^* = \varphi^* \wedge \psi^*$,
$(\neg\varphi)^* = \neg\varphi^*$.

Exemplo. $((p_0 \wedge \neg p_1) \vee p_2)^* = (p_0 \wedge \neg p_1)^* \wedge p_2^* = (p_0^* \vee (\neg p_1)^*) \wedge \neg p_2 = (\neg p_0 \vee \neg p_1^*) \wedge \neg p_2 = (\neg p_0 \vee \neg\neg p_1) \wedge \neg p_2 \approx (\neg p_0 \vee p_1) \wedge \neg p_2$.
Note que o efeito da tradução "*" resume-se a tomar a negação e aplicar as leis de De Morgan.

Lema 2.3.11 $[\![\varphi^*]\!] = [\![\neg\varphi]\!]$.

Demonstração. Indução sobre φ. Para φ atômica $[\![\varphi^*]\!] = [\![\neg\varphi]\!]$.
$[\![(\varphi \wedge \psi)^*]\!] = [\![\varphi^* \vee \psi^*]\!] = [\![\neg\varphi \vee \neg\psi]\!] = [\![\neg(\varphi \wedge \psi)]\!]$.
$[\![(\varphi \vee \psi)^*]\!]$ e $[\![(\neg\varphi)^*]\!]$ são deixados ao leitor. □

Corolário 2.3.12 $\models \varphi^* \leftrightarrow \neg\varphi$.

Demonstração. Imediata do Lema 1.3.11. □

Até agora não é bem a dualidade que procuramos. Na verdade desejamos apenas intercambiar $\wedge$ e $\vee$. Por isso introduzimos uma nova função de tradução.

Definição 2.3.13 *A função de tradução* $^d : PROP \to PROP$ *é recursivamente definida por*
$\varphi^d = \varphi$ *para φ atômica,*
$(\varphi \wedge \psi)^d = \varphi^d \vee \psi^d$,
$(\varphi \vee \psi)^d = \varphi^d \wedge \psi^d$,
$(\neg\varphi)^d = \neg\varphi^d$.

Teorema 2.3.14 (Teorema da Dualidade) $\models \varphi \leftrightarrow \psi \Leftrightarrow \models \varphi^d \leftrightarrow \psi^d$.

2 Lógica Proposicional

Demonstração. Usamos a tradução "∗" como um passo intermediário. Vamos introduzir a noção de substituição simultânea para simplificar a demonstração:
$\sigma[\tau_0, \ldots, \tau_n/p_0, \ldots, p_n]$ é obtida substituindo-se p_i por τ_i para todo $i \leq n$ simultaneamente (veja Exercício 15). Observe que $\varphi^* = \varphi^d[\neg p_0, \ldots, \neg p_n]$, logo $\varphi^*[\neg p_0, \ldots, \neg p_n] = \varphi^d[\neg\neg p_0, \ldots, \neg\neg p_n/p_0, \ldots, p_n]$, onde os átomos de φ ocorrem entre $p_0, \ldots, p_n$.

Pelo Teorema da Substituição $\models \varphi^d \leftrightarrow \varphi^*[\neg p_0, \ldots, \neg p_n/p_0, \ldots, p_n]$. A mesma equivalência se verifica para ψ.

Pelo Corolário 1.3.12 $\models \varphi^* \leftrightarrow \neg\varphi$, $\models \psi^* \leftrightarrow \neg\psi$. Como $\models \varphi \leftrightarrow \psi$, temos também $\models \neg\varphi \leftrightarrow \neg\psi$. Logo $\models \varphi^* \leftrightarrow \psi^*$, e portanto $\models \varphi^*[\neg p_0, \ldots, \neg p_n/p_0, \ldots, p_n] \leftrightarrow \varphi^*[\neg p_0, \ldots, \neg p_n]/p_0, \ldots, p_n]$.

Usando a relação acima entre φ^d e φ^* obtemos $\models \varphi^d \leftrightarrow \psi^d$. A recíproca segue imediatamente, pois $\varphi^{dd} = \varphi$. □

O Teorema da Dualidade nos dá gratuitamente uma identidade para cada identidade que estabelecemos.

Exercícios

1. Mostre por meios 'algébricos'
   $\models (\varphi \to \psi) \leftrightarrow (\neg\psi \to \neg\varphi)$, *Contraposição*,
   $\models (\varphi \to \psi) \land (\psi \to \sigma) \to (\varphi \to \sigma)$, *transitividade da* $\to$,
   $\models (\varphi \to (\psi \land \neg\psi)) \to \neg\varphi$,
   $\models (\varphi \to \neg\varphi) \to \neg\varphi$,
   $\models \neg(\varphi \land \neg\varphi)$,
   $\models \varphi \to (\psi \to \varphi \land \psi)$,
   $\models ((\varphi \to \psi) \to \varphi) \to \varphi$. *Lei de Peirce.*
2. Simplifique as seguintes proposições (i.e. encontre uma proposição equivalente mais simples).
   (a) $(\varphi \to \psi) \land \varphi$, (b) $(\varphi\psi) \lor \neg\varphi$ (c) $(\varphi \to \psi) \to \psi$,
   (d) $\varphi \to (\varphi \land \psi)$, (e) $(\varphi \land \psi) \lor \varphi$, (f) $(\varphi \to \psi) \to \varphi$
3. Mostre que $\{\neg\}$ não é um conjunto de conectivos funcionalmente completo. Idem para $\{\to, \lor\}$ (sugestão: mostre que para cada fórmula φ com apenas $\to$ e $\lor$ existe uma valoração v tal que $[\![\varphi]\!]_v = 1$).
4. Mostre que a barra de Sheffer, $|$, forma um conjunto funcionalmente completo (sugestão: $\models \neg\varphi \leftrightarrow \varphi|\varphi$).
5. Mostre que o conectivo $\downarrow$ (φ *nem* ψ), com função de valoração $[\![\varphi \downarrow \psi]\!] = 1$ sse $[\![\varphi]\!] = [\![\psi]\!] = 0$ forma um conjunto funcionalmente completo.
6. Mostre que $|$ e $\downarrow$ são os únicos conectivos binários $\$$ tais que $\{\$\}$ é funcionalmente completo.
7. A completude funcional de $\{\lor, \neg\}$ pode ser demonstrada de uma forma alternativa.
   Seja $\$$ um conectivo n-ário com função de valoração $[\![\$(p_1, \ldots, p_n)]\!] = f([\![p_1]\!], \ldots, [\![p_n]\!])$. Queremos encontrar uma proposição τ (em $\{\lor, \neg\}$) tal que $[\![\tau]\!] = f([\![p_1]\!], \ldots, [\![p_n]\!])$.

2.3 Algumas Propriedades da Lógica Proposicional

Suponha que $f(\llbracket p_1 \rrbracket, \ldots, \llbracket p_n \rrbracket) = 1$ ao menos uma vez. Considere todas as uplas $(\llbracket p_1 \rrbracket, \ldots, \llbracket p_n \rrbracket)$ com $f(\llbracket p_1 \rrbracket, \ldots, \llbracket p_n \rrbracket) = 1$ e forme as conjunções correspondentes $\bar{p}_1 \wedge \bar{p}_2 \wedge \ldots \wedge \bar{p}_n$ tais que $\bar{p}_i = p_i$ se $\llbracket p_i \rrbracket = 1$, $\bar{p}_i = \neg p_i$ se $\llbracket p_i \rrbracket = 0$. Então mostre que $\models (\bar{p}_1^1 \wedge \bar{p}_2^1 \wedge \ldots \wedge \bar{p}_n^1) \vee \ldots \vee (\bar{p}_1^k \wedge \bar{p}_2^k \wedge \ldots \wedge \bar{p}_n^k) \leftrightarrow \$(p_1, \ldots, p_n)$, onde a disjunção é tomada sobre todas as n-uplas tais que $f(\llbracket p_1 \rrbracket, \ldots, \llbracket p_n \rrbracket) = 1$. Alternativamente, podemos considerar as uplas para as quais $f(\llbracket p_1 \rrbracket, \ldots, \llbracket p_n \rrbracket) = 0$. Preencha os detalhes. Note que esta demonstração da completude funcional prova ao mesmo tempo os Teoremas da Forma Normal.

8. Seja o conectivo ternário $\$$ definido por $\llbracket \$(\varphi_1, \varphi_2, \varphi_3) \rrbracket = 1 \Leftrightarrow \llbracket \varphi_1 \rrbracket + \llbracket \varphi_2 \rrbracket + \llbracket \varphi_3 \rrbracket \geq 2$ (o conectivo 'maioria'). Exprima $\$$ em termos de $\vee$ e $\neg$.

9. Seja o conectivo binário $\#$ definido pela tabela

#	0	1
0	0	1
1	1	0

Exprima $\#$ em termos de $\vee$ e $\neg$.

10. Determine as formas normais conjuntiva e disjuntiva para $\neg(\varphi \leftrightarrow \psi)$, $((\varphi \to \psi) \to \psi) \to \psi$, $(\varphi \to (\varphi \wedge \neg \psi)) \wedge (\psi \to (\psi \wedge \neg \varphi))$.

11. Dê um critério para que uma forma normal conjuntiva seja uma tautologia.

12. Mostre que $\bigwedge_{i \leq n} \varphi_i \vee \bigwedge_{j \leq m} \psi_j \approx \bigwedge_{\substack{i \leq n \\ j \leq m}} (\varphi_i \vee \psi_j)$ e

$\bigvee_{i \leq n} \varphi_i \wedge \bigvee_{j \leq m} \psi_j \approx \bigvee_{\substack{i \leq n \\ j \leq m}} (\varphi_i \wedge \psi_j)$.

13. O conjunto de todas as valorações, visto como o conjunto de todas as seqüências 0-1, forma um espaço topológico, o chamado espaço de Cantor $\mathcal{C}$. Os conjuntos abertos básicos são uniões finitas de conjuntos da forma $\{v \mid \llbracket p_{i_1} \rrbracket_v = \ldots = \llbracket p_{i_n} \rrbracket_v = 1$ e $\llbracket p_{j_1} \rrbracket_v = \ldots = \llbracket p_{j_m} \rrbracket_v = 0\}$, $i_k \neq j_p$ para $k \leq n; p \leq m$.
Defina uma função $\llbracket \; \rrbracket : PROP \to \mathcal{P}(\mathcal{C})$ (subconjuntos do espaço de Cantor) por: $\llbracket \varphi \rrbracket = \{v \mid \llbracket \varphi \rrbracket_v = 1\}$.
   (a) Mostre que $\llbracket \varphi \rrbracket$ é um conjunto aberto básico (que também é fechado),
   (b) $\llbracket \varphi \vee \psi \rrbracket = \llbracket \varphi \rrbracket \cup \llbracket \psi \rrbracket$; $\llbracket \varphi \wedge \psi \rrbracket = \llbracket \varphi \rrbracket \cap \llbracket \psi \rrbracket$; $\llbracket \neg \varphi \rrbracket = \llbracket \varphi \rrbracket^{\wedge}$;
   (c) $\models \varphi \Leftrightarrow \llbracket \varphi \rrbracket = \mathcal{C}$; $\llbracket \bot \rrbracket = \emptyset$; $\models \varphi \to \psi \Leftrightarrow \llbracket \varphi \rrbracket \subseteq \llbracket \psi \rrbracket$.
Estenda o mapeamento para conjuntos de proposições Γ por $\llbracket \Gamma \rrbracket = \{v \mid \llbracket \varphi \rrbracket_v = 1 \text{ para todo } \varphi \in \Gamma\}$. Note que $\llbracket \Gamma \rrbracket$ é fechado.
   (d) $\Gamma \models \varphi \Leftrightarrow \llbracket \Gamma \rrbracket \subseteq \llbracket \varphi \rrbracket$.

14. Podemos ver a relação $\models \varphi \to \psi$ como uma espécie de ordenação. Faça $\varphi \sqsubset \psi := \models \varphi \to \psi$ e $\not\models \psi \to \varphi$.
   (i) para cada φ, ψ tais que $\varphi \sqsubset \psi$, encontre σ com $\varphi \sqsubset \sigma \sqsubset \psi$,
   (ii) encontre $\varphi_1, \varphi_2, \varphi_3, \ldots$, tais que $\varphi_1 \sqsubset \varphi_2 \sqsubset \varphi_3 \sqsubset \varphi_4 \sqsubset \ldots$,
   (iii) mostre que para cada φ, ψ com φ e ψ incomparáveis, existe pelo menos um σ com $\varphi, \psi \sqsubset \sigma$.

15. Dê uma definição recursiva da substituição simultânea. $\varphi[\psi_1, \ldots, \psi_n / p_1, \ldots, p_n]$ e formule e demonstre o análogo apropriado do Teorema da Substituição (teorema 1.2.6).

2.4 Dedução Natural

Nas seções precedentes adotamos a visão de que a lógica proposicional é baseada nas tabelas-verdade, i.e. olhamos para a lógica do ponto de vista semântico. Essa, entretanto, não é a única visão possível. Se se pensa em lógica como uma codificação do raciocínio (exato), então ela deveria permanecer próxima à prática de se fazer inferência, ao invés de se basear na noção de verdade. Agora exploraremos a abordagem não-semântica, definindo um sistema para derivar conclusões a partir de premissas. Embora essa abordagem seja de natureza formal, i.e. se abstenha de interpretar os enunciados e as regras, é aconselhável manter em mente alguma interpretação. Vamos introduzir um número de regras de derivação, que são, até certo ponto, os passos atômicos em uma derivação. Essas regras de derivação são concebidas (por Gentzen) para reproduzir o significado intuitivo dos conectivos tão fielmente quanto possível.

Existe um pequeno problema, que ao mesmo tempo é uma grande vantagem, a saber: nossas regras exprimem o significado construtivo dos conectivos. Essa vantagem não será explorada agora, mas é bom guardá-la na memória quando lidamos com lógica (a vantagem é explorada na lógica intuicionística).

Um exemplo simples: o princípio do terceiro excluído nos diz que $\models \varphi \vee \neg\varphi$, i.e., assumindo que φ é um enunciado matemático definido, ou ele ou sua negação deve ser verdadeiro(a). Agora considere um determinado problema ainda não resolvido, como por exemplo a Hipótese de Riemann, chame-a R. Então ou R é verdadeiro, ou $\neg R$ é verdadeiro. Entretanto, não sabemos qual dos dois é verdadeiro, portanto o conteúdo construtivo de $R \vee \neg R$ é nulo. Construtivamente, seria necessário um método para encontrar qual das alternativas se verifica.

O conectivo proposicional que tem um significado bem diferente em uma abordagem construtiva e em uma abordagem não-construtiva é a disjunção. Por conseguinte restringimos nossa linguagem no momento aos conectivos $\wedge$, $\rightarrow$, e $\bot$. Essa não é uma restrição real pois $\{\rightarrow, \bot\}$ é um conjunto funcionalmente completo.

Nossas derivações consistem de passos muito simples, tais como "de φ e $\varphi \rightarrow \psi$ conclua ψ", escrito da seguinte forma:

$$\frac{\varphi \quad \varphi \rightarrow \psi}{\psi}$$

As proposições acima da linha são *premissas*, e a que está abaixo da linha é a *conclusão*. O exemplo acima *eliminou* o conectivo $\rightarrow$. Podemos também *introduzir* conectivos. As regras de derivação para $\wedge$ e $\rightarrow$ são divididas em

2.4 Dedução Natural

REGRAS DE INTRODUÇÃO	REGRAS DE ELIMINAÇÃO

$$(\wedge I) \quad \dfrac{\varphi \quad \psi}{\varphi \wedge \psi} \wedge I \qquad\qquad (\wedge E) \quad \dfrac{\varphi \wedge \psi}{\varphi} \wedge E \quad \dfrac{\varphi \wedge \psi}{\psi} \wedge E$$

$$(\to I) \quad \begin{array}{c} [\varphi] \\ \vdots \\ \dfrac{\psi}{\varphi \to \psi} \to I \end{array} \qquad\qquad (\to E) \quad \dfrac{\varphi \quad \varphi \to \psi}{\psi} \to E$$

Temos duas regras para $\bot$, ambas eliminam $\bot$, mas introduzem uma fórmula.

$$(\bot) \quad \dfrac{\bot}{\varphi} \bot \qquad\qquad (RAA) \quad \begin{array}{c} [\neg \varphi] \\ \vdots \\ \dfrac{\bot}{\varphi} RAA \end{array}$$

Como de costume '$\neg \varphi$' é usada aqui como uma abreviação para '$\varphi \to \bot$'.

As regras para $\wedge$ são evidentes: se temos φ e ψ podemos concluir $\varphi \wedge \psi$, e se temos $\varphi \wedge \psi$ podemos concluir φ (ou ψ). A regra de introdução para a implicação tem uma forma diferente. Ela enuncia que, se podemos derivar ψ a partir de φ (como uma hipótese), então podemos concluir $\varphi \to \psi$ (sem a hipótese φ). Isso está de acordo com o significado intuitivo da implicação: $\varphi \to \psi$ significa que "ψ segue de φ". Escrevemos a regra $(\to I)$ na forma acima para sugerir uma derivação. A notação ficará mais clara depois que tivermos definido derivações. Por enquanto escreveremos as premissas de uma regra na ordem que parece mais apropriada, e mais tarde seremos mais exigentes.

A regra $(\to E)$ também é evidente considerando o significado da implicação. Se φ for dado e sabemos que ψ segue de φ, então temos também ψ. A *regra do falsum*, $(\bot)$, expressa que a partir de um absurdo podemos derivar qualquer coisa (em latim *ex falso sequitur quodlibet*), e a *regra de reductio ad absurdum*, (RAA), é uma formulação do *princípio da prova por absurdo*: se se deriva uma contradição a partir da hipótese $\neg\varphi$, então tem-se uma derivação de φ (sem a hipótese $\neg\varphi$, é claro). Em ambos $(\to I)$ e (RAA) as hipóteses desaparecem, e isso é indicado por um traço riscando a hipótese. Dizemos que a hipótese é *descartada*. Vamos abrir um parênteses aqui e falar um pouco sobre o descarte de hipóteses. Primeiramente consideremos a introdução da implicação. Existe um teorema bem conhecido em geometria plana que enuncia "se um triângulo for isósceles, então os ângulos opostos aos lados iguais são iguais entre si" (*Elementos*, de Euclides, Livro I, proposição 5). Isso é demonstrado da seguinte maneira: supomos que temos um triângulo isósceles e então, em um certo número de passos, deduzimos que os ângulos na base são iguais. Daí concluímos que *os ângulos na base são iguais se o triângulo for isósceles*.

2 Lógica Proposicional

Pergunta 1: ainda precisamos da hipótese de que o triângulo é isósceles? É claro que não! Incorporamos, por assim dizer, essa condição no enunciado propriamente dito. É precisamente o papel dos enunciados condicionais, tais como "se chover usarei meu guarda-chuva", para se livrar da obrigação de requerer (ou verificar) a condição. Em resumo: se podemos deduzir ψ usando a hipótese φ, então $\varphi \to \psi$ é o caso *sem a hipótese* φ (pode haver outras hipóteses, obviamente).

Pergunta 2: é proibido manter a hipótese? Resposta: não, mas ela é claramente supérflua. Na verdade em geral sentimos que as condições supérfluas são confusas ou até mesmo enganosas, mas isso é muito mais uma questão da psicologia da resolução de problemas do que de lógica formal. Normalmente queremos o melhor resultado possível, e é intuitivamente claro que quanto mais hipóteses enunciamos para um teorema, mais fraco é o nosso resultado. Por conseguinte descartaremos, via de regra, tantas hipóteses quanto possível.

No caso do reductio ad absurdum também temos que lidar com o descarte de hipóteses. Novamente, vamos considerar um exemplo.

Em Análise introduzimos a noção de *seqüência convergente* (a_n) e posteriormente a noção "a é um limite de (a_n)". O próximo passo é demonstrar que para cada seqüência convergente existe um único limite; estamos interessados na parte da demonstração que mostra que existe no máximo um limite. Tal demonstração pode se processar da seguinte maneira: assumimos que existem dois limites distintos a e a', e a partir dessa hipótese, $a \neq a'$, derivamos uma contradição. Conclusão: $a = a'$. Nesse caso desprezamos a hipótese $a \neq a'$, dessa vez não é o caso de ser supérflua, mas de estar em conflito! Logo, tanto no caso de $(\to I)$ quanto no de (RAA), é prática segura descartar todas as ocorrências da hipótese em aberto.

Para dominar a técnica da Dedução Natural, e para se familiarizar com a técnica de descarte de hipóteses, nada melhor que olhar para alguns casos concretos. Portanto, antes de proceder à noção de *derivação*, consideremos alguns exemplos.

$$\textbf{I} \quad \dfrac{\dfrac{[\varphi \wedge \psi]^1}{\psi} \wedge E \quad \dfrac{[\varphi \wedge \psi]^1}{\varphi} \wedge E}{\dfrac{\psi \wedge \varphi}{\varphi \wedge \psi \to \psi \wedge \varphi} \to I_1} \wedge I \qquad \textbf{II} \quad \dfrac{\dfrac{\dfrac{[\varphi]^2 \quad [\varphi \to \bot]^1}{\bot} \to E}{(\varphi \to \bot) \to \bot} \to I_1}{\varphi \to ((\varphi \to \bot) \to \bot)} \to I_2$$

$$\textbf{III} \quad \dfrac{\dfrac{\dfrac{[\varphi \wedge \psi]^1}{\psi} \wedge E \quad \dfrac{\dfrac{[\varphi \wedge \psi]^1}{\varphi} \wedge E \quad [\varphi \to (\psi \to \sigma)]^2}{\psi \to \sigma} \to E}{\dfrac{\sigma}{\varphi \wedge \psi \to \sigma} \to I_1}}{(\varphi \to (\psi \to \sigma)) \to (\varphi \wedge \psi \to \sigma)} \to I_2$$

Se usarmos a abreviação usual '$\neg \varphi$' para '$\varphi \to \bot$', podemos trazer algumas derivações para uma forma mais conveniente. (Recordemos que $\neg \varphi$ e $\varphi \to \bot$, como foram dados em 1.2, são semanticamente equivalentes). Reescrevemos a derivação **II** usando a abreviação:

$$\mathbf{II}' \quad \cfrac{\cfrac{\cfrac{[\varphi]^2 \quad [\neg\varphi]^1}{\bot} \to E}{\neg\neg\varphi} \to I_1}{\varphi \to \neg\neg\varphi} \to I_2$$

No exemplo seguinte usamos o símbolo de negação e também o de bi-implicação; $\varphi \leftrightarrow \psi$ para $(\varphi \to \psi) \land (\psi \to \varphi)$.

IV

$$\cfrac{\cfrac{\cfrac{[\varphi]^1 \quad \cfrac{[\varphi\leftrightarrow\neg\varphi]^3}{\varphi\to\neg\varphi}\land E}{\neg\varphi} \to E \quad [\varphi]^1}{\cfrac{\bot}{\neg\varphi} \to I_1} \quad \cfrac{[\varphi\leftrightarrow\neg\varphi]^3}{\neg\varphi\to\varphi}\land E}{\cfrac{\varphi \quad \cfrac{[\varphi]^2 \quad \cfrac{[\varphi\leftrightarrow\neg\varphi]^3}{\varphi\to\neg\varphi}\land E}{\neg\varphi} \to E \quad [\varphi]^2}{\cfrac{\cfrac{\bot}{\neg\varphi} \to I_2}{\to E}}}{\cfrac{\bot}{\neg(\varphi\leftrightarrow\neg\varphi)} \to I_3}$$

Os exemplos nos mostram que derivações têm a forma de árvores. Mostramos as árvores abaixo:

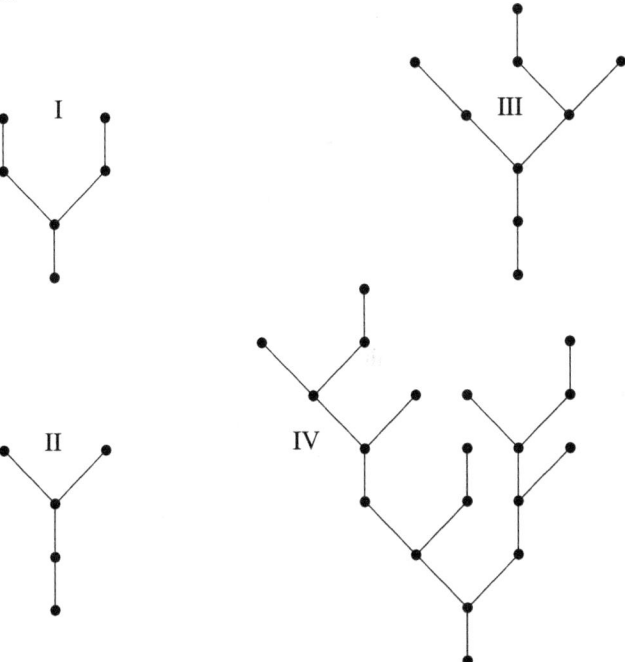

Pode-se também apresentar derivações como cadeias (lineares) de proposições: permaneceremos, entretanto com a forma de árvore, e a ideia é que aquilo que vem naturalmente na forma de árvore não deveria ser colocado numa camisa de força linear.

Agora temos que definir a noção de *derivação* em geral. Usaremos uma definição indutiva para produzir árvores.

Notação. Se $\genfrac{}{}{0pt}{}{\mathcal{D}}{\varphi}, \genfrac{}{}{0pt}{}{\mathcal{D}'}{\varphi'}$ forem derivações com conclusões φ, φ', então $\genfrac{}{}{}{}{\mathcal{D}\ \ \mathcal{D}'}{\genfrac{}{}{}{}{\varphi}{\psi}}, \genfrac{}{}{}{}{\varphi\ \ \varphi'}{\psi}$ são derivações obtidas aplicando-se uma regra de derivação a φ (e a φ e φ'). O descarte de uma hipótese é indicado da seguinte maneira: se $\genfrac{}{}{0pt}{}{\mathcal{D}}{\varphi}$ é uma derivação com hipótese ψ, então $\genfrac{}{}{}{}{[\varphi]\ \mathcal{D}\ \varphi}{\sigma}$ é uma derivação com ψ descartada.

Com respeito ao descarte de hipóteses, observamos que não se descarta necessariamente *todas* as ocorrências de uma tal proposição ψ. Isso é claramente justificado, pois nota-se que ao adicionar hipóteses não se faz com que uma proposição seja inderivável (informação irrelevante pode sempre ser adicionada). É uma questão de prudência, entretanto, descartar tanto quanto possível. Por que prosseguir com mais hipóteses do que o necessário?

Além do mais, pode-se aplicar ($\to I$) se não há hipótese disponível para o descarte e.g. $\dfrac{\varphi}{\psi \to \varphi} \to I$ é uma derivação correta, usando apenas ($\to I$). Para resumir: dada uma árvore de derivação de ψ, obtemos uma árvore de derivação de $\varphi \to \psi$ (ou ψ) no fundo da árvore e descartando algumas (ou todas) as ocorrências, e descartando algumas (ou todas) as ocorrências, se existe alguma, de φ (ou $\neg\varphi$) localizada no topo da árvore.

Algumas palavras sobre o uso prático da dedução natural: se você deseja construir uma derivação para uma proposição é aconselhável conceber algum tipo de estratégia, tal qual num jogo. Suponha que você quer mostrar que $(\varphi \to (\psi \to \sigma)) \to (\varphi \wedge \psi \to \sigma)$ (Exemplo III), então (como a proposição é uma fórmula implicacional) a regra ($\to I$) sugere a si própria. Portanto tente derivar $\varphi \wedge \psi\sigma$ a partir da hipótese $\varphi \to (\psi \to \sigma)$.

Agora sabemos onde começar e para onde ir. Para usar $\varphi \to (\psi \to \sigma)$ desejamos ter φ (para aplicar ($\to E$)). Por outro lado desejamos derivar σ a partir de $\varphi \wedge \psi$, logo podemos usar $\varphi \wedge \psi$ como uma hipótese. Mas disso podemos imediatamente obter φ. Agora uma aplicação de ($\to E$) resulta em $\psi \to \sigma$. Novamente precisamos de algo para "quebrar $\psi \to \sigma$ em suas partes menores"; isso é claramente ψ. Mas ψ é fornecido pela hipótese $\varphi \wedge \psi$. Como resultado, obtivemos σ – tal qual desejávamos. Agora algumas regras de introdução produzião o resultado desejado. A derivação III mostra em detalhe como construir a derivação resultante. Depois de se construir um certo número de derivações adquire-se a convicção prática de que se deve primeiramente quebrar as proposições em suas partes menores na direção de-baixo-para-cima, e então constrói-se as proposições desejadas juntando-se as partes resultantes de maneira apropriada. Essa convicção prática é confirmada pelo *Teorema da Normalização*, para o qual retornaremos mais adiante. Há um ponto que tende particularmente a confundir principiantes:

2.4 Dedução Natural

$$\frac{\begin{array}{c}[\varphi]\\ \vdots\\ \bot\end{array}}{\neg\varphi}\to I \quad e \quad \frac{\begin{array}{c}[\neg\varphi]\\ \vdots\\ \bot\end{array}}{\varphi}\text{RAA}$$

se parecem muito. São ambas casos particulares de Reductio ad absurdum? Na verdade a derivação à esquerda nos diz (informalmente) que a suposição de φ leva a uma contradição, logo φ *não pode ser o caso*. Isso é em nossa terminologia o significado de "não φ". A derivação à direita nos diz que a suposição de $\neg\varphi$ leva a uma contradição, portanto (pelo mesmo raciocínio) $\neg\varphi$ não pode ser o caso. Logo, pelo significado da negação, obteríamos apenas $\neg\neg\varphi$. Não está de forma alguma claro que $\neg\neg\varphi$ é equivalente a φ (de fato, isso é rejeitado pelos intuicionistas), logo essa é uma propriedade extra de nossa lógica. (Isso é confirmado num sentido técnico: $\neg\neg\varphi \to \varphi$ não é derivável no sistema sem RAA.)

Retornamos agora às noções teóricas.

Definição 2.4.1 *O conjunto de derivações é o menor conjunto X tal que*

(1) A árvore de um único elemento φ pertence a X para toda $\varphi \in PROP$.

(2∧) Se $\begin{array}{c}\mathcal{D}\\ \varphi\end{array}, \begin{array}{c}\mathcal{D}'\\ \varphi'\end{array} \in X$ então $\dfrac{\begin{array}{cc}\mathcal{D} & \mathcal{D}'\\ \varphi & \varphi'\end{array}}{\varphi \wedge \varphi'} \in X$.

Se $\begin{array}{c}\mathcal{D}\\ \varphi\wedge\psi\end{array} \in X$, então $\dfrac{\begin{array}{c}\mathcal{D}\\ \varphi\wedge\psi\end{array}}{\varphi}, \dfrac{\begin{array}{c}\mathcal{D}\\ \varphi\wedge\psi\end{array}}{\psi} \in X$.

(2→) Se $\begin{array}{c}\varphi\\ \mathcal{D}\\ \psi\end{array} \in X$, então $\dfrac{\begin{array}{c}[\varphi]\\ \mathcal{D}\\ \psi\end{array}}{\varphi \to \psi} \in X$.

Se $\begin{array}{c}\mathcal{D}\\ \varphi\end{array}, \begin{array}{c}\mathcal{D}'\\ \varphi\to\psi\end{array} \in X$ então $\dfrac{\begin{array}{cc}\mathcal{D} & \mathcal{D}'\\ \varphi & \varphi\to\psi\end{array}}{\psi} \in X$.

(2⊥) Se $\begin{array}{c}\mathcal{D}\\ \bot\end{array} \in X$, então $\dfrac{\begin{array}{c}\mathcal{D}\\ \bot\end{array}}{\varphi} \in X$.

Se $\begin{array}{c}\neg\varphi\\ \mathcal{D}\\ \bot\end{array} \in X$, então $\dfrac{\begin{array}{c}[\neg\varphi]\\ \mathcal{D}\\ \bot\end{array}}{\varphi} \in X$.

A fórmula no final de uma derivação é chamada de *conclusão* da derivação. Como a classe das derivações é indutivamente definida, podemos reproduzir os resultados da seção 1.1.

E.g. temos um *princípio da indução sobre $\mathcal{D}$*: seja A uma propriedade. Se $A(\mathcal{D})$ se verifica para derivações com apenas um elemento e A é preservada sob as cláusulas

(2∧), (2 →) e (2⊥), então $A(\mathcal{D})$ se verifica para todas as derivações. Igualmente podemos definir funções sobre o conjunto de derivações por recursão (cf. Exercício 6, 7, 9).

Definição 2.4.2 *A relação $\Gamma \vdash \varphi$ entre conjuntos de proposições e proposições é definida por: existe uma derivação com conclusão φ e com todas as hipóteses (não descartadas) em Γ. (Veja também o Exercício 6).*

Dizemos que φ é *derivável* a partir de Γ. Note que pela definição Γ pode conter várias "hipóteses" supérfluas. O símbolo $\vdash$ é chamado de *catraca*.

Se $\Gamma = $, escrevemos $\vdash \varphi$, e dizemos que φ é um teorema.

Poderíamos ter evitado a noção de 'derivação' e ao invés dela ter tomado a noção de 'derivabilidade' como fundamental, veja Exercício 10. As duas noções, entretanto, são intimamente relacionadas.

Lema 2.4.3
(a) $\Gamma \vdash \varphi$ se $\varphi \in \Gamma$,
(b) $\Gamma \vdash \varphi, \Gamma' \vdash \psi \Rightarrow \Gamma \cup \Gamma' \vdash \varphi \wedge \psi$,
(c) $\Gamma \vdash \varphi \wedge \psi \Rightarrow \Gamma \vdash \varphi$ e $\Gamma \vdash \psi$,
(d) $\Gamma \cup \varphi \vdash \psi \Rightarrow \Gamma \vdash \varphi \to \psi$,
(e) $\Gamma \vdash \varphi, \Gamma' \vdash \varphi \to \psi \Rightarrow \Gamma \cup \Gamma' \vdash \psi$,
(f) $\Gamma \vdash \bot \Rightarrow \Gamma \vdash \varphi$,
(g) $\Gamma \cup \{\neg \varphi\} \vdash \bot \Rightarrow \Gamma \vdash \varphi$.

Demonstração. Imediata a partir da definição de derivação. □

Agora vamos listar alguns teoremas. ¬ e ↔ são usados como abreviações.

Teorema 2.4.4
(1) $\vdash \varphi \to (\psi \to \varphi)$,
(2) $\vdash \varphi \to (\neg \varphi \to \psi)$,
(3) $\vdash (\varphi \to \psi) \to ((\psi \to \sigma) \to (\varphi \to \sigma))$,
(4) $\vdash (\varphi \to \psi) \leftrightarrow (\neg \psi \to \neg \varphi)$,
(5) $\vdash \neg \neg \varphi \leftrightarrow \varphi$,
(6) $\vdash (\varphi \to (\psi \to \sigma)) \leftrightarrow (\varphi \wedge \psi \to \sigma)$,
(7) $\vdash \bot \leftrightarrow (\varphi \wedge \neg \varphi)$.

Demonstração.

$$1.\quad \dfrac{\dfrac{[\varphi]^1}{\psi \to \varphi} \to I}{\varphi \to (\psi \to \varphi)} \to I_1 \qquad 2.\quad \dfrac{\dfrac{\dfrac{\dfrac{[\varphi]^2 \quad [\neg\varphi]^1}{\bot} \to E}{\psi} \bot}{\neg\varphi \to \psi} \to I_1}{\varphi \to (\neg\varphi \to \psi)} \to I_2$$

3.
$$\frac{\dfrac{[\varphi]^1 \quad [\varphi \to \psi]^3}{\psi} \to E \quad [\psi \to \sigma]^2}{\dfrac{\dfrac{\sigma}{\varphi \to \sigma} \to I_1}{\dfrac{(\psi \to \sigma) \to (\varphi \to \sigma)}{(\varphi \to \psi) \to ((\psi \to \sigma) \to (\varphi \to \sigma))} \to I_3} \to I_2} \to E$$

4. Para uma direção, substitua σ por $\bot$ em 3, então $\vdash (\varphi \to \psi) \to (\neg\psi \to \neg\varphi)$. Reciprocamente:

$$\dfrac{\dfrac{\dfrac{\dfrac{[\neg\psi]^1 \quad [\neg\psi \to \neg\varphi]^3}{\neg\varphi} \to E \quad [\varphi]^2}{\dfrac{\bot}{\psi} RAA_1} \to E}{\dfrac{\varphi \to \psi}{(\neg\psi \to \neg\varphi) \to (\varphi \to \psi)} \to I_3} \to I_2}$$

$$\mathcal{D} \qquad\qquad\qquad \mathcal{D}'$$

Portanto agora temos $\dfrac{(\varphi \to \psi) \to (\neg\psi \to \neg\varphi) \quad (\neg\psi \to \neg\varphi) \to (\varphi \to \psi)}{(\varphi \to \psi) \leftrightarrow (\neg\psi \to \neg\varphi)}$

5. Já demonstramos $\varphi \to \neg\neg\varphi$ como um exemplo. Reciprocamente:

$$\dfrac{\dfrac{\dfrac{[\neg\varphi]^1 \quad [\neg\neg\varphi]^2}{\bot} \to E}{\dfrac{\varphi}{\neg\neg\varphi \to \varphi} \to I_2} RAA_1}{}$$

O resultado agora segue imediatamente. Os números 6 e 7 são deixados ao leitor. □

O sistema delineado nesta seção é chamado de "cálculo de dedução natural" por uma boa razão. Isto é: sua forma de fazer inferências corresponde ao raciocínio que usamos intuitivamente. As regras apresentam meios pelos quais se pode quebrar fórmulas, ou juntá-las. Uma derivação então consiste de uma manipulação habilidosa das regras, cujo uso é normalmente sugerido pela forma da fórmula que desejamos provar.

Discutiremos um exemplo de modo a ilustrar a estratégia geral de construção de derivações. Vamos considerar a recíproca do nosso exemplo anterior **III**.

Para provar $(\varphi \land \psi \to \sigma) \to (\varphi \to (\psi \to \sigma))$ existe apenas um único passo inicial: supor $\varphi \land \psi \to \sigma$ e tentar derivar $\varphi \to (\psi \to \sigma)$. Agora podemos olhar para a suposição ou para o resultado desejado. Vamos considerar a última opção inicialmente: para provar $\varphi \to (\psi \to \sigma)$, devemos supor φ e derivar $\psi \to \sigma$, mas para esse último caso devemos supor ψ e derivar σ.

Logo, podemos supor ao mesmo tempo $\varphi \wedge \psi \to \sigma$, φ e ψ. Agora o procedimento sugere a si próprio: derive $\varphi \wedge \psi$ a partir de φ e ψ, e σ a partir de $\varphi \wedge \psi$ e $\varphi \wedge \psi \to \sigma$. Colocando tudo junto, obtemos a seguinte derivação:

$$\cfrac{\cfrac{\cfrac{\cfrac{\cfrac{[\varphi]^2 \quad [\psi]^1}{\varphi \wedge \psi} \wedge I \qquad [\varphi \wedge \psi \to \sigma]^3}{\sigma} \to E}{\psi \to \sigma} \to I_1}{\varphi \to (\psi \to \sigma)} \to I_2}{(\varphi \wedge \psi \to \sigma) \to (\varphi \to (\psi \to \sigma))} \to I_3$$

Se tivéssemos considerado primeiro $\varphi \wedge \psi \to \sigma$, então a única maneira de seguir adiante seria adicionar $\varphi \wedge \psi$ e aplicar $\to E$. Agora $\varphi \wedge \psi$ ou permanece como uma suposição, ou é obtida a partir de uma outra coisa. Imediatamente ocorre ao leitor derivar $\varphi \wedge \psi$ a partir de φ e ψ. Mas agora ele terá que construir a derivação que obtivemos acima.

Por mais simples que esse exemplo pareça, existem complicações. Em particular a regra de reductio ad absurdum não é nem de perto tão natural quanto as outras regras. Seu uso tem que ser aprendido praticando-se; além disso uma certa habilidade para perceber a distinção entre o *construtivo* e o *não-construtivo* será útil quando se vai tentar decidir quando usá-la.

Finalmente, lembramos que $\top$ é uma abreviação de $\neg\bot$ (i.e. $\bot \to \bot$).

Exercícios

1. Mostre que as seguintes proposições são deriváveis.
   (a) $\varphi \to \varphi$,
   (b) $\bot \to \varphi$,
   (c) $\neg(\varphi \wedge \neg\varphi)$,
   (d) $(\varphi \to \psi) \leftrightarrow \neg(\varphi \wedge \neg\psi)$,
   (e) $(\varphi \wedge \psi) \leftrightarrow \neg(\varphi \to \neg\psi)$,
   (f) $\varphi \to (\psi \to \varphi \wedge \psi)$.

2. Idem para
   (a) $(\varphi \to \neg\varphi) \to \neg\varphi$,
   (b) $(\varphi \to (\psi \to \sigma)) \leftrightarrow (\psi \to (\varphi \to \sigma))$,
   (c) $(\varphi \to \psi) \wedge (\varphi \to \neg\psi) \to \neg\varphi$,
   (d) $(\varphi \to \psi) \to ((\varphi \to (\psi \to \sigma)) \to (\varphi \to \sigma))$.

3. Mostre que
   (a) $\varphi \vdash \neg(\neg\varphi \wedge \psi)$,
   (b) $\neg(\varphi \wedge \neg\psi), \varphi \vdash \psi$,
   (c) $\neg\varphi \vdash (\varphi \to \psi) \leftrightarrow \neg\varphi$,
   (d) $\vdash \varphi \Rightarrow \vdash \psi \to \varphi$,
   (e) $\neg\varphi \vdash \varphi \to \psi$.

4. Mostre que $\vdash ((\varphi \to \psi) \to (\varphi \to \sigma)) \to ((\varphi \to (\psi \to \sigma)))$,
   $\vdash ((\varphi \to \psi) \to \varphi) \to \varphi$.

5. Mostre que $\Gamma \vdash \varphi \Rightarrow \Gamma \cup \Delta \vdash \varphi$,
$\Gamma \vdash \varphi; \Delta, \varphi \vdash \psi \Rightarrow \Gamma \cup \Delta \vdash \psi$.
6. Dê uma definição recursiva da função Hyp que associa a cada derivação $\mathcal{D}$ seu conjunto de hipóteses $Hyp(\mathcal{D})$ (trata-se de uma noção mais estrita que a noção apresentada na definição 1.4.2, pois esta refere-se ao menor conjunto de hipóteses, i.e. hipóteses sem 'lixo').
7. Análogo ao operador de substituição para proposições definimos um operador de substituição para derivações. $\mathcal{D}[\varphi/p]$ é obtida substituindo-se cada ocorrência de p em cada proposição em $\mathcal{D}$ por φ. Dê uma definição recursiva de $\mathcal{D}[\varphi/p]$. Mostre que $\mathcal{D}[\varphi/p]$ é uma derivação se $\mathcal{D}$ é uma derivação, e que $\Gamma \vdash \sigma \Rightarrow \Gamma[\varphi/p] \vdash \sigma[\varphi/p]$. Observação: em muitos casos se necessita de noções mais refinadas de substituição, mas esta nos será suficiente.
8. (**Teorema da Substituição**) $\vdash (\varphi_1 \leftrightarrow \varphi_2) \to (\psi[\varphi_1/p] \leftrightarrow \psi[\varphi_2/p])$.
Sugestão: use indução sobre ψ; o teorema também seguirá como conseqüência do Teorema da Substituição para $\models$, uma vez que tenhamos estabelecido o Teorema da Completude.
9. O *tamanho*, $t(\mathcal{D})$, de uma derivação é o número de ocorrências de proposições em $\mathcal{D}$. Dê uma definição indutiva de $t(\mathcal{D})$. Demonstre que se pode provar propriedades de derivações por indução sobre o seu tamanho.
10. Dê uma definição recursiva da relação $\vdash$ (use a lista do Lema 1.4.3), demonstre que essa relação coincide com a relação derivada da Definição 1.4.2. Conclua que cada Γ com $\Gamma \vdash \varphi$ contém um Δ finito, tal que $\Delta \vdash \varphi$ também.
11. Mostre que
   (a) $\vdash \top$,
   (b) $\vdash \varphi \Leftrightarrow \vdash \varphi \leftrightarrow \top$,
   (c) $\vdash \neg\varphi \Leftrightarrow \vdash \varphi \leftrightarrow \bot$.

2.5 Completude

Nesta seção mostraremos que "veracidade" e "derivabilidade" coincidem, mais precisamente: as relações "$\models$" e "$\vdash$" coincidem. A parte fácil da afirmação é: "derivabilidade" implica em "veracidade"; pois derivabilidade é estabelecida pela existência de uma derivação. Essa última noção é definida indutivamente, portanto podemos demonstrar a implicação por indução sobre a derivação.

Lema 2.5.1 (Corretude) $\Gamma \vdash \varphi \Rightarrow \Gamma \models \varphi$.

Demonstração. Como, pela definição 1.4.2, $\Gamma \vdash \varphi$ sse existe uma derivação $\mathcal{D}$ com todas as hipóteses em Γ, é suficiente mostrar que: para cada derivação $\mathcal{D}$ com conclusão φ e hipóteses em Γ temos $\Gamma \models \varphi$. Agora usamos indução sobre $\mathcal{D}$.

(*caso base*) Se $\mathcal{D}$ tem um elemento, então evidentemente $\varphi \in \Gamma$. O leitor facilmente vê que $\Gamma \models \varphi$.

($\wedge I$) Hipótese da indução: $\begin{array}{c}\mathcal{D}\\\varphi\end{array}$ e $\begin{array}{c}\mathcal{D}'\\\varphi'\end{array}$ são derivações e para cada Γ, Γ' contendo as hipóteses de $\mathcal{D}, \mathcal{D}', \Gamma \models \varphi, \Gamma' \models \varphi'$.

Agora suponha que Γ''' contém as hipóteses de $\dfrac{\begin{array}{cc}\mathcal{D} & \mathcal{D}'\\ \varphi & \varphi'\end{array}}{\varphi \wedge \varphi'}$

Escolhendo Γ e Γ' de tal forma que sejam exatamente o conjunto de hipóteses de $\mathcal{D}, \mathcal{D}'$, vemos que $\Gamma''' \supseteq \Gamma \cup \Gamma'$.

Logo $\Gamma''' \models \varphi$ e $\Gamma''' \models \varphi'$. Seja $[\![\psi]\!]_v = 1$ para toda $\psi \in \Gamma'''$, então $[\![\varphi]\!]_v = [\![\varphi']\!]_v = 1$, portanto $[\![\varphi \wedge \varphi']\!]_v = 1$. Isso mostra que $\Gamma''' \models \varphi \wedge \varphi'$.

($\wedge E$) Hipótese da indução: para qualquer Γ contendo as hipóteses de $\dfrac{\mathcal{D}}{\varphi \wedge \psi}$ temos

$\Gamma \models \varphi \wedge \psi$. Considere um Γ contendo todas as hipóteses de $\dfrac{\mathcal{D}}{\dfrac{\varphi \wedge \psi}{\varphi}}$ e $\dfrac{\mathcal{D}}{\dfrac{\varphi \wedge \psi}{\psi}}$. Deixo ao leitor a prova de que $\Gamma \models \varphi$ e $\Gamma \models \psi$.

($\to I$) Hipótese da indução: para qualquer Γ contendo todas as hipóteses de $\dfrac{\mathcal{D}}{\psi}$, $\Gamma \models \varphi$

ψ. Suponha que Γ' contém todas as hipóteses de $\dfrac{\dfrac{[\varphi]}{\mathcal{D}}}{\dfrac{\psi}{\varphi \to \psi}}$. Agora $\Gamma' \cup \{\varphi\}$ contém

todas as hipóteses de $\mathcal{D}$, logo se $[\![\varphi]\!] = 1$ e $[\![\chi]\!] = 1$ para toda χ em Γ', então $[\![\psi]\!] = 1$. Portanto a tabela-verdade de $\to$ nos diz que $[\![\varphi \to \psi]\!] = 1$ se todas as proposições em Γ' têm valor 1. Logo $\Gamma' \models \varphi \to \psi$.

($\to E$) Um exercício para o leitor.

($\bot$) Hipótese da indução: para cada Γ contendo todas as hipóteses de $\dfrac{\mathcal{D}}{\bot}$, $\Gamma \models \bot$.

Como $[\![\bot]\!] = 0$ para todas as valorações, não existe valoração tal que $[\![\psi]\!] = 1$ para toda $\psi \in \Gamma$. Suponha que Γ' contém todas as hipóteses de $\dfrac{\dfrac{\mathcal{D}}{\bot}}{\varphi}$ e suponha que $\Gamma' \not\models \varphi$, então $[\![\psi]\!] = 1$ para toda $\psi \in \Gamma'$ e $[\![\varphi]\!] = 0$ para alguma valoração. Como Γ' contém todas as hipóteses da primeira derivação temos uma contradição.

2.5 Completude

(RAA) Hipótese da indução: para cada Γ contendo todas as hipóteses de $\mathcal{D}$, temos

$$\dfrac{\begin{array}{c}[\neg\varphi]\\ \mathcal{D}\\ \bot\end{array}}{\varphi}$$

$\Gamma \models \bot$. Suponha que Γ' contém todas as hipóteses de $\dfrac{\neg\varphi \quad \bot}{\ }$ e suponha que $\Gamma' \not\models$ φ, então existe uma valoração tal que $[\![\psi]\!] = 1$ para toda $\psi \in \Gamma'$ e $[\![\varphi]\!] = 0$, i.e. $[\![\neg\varphi]\!] = 1$. Mas $\Gamma'' = \Gamma' \cup \{\neg\varphi\}$ contém todas as hipóteses da primeira derivação e $[\![\psi]\!] = 1$ para toda $\psi \in \Gamma''$. Isto é impossível pois $\Gamma'' \models \bot$. Logo $\Gamma' \models \varphi$. □

Esse lema pode não parecer muito impressionante, mas ele nos permite mostrar que algumas proposições não são teoremas, através simplesmente de uma demonstração de que elas não são tautologias. Sem esse lema isso teria sido uma tarefa muito trabalhosa. Teríamos que mostrar que não existe derivação (sem hipóteses) da proposição dada. Em geral isso requer profunda percepção sobre a natureza das derivações, o que está além das nossas possibilidades no momento.

Exemplos. $\not\vdash p_0$, $\not\vdash (\varphi \to \psi) \to \varphi \wedge \psi$.

No primeiro exemplo, tome a valoração constante 0. $[\![p_0]\!] = 0$, logo $\not\models p_0$ e portanto $\not\vdash p_0$. No segundo exemplo nos deparamos com uma meta-proposição (um *esquema*); estritamente falando ela não pode ser derivável (apenas proposições *reais* podem). Por $\vdash (\varphi \to \psi) \to \varphi \wedge \psi$ queremos dizer que todas as proposições daquela forma (obtidas substituindo-se φ e ψ por proposições reais, por exemplo) são deriváveis. Para refutá-la precisamos apenas de uma instância que não é derivável. Tome $\varphi = \psi = p_0$. Para demonstrar a recíproca do enunciado do Lema 2.5.1 precisamos de algumas novas noções. A primeira tem uma história impressionante; trata-se da noção de *ausência de contradição* ou *consistência*. Foi transformada na pedra angular dos fundamentos da matemática por Hilbert.

Definição 2.5.2 *Um conjunto Γ de proposições é* consistente *se $\Gamma \not\vdash \bot$.*

Em palavras: não se pode derivar uma contradição a partir de Γ. A consistência de Γ pode ser expressa de várias outras formas:

Lema 2.5.3 *As seguintes condições são equivalentes:*

(i) *Γ é consistente,*
(ii) *Para nenhuma φ, $\Gamma \vdash \varphi$ e $\Gamma \vdash \neg\varphi$,*
(iii) *Existe pelo menos uma φ tal que $\Gamma \not\vdash \varphi$.*

Demonstração. Vamos chamar Γ de *inconsistente* se $\Gamma \vdash \bot$, então podemos também provar a equivalência de

(iv) *Γ é inconsistente,*
(v) *Existe uma φ tal que $\Gamma \vdash \varphi$ e $\Gamma \vdash \neg\varphi$,*

(vi) $\Gamma \vdash \varphi$ para toda φ.

(iv) $\Rightarrow$ (vi) Suponha que $\Gamma \vdash \bot$, i.e. existe uma derivação $\mathcal{D}$ com conclusão $\bot$ e hipóteses em Γ. Pela regra ($\bot$) podemos adicionar uma inferência, $\bot \vdash \varphi$, a $\mathcal{D}$, de tal forma que $\Gamma \vdash \varphi$. Isso se verifica para todo φ.

(vi) $\Rightarrow$ (v) Trivial.

(v) $\Rightarrow$ (iv) Suponha que $\Gamma \vdash \varphi$ e $\Gamma \vdash \neg\varphi$. A partir das duas derivações associadas a essas hipóteses, obtém-se uma derivação para $\Gamma \vdash \bot$ usando a regra ($\rightarrow E$). $\square$

A cláusula (vi) nos diz por que razão conjuntos inconsistentes (ou teorias inconsistentes) são destituídos de interesse matemático. Pois, se tudo é derivável, não podemos distinguir entre "boas" e "más" proposições. A matemática tenta encontrar distinções, não borrá-las.

Na prática matemática procura-se estabelecer consistência exibindo-se um modelo (pense na consistência da negação do quinto postulado de Euclides e as geometrias não-euclideanas). No contexto da lógica proposicional isso significa procurar uma valoração apropriada.

Lema 2.5.4 *Se existe uma valoração tal que $[\![\psi]\!]_v = 1$ para toda $\psi \in \Gamma$, então Γ é consistente.*

Demonstração. Suponha que $\Gamma \vdash \bot$, então pelo Lema 2.5.1 $\Gamma \models \bot$, logo para qualquer valoração v $[\![(\psi)]\!]_v = 1$ para toda $\psi \in \Gamma \Rightarrow [\![\bot]\!]_v = 1$. Como $[\![\bot]\!]_v = 0$ para todas as valorações, não existe valoração com $[\![\psi]\!]_v = 1$ para toda $\psi \in \Gamma$. Contradição. Portanto Γ é consistente. $\square$

Exemplos.

1. $\{p_0, \neg p_1, p_1 \rightarrow p_2\}$ é consistente. Uma valoração apropriada é uma que satisfaz $[\![p_0]\!] = 1$, $[\![p_1]\!] = 0$.
2. $\{p_0, p_1, \ldots\}$ é consistente. Escolha a valoração constante 1.

A cláusula (v) do Lema 2.5.3 nos diz que $\Gamma \cup \{\varphi, \neg\varphi\}$ é inconsistente. Agora como poderia $\Gamma \cup \{\neg\varphi\}$ ser inconsistente? Parece plausível imputar isso à derivabilidade de φ. O próximo lema confirma isto.

Lema 2.5.5 (a) $\Gamma \cup \{\neg\varphi\}$ *é inconsistente* $\Rightarrow \Gamma \vdash \varphi$,
(b) $\Gamma \cup \{\varphi\}$ *é inconsistente* $\Rightarrow \Gamma \vdash \neg\varphi$.

Demonstração. As suposições de (a) e de (b) permitem que se construam as duas derivações abaixo: ambas com conclusão $\bot$. Aplicando (RAA), e ($\rightarrow I$), obtemos derivações com hipóteses em Γ, de φ, e de $\neg\varphi$, respectivamente.

$$\begin{array}{cc} [\neg\varphi] & [\varphi] \\ \mathcal{D} & \mathcal{D}' \\ \dfrac{\bot}{\varphi}\, RAA & \dfrac{\bot}{\neg\varphi} \rightarrow I \end{array}$$

$\square$

Definição 2.5.6 *Um conjunto Γ é maximamente consistente sse*

(a) Γ é consistente,
(b) $\Gamma \subseteq \Gamma'$ e Γ' consistente $\Rightarrow \Gamma = \Gamma'$.

Observação. Poder-se-ia substituir (b) por (b'): se Γ é um subconjunto próprio de Γ', então Γ' é inconsistente. I.e., simplesmente acrescentando mais uma proposição, o conjunto torna-se inconsistente.

Conjuntos maximamente consistentes têm um papel importante em lógica. Mostraremos que existem muitos deles.

Aqui vai um exemplo: $\Gamma = \{\varphi \mid [\![\varphi]\!] = 1\}$ para uma valoração fixa. Pelo Lema 1.5.4 Γ é consistente. Considere um conjunto consistente Γ' tal que $\Gamma \subseteq \Gamma'$. Agora suponha que $\psi \in \Gamma'$ e que $[\![\psi]\!] = 0$, então $[\![\neg\psi]\!] = 1$, e portanto $\neg\psi \in \Gamma$.

Porém como $\Gamma \subseteq \Gamma'$ isso implica que Γ' é inconsistente. Contradição. Por conseguinte $[\![\psi]\!] = 1$ para toda $\psi \in \Gamma'$, logo por definição $\Gamma = \Gamma'$. Da demonstração do Lema 2.5.11 segue que esse é basicamente o único tipo de conjunto maximamente consistente que podemos esperar.

O lema fundamental a seguir é demonstrado diretamente. O leitor pode reconhecer nele um análogo do Lema da Existência do Ideal Máximo da teoria dos anéis (ou o Teorema do Ideal Primo Booleano), que é usualmente demonstrado por uma aplicação do Lema de Zorn.

Lema 2.5.7 *Cada conjunto consistente Γ está contido em um conjunto maximamente consistente Γ^*.*

Demonstração. Existe um número contável de proposições, portanto suponha que temos uma lista $\varphi_0, \varphi_1, \varphi_2, \ldots$ de todas as proposições (cf. Exercício 5). Definimos uma seqüência não-decrescente de conjuntos Γ_i tal que a união desses conjuntos é maximamente consistente.

$\Gamma_0 = \Gamma$,
$\Gamma_{n+1} = \begin{cases} \Gamma_n \cup \{\varphi_n\} & \text{se } \Gamma_n \cup \{\varphi_n\} \text{ é consistente,} \\ \Gamma_n & \text{caso contrário.} \end{cases}$
$\Gamma^* = \bigcup\{\Gamma_n \mid n \geq 0\}$.

(a) Γ_n é consistente para todo n.
  Imediato, por indução sobre n.
(b) Γ^* é consistente.
  Suponha que $\Gamma^* \vdash \bot$ então, pela definição de $\bot$ existe uma derivação $\mathcal{D}$ de $\bot$ com hipóteses em Γ^*; $\mathcal{D}$ tem um número finito de hipóteses $\psi_0, \ldots, \psi_k$. Como $\Gamma^* = \bigcup\{\Gamma_n \mid n \geq 0\}$, temos para cada $i \leq k$ $\psi_i \in \Gamma_{n_i}$ para algum n_i. Suponha que n seja $\max\{n_i \mid i \leq k\}$, então $\psi_0, \ldots, \psi_k \in \Gamma_n$ e portanto $\Gamma_n \vdash \bot$. Mas Γ_n é consistente. Contradição.
(c) Γ^* é maximamente consistente. Suponha que $\Gamma^* \subseteq \Delta$ e que Δ seja consistente. Se $\psi \in \Delta$, então $\psi = \varphi_m$ para algum m. Como $\Gamma_m \subseteq \Gamma^* \subseteq \Delta$ e Δ é consistente, $\Gamma_m \cup \{\varphi_m\}$ é consistente. Por conseguinte $\Gamma_{m+1} = \Gamma_m \cup \{\varphi_m\}$, i.e. $\varphi_m \in \Gamma_{m+1} \subseteq \Gamma^*$. Isso mostra que $\Gamma^* = \Delta$. □

Lema 2.5.8 *Se Γ for maximamente consistente, então Γ é fechado sob derivabilidade (i.e. $\Gamma \vdash \varphi \Rightarrow \varphi \in \Gamma$).*

Demonstração. Suponha que $\Gamma \vdash \varphi$ e que $\varphi \notin \Gamma$. Então $\Gamma \cup \{\varphi\}$ deve ser inconsistente. Portanto $\Gamma \vdash \neg\varphi$, logo Γ é inconsistente. Contradição. □

Lema 2.5.9 *Suponha que Γ seja maximamente consistente; então*

(a) *para toda φ, ou $\varphi \in \Gamma$, ou $\neg\varphi \in \Gamma$,*
(b) *para todas $\varphi, \psi, \varphi \to \psi \in \Gamma \Leftrightarrow (\varphi \in \Gamma \Rightarrow \psi \in \Gamma)$.*

Demonstração. (a) Sabemos que não é possível que ambas φ e $\neg\varphi$ pertençam a Γ. Considere $\Gamma' = \Gamma \cup \{\varphi\}$. Se Γ' for inconsistente, então, por 2.5.5, 2.5.8, $\neg\varphi \in \Gamma$. Se Γ' for consistente, então $\varphi \in \Gamma$ pela maximalidade de Γ.

(b) Suponha que $\varphi \to \psi \in \Gamma$ e que $\varphi \in \Gamma$. Vamos mostrar que: $\psi \in \Gamma$. Como $\varphi, \varphi \to \psi \in \Gamma$ e considerando que Γ é fechado sob derivabilidade (Lema 2.5.8), obtemos que $\psi \in \Gamma$ por $\to E$.

Reciprocamente: Suponha que $\varphi \in \Gamma$ implica em $\psi \in \Gamma$. Se $\varphi \in \Gamma$ então obviamente $\Gamma \vdash \psi$, logo $\Gamma \vdash \varphi \to \psi$. Se $\varphi \notin \Gamma$, então $\neg\varphi \in \Gamma$, e portanto $\Gamma \vdash \neg\varphi$. Por conseguinte $\Gamma \vdash \varphi \to \psi$. □

Note que obtemos automaticamente o seguinte:

Corolário 2.5.10 *Se Γ for maximamente consistente, então $\varphi \in \Gamma \Leftrightarrow \neg\varphi \notin \Gamma$, e $\neg\varphi \in \Gamma \Leftrightarrow \varphi \notin \Gamma$.*

Lema 2.5.11 *Se Γ for consistente, então existe uma valoração tal que $[\![\psi]\!] = 1$ para toda $\psi \in \Gamma$.*

Demonstração. (a) Por 2.5.7 Γ está contido em um Γ^* maximamente consistente.

(b) Defina $v(p_i) = \begin{cases} 1 \text{ se } p_i \in \Gamma^* \\ 0 \text{ caso contrário} \end{cases}$

e estenda v para a valoração $[\![\ ]\!]_v$.
Afirmação: $[\![\varphi]\!] = 1 \Leftrightarrow \varphi \in \Gamma^*$. Use indução sobre φ.

1. Para φ atômica a afirmação se verifica por definição.
2. $\varphi = \psi \wedge \sigma$. $[\![\varphi]\!]_v = 1 \Leftrightarrow [\![\psi]\!]_v = [\![\sigma]\!]_v = 1 \Leftrightarrow$ (hipótese da indução) $\psi, \sigma \in \Gamma^*$ e portanto $\varphi \in \Gamma^*$. Reciprocamente, $\psi \wedge \sigma \in \Gamma^* \Leftrightarrow \psi, \sigma \in \Gamma^*$ (2.5.8). O restante segue da hipótese da indução.
3. $\varphi = \psi \to \sigma$. $[\![(\psi \to \sigma)]\!]_v = 0 \Leftrightarrow [\![\psi]\!]_v = 1$ e $[\![\sigma]\!]_v = 0 \Leftrightarrow$ (hipótese da indução) $\psi \in \Gamma^*$ e $\sigma \notin \Gamma^* \Leftrightarrow \psi \to \sigma \notin \Gamma^*$ (por 2.5.9).

(c) Como $\Gamma \subseteq \Gamma^*$ temos $[\![\psi]\!]_v = 1$ para toda $\psi \in \Gamma$. □

Corolário 2.5.12 *$\Gamma \not\vdash \varphi \Leftrightarrow$ existe uma valoração tal que $[\![\psi]\!] = 1$ para toda $\psi \in \Gamma$ e $[\![\varphi]\!] = 0$.*

Demonstração. $\Gamma \not\vdash \varphi \Leftrightarrow \Gamma \cup \{\neg\varphi\}$ consistente $\Leftrightarrow$ existe uma valoração tal que $[\![\psi]\!] = 1$ para toda $\psi \in \Gamma \cup \{\neg\varphi\}$, ou $[\![\psi]\!] = 1$ para toda $\psi \in \Gamma$ e $[\![\varphi]\!] = 0$. □

Teorema 2.5.13 (Teorema da Completude) $\Gamma \vdash \varphi \Leftrightarrow \Gamma \models \varphi$.

Demonstração. $\Gamma \not\vdash \varphi \Rightarrow \Gamma \not\models \varphi$ por 2.5.12. A recíproca se verifica por 2.5.1. □

2.5 Completude

Em particular, temos $\vdash \varphi \Leftrightarrow \models \varphi$, logo o conjunto de teoremas é exatamente o conjunto de tautologias.

O Teorema da Completude nos diz que a tarefa tediosa de fazer derivações pode ser substituída pela tarefa (igualmente tediosa, porém automática) de checar tautologias. Em princípio isto simplifica consideravelmente, pelo menos em princípio, a busca por teoremas; se, por um lado, para se construir derivações é preciso ser (razoavelmente) inteligente, por outro lado, para se montar tabelas-verdade é necessário se ter perseverança.

Para teorias lógicas às vezes se leva em conta uma outra noção de completude: um conjunto Γ é chamado de *completo* se para cada φ, $\Gamma \vdash \varphi$ ou $\Gamma \vdash \neg\varphi$. Essa noção está intimamente relacionada a "maximamente consistente". Do Exercício 6, segue que $Cons(\Gamma) = \{\sigma \mid \Gamma \vdash \sigma\}$ (o *conjunto de conseqüências de Γ*) é maximamente consistente se Γ for um conjunto completo. A recíproca também se verifica (cf. Exercício 10). A própria lógica proposicional (i.e. o caso em que $\Gamma =$) não é completa nesse sentido, e.g. $\not\vdash p_0$ e $\not\vdash \neg p_0$.

Existe uma outra noção importante que é tradicionalmente levada em conta em lógica: *decidibilidade*. A lógica proposicional é decidível no seguinte sentido: existe um procedimento efetivo para verificar a derivabilidade de proposições φ. Colocando de outra forma: existe um algoritmo que para cada φ testa se $\vdash \varphi$. O algoritmo é simples: escreva a tabela-verdade completa para φ e verifique se a última coluna contém apenas 1's. Se for o caso, então $\models \varphi$ e, pelo Teorema da Completude, $\vdash \varphi$. Caso contrário, então $\not\models \varphi$ e portanto $\not\vdash \varphi$. Esse certamente não é o melhor algoritmo, pode-se encontrar outros mais econômicos. Existem também algoritmos que dão mais informação, e.g. eles não apenas testam $\vdash \varphi$, mas também produzem uma derivação, se é que existe uma. Tais algoritmos, entretanto, requerem uma análise mais profunda de derivações. Isso está fora do escopo deste livro.

Há um aspecto do Teorema da Completude que desejamos discutir agora. Não vem como uma surpresa o fato de que verdade segue de derivabilidade. Afinal de contas, começamos com uma noção combinatorial, definida indutivamente, e terminamos com 'ser verdadeiro para todas as valorações'. Uma prova indutiva simples resolve o problema.

Para a recíproca a situação é totalmente diferente. Por definição, $\Gamma \models \varphi$ significa que $[\![\varphi]\!]_v = 1$ para todas as valorações v que tornam verdadeiras as proposições de Γ. Portanto sabemos algo sobre o comportamento de *todas* as valorações com respeito a Γ e φ. Podemos ter esperança de extrair desse número infinito de fatos conjuntistas a informação finita, concreta, necessária para construir uma derivação para $\Gamma \vdash \varphi$? Evidentemente os fatos disponíveis não nos dão muita coisa para prosseguir. Vamos portanto simplificar um pouco as coisas diminuindo o tamanho do conjunto Γ; afinal de contas, usamos apenas um número finito de fórmulas de Γ em uma derivação, portanto vamos supor que aquelas fórmulas $\psi_1, \ldots, \psi_n$ são dadas. Agora podemos esperar maior sucesso, pois apenas um número finito de átomos estão envolvidos, e por isso podemos considerar uma "parte" finita do número infinito de valorações que têm algum papel a desempenhar. Isso quer dizer que apenas as restrições das valorações ao conjunto dos átomos ocorrendo em $\psi_1, \ldots \psi_n, \varphi$ são relevantes. Vamos simplificar o problema ainda mais. Sabemos que $\psi_1, \ldots \psi_n \vdash \varphi$ ($\psi_1, \ldots \psi_n \models \varphi$) pode ser substituído por $\vdash \psi_1 \wedge \ldots \wedge \psi_n \rightarrow \varphi$ ($\models \psi_1 \wedge \ldots \wedge \psi_n \rightarrow \varphi$), baseando-se nas regras de derivação (a definição de valoração). Daí nos vem a pergunta: dada a tabela-verdade para uma tautologia σ, podemos efetivamente encontrar uma derivação para σ?

Essa questão não é respondida pelo Teorema da Completude, pois nossa demonstração não é efetiva (pelo menos não o é à primeira vista). A questão foi respondida positivamente, e.g. por Post, Bernays e Kalmar (cf. [Kleene 1952] IV, §29) e foi facilmente tratada por meio das técnicas de Gentzen, ou por tableaux semânticos. Vamos apenas esquematizar um método de prova: podemos efetivamente encontrar uma forma normal conjuntiva σ^* para σ tal que $\vdash \sigma \leftrightarrow \sigma^*$. Demonstra-se facilmente que σ^* é uma tautologia se e somente se cada operando da conjunção contém um átomo e sua negação, ou $\neg\bot$, e junta-se todos para obter uma derivação de σ^*, o que imediatamente resulta numa derivação de σ.

Exercícios

1. Verifique quais dos seguintes conjuntos são consistentes
   (a) $\{\neg p_1 \wedge p_2 \rightarrow p_0, p_1 \rightarrow (\neg p_1 \rightarrow p_2), p_0 \leftrightarrow \neg p_2\}$,
   (b) $\{p_0 \rightarrow p_1, p_1 \rightarrow p_2, p_2 \rightarrow p_3, p_3 \rightarrow \neg p_0\}$,
   (c) $\{p_0 \rightarrow p_1, p_0 \wedge p_2 \rightarrow p_1 \wedge p_3, p_0 \wedge p_2 \wedge p_4 \rightarrow p_1 \wedge p_3 \wedge p_5, \ldots\}$.
2. Mostre que as seguintes condições são equivalentes:
   (a) $\{\varphi_1, \ldots, \varphi_n\}$ é consistente.
   (b) $\nvdash \neg(\varphi_1 \wedge \varphi_2 \wedge \ldots \wedge \varphi_n)$.
   (c) $\nvdash \varphi_1 \wedge \varphi_2 \wedge \ldots \wedge \varphi_{n-1} \rightarrow \neg\varphi_n$.
3. φ é *independente* de Γ se $\Gamma \nvdash \varphi$ e $\Gamma \nvdash \neg\varphi$. Mostre que: $p_1 \rightarrow p_2$ é independente de $\{p_1 \leftrightarrow p_0 \wedge \neg p_2, p_2 \rightarrow p_0\}$.
4. Um conjunto Γ é *independente* se para cada $\varphi \in \Gamma$ $\Gamma - \{\varphi\} \nvdash \varphi$.
   (a) Demonstre que cada conjunto finito Γ tem um subconjunto independente Δ tal que $\Delta \vdash \varphi$ para todo $\varphi \in \Gamma$.
   (b) Seja $\Gamma = \{\varphi_0, \varphi_1, \varphi_2, \ldots\}$. Encontre um conjunto equivalente $\Gamma' = \{\psi_0, \psi_1, \ldots\}$ (i.e. $\Gamma \vdash \psi_i$ e $\Gamma' \vdash \varphi_i$ para todo i) tal que $\vdash \psi_{n+1} \rightarrow \psi_n$, mas $\nvdash \psi_n \rightarrow \psi_{n+1}$. Note que Γ' pode ser finito.
   (c) Considere um conjunto infinito Γ' como o do item (b). Defina $\sigma_0 = \psi_0$, $\sigma_{n+1} = \psi_n \rightarrow \psi_{n+1}$. Demonstre que $\Delta = \{\sigma_0, \sigma_1, \sigma_2, \ldots\}$ é independente e equivalente a Γ'.
   (d) Mostre que cada conjunto Γ é equivalente a um conjunto independente Δ.
   (e) Mostre que Δ não precisa ser um subconjunto de Γ (considere $\{p_0, p_0 \wedge p_1, p_0 \wedge p_1 \wedge p_2, \ldots\}$).
5. Encontre uma maneira efetiva de enumerar todas as proposições (sugestão: considere conjuntos Γ_n de todas as proposições de posto $\leq n$ com átomos vindos de $p_0, \ldots, p_n$).
6. Mostre que um conjunto consistente Γ é maximamente consistente se $\varphi \in \Gamma$ ou $\neg\varphi \in \Gamma$ para todo φ.
7. Mostre que $\{p_0, p_1, p_2, \ldots, p_n, \ldots\}$ é completo.

8. (*Teorema da Compaccidade*). Mostre que: existe um v tal que $[\![\psi]\!]_v = 1$ para toda $\psi \in \Gamma \Leftrightarrow$ para cada subconjunto finito $\Delta \subseteq \Gamma$ existe um v tal que $[\![\sigma]\!]_v = 1$ para toda $\sigma \in \Delta$.
Formulada nos termos do Exercício 13 da seção 1.3: $[\![\Gamma]\!] \neq \emptyset$ se $[\![\Delta]\!] \neq \emptyset$ para todo Δ finito tal que $\Delta \subseteq \Gamma$.
9. Considere um conjunto infinito $\{\varphi_1, \varphi_2, \varphi_3, \ldots\}$. Se para cada valoração existe um n tal que $[\![\varphi_n]\!] = 1$, então existe um m tal que $\vdash \varphi_1 \vee \ldots \vee \varphi_m$. (Sugestão: considere as negações $\neg\varphi_1, \neg\varphi_2, \ldots$, e aplique o Exercício 8).
10. Mostre que: $\text{Cons}(\Gamma) - \{\sigma \mid \Gamma \vdash \sigma\}$ é um conjunto maximamente consistente $\Leftrightarrow$ Γ é completo.
11. Mostre que: Γ é maximamente consistente $\Leftrightarrow$ existe uma única valoração tal que $[\![\psi]\!] = 1$ para toda $\psi \in \Gamma$, onde Γ é uma teoria, i.e. Γ é fechado sob $\vdash$ ($\Gamma \vdash \sigma \Rightarrow \sigma \in \Gamma$).
12. Seja φ uma proposição contendo o átomo p. Por conveniência escrevemos $\varphi(\sigma)$ para designar $\varphi[\sigma/p]$. Tal qual anteriormente, abreviamos $\neg\bot$ por $\top$.
Demonstre que: (i) $\varphi(\top) \vdash \varphi(\top) \leftrightarrow \top$ e $\varphi(\top) \vdash \varphi(\varphi(\top))$.
(ii) $\neg\varphi(\top) \vdash \varphi(\top) \leftrightarrow \bot$,
$\varphi(p), \neg\varphi(\top) \vdash p \leftrightarrow \bot$,
$\varphi(p), \neg\varphi(\top) \vdash \varphi(\varphi(\top))$.
(iii) $\varphi(p) \vdash \varphi(\varphi(\top))$.
13. Se os átomos p e q não ocorrem em ψ e φ respectivamente, então
$\models \varphi(p) \to \psi \Rightarrow \models \varphi(\sigma) \to \psi$ para toda σ,
$\models \varphi \to \psi(q) \Rightarrow \models \varphi \to \psi(\sigma)$ para toda σ.
14. Suponha que $\vdash \varphi \to \psi$. Chamamos σ de *interpolante* se $\vdash \varphi \to \sigma$ e $\vdash \sigma \to \psi$, e além disso σ contém apenas átomos comuns a φ e ψ. Considere $\varphi(p,r)$, $\psi(r,q)$ com todos os átomos à mostra. Demonstre que $\varphi(\varphi(\top,r),r)$ é um interpolante (use os Exercícios 12, 13).
15. Demonstre o *Teorema da Interpolação* (Craig): Para qualquer φ, ψ com $\vdash \varphi \to \psi$ existe um interpolante (faça repetidamente o procedimento do Exercício 13).

2.6 Os Conectivos Remanescentes

A linguagem da seção 1.4 continha apenas os conectivos $\wedge$, $\to$ e $\bot$. Nós já sabemos que, do ponto de vista semântico, essa linguagem é suficientemente rica, ou seja, os conectivos remanescentes podem ser definidos em função dos que dispomos. Na verdade já usamos, nas seções precedentes, a negação como uma noção definida.

É uma questão de prática matemática segura se introduzir novas noções se seu uso simplifica nosso trabalho, e se elas codificam prática informal existente. Isso, claramente, é uma razão para se introduzir $\neg$, $\leftrightarrow$ e $\vee$.

Agora, há duas maneiras de proceder: pode-se introduzir os novos conectivos como abreviações (de proposições complicadas), ou pode-se enriquecer a linguagem adicionando-se de fato os conectivos ao alfabeto, e fornecendo-se as respectivas regras de derivação.

O primeiro procedimento foi adotado acima; trata-se de procedimento completamente inofensivo, como, por exemplo, a cada vez que se lê $\varphi \leftrightarrow \psi$ deve-se substituir por $(\varphi \rightarrow \psi) \wedge (\psi \rightarrow \varphi)$. Portanto não é nada mais que uma abreviação, introduzida por conveniência. O segundo procedimento é de natureza mais teórica. A linguagem é enriquecida e o conjunto de derivações é expandido. Como conseqüência, é preciso que se reveja os resultados teóricos (tal como o Teorema da Completude) obtidos para a linguagem mais simples.

Adotaremos o primeiro procedimento porém esboçaremos também a segunda abordagem.

Definição 2.6.1

$$\varphi \vee \psi := \neg(\neg\varphi \vee \neg\psi),$$
$$\neg\varphi := \varphi \rightarrow \bot,$$
$$\varphi \leftrightarrow \psi := (\varphi \rightarrow \psi) \wedge (\psi \rightarrow \varphi).$$

Obs.: Isso significa que as expressões acima *não* fazem parte da linguagem, mas são abreviações para certas proposições.

As propriedades de $\vee$, $\neg$ e $\leftrightarrow$ são dadas a seguir:

Lema 2.6.2
(i) $\varphi \vdash \varphi \vee \psi, \psi \vdash \varphi \vee \psi$,
(ii) $\Gamma, \varphi \vdash \sigma$ e $\Gamma, \psi \vdash \sigma \Rightarrow \Gamma, \varphi \vee \psi \vdash \sigma$,
(iii) $\varphi, \neg\varphi \vdash \bot$,
(iv) $\Gamma, \varphi \vdash \bot \Rightarrow \Gamma \vdash \neg\varphi$,
(v) $\varphi \leftrightarrow \psi, \varphi \vdash \psi$ e $\varphi \leftrightarrow \psi, \psi \vdash \varphi$,
(vi) $\Gamma, \varphi \vdash \psi$ e $\Gamma, \psi \vdash \varphi \Rightarrow \Gamma \vdash \varphi \leftrightarrow \psi$.

Demonstração. A única parte não trivial é (ii). Exibimos uma derivação de σ a partir de Γ e $\varphi \vee \psi$ (i.e. $\neg(\neg\varphi \vee \neg\psi)$), dadas derivações $\mathcal{D}_1$ e $\mathcal{D}_2$ de $\Gamma, \varphi \vdash \sigma$ e $\Gamma, \psi \vdash \sigma$.

$$\cfrac{\cfrac{\cfrac{\cfrac{\Gamma, [\varphi]^1}{\mathcal{D}_1}}{\sigma} \quad [\neg\sigma]^3}{\bot} \rightarrow E}{\neg\varphi} \rightarrow I_1 \quad \cfrac{\cfrac{\cfrac{\Gamma, [\psi]^2}{\mathcal{D}_2}}{\sigma} \quad [\neg\sigma]^3}{\bot} \rightarrow E}{\neg\psi} \rightarrow I_2}{\cfrac{\neg\varphi \wedge \neg\psi \quad \neg(\neg\varphi \vee \neg\psi)}{\cfrac{\bot}{\sigma} \text{RAA}_3}} \rightarrow E$$

Os casos remanescentes deixo ao leitor. □

Note que (i) e (ii) podem ser lidos como regras de introdução e eliminação para $\vee$, (iii) e (iv) a mesma coisa para $\neg$, (vi) e (v) também para $\leftrightarrow$.

2.6 Os Conectivos Remanescentes

Tais propriedades legalizam as seguintes abreviações em derivações:

$$\frac{\varphi}{\varphi \vee \psi} \vee I \quad \frac{\psi}{\varphi \vee \psi} \vee I \qquad \frac{\varphi \vee \psi \quad \overset{[\varphi]}{\underset{\sigma}{\vdots}} \quad \overset{[\psi]}{\underset{\sigma}{\vdots}}}{\sigma} \vee E$$

$$\frac{\overset{[\varphi]}{\underset{\bot}{\vdots}}}{\neg \varphi} \neg I \qquad \frac{\varphi \quad \neg \varphi}{\bot} \neg E$$

$$\frac{\overset{[\varphi]}{\underset{\psi}{\vdots}} \quad \overset{[\psi]}{\underset{\varphi}{\vdots}}}{\varphi \leftrightarrow \psi} \leftrightarrow I \qquad \frac{\varphi \quad \varphi \leftrightarrow \psi}{\psi} \quad \frac{\varphi \quad \varphi \leftrightarrow \psi}{\psi} \leftrightarrow E$$

Considere por exemplo a seguinte aplicação de $\vee E$

$$\frac{\mathcal{D}_0 \quad \overset{[\varphi]}{\mathcal{D}_1} \quad \overset{[\psi]}{\mathcal{D}_2}}{\frac{\varphi \vee \psi \quad \sigma \quad \sigma}{\sigma}} \vee E$$

Trata-se de mera abreviação para

$$\frac{\mathcal{D}_0}{\neg(\neg\varphi \wedge \neg\psi)} \quad \frac{\dfrac{\dfrac{[\varphi]^1}{\mathcal{D}_1}}{\dfrac{\sigma \quad [\neg\sigma]^3}{\bot}}1}{\neg\varphi} \quad \dfrac{\dfrac{[\psi]^2}{\mathcal{D}_2}}{\dfrac{\sigma \quad [\neg\sigma]^3}{\bot}}2}{\neg\psi}}{\dfrac{\bot}{\sigma}3}$$

O leitor está convocado a usar as abreviações acima em derivações reais, sempre que for conveniente. Via de regra, apenas $\vee I$ e $\vee E$ são de alguma importância, e o leitor terá obviamente reconhecido as regras para $\neg$ e $\leftrightarrow$ como aplicações ligeiramente excêntricas de regras familiares.

Exemplos. $\vdash (\varphi \vee \psi) \vee \sigma \leftrightarrow (\varphi \vee \sigma) \wedge (\psi \vee \sigma)$.

2 Lógica Proposicional

$$\cfrac{(\varphi \wedge \psi) \vee \sigma \qquad \cfrac{\cfrac{[\varphi \wedge \psi]^1}{\varphi}}{\varphi \vee \sigma} \quad [\sigma]^1}{\cfrac{\varphi \vee \sigma}{(\varphi \vee \sigma) \wedge (\psi \vee \sigma)}}\,1 \qquad \cfrac{(\varphi \wedge \psi) \vee \sigma \qquad \cfrac{[\varphi \wedge \psi]^2}{\psi} \quad [\sigma]^2}{\psi \vee \sigma}\,2$$

(1)

Reciprocamente

$$\cfrac{(\varphi \vee \sigma) \wedge (\psi \vee \sigma) \qquad \cfrac{(\varphi \vee \sigma) \wedge (\psi \vee \sigma)}{\psi \vee \sigma} \qquad \cfrac{\cfrac{[\varphi]^2 \quad [\psi]^1}{\varphi \wedge \psi}}{(\varphi \wedge \psi) \vee \sigma} \quad \cfrac{[\sigma]^1}{(\varphi \wedge \psi) \vee \sigma}\,1 \quad \cfrac{[\sigma]^2}{(\varphi \wedge \psi) \vee \sigma}}{(\varphi \wedge \psi) \vee \sigma}\,2$$

(2)

Combinando (1) e (2) obtemos a seguinte derivação:

$$\cfrac{\cfrac{[(\varphi \wedge \psi) \vee \sigma]}{\mathcal{D}} \quad \cfrac{[(\varphi \wedge \psi) \vee \sigma]}{\mathcal{D}'}}{\cfrac{(\varphi \vee \sigma) \wedge (\psi \vee \sigma) \qquad (\varphi \wedge \psi) \vee \sigma}{(\varphi \wedge \psi) \vee \sigma \leftrightarrow (\varphi \vee \sigma) \wedge (\psi \vee \sigma)}}\,\leftrightarrow I$$

$\vdash \varphi \vee \neg\varphi$

$$\cfrac{\cfrac{\cfrac{\cfrac{[\varphi]^1}{\varphi \vee \neg\varphi}\,\vee I \quad [\neg(\varphi \vee \neg\varphi)]^2}{\bot}\,\to E}{\cfrac{\neg\varphi}{\varphi \vee \neg\varphi}\,\vee I}\,\to I_1 \qquad [\neg(\varphi \vee \neg\varphi)]^2}{\cfrac{\bot}{\varphi \vee \neg\varphi}\,\text{RAA}_2}\,\to E$$

$\vdash (\varphi \to \psi) \vee (\psi \to \varphi)$

2.6 Os Conectivos Remanescentes

$$\cfrac{\cfrac{\cfrac{\cfrac{\cfrac{\cfrac{[\varphi]^1}{\psi \to \varphi} \to I_1}{(\varphi \to \psi) \lor (\psi \to \varphi)} \lor I \quad [\neg((\varphi \to \psi) \lor (\psi \to \varphi))]^2}{\bot} \to E}{\cfrac{\bot}{\psi}}}{\cfrac{\varphi \to \psi}{(\varphi \to \psi) \lor (\psi \to \varphi)} \lor I \quad [\neg((\varphi \to \psi) \lor (\psi \to \varphi))]^2}}{\cfrac{\bot}{(\varphi \to \psi) \lor (\psi \to \varphi)} \text{RAA}_2} \to E$$

$\vdash \neg(\varphi \land \psi) \to \neg\varphi \lor \neg\psi$

$$\cfrac{[\neg(\varphi \land \psi)] \quad \cfrac{\cfrac{[\neg(\neg\varphi \lor \neg\psi)] \quad \cfrac{[\neg\varphi]}{\neg\varphi \lor \neg\psi}}{\cfrac{\bot}{\varphi}} \quad \cfrac{[\neg(\neg\varphi \lor \neg\psi)] \quad \cfrac{[\neg\psi]}{\neg\varphi \lor \neg\psi}}{\cfrac{\bot}{\psi}}}{\varphi \land \psi}}{\cfrac{\cfrac{\bot}{\neg\varphi \lor \neg\psi}}{\neg(\varphi \land \psi) \to (\neg\varphi \lor \neg\psi)}}$$

$\square$

Agora vamos dar uma ideia de como seria a segunda abordagem. Adicionamos $\lor$, $\neg$ e $\leftrightarrow$ à linguagem, e consequentemente estendemos o conjunto de proposições. Em seguida adicionamos as regras para $\lor$, $\neg$ e $\leftrightarrow$ relacionadas acima ao nosso estoque de regras de derivação. Para ser mais preciso, nesse ponto deveríamos também introduzir um novo símbolo de derivabilidade, porém continuaremos a usar o já estabelecido $\vdash$ na esperança de que o leitor se lembrará que agora estamos fazendo derivações em um sistema maior. As seguintes condições se verificam:

Teorema 2.6.3
$\vdash \varphi \lor \psi \leftrightarrow \neg(\neg\varphi \land \neg\psi)$.
$\vdash \neg\varphi \leftrightarrow (\varphi \to \bot)$.
$\vdash (\varphi \leftrightarrow \psi) \leftrightarrow (\varphi \to \psi) \land (\psi \to \varphi)$.

Demonstração. Observe que, pelo Lema 1.6.2, os conectivos definidos e os primitivos (estes os 'reais' conectivos) obedecem a exatamente as mesmas relações de derivabilidade (regras de derivação, se você prefere). Isso nos leva imediatamente ao resultado desejado. Vamos dar um exemplo.

$\varphi \vdash \neg(\neg\varphi \land \neg\psi)$ e $\psi \vdash \neg(\neg\varphi \land \neg\psi)$ (1.6.2(i)), logo, por $\lor E$, obtemos
$\varphi \lor \psi \vdash \neg(\neg\varphi \lor \neg\psi) \ldots$ (1)
Reciprocamente, $\varphi \vdash \varphi \lor \psi$ (por $\lor I$), logo, por 1.6.2(ii),
$\neg(\neg\varphi \lor \neg\psi) \vdash \varphi \lor \psi \ldots$ (2)
Aplique $\leftrightarrow I$ a (1) e (2), então $\vdash \varphi \lor \psi \leftrightarrow \neg(\neg\varphi \land \neg\psi)$. O resto deixo ao leitor. □

Para ver mais resultados remeto o leitor aos exercícios.

As regras para $\lor$, $\leftrightarrow$, e $\neg$ capturam de fato o significado intuitivo daqueles conectivos. Vamos considerar a disjunção: $(\lor I)$: Se sabemos que φ se verifica então certamente sabemos que $\varphi \lor \psi$ se verifica (sabemos até qual dos dois operandos se verifica). A regra $(\lor E)$ captura a idéia da "prova por casos": se sabemos que $\varphi \lor \psi$ se verifica e em cada um dos dois casos podemos concluir que σ se verifica, então podemos imediatamente concluir que σ se verifica. A disjunção intuitivamente pede uma decisão: qual dos dois operandos é dado ou pode ser suposto? Esse traço construtivo de $\lor$ fica grosseiramente (mesmo que convenientemente) apagado pela identificação de $\varphi \lor \psi$ e $\neg(\neg\varphi \lor \neg\psi)$. Essa última fórmula apenas nos diz que φ e ψ não podem estar ambas erradas, porém não diz qual das duas é correta. Para maiores informações sobre essa questão de construtividade, que tem um papel importante na demarcação da fronteira entre lógica clássica bi-valorada e lógica intuicionística efetiva, remeto o leitor ao Capítulo 5.

Note que com $\lor$ como um conectivo primitivo alguns teoremas tornam-se mais difíceis de provar. E.g. $\vdash \neg(\neg\neg\varphi \land \neg\varphi)$ é trivial, mas $\vdash \varphi \lor \neg\varphi$ não o é. A seguinte regra geral pode ser útil: passar de premissas não-efetivas (ou nenhuma) para uma conclusão efetiva pede por uma aplicação de RAA.

Exercícios

1. Mostre usando dedução natural que $\vdash \varphi \lor \psi \to \psi \lor \varphi$, $\vdash \varphi \lor \varphi \leftrightarrow \varphi$.
2. Considere a linguagem cheia $\mathcal{L}$ com todos os conectivos $\land$, $\to$, $\bot$, $\leftrightarrow$, $\lor$ e a linguagem restrita $\mathcal{L}'$ com os conectivos $\land$, $\to$, $\bot$. Usando as regras de derivação apropriadas obtemos as noções de derivabilidade $\vdash$ e $\vdash'$. Definimos uma tradução óbvia de $\mathcal{L}$ para $\mathcal{L}'$:

$$\varphi^+ := \varphi, \text{ para } \varphi \text{ atômica}$$
$$(\varphi \Box \psi)^+ := \varphi^+ \Box \psi^+ \text{ para } \Box = \land, \to,$$
$$(\varphi \lor \psi)^+ := \neg(\neg\varphi^+ \land \neg\psi^+), \text{ onde } \neg \text{ é uma abreviação,}$$
$$(\varphi \leftrightarrow \psi)^+ := (\varphi^+ \to \psi^+) \land (\psi^+ \to \varphi^+),$$
$$(\neg\varphi)^+ := \varphi^+ \to \bot.$$

Mostre que (i) $\vdash \varphi \leftrightarrow \varphi^+$,
(ii) $\vdash \varphi \Leftrightarrow \vdash' \varphi^+$,
(iii) $\varphi^+ = \varphi$ para $\varphi \in \mathcal{L}'$.
(iv) A lógica cheia é *conservativa* em relação à lógica restrita, isto é, para $\varphi \in \mathcal{L}'$ $\vdash \varphi \Leftrightarrow \vdash' \varphi$.
3. Mostre que o Teorema da Completude se verifica para a lógica cheia. Sugestão: use o Exercício 2.

4. Mostre que
   (a) $\vdash \top \vee \bot$.
   (b) $\vdash (\varphi \leftrightarrow \top) \vee (\varphi \leftrightarrow \bot)$.
   (c) $\vdash \varphi \leftrightarrow (\varphi \leftrightarrow \top)$.
5. Mostre que $\vdash (\varphi \vee \psi) \leftrightarrow ((\varphi \to \psi) \to \psi)$.
6. Mostre que:
   (a) Γ é completo $\Leftrightarrow (\Gamma \vdash \varphi \vee \psi \Leftrightarrow \Gamma \vdash \varphi$ ou $\Gamma \vdash \psi$, para toda $\varphi, \psi)$,
   (b) Γ é maximamente consistente $\Leftrightarrow \Gamma$ é uma teoria consistente e para toda φ, ψ
   $(\varphi \vee \psi \in \Gamma \Leftrightarrow \varphi \in \Gamma$ ou $\psi \in \Gamma)$.
7. Mostre que no sistema com $\vee$ como um conectivo primitivo:
   $\vdash (\varphi \to \psi) \leftrightarrow (\neg \varphi \vee \psi)$,
   $\vdash (\varphi \to \psi) \vee (\psi \to \varphi)$.

3
Lógica de Predicados

3.1 Quantificadores

Na lógica proposicional usamos porções grandes da linguagem matemática, a saber aquelas partes que podem ter um valor-verdade. Infelizmente, esse uso da linguagem é claramente insuficiente para a prática matemática. Um simples argumento, tal como "todos os quadrados são positivos, 9 é um quadrado, por conseguinte 9 é positivo" não pode ser tratado. Do ponto de vista proposicional a sentença acima é da forma $\varphi \wedge \psi \to \sigma$, e não há razão para que essa sentença (codificada) seja verdadeira, embora que obviamente aceitamos como verdadeira a sentença original. O moral da estória é que temos que estender a linguagem de modo que possamos discorrer sobre objetos e relações. Em particular desejamos introduzir meios de falar sobre *todos* os objetos do domínio de discurso, e.g. queremos permitir enunciados da forma "todos os números pares são resultado de uma soma de dois números primos ímpares". De forma dual, desejamos dispor de meios para expressar "existe um objeto tal que ...", e.g. no enunciado "existe um número real cujo quadrado é 2".

A experiência tem nos ensinado que os enunciados matemáticos básicos são da forma "a tem a propriedade p" ou "a e b estão na relação R", etc. Exemplos disso são: "n é par", "f é diferenciável", "$3 = 5$", "$7 < 12$", "B está entre A e C". Por conseguinte, construimos nossa linguagem a partir de símbolos para *propriedades*, *relações* e *objetos*. Além disso adicionamos *variáveis* que recebem objetos como valores (as chamadas variáveis individuais), e os conectivos lógicos usuais agora incluindo os *quantificadores* $\forall$ e $\exists$ (para representar "para todo" e "existe").

Primeiramente vamos dar alguns exemplos informais.

$\exists x P(x)$ — existe um x com propriedade P,
$\forall y P(y)$ — para todo y P se verifica (todo y tem a propriedade P),
$\forall x \exists y (x = 2y)$ — para todo x existe um y tal que x é o dobro de y,
$\forall \varepsilon (\varepsilon > 0 \to \exists n (\frac{1}{n} < \varepsilon))$ — para todo ε positivo existe um n tal que $\frac{1}{n} < \varepsilon$,
$x < y \to \exists z (x < z \wedge z < y)$ — se $x < y$, então existe um z tal que $x < z$ e $z < y$,
$\forall x \exists y (x.y = 1)$ — para cada x existe um inverso y.

Sabemos da teoria elementar dos conjuntos que funções são tipos especiais de relações. Entretanto, seria um flagrante conflito com a prática matemática evitar funções (ou mapeamentos). Além do mais, seria extremamente intrincado. Portanto vamos incorporar funções em nossa linguagem.

Grosso modo, a linguagem lida com duas categorias de entidades sintáticas: uma para objetos - os *termos*, uma para enunciados - as *fórmulas*. Exemplos de termos são: $17, x, (2+5) - 7, x^{3y+1}$.

De que é que fala a lógica de predicados com uma certa linguagem? Ou, em outras palavras, os termos e as fórmulas falam de quê? A resposta é: fórmulas podem expressar propriedades relativas a um dado conjunto de relações e funções sobre um determinado domínio de discurso. Já encontramos tais situações em matemática; falamos sobre *estruturas*, e.g. grupos, anéis, módulos, conjuntos ordenados (consulte um texto de álgebra). Faremos de estruturas nosso ponto de partida e voltaremos à lógica mais adiante.

Em nossa lógica falaremos sobre "todos os números" ou "todos os elementos", mas não sobre "todos os ideais" ou "todos os subconjuntos", etc. Em geral nossas variáveis terão seus valores variando sobre elementos de um dado universo (e.g. as matrizes $n \times n$ sobre os reais), mas não sobre propriedades ou relações, ou propriedades de propriedades, etc. Por essa razão a lógica de predicados desse livro é chamada de *lógica de primeira ordem*, ou também *lógica elementar*. Na prática da matemática, e.g. em análise, usa-se lógica de alta ordem. Num certo sentido é surpreendente que a lógica de primeira ordem possa fazer tanto pela matemática, como veremos adiante. Uma breve introdução à lógica de segunda ordem será apresentada no capítulo 4.

3.2 Estruturas

Um grupo é um conjunto (não-vazio) equipado com duas operações, uma binária e uma unária, e com um elemento neutro (satisfazendo certas leis). Um conjunto parcialmente ordenado é um conjunto, equipado com uma relação binária (satisfazendo certas leis).

Generalizamos isso da seguinte forma:

3.2 Estruturas

Definição 3.2.1 *Uma* estrutura *é uma seqüência ordenada* $\langle A, R_1, \ldots, R_n, F_1, \ldots, F_m, \{c_i \mid i \in I\}\rangle$, *onde A é um conjunto não-vazio. $R_1, \ldots, R_n$ são relações sobre A, $F_1, \ldots, F_m$ são funções sobre A, os c_i's ($i \in I$) são elementos de A (constantes).*

Advertência. As funções F_i são *totais*, i.e. definidas para todo os valores de entrada; isso às vezes pede a utilização de alguns truques, tal como com 0^{-1} (cf. a definição de anéis mais adiante).

Exemplos. $\langle \mathbb{R}, +, \cdot, ^{-1}, 0, 1\rangle$ – o corpo dos números reais,
$\langle \mathbb{N}, <\rangle$ – o conjunto ordenado dos números naturais.

Designamos estruturas por meio de letras góticas maiúsculas: $\mathfrak{A}, \mathfrak{B}, \mathfrak{C}, \mathfrak{D}, \ldots$.

Se por um momento esquecermos as propriedades especiais das relações e operações (e.g. comutatividade da adição sobre os reais), então o que resta é o *tipo* de uma estrutura, que é dado pelo número de relações, funções (ou operações), e seus respectivos argumentos, mais o número (cardinalidade) de constantes.

Definição 3.2.2 *O* tipo de similaridade *de uma estrutura* $\mathfrak{A} = \langle A, R_1, \ldots, R_n, F_1, \ldots, F_m, \{c_i \mid i \in I\}\rangle$ *é uma seqüência,* $\langle r_1, \ldots, r_n; a_1, \ldots, a_m; \kappa\rangle$, *onde* $R_i \subseteq A^{r_i}$, $F_j : A^{a_j} \to A$, $\kappa = |\{c_i \mid i \in I\}|$ *(cardinalidade de I).*

As duas estruturas no nosso exemplo têm tipo de similaridade $\langle -; 2, 2, 1; 2\rangle$ e $\langle 2; -; 0\rangle$. A ausência de relações, funções é indicada por $-$. Não há objeção a estender a noção de estrutura para conter um número arbitrariamente grande de relações ou funções, mas as estruturas mais comuns têm tipos finitos (incluindo um número finito de constantes).

Obviamente, teria sido melhor usar notações similares para nossas estruturas, i.e. $\langle A; R_1, \ldots, R_n; f_1, \ldots, F_m; \{c_i \mid i \in I\}\rangle$, mas seria demasiadamente pedante.

Se $R \subseteq A$, então dizemos que R é uma propriedade (ou *relação unária*); se $R \subseteq A^2$ dizemos que R é uma *relação binária*; se $R \subseteq A^n$, dizemos que R é uma *relação n-ária*.

O conjunto A é chamado de *universo* de $\mathfrak{A}$.

Notação. $A = |\mathfrak{A}|$.

$\mathfrak{A}$ é dita (in)finita se seu universo é (in)finito. Frequentemente cometeremos um pequeno abuso de linguagem escrevendo as constantes ao invés do conjunto de constantes, como no exemplo do corpo dos números reais no qual deveríamos ter escrito: $\langle \mathbb{R}, +, \cdot, ^{-1}, \{0, 1\}\rangle$, porém $\langle \mathbb{R}, +, \cdot, ^{-1}, 0, 1\rangle$ é mais tradicional. Entre as relações que encontramos em estruturas, existe uma muito especial: a *relação de identidade* (ou *de igualdade*).

Visto que, via de regra, estruturas matemáticas são equipadas com a relação de identidade, não listamos essa relação separadamente. Portanto, ela não aparece no tipo de similaridade. Daqui por diante assumimos que todas as estruturas possuem uma relação de identidade, e mencionaremos explicitamente quaisquer exceções. Para investigações puramente lógicas, é óbvio que faz sentido considerar uma lógica sem a identidade, mas este livro serve a leitores das comunidades de matemática e de ciência da computação.

Considera-se também os "casos limite" de relações e funções, i.e. relações e funções 0-árias. Uma relação 0-ária é um subconjunto de $A^\emptyset$. Como $A^\emptyset = \{\emptyset\}$ existem duas dessas relações: $\emptyset$ e $\{\emptyset\}$ (consideradas como ordinais: 0 e 1). Relações 0-árias podem portanto ser vistas como valores-verdade, o que faz com que elas desempenhem o papel das interpretações de proposições. Na prática as relações 0-árias não aparecem, e.g. elas não têm qualquer função em álgebra. A maior parte do tempo o leitor pode prazerosamente esquecê-las, embora que ainda assim vamos permitir tais relações em nossa definição porque elas simplificam certas considerações. Uma função 0-ária é um mapeamento de $\{\emptyset\}$ para A. Como o mapeamento tem um conjunto unitário como domínio, podemos considerá-lo como igual à sua imagem.

Dessa forma, funções 0-árias podem fazer o papel das constantes. A vantagem desse procedimento é, no entanto, desprezível no presente contexto, portanto manteremos nossas constantes.

Exercícios

1. Escreva o tipo de similaridade das seguintes estruturas:
    (i) $\langle \mathbb{Q}, <, 0 \rangle$
    (ii) $\langle \mathbb{N}, +, \cdot, S, 0, 1, 2, 3, 4, \ldots, n, \ldots \rangle$, onde $S(x) = x + 1$,
    (iii) $\langle \mathcal{P}(\mathbb{N}), \subseteq, \cup, \cap, {}^c, \emptyset \rangle$,
    (iv) $\langle \mathbb{Z}/5, +, \cdot, -, {}^{-1}, 0, 1, 2, 3, 4 \rangle$,
    (v) $\langle \{0, 1\}, \wedge, \vee, \rightarrow, \neg, 0, 1 \rangle$, onde $\wedge, \vee, \rightarrow, \neg$ operam de acordo com as tabelas-verdade usuais,
    (vi) $\langle \mathbb{R}, 1 \rangle$,
    (vii) $\langle \mathbb{R} \rangle$,
    (viii) $\langle \mathbb{R}, \mathbb{N}, <, T, {}^2, |\ |, - \rangle$, onde $T(a, b, c)$ é a relação 'b está entre a e c', ^{2} é a função 'eleva ao quadrado', $-$ é a função de subtração e $|\ |$ a função valor absoluto.
2. Dê estruturas com tipo de similaridade $\langle 1, 1; -; 3 \rangle$, $\langle 4; -; 0 \rangle$.

3.3 A Linguagem de um Tipo de Similaridade

As considerações desta seção são generalizações daquelas da seção 1.1.1. Como os argumentos são bastante semelhantes, deixaremos um bom número de detalhes a cargo do leitor. Por conveniência fixamos o tipo de similaridade nesta seção: $\langle r_1, \ldots, r_n; a_1, \ldots, a_m; \kappa \rangle$, onde assumimos que $r_i \geq 0$, $a_j > 0$.

O alfabeto consiste dos seguintes símbolos:

1. Símbolos de predicado: $P_1, \ldots, P_n, \doteq$
2. Símbolos de função: $f_1, \ldots, f_m$
3. Símbolos de constante: $\bar{c}_i$ para $i \in I$
4. Variáveis: $x_0, x_1, x_2, \ldots$ (um número contável delas)
5. Conectivos: $\vee, \wedge, \rightarrow, \neg, \leftrightarrow, \bot, \forall, \exists$
6. Símbolos auxiliares: $(,\ )$.

∀ e ∃ são chamados de *quantificador universal* e *quantificador existencial*, respectivamente. O símbolo de igualdade de curiosa aparência (com um ponto em cima) foi escolhido para evitar possíveis confusões, pois existem na verdade vários símbolos de igualdade em uso: um para indicar a identidade nos modelos, um para indicar a igualdade na meta-linguagem, e o sintático introduzido acima. Praticaremos, no entanto, o costumeiro abuso de linguagem, e usaremos essas distinções apenas se for realmente necessária. Via de regra o leitor não terá dificuldade em reconhecer o tipo de identidade envolvida.

A seguir definimos as duas categorias sintáticas.

Definição 3.3.1 *TERM é o menor conjunto X com as seguintes propriedades:*
(i) $\bar{c}_i \in X$ $(i \in I)$ e $x_i \in X$ $(i \in \mathbb{N})$,
(ii) $t_1, \ldots, t_{a_i} \in X \Rightarrow f_i(t_1, \ldots, t_{a_i}) \in X$, para $1 \leq i \leq m$

$TERM$ é o nosso *conjunto de termos*.

Definição 3.3.2 *FORM é o menor conjunto X com as seguintes propriedades:*
(i) $\bot \in X$; $P_i \in X$ se $r_i = 0$; $t_1, \ldots, t_{r_i} \in TERM \Rightarrow$
$P_i(t_1, \ldots, t_{r_i}) \in X$; $t_1, t_2 \in TERM \Rightarrow t_1 = t_2 \in X$,
(ii) $\varphi, \psi \in X \Rightarrow (\varphi \square \psi) \in X$ onde $\square \in \{\wedge, \vee, \rightarrow, \leftrightarrow\}$,
(iii) $\varphi \in X \Rightarrow (\neg \varphi) \in X$,
(iv) $\varphi \in X \Rightarrow ((\forall x_i)\varphi), ((\exists x_i)\varphi) \in X$.

$FORM$ é o nosso *conjunto de fórmulas*. Introduzimos $t_1 = t_2$ separadamente, mas poderíamos tê-la admitido como um caso particular da primeira cláusula. Se conveniente, não trataremos a igualdade separadamente. As fórmulas introduzidas em (i) são chamadas *átomos*. Note que (i) inclui o caso dos símbolos de predicado 0-ários, convenientemente chamados de símbolos proposicionais.

Um símbolo proposicional é interpretado como uma relação 0-ária, i.e. como 0 ou 1 (cf. 2.2.2). Isso está de acordo com a prática da lógica proposicional de interpretar proposições como verdadeiro ou falso. Para os nossos objetivos no momento, proposições são objetos de luxo. Quando se está lidando com situações matemáticas concretas (e.g. grupos ou conjuntos parcialmente ordenados) não se tem razão para introduzir proposições (coisas com um valor-verdade fixo). Entretanto, proposições são convenientes (e importantes) no contexto da lógica de valores booleanos ou da lógica de valores sobre uma álgebra de Heyting, e em considerações sintáticas.

Admitiremos, no entanto, a existência de uma proposição especial: $\bot$, o símbolo para a proposição falsa (cf. 1.2).

Os conectivos lógicos têm o que se poderia chamar de 'domínio de ação', e.g. em $\varphi \rightarrow \psi$ o conectivo $\rightarrow$ dá origem à nova fórmula $\varphi \rightarrow \psi$ a partir das fórmulas φ e ψ, e portanto $\rightarrow$ age sobre φ, ψ e todas as partes dessas fórmulas. Para os conectivos proposicionais isso não é muito interessante, mas o é para os quantificadores (e operadores quaisquer que ligam variáveis). A noção a que nos referimos é chamada de *escopo*. Portanto em $((\forall x)\varphi)$ e $((\exists x)\varphi)$, φ é o *escopo do quantificador*. Por uma simples verificação do casamento dos parênteses pode-se efetivamente encontrar o escopo de um quantificador. Se uma variável, termo ou fórmula ocorre em φ, dizemos que ela está no escopo do quantificador em $\forall x \varphi$ ou $\exists x \varphi$.

3 Lógica de Predicados

Tal qual no caso de $PROP$, temos princípios de indução para $TERM$ e $FORM$.

Lema 3.3.3 *Seja $A(t)$ uma propriedade de termos. Se $A(t)$ se verifica quando t é uma variável ou uma constante, e se $A(t_1), A(t_2), \ldots, A(t_n) \Rightarrow A(f(t_1, \ldots, t_n))$, para todos os símbolos de função f, então $A(t)$ se verifica para todo $t \in TERM$.*

Demonstração. Cf. 1.1.3. □

Lema 3.3.4 *Seja $A(\varphi)$ uma propriedade de fórmulas. Se*
  (i) $A(\varphi)$ *para φ atômica,*
  (ii) $A(\varphi), A(\psi) \Rightarrow A(\varphi \Box \psi)$,
  (iii) $A(\varphi) \Rightarrow A(\neg \varphi)$,
  (iv) $A(\varphi) \Rightarrow A((\forall x_i)\varphi), A((\exists x_i)\varphi)$ *para todo i, então $A(\varphi)$ se verifica para toda* $\varphi \in FORM$.

Demonstração. Cf. 1.1.3. □

Introduziremos imediatamente um número de abreviações. Em primeiro lugar adotamos as convenções de parentização da lógica proposicional. Além do mais omitimos os parênteses mais externos e os parênteses em torno de $\forall x$ e $\exists x$, sempre que possível. Estamos de acordo que os quantificadores têm prioridade sobre conectivos binários. Além disso juntamos cadeias de quantificadores, e.g. $\forall x_1 x_2 \exists x_3 x_4 \varphi$ designa $\forall x_1 \forall x_2 \exists x_3 \exists x_4 \varphi$. Para maior facilidade de leitura das fórmulas vamos algumas vezes separar o quantificador da fórmula por meio de um ponto: $\forall x \cdot \varphi$. Assumiremos também que n em $f(t_1, \ldots, t_n)$, $P(t_1, \ldots, t_n)$ sempre indica o número correto de argumentos.

Uma palavra de advertência: o uso de = pode confundir um leitor desavisado. O símbolo '=' é usado na linguagem L, onde ele é um objeto sintático propriamente dito. Ele ocorre em fórmulas tais como $x_0 = x_7$, mas ele também ocorre na metalinguagem, e.g. na forma $x = y$, que deve ser lido como "x e y são a mesma variável". Entretanto, o símbolo da identidade em $x = y$ é um meta-átomo, que pode ser convertido em um átomo propriamente dito substituindo-se símbolos genuínos de variáveis por x e y. Alguns autores usam $\equiv$ para "sintaticamente idênticos", como em "x e y são a mesma variável". Optaremos por "=" para a igualdade em estruturas (conjuntos), e por "$\doteq$" para o símbolo de predicados correspondente à identidade na linguagem. Usaremos $\doteq$ algumas vezes, mas preferimos permanecer com um simples "=" confiando que o leitor estará atento.

Exemplo 3.3.5 *Exemplo de uma linguagem de tipo $\langle 2; 2, 1; 1 \rangle$.*
  símbolos de predicado: $M, \doteq$
  símbolos de função: p, i
  símbolos de constante: $\overline{e}$
Alguns termos: $t_1 := x_0$; $t_2 := p(x_1, x_2)$; $t_3 := p(\overline{e}, \overline{e})$; $t_4 := i(x_7)$; $t_5 := p(i(p(x_2, \overline{e})), i(x_1))$.
  Algumas fórmulas:

3.3 A Linguagem de um Tipo de Similaridade

$\varphi_1 := x_0 \doteq x_2, \quad \varphi_4 := (x_0 \doteq x_1 \to x_1 \doteq x_0),$
$\varphi_2 := t_3 \doteq t_4, \quad \varphi_5 := (\forall x_0)(\forall x_1)(x_0 \doteq x_1),$
$\varphi_3 := L(i(x_5), \overline{e}), \quad \varphi_6 := (\forall x_0)(\exists x_1)(p(x_0, x_1) \doteq \overline{e}),$
$\varphi_7 := (\exists x_1)(\neg x_1 \doteq \overline{e} \wedge p(x_1, x_1) \doteq \overline{e}),$

(Escolhemos uma notação sugestiva; pense na linguagem dos grupos ordenados: M para designar "menor que", p, i para "produto" e "inverso"). Note que a ordem na qual os vários símbolos são listados é importante. Em nosso exemplo p tem 2 argumentos e i tem 1.

Em matemática há um número de *operações que ligam variáveis*, tais como somatório, integração, abstração: considere, por exemplo, integração, em $\int_0^1 \sin x\, dx$ a variável tem um papel pouco usual para uma variável. Pois x não pode "variar"; não podemos (sem escrever algo sem sentido) substituir x por qualquer número que desejemos. Na integral a variável x é reduzida a uma marca. Dizemos que uma variável x é ligada pelo símbolo da integração. De forma análoga distinguimos em lógica entre variáveis *livres* e variáveis *ligadas*.

Uma variável pode ocorrer mais de uma vez em uma fórmula. Com boa frequencia é útil olhar para uma instância específica numa certa posicção numa cadeia que se constitui numa fórmula. Denominamos tais instâncias de *ocorrências* da variável, e usamos expressões como 'x ocorre na subfórmula ψ de φ.' Em geral consideramos ocorrências de fórmulas, termos, quantificadores, e coisas do tipo.

Ao definir várias noções sintáticas novamente usamos livremente o princípio da *definição por recursão* (cf. 1.1.6). A justificação é imediata: o valor de um termo (fórmula) é univocamente determinado(a) pelos valores de suas partes. Isso nos permite determinar o valor de $H(t)$ para um mapeamento agindo sobre termos, em uma quantidade finita de passos.

Definição por Recursão sobre $TERM$: Seja $H_0 : Var \cup Const \to A$ (i.e. o mapeamento H_0 é definido sobre variáveis e constantes), $H_i : A^{a_i} \to A$, então existe um único mapeamento $H : TERM \to A$ tal que
$$\begin{cases} H(t) = H_0(t) \text{ para } t \text{ uma variável ou uma constante,} \\ H(f_i(t_1, \ldots, t_{a_i})) = H_i(H(t_1), \ldots H(t_{a_i})). \end{cases}$$

Definição por Recursão sobre $FORM$:
Seja $H_{at} : At \to A$ (i.e. H_{at} é definido sobre átomos),
$H_\square : A^2 \to A, \quad (\square \in \{\vee, \wedge, \to, \leftrightarrow\}),$
$H_\neg : A \to A,$
$H_\forall : A \times N \to A,$
$H_\exists : A \times N \to A.$

então existe um único mapeamento $H : FORM \to A$ tal que
$$\begin{cases} H(\varphi) = H_{at}(\varphi) \text{ para } \varphi \text{ atômica,} \\ H(\varphi \square \psi) = H_\square(H(\varphi), H(\psi)), \\ H(\neg\varphi) = H_\neg(H(\varphi)), \\ H(\forall x_i \varphi) = H_\forall(H(\varphi), i), \\ H(\exists x_i \varphi) = H_\exists(H(\varphi), i). \end{cases}$$

Definição 3.3.6 *O conjunto $VL(t)$ de variáveis livres de t é definido por*

(i) $VL(x_i) := \{x_i\}$,
    $VL(\bar{c}_i) := \emptyset$
(ii) $VL(f(t_1, \ldots, t_n)) := VL(t_1) \cup \ldots \cup VL(t_n)$.

Observação. Para evitar notação sobrecarregada omitiremos os índices e assumiremos tacitamente que o número de argumentos está correto. O leitor pode facilmente acrescentar os detalhes corretos, caso deseje.

Definição 3.3.7 *O conjunto $VL(\varphi)$ de variáveis livres de φ é definido por*
(i) $VL(P(t_1, \ldots, t_p)) := VL(t_1) \cup \ldots \cup VL(t_p)$,
    $VL(t_1 = t_2) := VL(t_1) \cup VL(t_2)$,
    $VL(\bot) = VL(P) := \emptyset$ *para P um símbolo proposicional*,
(ii) $VL(\varphi \Box \psi) := VL(\varphi) \cup VL(\psi)$,
     $VL(\neg \varphi) := VL(\varphi)$,
(iii) $VL(\forall x_i \varphi) = VL(\exists x_i \varphi) := VL(\varphi) - \{x_i\}$.

Definição 3.3.8 t *ou* φ *são chamados de* fechados *se $VL(t) = \emptyset$, respectivamente $VL(\varphi) = \emptyset$. Uma fórmula fechada é também chamada de* sentença. *Uma fórmula sem quantificadores é chamada de* aberta. *$TERM_c$ denota o conjunto de termos fechados; $SENT$ denota o conjunto de sentenças.*

A definição do conjunto $VLig(\varphi)$ de *variáveis ligadas* de φ é deixada ao leitor.
Continuação do Exemplo 2.3.5.
$VL(t_2) = \{x_1, x_2\}; VL(t_3) = \emptyset; VL(\varphi_2) = VL(t_3) \cup VL(t_4) = \{x_7\}; VL(\varphi_7) = \emptyset; VLig(\varphi_4) = \emptyset; VLig(\varphi_6) = \{x_0, x_1\}$. $\varphi_5, \varphi_6, \varphi_7$ são sentenças.
Advertência. O conjunto $VL(\varphi) \cap VLig(\varphi)$ não é necessariamente vazio; em outras palavras, a mesma variável pode ocorrer livre *e* ligada. Para lidar com tais situações pode-se considerar ocorrências livres (respectivamente ligadas) de variáveis. Quando necessário faremos informalmente uso de ocorrências de variáveis.
Exemplo. $\forall x_1(x_1 = x_2) \rightarrow P(x_1)$ contém x_1 livre e ligada, pois a ocorrência de x_1 em $P(x_1)$ não está no escopo do quantificador.

No cálculo de predicados temos operadores de substituição para termos e para fórmulas.

Definição 3.3.9 *Sejam s e t termos, então $s[t/x]$ é definido da seguinte forma:*
(i) $y[t/x] := \begin{cases} y \text{ se } y \not\equiv x, \\ t \text{ se } y \equiv x, \end{cases}$
    $c[t/x] := c$,
(ii) $f(t_1, \ldots, t_p)[t/x] := f(t_1[t/x], \ldots, t_p[t/x])$.

Note que na cláusula (i) $y \equiv x$ significa "x e y são a mesma variável".

Definição 3.3.10 $\varphi[t/x]$ *é definido da seguinte maneira:*

(i) $\bot[t/x]$:= $\bot$,
    $P[t/x]$:= P *para proposições* P,
    $P(t_1,\ldots,t_p)[t/x]$:= $P(t_1[t/x],\ldots,t_p[t/x])$,
    $(t_1 = t_2)[t/x]$:= $t_1[t/x] = t_2[t/x]$,
(ii) $(\varphi \Box \psi)[t/x]$:= $\varphi[t/x] \Box \psi[t/x]$,
     $(\neg \varphi)[t/x]$:= $\neg \varphi[t/x]$,
(iii) $(\forall y\, \varphi)[t/x]$:= $\begin{cases} \forall y\, \varphi[t/x] \text{ se } x \not\equiv y, \\ \forall y\, \varphi \quad\; \text{ se } x \equiv y, \end{cases}$
     $(\exists y\, \varphi)[t/x]$:= $\begin{cases} \exists y\, \varphi[t/x] \text{ se } x \not\equiv y, \\ \exists y\, \varphi \quad\; \text{ se } x \equiv y. \end{cases}$

A substituição de fórmulas é definida como no caso de proposições, e por conveniência usamos '$' como um símbolo para designar o símbolo proposicional (ou seja, um símbolo de predicado 0-ário) que age como um 'guardador de lugar'.

Definição 3.3.11 $\sigma[\varphi/\$]$ *é definido da seguinte forma:*
(i) $\sigma[\varphi/\$]$:= $\begin{cases} \sigma \text{ se } \sigma \not\equiv \$ \\ \varphi \text{ se } \sigma \equiv \$ \end{cases}$ *para σ atômica,*
(ii) $(\sigma_1 \Box \sigma_2)[\varphi/\$]$:= $\sigma_1[\varphi/\$] \Box \sigma_2[\varphi/\$]$,
     $(\neg \sigma_1)[\varphi/\$]$:= $\neg \sigma_1[\varphi/\$]$,
     $(\forall y\, \sigma)[\varphi/\$]$:= $\forall y. \sigma[\varphi/\$]$,
     $(\exists y\, \sigma)[\varphi/\$]$:= $\exists y. \sigma[\varphi/\$]$.

Continuação do Exemplo 2.3.5.
$t_4[t_2/x_1] = i(x_7);$
$t_4[t_2/x_7] = i(p(x_1, x_2));$
$t_5[x_2/x_1] = p(i(p(x_2, \bar{e}), i(x_2)),$
$\varphi_1[t_3/x_0] = p(\bar{e}, \bar{e}) \doteq x_2;$
$\varphi_5[t_3/x_0] = \varphi_5.$

Algumas vezes faremos *substituições simultâneas*, cuja definição é uma pequena modificação das definições 2.3.9, 2.3.10, 2.3.11. O leitor é convidado a escrever as definições formais. Escrevemos $t[t_1,\ldots,t_n/y_1,\ldots,y_n]$ para designar a substituição de $y_1,\ldots,y_n$ por $t_1,\ldots,t_n$ simultaneamente. (Igualmente para φ.)

Note que uma substituição simultânea não é o mesmo que sua correspondente substituição repetida.

Exemplo.
$(x_0 \doteq x_1)[x_1, x_0/x_0, x_1] = (x_1 \doteq x_0),$
mas $((x_0 \doteq x_1)[x_1/x_0])[x_0/x_1] = (x_1 \doteq x_1)[x_0/x_1] = (x_0 \doteq x_0).$

A cláusula dos quantificadores na definição 2.3.10 proíbe a substituição de variáveis ligadas. Existe, no entanto, mais um caso em que desejamos usar uma proibição: uma substituição na qual alguma variável torna-se ligada após a substitui- ção. Daremos um exemplo de tal substituição; a razão pela qual proibimos que a substituição seja efetuada é que ela pode modificar o valor-verdade de uma maneira absurda. Nesse momento não temos uma definição de verdade, portanto o argumento é puramente heurístico.

Exemplo. $\exists x(y < x)[x/y] = \exists x(x < x)$.

Note que a fórmula do lado direito é falsa em uma estrutura ordenada, enquanto que $\exists x(y < x)$ pode muito bem ser verdadeira. Vamos tornar nossa restrição mais precisa:

Definição 3.3.12 *t é livre para x em φ se*
(i) φ é atômica,
(ii) $\varphi := \varphi_1 \Box \varphi_2$ (ou $\varphi := \neg \varphi_1$) e t é livre para x em φ_1 e φ_2 (resp. φ_1),
(iii) $\varphi := \exists y \, \psi$ (ou $\varphi := \forall y \, \psi$) e se $x \in VL(\varphi)$, então $y \notin VL(t)$ e t é livre para x em ψ.

Exemplos.
1. x_2 é livre para x_0 em $\exists x_3 \, P(x_0, x_3)$,
2. $f(x_0, x_1)$ não é livre para x_0 em $\exists x_1 \, P(x_0, x_3)$,
3. x_5 é livre para x_1 em $P(x_1, x_3) \to \exists x_1 \, Q(x_1, x_2)$.

Note que o uso de "t é livre para x em φ" resume-se ao fato de que as variáveis (livres) de t não vão se tornar ligadas após a substituição em φ.

Lema 3.3.13 *t é livre para x em $\varphi \Leftrightarrow$ as variáveis de t em $\varphi[t/x]$ não são ligadas por um quantificador.*

Demonstração. Indução sobre φ.

– Para φ atômica o lema é evidente.
– $\varphi = \varphi_1 \Box \varphi_2$. t é livre para x em $\varphi \stackrel{def}{\Leftrightarrow} t$ é livre para x em φ_1 e t é livre para x em $\varphi_2 \stackrel{h.i.}{\Leftrightarrow}$ as variáveis de t em $\varphi_1[t/x]$ não são ligadas por um quantificador e as variáveis de t em $\varphi_2[t/x]$ não são ligadas por um quantificador $\Leftrightarrow$ as variáveis de t em $(\varphi_1 \Box \varphi_2)[t/x]$ não são ligadas por um quantificador.
– $\varphi = \neg \varphi_1$, semelhante.
– $\varphi = \forall y \, \psi$. t é livre para x em $\varphi \stackrel{def}{\Leftrightarrow} y \notin VL(t)$ e t é livre para x em $\psi \stackrel{h.i.}{\Leftrightarrow}$ as variáveis de t não estão no escopo de $\forall y$ e as variáveis de t em $\psi[t/x]$ não são ligadas por um (outro) quantificador $\Leftrightarrow$ as variáveis de t em $\varphi[t/x]$ não são ligadas por um quantificador. □

Existe uma definição análoga e um lema análogo para a substituição de fórmulas.

Definição 3.3.14 *φ é livre para \$ em σ se:*
(i) σ é atômica,
(ii) $\sigma := \sigma_1 \Box \sigma_2$ (ou $\neg \sigma_1$) e φ é livre para \$ em σ_1 e em σ_2 (ou em σ_1),
(iii) $\sigma := \exists y \, \tau$ (ou $\forall y \, \tau$) e $y \notin VL(\varphi)$ e φ é livre para \$ em τ.

Lema 3.3.15 *φ é livre para \$ em $\sigma \Leftrightarrow$ as variáveis livres de φ não são ligadas por um quantificador em $\sigma[\varphi/\$]$.*

Demonstração. Tal qual a demonstração do Lema 2.3.13. □

3.3 A Linguagem de um Tipo de Similaridade

A partir de agora assumimos tacitamente que todas as nossas substituições são "livres para". Por conveniência introduzimos uma notação informal que simplifica a leitura e a escrita:

Notação. De modo a simplificar a notação de substituição e procurando permanecer de acordo com uma tradição antiga e sugestiva escreveremos (meta-)expressões como $\varphi(x, y, z)$, $\psi(x, x)$, etc. Isso nem significa que as variáveis listadas ocorrem livre, nem que nenhuma outra ocorre livre. É simplesmente uma maneira conveniente de lidar com substituições informalmente: $\varphi(t)$ é o resultado de se substituir x por t em $\varphi(x)$; $\varphi(t)$ é chamada de *instância de substituição* de $\varphi(x)$.

Usamos as linguagens introduzidas acima para descrever estruturas, ou classes de estruturas de um dado tipo. Os símbolos de predicado, símbolos de função e os símbolos de constante agem como nomes para várias relações, operações e constantes. Ao descrever uma estrutura é de grande ajuda ser capaz de se referir a todos os elementos de $|\mathfrak{A}|$, i.e. dispor de *nomes* para todos os elementos (embora que apenas como um dispositivo auxiliar). Por conseguinte introduzimos:

Definição 3.3.16 *A linguagem estendida, $L(\mathfrak{A})$ de $\mathfrak{A}$ é obtida a partir da linguagem L, do tipo de $\mathfrak{A}$, adicionando-se símbolos de constante para todos os elementos de $\mathfrak{A}$. Usamos $\bar{a}$ para fazer referência ao símbolo de constante correspondente ao elemento $a \in |\mathfrak{A}|$.*

Exemplo. Considere a linguagem L dos grupos; então $L(\mathfrak{A})$, para $\mathfrak{A}$ o grupo aditivo dos inteiros, tem símbolos de constante (extras) $\bar{0}, \bar{1}, \ldots, \overline{-1}, \overline{-2}, \overline{-3}, \ldots$. Observe que dessa maneira 0 tem dois nomes: o nome antigo e um dos nomes novos. Isso não é problema, pois por que razão algum objeto não deveria ter mais que um nome?

Exercícios

1. Escreva um alfabeto para as linguagens dos tipos dados no Exercício 1 da seção 2.2.
2. Escreva cinco termos da linguagem do Exercício 1 (iii), (viii). Escreva duas fórmulas atômicas da linguagem do Exercício 1 (vii) e dois átomos fechados da linguagem do Exercício 1 (iii), (vi).
3. Escreva um alfabeto para linguagens de tipos $\langle 3; 1, 1, 2; 0 \rangle$, $\langle -; 2; 0 \rangle$ e $\langle 1; -; 3 \rangle$.
4. Verifique quais termos são livres nos seguintes casos, e realize a operação de substituição:
   (a) x para x em $x = x$,
   (b) y para x em $x = x$,
   (c) $x + y$ para y em $z = \bar{0}$
   (d) $\bar{0} + y$ para y em $\exists x(y = x)$,
   (e) $x + y$ para z em $\exists w(w + x = \bar{0})$,
   (f) $x + w$ para z em $\forall w(x + z = \bar{0})$,
   (g) $x + y$ para z em $\forall w(x + z = \bar{0}) \land \exists y(z = x)$,
   (h) $x + y$ para z em $\forall u(u = v) \to \forall z(z = y)$.

3.4 Semântica

A arte de interpretar enunciados (matemáticos) pressupõe uma rígida separação entre "linguagem" e o "universo" matemático de entidades. Os objetos da linguagem são símbolos, ou cadeias de símbolos, as entidades da matemática são números, conjuntos, funções, triângulos, etc. É uma questão para a filosofia da matemática refletir sobre o universo da matemática; aqui simplesmente aceitaremos o que nos é dado. Nossas necessidades com relação ao universo matemático são, no momento, bem modestas. Igualmente, nossos desidérios com respeito à linguagem são modestos. Apenas supomos que existe um suprimento ilimitado de símbolos.

A ideia por trás da semântica da lógica de predicados é muito simples. Seguindo Tarski, assumimos que um enunciado σ é verdadeiro em uma estrutura, se é de fato o caso que σ se aplica (a sentença "A neve é branca" é verdadeira se a neve for de fato branca). Um exemplo matemático: "$\overline{2} + \overline{2} = \overline{4}$" é verdadeiro na estrutura dos números naturais (com adição) se $2 + 2 = 4$ (i.e. se a adição dos *números* 2 e 2 resulta no *número* 4.) Interpretação é a arte de relacionar objetos sintáticos (cadeias de símbolos) e estados de coisas "na realidade".

Vamos começar dando um exemplo de uma interpretação em um caso simples. Consideramos a estrutura $\mathfrak{A} = (\mathbb{Z}, <, +, -, 0)$, i.e. o grupo ordenado dos inteiros.

A linguagem tem no seu alfabeto:
símbolos de predicado : $\doteq, L$
    símbolos de função : P, M
símbolos de constante : $\overline{0}$

$L(\mathfrak{A})$ tem, além de tudo isso, símbolos de constante $\overline{m}$ para todo $m \in \mathbb{Z}$. Primeiro interpretamos os termos fechados de $L(\mathfrak{A})$; a interpretação $t^{\mathfrak{A}}$ de um termo t é um elemento de $\mathbb{Z}$.

t	$t^{\mathfrak{A}}$
$\overline{m}$	m
$S(t_1, t_2)$	$t_1^{\mathfrak{A}} + t_2^{\mathfrak{A}}$
$M(t)$	$-t^{\mathfrak{A}}$

Grosso modo, interpretamos $\overline{m}$ como "seu número", S como *soma*, M como *menos*. Note que interpretamos apenas termos fechados. Isso faz sentido, pois como se deveria atribuir um inteiro definitivo a x?

A seguir interpretamos *sentenças* de $L(\mathfrak{A})$ atribuindo um dos valores 0 ou 1. No que concerne aos conectivos proposicionais, seguimos a semântica para a lógica proposicional.

$$v(\bot) = 0,$$
$$v(t \doteq s) = \begin{cases} 1 \text{ se } t^{\mathfrak{A}} = s^{\mathfrak{A}} \\ 0 \text{ caso contrário,} \end{cases}$$
$$v(L(t,s)) = \begin{cases} 1 \text{ se } t^{\mathfrak{A}} < s^{\mathfrak{A}} \\ 0 \text{ caso contrário,} \end{cases}$$
$$v(\varphi \square \psi)$$
$$v(\neg \varphi) \quad \text{tal qual na Definição 1.2.1}$$
$$v(\forall x \varphi) = \min\{v(\varphi[\overline{n}/x]) \mid n \in \mathbb{Z}\}$$
$$v(\exists x \varphi) = \max\{v(\varphi[\overline{n}/x]) \mid n \in \mathbb{Z}\}$$

3.4 Semântica   65

Algumas observações são necessárias.

1. Na realidade definimos uma função v por recursão sobre φ.
2. A valoração de uma fórmula universalmente quantificada é obtida tomando-se o mínimo de todas as valorações das instâncias individuais, i.e. o valor é 1 (verdadeiro) sse todas as instâncias têm o valor 1. Nesse sentido $\forall$ é uma generalização de $\wedge$. Igualmente $\exists$ é uma generalização de $\vee$.
3. v é determinado de forma unívoca por $\mathfrak{A}$, portanto $v_{\mathfrak{A}}$ seria uma notação mais apropriada. Por conveniência, permaneceremos com a notação simplificada v.
4. Tal qual na semântica da lógica proposicional, escreveremos $[\![\varphi]\!]_{\mathfrak{A}}$ para designar $v_{\mathfrak{A}}(\varphi)$, e quando não existir possibilidade de haver confusão omitiremos o índice $\mathfrak{A}$.
5. Seria tentador tornar nossa notação realmente uniforme escrevendo $[\![t]\!]_{\mathfrak{A}}$ no lugar de $t^{\mathfrak{A}}$. Entretanto, manteremos ambas as notações e usaremos a que for mais legível. A notação em que aparece o expoente tem a desvantagem de que requer mais parênteses, mas a notação $[\![\,]\!]$ não melhora a legibilidade.

Exemplos.

1. $(S(S(\overline{2},\overline{3}), M(\overline{7})))^{\mathfrak{A}} = S(\overline{2},\overline{3}) + M(\overline{7})^{\mathfrak{A}}) = (\overline{2}^{\mathfrak{A}} + \overline{3}^{\mathfrak{A}}) + (-\overline{7}^{\mathfrak{A}}) = 2+3+(-7) = -2$,
2. $[\![\overline{2} \doteq \overline{-1}]\!] = 0$, pois $2 \neq -1$,
3. $[\![\overline{0} \doteq \overline{1} \to L(\overline{25}, \overline{10})]\!] = 1$, pois $[\![\overline{0} \doteq \overline{1}]\!] = 0$ e $[\![L(\overline{25}, \overline{10})]\!] = 0$; pela interpretação da implicação o valor é 1,
4. $[\![\forall x \exists y (L(x,y))]\!] = \min_n (\max_m [\![L(\overline{n}, \overline{m})]\!])$
   $[\![L(\overline{n}, \overline{m})]\!] = 1$ para $m > n$, logo para um n fixo, $\max_m([\![L(\overline{n}, \overline{m})]\!]) = 1$, e portanto $\min_n \max_m [\![L(\overline{n}, \overline{m})]\!] = 1$.

Vamos agora apresentar uma definição de interpretação para o caso geral. Considere $\mathfrak{A} = \langle A, R_1, \ldots, R_n, F_1, \ldots, F_m, \{c_i \mid i \in I\} \rangle$ de um dado tipo de similaridade $\langle r_1, \ldots, r_n; a_1, \ldots, a_m; |I| \rangle$.

A linguagem correspondente tem símbolos de predicado $\overline{R}_1, \ldots, \overline{R}_n$, símbolos de função $\overline{F}_1, \ldots, \overline{F}_m$ e símbolos de constante $\overline{c}_i$. $L(\mathfrak{A})$, além do mais, tem símbolos de constante $\overline{a}$ para todo $a \in |\mathfrak{A}|$.

Definição 3.4.1 *Uma interpretação dos termos fechados de $L(\mathfrak{A})$ em $\mathfrak{A}$, é um mapeamento* $(.)^{\mathfrak{A}} : TERM_c \to |\mathfrak{A}|$ *satisfazendo:*
(i) $\overline{c}_i^{\mathfrak{A}} = c_i$ $\quad (= [\![\overline{c}_i]\!]_{\mathfrak{A}})$
$\quad \overline{a}^{\mathfrak{A}} = a,$ $\quad (= [\![\overline{a}]\!]_{\mathfrak{A}})$
(ii) $(\overline{F}_i(t_1, \ldots, t_p))^{\mathfrak{A}} = F_i(t_1^{\mathfrak{A}}, \ldots, t_p^{\mathfrak{A}}),$ $\quad (= [\![F_i(t_1, \ldots, t_p)]\!]_{\mathfrak{A}}$
$\quad$ onde $p = a_i$ $\quad\quad = \overline{F}_i([\![t_1]\!]_{\mathfrak{A}}, \ldots, [\![t_p]\!]_{\mathfrak{A}})\,)$

Há também uma *notação de valoração* usando os parênteses de Scott; indicamos na definição acima como esses parênteses devem ser usados. Agora a próxima definição está exclusivamente em termos de valorações.

Definição 3.4.2 *Uma interpretação das sentenças φ de $L(\mathfrak{A})$ em $\mathfrak{A}$ é um mapeamento $(\cdot)^{\mathfrak{A}} : SENT \to \{0, 1\}$, satisfazendo:*

(i) $[\![\bot]\!]_{\mathfrak{A}} := 0$,

$[\![\overline{R}]\!]_{\mathfrak{A}} := R$ (i.e. 0 ou 1).

(ii) $[\![\overline{R}_i(t_1, \ldots, t_p)]\!]_{\mathfrak{A}} := \begin{cases} 1 \text{ se } \langle t_1^{\mathfrak{A}}, \ldots, t_p^{\mathfrak{A}} \rangle \in R_i, \text{ onde } p = r_i, \\ 0 \text{ caso contrário.} \end{cases}$

$[\![t_1 \doteq t_2]\!]_{\mathfrak{A}} := \begin{cases} 1 \text{ se } t_1^{\mathfrak{A}} = t_2^{\mathfrak{A}} \\ 0 \text{ caso contrário.} \end{cases}$

(iii) $[\![\varphi \wedge \psi]\!]_{\mathfrak{A}} := \min([\![\varphi]\!]_{\mathfrak{A}}, [\![\psi]\!]_{\mathfrak{A}})$,

$[\![\varphi \vee \psi]\!]_{\mathfrak{A}} := \max([\![\varphi]\!]_{\mathfrak{A}}, [\![\psi]\!]_{\mathfrak{A}})$,

$[\![\varphi \to \psi]\!]_{\mathfrak{A}} := \max(1 - [\![\varphi]\!]_{\mathfrak{A}}, [\![\psi]\!]_{\mathfrak{A}})$,

$[\![\varphi \leftrightarrow \psi]\!]_{\mathfrak{A}} := 1 - |[\![\varphi]\!]_{\mathfrak{A}} - [\![\psi]\!]_{\mathfrak{A}}|$,

$[\![\neg \varphi]\!]_{\mathfrak{A}} := 1 - [\![\varphi]\!]_{\mathfrak{A}}$.

(iv) $[\![\forall x \varphi]\!]_{\mathfrak{A}} := \min\{[\![\varphi[\overline{a}/x]]\!]_{\mathfrak{A}} \mid a \in |\mathfrak{A}|\}$,

$[\![\exists x \varphi]\!]_{\mathfrak{A}} := \max\{[\![\varphi[\overline{a}/x]]\!]_{\mathfrak{A}} \mid a \in |\mathfrak{A}|\}$.

Convenção. Daqui por diante assumiremos que todas as estruturas e todas as linguagens têm tipos de similaridade apropriados, de modo que não temos que especificar os tipos toda vez.

Na lógica de predicados existe uma alternativa conveniente e popular para a notação envolvendo o símbolo v de valoração:

$\mathfrak{A} \models \varphi$ denota $[\![\varphi]\!]_{\mathfrak{A}} = 1$. Dizemos que "$\varphi$ é verdadeira, válida, em $\mathfrak{A}$" se $\mathfrak{A} \models \varphi$. A relação $\models$ é chamada de *relação de satisfação*.

Note que a mesma notação está disponível em lógica proposicional — lá o papel de $\mathfrak{A}$ é exercido pela valoração, por isso poder-se-ia muito bem escrever $v \models \varphi$ no lugar de $[\![\varphi]\!]_v = 1$.

Até agora definimos a noção de verdade apenas para sentenças de $L(\mathfrak{A})$. De modo a estender $\models$ para fórmulas arbitrárias vamos introduzir uma nova notação.

Definição 3.4.3 *Seja $VL(\varphi) = \{z_1, \ldots, z_k\}$, então $Fecho(\varphi) := \forall z_1 \ldots z_k \varphi$ é o fecho universal de φ (assumimos que a ordem de ocorrência das variáveis z_i tenha sido fixada de alguma forma).*

Definição 3.4.4 *(i) $\mathfrak{A} \models \varphi$ sse $\mathfrak{A} \models Fecho(\varphi)$,*

(ii) $\models \varphi$ sse $\mathfrak{A} \models \varphi$ para toda $\mathfrak{A}$ (do tipo apropriado),

(iii) $\mathfrak{A} \models \Gamma$ sse $\mathfrak{A} \models \psi$ para toda $\psi \in \Gamma$,

(iv) $\Gamma \models \varphi$ sse $(\mathfrak{A} \models \Gamma \Rightarrow \mathfrak{A} \models \varphi)$, onde $\Gamma \cup \{\varphi\}$ consiste de sentenças.

Se $\mathfrak{A} \models \sigma$, chamamos $\mathfrak{A}$ de um *modelo* de σ. Em geral: se $\mathfrak{A} \models \Gamma$, chamamos $\mathfrak{A}$ de um *modelo* de Γ. Dizemos que φ é *verdadeira* se $\models \varphi$, φ é uma *conseqüência semântica* de Γ se $\Gamma \models \varphi$, i.e. φ se verifica em cada modelo de Γ. Note que isso tudo é uma generalização imediata da Definição 2.2.4.

Se φ for uma fórmula com variáveis livres, digamos $VL(\varphi) = \{z_1, \ldots, z_k\}$, então dizemos que φ é *satisfeita* por $a_1, \ldots, a_k \in |\mathfrak{A}|$ se $\mathfrak{A} \models \varphi[\overline{a}_1, \ldots, \overline{a}_k / z_1, \ldots, z_k]$,

φ é chamada de *satisfatível em* $\mathfrak{A}$ se existem $a_1, \ldots, a_k$ tais que φ é satisfeita por $a_1, \ldots, a_k$ e φ é chamada simplesmente de *satisfatível* se ela é satisfatível em alguma estrutura $\mathfrak{A}$. Note que φ é satisfatível em $\mathfrak{A}$ sse $\mathfrak{A} \models \exists z_1 \ldots z_k \varphi$.

As propriedades da relação de satisfação estão correspondendo, de forma compreensível e conveniente, ao significado intuitivo dos conectivos.

Lema 3.4.5 *Se nos restringirmos a sentenças, então*
- (i) $\mathfrak{A} \models \varphi \wedge \psi \Leftrightarrow \mathfrak{A} \models \varphi$ e $\mathfrak{A} \models \psi$,
- (ii) $\mathfrak{A} \models \varphi \vee \psi \Leftrightarrow \mathfrak{A} \models \varphi$ ou $\mathfrak{A} \models \psi$,
- (iii) $\mathfrak{A} \models \neg \varphi \Leftrightarrow \mathfrak{A} \not\models \varphi$,
- (iv) $\mathfrak{A} \models \varphi \rightarrow \psi \Leftrightarrow (\mathfrak{A} \models \varphi \Rightarrow \mathfrak{A} \models \psi)$,
- (v) $\mathfrak{A} \models \varphi \leftrightarrow \psi \Leftrightarrow (\mathfrak{A} \models \varphi \Leftrightarrow \mathfrak{A} \models \psi)$,
- (vi) $\mathfrak{A} \models \forall x \varphi \Leftrightarrow \mathfrak{A} \models \varphi[\bar{a}/x]$, *para todo* $a \in |\mathfrak{A}|$,
- (vii) $\mathfrak{A} \models \exists x \varphi \Leftrightarrow \mathfrak{A} \models \varphi[\bar{a}/x]$, *para algum* $a \in |\mathfrak{A}|$,

Demonstração. Imediata da Definição 3.4.2. Vamos fazer dois casos.

(iv) $\mathfrak{A} \models \varphi \rightarrow \psi \Leftrightarrow [\![\varphi \rightarrow \psi]\!]_{\mathfrak{A}} = \max(1 - [\![\varphi]\!]_{\mathfrak{A}}, [\![\psi]\!]_{\mathfrak{A}}) = 1$. Suponha que $\mathfrak{A} \models \varphi$, i.e. $[\![\varphi]\!]_{\mathfrak{A}} = 1$, então claramente $[\![\psi]\!]_{\mathfrak{A}} = 1$, ou $\mathfrak{A} \models \psi$.

Reciprocamente, suponha que $\mathfrak{A} \models \varphi \Leftrightarrow \mathfrak{A} \models \psi$, e suponha que $\mathfrak{A} \not\models \varphi \rightarrow \psi$, então $[\![\varphi \rightarrow \psi]\!]_{\mathfrak{A}} = \max(1 - [\![\varphi]\!]_{\mathfrak{A}}) = 0$. Logo, $[\![\psi]\!]_{\mathfrak{A}} = 0$ e $[\![\varphi]\!]_{\mathfrak{A}} = 1$. Contradição.

(vii) $\mathfrak{A} \models \exists x \varphi(x) \Leftrightarrow \max\{[\![\varphi(\bar{a})]\!]_{\mathfrak{A}} \mid a \in |\mathfrak{A}|\} = 1 \Leftrightarrow$ existe um $a \in |\mathfrak{A}|$ tal que $[\![\varphi(\bar{a})]\!]_{\mathfrak{A}} = 1 \Leftrightarrow$ existe um $a \in |\mathfrak{A}|$ tal que $\mathfrak{A} \models \varphi(\bar{a})$. □

O Lema 3.4.5 nos diz que a interpretação de sentenças em $\mathfrak{A}$ anda em paralelo à construção das sentenças por meio de conectivos. Em outras palavras, substituímos os conectivos por seus análogos na meta-linguagem e interpretamos os átomos verificando as relações na estrutura.

Por exemplo, considere nosso exemplo do grupo aditivo ordenado de inteiros: $\mathfrak{A} \models \neg \forall x \exists y (x \doteq S(y,y)) \Leftrightarrow$ não é o caso que para cada número n existe um m tal que $n = 2m \Leftrightarrow$ nem todo número pode ser dividido ao meio em $\mathfrak{A}$. Isso é claramente correto, pois tome por exemplo $n = 1$.

Vamos refletir por um momento sobre a valoração de símbolos proposicionais; uma relação 0-ária é um subconjunto de $A^\emptyset = \{\emptyset\}$, i.e. ela é $\emptyset$ ou $\{\emptyset\}$ e estas são, quando vistos como ordinais, 0 ou 1. Logo, $[\![\bar{P}]\!]_{\mathfrak{A}} = P$, e P é um valor verdade. Isso faz com que nossa definição seja perfeitamente razoável. De fato, mesmo sem estar buscando por um tratamento sistemático, podemos observar que fórmulas correspondem a subconjuntos de A^k, onde k é o número de variáveis livres. E.g. seja $VL(\varphi) = \{z_1, \ldots, z_k\}$, então poderíamos por $[\![\varphi]\!]_{\mathfrak{A}} = \{\langle a_1, \ldots, a_k \rangle \mid \mathfrak{A} \models \varphi(\bar{a}_1, \ldots, \bar{a}_k)\}$ $(= \{\langle \bar{a}_1, \ldots, \bar{a}_n \rangle \mid [\![\varphi(\bar{a}_1, \ldots, \bar{a}_n)]\!]_{\mathfrak{A}} = 1\})$, portanto esticando um pouco o significado de $[\![\varphi]\!]_{\mathfrak{A}}$. Fica imediatamente claro que a aplicação de quantificadores a φ reduz a "dimensão". Por exemplo, $[\![\exists x P(x,y)]\!]_{\mathfrak{A}} = \{a \mid \mathfrak{A} \models P(\bar{b}, \bar{a})$ para algum $b\}$, que é a projeção de $[\![P(x,y)]\!]_{\mathfrak{A}}$ sobre o eixo dos y.

Exercícios

1. Seja $\mathfrak{N} = \langle \mathbb{N}, +, \cdot, S, 0 \rangle$, e L uma linguagem de tipo $\langle -; 2, 2, 2; 1 \rangle$.

(i) Dê dois termos distintos t em L tais que $t^{\mathfrak{N}} = 5$,
(ii) Mostre que para cada número natural $n \in \mathbb{N}$ existe um termo t tal que $t^{\mathfrak{N}} = n$,
(iii) Mostre que para cada $n \in \mathbb{N}$ existe um número infinito de termos t tais que $t^{\mathfrak{A}} = n$.

2. Seja $\mathfrak{A}$ a estrutura do exercício 1(v) da seção 2.2. Calcule $(((\overline{1} \to \overline{0}) \to \neg\overline{0}) \wedge (\neg\overline{0}) \to (\overline{1} \to \overline{0}))^{\mathfrak{A}}$, $(\overline{1} \leftarrow \neg(\neg\overline{0} \vee \overline{1}))^{\mathfrak{A}}$.
3. Seja $\mathfrak{A}$ a estrutura do exercício 1(viii), 2.2. Calcule $(|(\sqrt{3})^2 - \overline{-5}|)^{\mathfrak{A}}$, $(\overline{1} - (|\overline{(-2)}| - (\overline{5} - \overline{(-2)})))^{\mathfrak{A}}$.
4. Que casos do Lema 3.4.5 permanecem corretos se considerarmos fórmulas em geral?
5. Para sentenças σ temos $\mathfrak{A} \models \sigma$ ou $\mathfrak{A} \models \neg\sigma$. Mostre que isso não se verifica para φ se $VL(\varphi) \neq \emptyset$. Mostre que nem mesmo para sentenças $\models \sigma$ ou $\models \neg\sigma$ se verifica.
6. Mostre que para termos fechados t e fórmulas φ (em $L(\mathfrak{A})$):
   $\mathfrak{A} \models t = [\![t]\!]_{\mathfrak{A}}$,
   $\mathfrak{A} \models \varphi(t) \leftrightarrow \varphi([\![t]\!]_{\mathfrak{A}})$ (Obteremos isso também como um corolário do Teorema da Substituição, 2.5.9).
7. Mostre que $\mathfrak{A} \models \varphi \Rightarrow \mathfrak{A} \models \psi$ para toda estrutura $\mathfrak{A}$, implica $\models \varphi \Rightarrow \models \psi$, mas não a recíproca.

3.5 Propriedades Simples da Lógica de Predicados

Nossa definição de validade (verdade) foi uma mera extensão da definição baseada em valoração dada para a lógica proposicional. Como conseqüência disso, fórmulas que são instâncias de tautologias são verdadeiras em todas as estruturas $\mathfrak{A}$ (exercício 1). Portanto podemos copiar muitos resultados das seções 1.2 e 1.3. Usaremos esses resultados com uma simples referência à lógica proposicional.

As propriedades específicas concernentes aos quantificadores serão tratadas nesta seção. Primeiro consideramos as generalizações das leis de De Morgan.

Teorema 3.5.1
(i) $\models \neg\forall x\varphi \leftrightarrow \exists x\neg\varphi$
(ii) $\models \neg\exists x\varphi \leftrightarrow \forall x\neg\varphi$
(iii) $\models \forall x\varphi \leftrightarrow \neg\exists x\neg\varphi$
(iv) $\models \exists x\varphi \leftrightarrow \neg\forall x\neg\varphi$

Demonstração. Se não há variáveis livres envolvidas, então as equivalências acima são quase triviais. Vamos fazer um caso geral.

(i) Seja $VL(\forall x\varphi) = \{z_1, \ldots, z_k\}$, então devemos mostrar que
$\mathfrak{A} \models \forall z_1 \ldots z_k (\neg \forall x\varphi(x, z_1, \ldots, z_k) \leftrightarrow \exists x \neg\varphi(x, z_1, \ldots, z_k))$, para toda $\mathfrak{A}$.
Logo, temos que mostrar que $\mathfrak{A} \models \neg\forall x\varphi(x, \overline{a}_1, \ldots, \overline{a}_k)$ para quaisquer $\overline{a}_1, \ldots, \overline{a}_k \in |\mathfrak{A}|$. Aplicamos as propriedades da relação $\models$ tal qual listadas no Lema 3.4.5:

3.5 Propriedades Simples da Lógica de Predicados

$\mathfrak{A} \models \neg \forall x \varphi(x, \overline{a}_1, \ldots, \overline{a}_k) \Leftrightarrow \mathfrak{A} \not\models \forall x \varphi(x, \overline{a}_1, \ldots, \overline{a}_k) \Leftrightarrow$ não é o caso de que para todo $b \in |\mathfrak{A}|$ $\mathfrak{A} \models \varphi(\overline{b}, \overline{a}_1, \ldots, \overline{a}_k) \Leftrightarrow$ existe um $b \in |\mathfrak{A}|$ tal que $\mathfrak{A} \models \neg \varphi(\overline{b}, \overline{a}_1, \ldots, \overline{a}_k) \Leftrightarrow \mathfrak{A} \models \exists x \neg \varphi(x, \overline{a}_1, \ldots, \overline{a}_k)$.

(ii) é tratado analogamente,
(iii) pode ser obtido de (i), (ii),
(iv) pode ser obtido de (i), (ii). □

A ordem em que os quantificadores do mesmo tipo (universal ou existencial) aparecem é irrelevante, e a quantificação sobre uma variável que não ocorre na fórmula pode ser desprezada.

Teorema 3.5.2
$(i) \models \forall x \forall y \varphi \leftrightarrow \forall y \forall x \varphi,$
$(ii) \models \exists x \exists y \varphi \leftrightarrow \exists y \exists x \varphi,$
$(iii) \models \forall x \varphi \leftrightarrow \varphi$ se $x \notin VL(\varphi),$
$(iv) \models \exists x \varphi \leftrightarrow \varphi$ se $x \notin VL(\varphi).$

Demonstração. Deixo ao leitor. □

Já observamos que $\forall$ e $\exists$ são, num certo sentido, generalizações de $\wedge$ e $\vee$. Por conseguinte não é surpresa que $\forall$ (respectivamente $\exists$) distribui sobre $\wedge$ (respectivamente $\vee$). O quantificador $\forall$ (respectivamente $\exists$) distribui sobre $\vee$ (respectivamente $\wedge$) apenas se uma certa condição for satisfeita.

Teorema 3.5.3
$(i) \models \forall x (\varphi \wedge \psi) \leftrightarrow \forall x \varphi \wedge \forall x \psi,$
$(ii) \models \exists x (\varphi \vee \psi) \leftrightarrow \exists x \varphi \vee \exists x \psi,$
$(iii) \models \forall x (\varphi(x) \vee \psi) \leftrightarrow \forall x \varphi(x) \vee \psi$ se $x \notin VL(\psi),$
$(iv) \models \exists x (\varphi(x) \wedge \psi) \leftrightarrow \exists x \varphi(x) \wedge \psi$ se $x \notin VL(\psi),$

Demonstração. (i) e (ii) são imediatos.
(iii) Seja $VL(\forall x(\varphi(x) \vee \psi)) = \{z_1, \ldots, z_k\}$. Temos que mostrar que $\mathfrak{A} \models \forall z_1 \ldots z_k (\forall x(\varphi(x) \vee \psi) \leftrightarrow \forall x \varphi(x) \vee \psi)$ para toda $\mathfrak{A}$, portanto mostramos, usando o Lema 3.4.5, que $\mathfrak{A} \models \forall x(\varphi(x, \overline{a}_1, \ldots, \overline{a}_k)) \vee \psi(\overline{a}_1, \ldots, \overline{a}_k)) \Leftrightarrow \mathfrak{A} \models \forall x \varphi(x, \overline{a}_1, \ldots, \overline{a}_k) \vee \psi(\overline{a}_1, \ldots, \overline{a}_k)$ para toda $\mathfrak{A}$ e todo $\overline{a}_1, \ldots, \overline{a}_k \in |\mathfrak{A}|$. Note que no curso da argumentação $\overline{a}_1, \ldots, \overline{a}_k$ permanecem fixos, portanto não precisaremos mencioná-los toda vez.

$\Leftarrow$: $\mathfrak{A} \models \forall x \varphi(x, \text{---}) \vee \psi(\text{---}) \Leftrightarrow \mathfrak{A} \models \forall x \varphi(x, \text{---})$ ou $\mathfrak{A} \models \psi(\text{---}) \Leftrightarrow \mathfrak{A} \models \varphi(\overline{b}, \text{---})$ para todo b ou $\mathfrak{A} \models \psi(\text{---})$.
Se $\mathfrak{A} \models \psi(\text{---})$, então temos também $\mathfrak{A} \models \varphi(\overline{b}, \text{---}) \vee \psi(\text{---})$ para todo b, e portanto $\mathfrak{A} \models \forall x \varphi(x, \text{---}) \vee \psi(\text{---})$. Se para todo b $\mathfrak{A} \models \varphi(\overline{b}, \text{---})$ então $\mathfrak{A} \models \varphi(\overline{b}, \text{---}) \vee \psi(\text{---})$ para todo b, portanto $\mathfrak{A} \models \forall x(\varphi(x, \text{---}) \vee \psi(\text{---}))$.
Em ambos os casos obtemos o resultado desejado.
$\Rightarrow$: Sabemos que para cada $b \in |\mathfrak{A}|$ temos que $\mathfrak{A} \models \varphi(\overline{b}, \text{---}) \vee \psi(\text{---})$.
Se $\mathfrak{A} \models \psi(\text{---})$, então temos também que $\mathfrak{A} \models \forall x \varphi(x, \text{---}) \vee \psi(\text{---})$, e nesse caso terminamos.
Se $\mathfrak{A} \not\models \psi(\text{---})$ então temos necessariamente que $\mathfrak{A} \models \varphi(\overline{b}, \text{---})$ para todo b, logo $\mathfrak{A} \models \forall x \varphi(x, \text{---})$ e portanto $\mathfrak{A} \models \forall x \varphi(x, \text{---}) \vee \psi(\text{---})$.

3 Lógica de Predicados

(iv) é semelhante. □

Na demonstração acima ilustramos uma técnica para lidar com as variáveis adicionais $z_1, \ldots, z_k$, que permanecem livres, e que na verdade não desempenham um papel real. Escolhe-se uma seqüência arbitrária de elementos $a_1, \ldots, a_k$ para substituir os z_i's e procura-se mantê-los fixos durante a demonstração. Portanto daqui por diante na maior parte dos casos ignoraremos as variáveis adicionais.

ADVERTÊNCIA. $\forall x(\varphi(x) \vee \psi(x)) \to \forall x \varphi(x) \vee \forall x \psi(x)$, e
$\exists x(\varphi(x) \wedge \psi(x)) \to \exists x \varphi(x) \wedge \exists x \psi(x)$ não são verdadeiras.

Uma das "tarefas de Cinderela" em lógica é o registro de substituições, o histórico de substituições iteradas, etc. Vamos enunciar um número de lemas úteis, nenhum deles difícil – trata-se mesmo de trabalho braçal.

Uma palavra de advertência ao leitor: nenhuma dessas propriedades sintáticas são difíceis de demonstrar, nem existe grande coisa a ser aprendida dessas demonstrações (a menos que se esteja à procura de objetivos específicos, tal como medir a complexidade de certos predicados); o melhor procedimento é dar as demonstrações diretamente e somente consultar as provas no livro em caso de emergência.

Lema 3.5.4 (i) *Sejam x e y variáveis distintas tais que $x \notin VL(r)$, então $(t[s/x])[r/y] = (t[r/y])[s[r/y]/x]$,*

(ii) *sejam x e y variáveis distintas tais que $x \notin VL(s)$, e sejam t e s termos livres para x e y em φ, então $(\varphi[t/x])[s/y] = (\varphi[s/y])[t[s/y]/x]$,*

(iii) *seja ψ uma fórmula livre para \$ em φ, e seja t um termo livre para x em φ e ψ, então $(\varphi[\psi/\$])[t/x] = (\varphi[t/x])[\psi[t/x]/\$]$,*

(iv) *sejam φ, ψ fórmulas livres para $\$_1, \$_2$ em σ, seja ψ uma fórmula livre para $\$_2$ em φ, e suponha que $\$_1$ não ocorre em ψ, então $(\sigma[\varphi/\$_1])[\psi/\$_2] = (\sigma[\psi/\$_2])[\varphi[\psi/\$_2]/\$_1]$.*

Demonstração. (i) Indução sobre t.
- $t = c$, trivial.
- $t = x$. Então $t[s/x] = s$ e $(t[s/x])[r/y] = s[r/y]$; $(t[r/y])[s[r/y]/x] = x[s[r/y]/x] = s[r/y]$.
- $t = y$. Então $(t[s/x])[r/y] = y[r/y] = r$ e $(t[r/y])[s[r/y]/x] = r[s[r/y]/x] = r$, pois $x \notin VL(r)$.
- $t = z$, onde $z \neq x, y$, trivial.
- $t = f(t_1, \ldots, t_n)$. Então
$$(t[s/x])[r/y] = (f(t_1[s/x], \ldots, t_n[s/x]))[r/y]$$
$$= f((t_1[s/x])[r/y], \ldots, (t_n[s/x])[r/y])$$
$$\stackrel{h.i.}{=} f((t_1[r/y])[s[r/y]/x], \ldots, (t_n[r/y])[s[r/y]/x])$$
$$= f(t_1[r/y], \ldots, t_n[r/y])[s[r/y]/x]$$
$$= (t[r/y])[s[r/y]/x].$$

(ii) Indução sobre φ. Deixo ao leitor.

(iii) Indução sobre φ.
- $\varphi = \bot$ ou P distinto de \$. Trivial.

3.5 Propriedades Simples da Lógica de Predicados

- $\varphi = \$$. Então $(\$[\psi/\$])[t/x] = \psi[t/x]$ e $(\$[t/x])[\psi[t/x]/\$] = \$[\psi[t/x]/\$] = \psi[t/x]$.
- $\varphi = \varphi_1 \square \varphi_2, \neg \varphi_1$. Trivial.
- $\varphi = \forall y \varphi_1$. Então
$$((\forall y \cdot \varphi_1[\psi/\$])[t/x] = (\forall y \cdot \varphi_1[\psi/\$])[t/x]$$
$$= \forall y \cdot ((\varphi_1[\psi/\$])[t/x])$$
$$\stackrel{h.i.}{=} \forall y((\varphi_1[t/x])[\psi[t/x]/\$])$$
$$= ((\forall y \varphi_1)[t/x])[\psi[t/x]/\$].$$
- $\varphi = \exists y \varphi_1$. Idem.

(iv) Indução sobre σ. Deixo ao leitor. □

Imediatamente obtemos

Corolário 3.5.5 (i) Se $z \notin VL(t)$, então $t[\overline{a}/x] = (t[z/x])[\overline{a}/z]$,
(ii) Se $z \notin VL(\varphi)$ e z é livre para x em φ, então $\varphi[\overline{a}/x] = (\varphi[z/x])[\overline{a}/z]$.

É possível puxar os quantificadores para a frente da fórmula. O truque é bem conhecido em análise: a variável ligada em uma integral pode ser trocada. E.g. $\int x dx + \int \sin y dy = \int x dx + \int \sin x dx = \int (x + \sin x) dx$. Em lógica de predicados temos um fenômeno semelhante.

Teorema 3.5.6 (Troca de Variáveis Ligadas) *Se x, y são livres para z em φ e $x, y \notin VL(\varphi)$ então*
$\models \exists x \varphi[x/z] \leftrightarrow \exists y \varphi[y/z]$,
$\models \forall x \varphi[x/z] \leftrightarrow \forall y \varphi[y/z]$.

Demonstração. Basta considerar φ com $VL(\varphi) \subseteq \{z\}$. Temos que mostrar que $\mathfrak{A} \models \exists x \varphi[x/z] \Leftrightarrow \mathfrak{A} \models \exists y \varphi[y/z]$ para qualquer $\mathfrak{A}$.
$\mathfrak{A} \models \exists x \varphi[x/z] \Leftrightarrow \mathfrak{A} \models (\varphi[x/z])[\overline{a}/z]$ para algum a
$\Leftrightarrow \mathfrak{A} \models \varphi[\overline{a}/z]$ para algum $a \Leftrightarrow \mathfrak{A} \models (\varphi[y/z])[\overline{a}/y]$ para algum $a \Leftrightarrow \mathfrak{A} \models \exists y \varphi[y/z]$.
O quantificador universal é tratado de forma completamente semelhante. □

O resultado desse teorema é que sempre se pode substituir uma variável ligada por uma "nova" variável, i.e. uma variável que não ocorra na fórmula. Disso se conclui facilmente que

Corolário 3.5.7 *Toda fórmula é equivalente a uma outra fórmula na qual nenhuma variável ocorre ao mesmo tempo livre e ligada.*

Agora podemos puxar os quantificadores para a frente: $\forall x \varphi(x) \lor \forall x \psi(x) \leftrightarrow \forall x \varphi(x) \lor \forall y \psi(y)$ e $\forall x \varphi(x) \lor \forall y \psi(y) \leftrightarrow \forall xy(\varphi(x) \lor \psi(y))$, para um y apropriado.

De modo a lidar com lógica de predicados de forma algébrica precisamos da técnica de substituição de equivalentes por equivalentes.

Teorema 3.5.8 (Teorema da Substituição)
(i) $\models t_1 = t_2 \to s[t_1/x] = s[t_2/x]$
(ii) $\models t_1 = t_2 \to \varphi[t_1/x] \leftrightarrow \varphi[t_2/x]$
(iii) $\models (\varphi \leftrightarrow \psi) \to (\sigma[\varphi/\$] \leftrightarrow \sigma[\psi/\$])$

Demonstração. Não é nenhuma restrição assumir que os termos e as fórmulas são fechados. Tacitamente assumimos que as substituições satisfazem as condições "livre para".

(i) Suponha que $\mathfrak{A} \models t_1 = t_2$, i.e. $t_1^\mathfrak{A} = t_2^\mathfrak{A}$. Agora use indução sobre s.
  - s é uma constante ou uma variável. Trivial.
  - $s = \overline{F}(s_1, \ldots, s_k)$. Então $s[t_i/x] = \overline{F}(s_1[t_i/x], \ldots)$ e $(s[t_i/x])^\mathfrak{A} = F((s_1[t_i])^\mathfrak{A}/$. Hipótese da indução: $(s_j[t_1/x])^\mathfrak{A} = (s_j[t_2/x])^\mathfrak{A}$, $1 \leq j \leq k$. Logo $(s[t_1/x])^\mathfrak{A} = F((s_1[t_1/x])^\mathfrak{A}, \ldots) = F((s_1[t_2/x])^\mathfrak{A}, \ldots) = (s[t_2/x]^\mathfrak{A})$. Portanto $\mathfrak{A} \models s[t_1/x] = s[t_2/x]$.

(ii) Suponha que $\mathfrak{A} \models t_1 = t_2$, logo $t_1^\mathfrak{A} = t_2^\mathfrak{A}$. Vamos mostrar que $\mathfrak{A} \models \varphi[t_1/x] \Leftrightarrow \mathfrak{A} \models \varphi[t_2/x]$ por indução sobre φ.
  - φ é atômica. O caso de um símbolo proposicional (incluindo $\bot$) é trivial. Portanto considere $\varphi = \overline{P}(s_1, \ldots, s_k)$. $\mathfrak{A} \models \overline{P}(s_1, \ldots, s_k)[t_1/x] \Leftrightarrow \mathfrak{A} \models \overline{P}(s_1[t_1/x], \ldots) \Leftrightarrow \langle (s_1[t_1/x])^\mathfrak{A}, \ldots, (s_k[t_1/x])^\mathfrak{A} \rangle \in P$. Pelo item (i), $(s_j[t_1/x])^\mathfrak{A} = (s_j[t_2/x])^\mathfrak{A}$, $j = 1, \ldots, k$.
    Logo obtemos $\langle (s_1[t_1/x])^\mathfrak{A}, \ldots, \rangle \in P \Leftrightarrow \ldots \Leftrightarrow \mathfrak{A} \models \overline{P}(s_1, \ldots)[t_2/x]$.
  - $\varphi = \varphi_1 \vee \varphi_2, \varphi_1 \wedge \varphi_2, \varphi_1 \to \varphi_2, \neg\varphi_1$. Vamos considerar o caso da disjunção: $\mathfrak{A} \models (\varphi_1 \vee \varphi_2)[t_1/x] \Leftrightarrow \mathfrak{A} \models \varphi_1[t_1/x]$ ou $\mathfrak{A} \models \varphi_2[t_1/x] \overset{h.i.}{\Leftrightarrow} \mathfrak{A} \models \varphi_1[t_2/x]$ ou $\mathfrak{A} \models \varphi_2[t_2/x] \Leftrightarrow \mathfrak{A} \models (\varphi_1 \vee \varphi_2)[t_2/x]$.
    Os conectivos remanescentes são tratados semelhantemente.
  - $\varphi = \exists y \psi, \varphi = \forall y \psi$.
    Vamos considerar o quantificador existencial. $\mathfrak{A} \models (\exists y \psi)[t_1/x] \Leftrightarrow \mathfrak{A} \models \exists y (\psi[t_1/x]) \Leftrightarrow \mathfrak{A} \models \psi[t_1/x][\overline{a}/y]$ para algum a.
    Pelo Lema 2.5.4 $\mathfrak{A} \models \psi[t_1/x][\overline{a}/y] \Leftrightarrow \mathfrak{A} \models (\psi[\overline{a}/y])[t_1[\overline{a}/y]/x]$. Aplique a hipótese da indução a $\psi[\overline{a}/y]$ e aos termos $t_1[\overline{a}/y], t_2[\overline{a}/y]$. Observe que t_1 e t_2 são termos fechados, portanto $t_1[\overline{a}/y] = t_1$ e $t_2[\overline{a}/y] = t_2$. Obtemos que $\mathfrak{A} \models \psi[t_2/x][\overline{a}/y]$, e portanto $\mathfrak{A} \models \exists y \psi[t_2/x]$. A outra direção é semelhante, assim como o caso do quantificador universal.

(iii) Suponha que $\mathfrak{A} \models \varphi \Leftrightarrow \mathfrak{A} \models \psi$. Vamos mostrar que $\mathfrak{A} \models \sigma[\varphi/\$] \Leftrightarrow \mathfrak{A} \models \sigma[\psi/\$]$ por indução sobre σ.
  - σ é atômica. Ambos os casos $\sigma = \$$ e $\sigma \neq \$$ são triviais.
  - $\sigma = \sigma_1 \Box \sigma_2$ (ou $\neg\sigma_1$). Deixo ao leitor.
  - $\sigma = \forall x \tau$. Observe que φ e ψ são fórmulas fechadas, mas mesmo se elas não o fossem x poderia não ocorrer livre em φ, ψ.
    $\mathfrak{A} \models (\forall x \tau)[\varphi/\$] \Leftrightarrow \mathfrak{A} \models \forall x(\tau[\varphi/\$])$. Escolha um elemento $a \in |\mathfrak{A}|$, então $\mathfrak{A} \models (\tau[\varphi/\$])[\overline{a}/x] \overset{2.5.4}{\Leftrightarrow} \mathfrak{A} \models (\tau[\overline{a}/x])[\varphi[\overline{a}/x]/\$] \Leftrightarrow \mathfrak{A} \models (\tau[\overline{a}/x])[\varphi/\$] \overset{h.i.}{\Leftrightarrow} \mathfrak{A} \models \tau[\overline{a}/x][\psi/\$] \Leftrightarrow \mathfrak{A} \models \tau[\overline{a}/x][\psi[\overline{a}/x]/\$] \Leftrightarrow \mathfrak{A} \models (\tau[\psi/\$])[\overline{a}/x]$.
    Logo $\mathfrak{A} \models \sigma[\varphi/\$] \Leftrightarrow \mathfrak{A} \models \sigma[\psi/\$]$.

O quantificador existencial é tratado de modo semelhante. □

Observe que na demonstração acima aplicamos indução sobre "$\sigma[\varphi/\$]$ para todo φ", porque a fórmula de substituição mudava durante o processo no caso do quantificador.

Note que σ também mudava, por isso a rigor estamos aplicando indução sobre o posto (ou então temos que formular o princípio da indução 2.3.4 de modo um pouco mais liberal).

Corolário 3.5.9
(i) $[\![s[t/x]]\!] = [\![s[\overline{[\![t]\!]}/x]]\!]$
(ii) $[\![\varphi[t/x]]\!] = [\![\varphi[\overline{[\![t]\!]}/x]]\!]$

Demonstração. Vamos aplicar o Teorema da Substituição. Considere uma estrutura qualquer $\mathfrak{A}$. Note que $[\![\overline{[\![t]\!]}]\!] = [\![t]\!]$ (por definição), logo $\mathfrak{A} \models \overline{[\![t]\!]} = t$. Agora (i) e (ii) seguem imediatamente. □

Usando uma notação mais frouxa, podemos escrever (i) e (ii) da seguinte forma: $[\![s(t)]\!] = [\![s(\overline{[\![t]\!]})]\!]$, ou $\mathfrak{A} \models s(t) = s(\overline{[\![t]\!]})$ e $[\![\varphi(t)]\!] = [\![\varphi(\overline{[\![t]\!]})]\!]$, ou $\mathfrak{A} \models \varphi(t) \leftrightarrow \varphi(\overline{[\![t]\!]})$.
Observe que $[\![t]\!]$ ($= [\![t]\!]_\mathfrak{A}$) é apenas uma outra maneira de escrever $t^\mathfrak{A}$.

Demonstrações envolvendo análise detalhada da substituição são um bocado maçantes porém infelizmente inevitáveis. O leitor pode simplificar as demonstrações acima e outras do gênero supondo que as fórmulas envolvidas são todas fórmulas fechadas. Não há perda concreta de generalidade, pois apenas introduzimos um número de constantes de $L(\mathfrak{A})$ e checamos se o resultado é válido para todas as escolhas de constantes.

Agora podemos realmente manipular fórmulas de uma forma algébrica. Novamente, escreva 'φeqψ' para designar $\models \varphi \leftrightarrow \psi$.

Exemplos.

1. $\forall x \varphi(x) \to \psi \approx \neg \forall x \varphi(x) \lor \psi \approx \exists x(\neg \varphi(x)) \lor \psi \approx \exists(\neg \varphi(x) \lor \psi) \approx \exists x(\varphi(x) \to \psi)$, onde $x \notin VL(\psi)$.
2. $\forall x \varphi(x) \to \exists x \varphi(x) \approx \neg \forall x \varphi(x) \lor \exists x \varphi(x) \approx \exists x(\neg \varphi(x) \lor \varphi(x))$. A fórmula no escopo do quantificador é verdadeira (já da lógica proposicional), logo a fórmula original é verdadeira.

Definição 3.5.10 *Uma fórmula φ está na* forma (normal) prenex *se φ consiste de uma cadeia (possivelmente vazia) de quantificadores seguida de uma fórmula aberta (i.e. livre-de-quantificador). Dizemos que φ é uma fórmula prenex.*

Exemplos. $\exists x \forall y \exists z \exists y (x = z \lor y = z \to v < y)$, $\forall x \forall y \exists z (P(x,y) \land Q(y,x) \to P(z,z))$.

Puxando os quantificadores para a frente da fórmula podemos reduzí-la a uma fórmula na forma prenex.

Teorema 3.5.11 *Para cada φ existe uma fórmula prenex ψ tal que $\models \varphi \leftrightarrow \psi$.*

Demonstração. Primeiro elimine $\to$ e $\leftrightarrow$. Use indução sobre a fórmula resultante φ'.
Para φ' atômica o teorema é trivial. Se $\varphi' = \varphi_1 \vee \varphi_2$ e φ_1, φ_2 são equivalentes a fórmulas prenex ψ_1, ψ_2 então
$$\psi_1 = (Q_1 y_1) \ldots (Q_n y_n) \psi^1,$$
$$\psi_2 = (Q'_1 z_1) \ldots (Q'_m z_m) \psi^2,$$
onde Q_i, Q_j são quantificadores e ψ^1, ψ^2 são fórmulas abertas. Pelo Teorema 2.5.6 podemos escolher variáveis ligadas distintas, tomando cuidado para que nenhuma variável seja ao mesmo tempo livre e ligada. Aplicando o Teorema 2.5.3 encontramos
$$\models \varphi' \leftrightarrow (Q_1 y_1) \ldots (Q_n y_n)(Q'_1 z_1) \ldots (Q'_m z_m)(\psi^1 \vee \psi^2),$$
e portanto chegamos aonde queríamos.
Os casos remanescentes deixo ao leitor. □

Em matemática é comum se pressupor que o leitor benévolo pode adivinhar as intenções do autor, não apenas as explícitas, mas também as que são tacitamente passadas através de gerações de matemáticos. Tome por exemplo a definição de convergência de uma seqüência: $\forall \varepsilon > 0 \exists n \forall m (|a_n - a_{n+m}| > \varepsilon)$. De modo a fazer algum sentido dessa expressão é preciso acrescentar: as variáveis n, m variam sobre o conjunto dos números naturais. Infelizmente nossa sintaxe não permite usar variáveis com sortes (tipos) diferentes. Daí como incorporarmos expressões do tipo acima? A resposta é simples: adicionamos predicados do sorte desejado e indicamos na fórmula a "natureza" da variável.

Exemplo. Seja $\mathfrak{A} = \langle R, Q, < \rangle$ a estrutura dos reais com o conjunto dos números racionais destacado, provido com a ordem natural. A sentença $\sigma := \forall xy(x < y \to \exists z(Q(z) \wedge x < z \wedge z < y))$ pode ser interpretada em $\mathfrak{A}$ da seguinte forma: $\mathfrak{A} \models \sigma$, e ela nos diz que os racionais formam um conjunto denso nos reais (na ordenação natural). Achamos, entretanto, que esse modo de expressão é um pouco pesado. Por conseguinte introduzimos a noção de *quantificadores relativizados*. Como não importa se expressamos informalmente "x é racional" através de $x \in Q$ ou de $Q(x)$, vamos facilitar nossas vidas e a cada vez escolher a notação que nos seja mais conveniente. Usaremos $(\exists x \in Q)$ e $(\forall x \in Q)$ como notação informal para "existe um x em Q" e "para todo x em Q". Agora vamos escrever σ da forma $\forall xy(x < y \to \exists z \in Q(x < z \wedge z < y))$. Note que *não* escrevemos $(\forall xy \in R)(--)$, pois: (1) não existe relação R em $\mathfrak{A}$, (e) as variáveis automaticamente variam sobre $|\mathfrak{A}| = R$.

Vamos agora dar a definição propriamente dita da relativização de um quantificador:

Definição 3.5.12 *Se P é um símbolo de predicado unário, então $(\forall x \in P)\varphi := \forall x(P(x) \to \varphi), (\exists x \in P)\varphi := \exists x(P(x) \wedge \varphi)$.*

Essa notação tem o significado pretendido, tal qual aparece de $\mathfrak{A} \models (\forall x \in P)\varphi \Leftrightarrow$ para todo $a \in P^{\mathfrak{A}}$ $\mathfrak{A} \models \varphi[\bar{a}/x], \mathfrak{A} \models (\exists x \in P)\varphi \Leftrightarrow$ existe um $a \in P^{\mathfrak{A}}$ tal que $\mathfrak{A} \models \varphi[\bar{a}/x]$. A demonstração é imediata. Usaremos frequentemente notações informais, tais como $(\forall x > 0)$ ou $(\exists y \neq 1)$, que podem ser expressas da forma acima. O significado de tais notações estará sempre evidente. Pode-se restringir *todos* os quantificadores ao mesmo conjunto (predicado), e isso significa passar para um universo restrito (cf. Exercício 11).

3.5 Propriedades Simples da Lógica de Predicados

É de conhecimento geral que ao fortalecer uma parte de uma conjunção (disjunção) a fórmula inteira é fortalecida, mas que ao fortalecer φ em $\neg\varphi$ a fórmula inteira é enfraquecida. Esse fenômeno tem uma origem sintática, e introduziremos um pouco de terminologia para lidar com isso de maneira suave. Definimos indutivamente que uma ocorrência de uma subfórmula φ é positiva (negativa) em σ:

Definição 3.5.13 Sub^+ e Sub^- são definidos simultaneamente por:
$Sub^+(\varphi) = \{\varphi\}$
$Sub^-(\varphi) = \emptyset$ para φ atômica
$Sub^+(\varphi_1 \Box \varphi_2) = Sub^+(\varphi_1) \cup Sub^+(\varphi_2) \cup \{\varphi_1 \Box \varphi_2\}$
$Sub^-(\varphi_1 \Box \varphi_2) = Sub^-(\varphi_1) \cup Sub^-(\varphi_2)$ para $\Box \in \{\land, \lor\}$
$Sub^+(\varphi_1 \to \varphi_2) = Sub^+(\varphi_1) \cup Sub^+(\varphi_2) \cup \{\varphi_1 \to \varphi_2\}$
$Sub^-(\varphi_1 \to \varphi_2) = Sub^+(\varphi_1) \cup Sub^-(\varphi_2)$
$Sub^+(Qx.\varphi) = Sub^+(\varphi) \cup \{Qx.\varphi\}$
$Sub^-(Qx.\varphi) = Sub^-(\varphi)$ para $Q \in \{\forall, \exists\}$

Se $\varphi \in Sub^+(\psi)$, então dizemos que φ ocorre positivamente em ψ (de modo semelhante para as ocorrências negativas).

Poderíamos ter-nos restringido a $\land, \to$ e $\forall$, mas não custa tanto espaço extra lidar com os outros conectivos. Por conveniência consideramos $\leftrightarrow$ como conectivo não-primitivo. Note que a interseção $Sub^+ \cap Sub^-$ não precisa ser vazia.

O teorema seguinte esclarece as intuições básicas: se uma parte positiva de uma fórmula cresce em valor-verdade então a fórmula cresce em valor-verdade (ou melhor: não decresce em valor-verdade). Expressamos esse papel de subfórmulas positivas e negativas da seguinte maneira:

Teorema 3.5.14 *Suponha que φ (ψ) não ocorra negativamente (resp., não ocorra positivamente) em σ, então:*
  (i) $[\![\varphi_1]\!] \leq [\![\varphi_2]\!] \Rightarrow [\![\sigma[\varphi_1/\varphi]]\!] \leq [\![\sigma[\varphi_2/\varphi]]\!]$
  (ii) $[\![\psi_1]\!] \leq [\![\psi_2]\!] \Rightarrow [\![\sigma[\psi_1/\varphi]]\!] \geq [\![\sigma[\psi_2/\varphi]]\!]$
  (iii) $\mathfrak{A} \models (\varphi_1 \to \varphi_2) \to (\sigma[\varphi_1/\varphi] \to \sigma[\varphi_2/\varphi])$
  (iv) $\mathfrak{A} \models (\psi_1 \to \psi_2) \to (\sigma[\psi_2/\varphi] \to \sigma[\psi_1/\varphi])$.

Demonstração. Indução sobre σ. □

Exercícios

1. Mostre que todas as tautologias proposicionais são verdadeiras em todas as estruturas (do tipo de similaridade apropriado).
2. Suponha que $x \notin VL(\psi)$. Mostre que
    (i) $\models (\forall x \varphi \to \psi) \leftrightarrow \exists x(\varphi \to \psi)$,
    (ii) $\models (\exists x \varphi \to \psi) \leftrightarrow \forall x(\varphi \to \psi)$,
    (iii) $\models (\psi \to \exists x \varphi) \leftrightarrow \exists x(\psi \to \varphi)$,
    (iv) $\models (\psi \to \forall x \varphi) \leftrightarrow \forall x(\psi \to \varphi)$.
3. Mostre que a condição sobre $VL(\psi)$ no exercício 2 é necessária.

4. Mostre que $\not\models \forall x \exists y \varphi \leftrightarrow \exists y \forall x \varphi$.
5. Mostre que $\models \varphi \Rightarrow \models \forall x \varphi$ e $\models \exists x \varphi$.
6. Mostre que $\not\models \exists x \varphi \rightarrow \forall x \varphi$.
7. Mostre que $\not\models \exists x \varphi \land \exists x \psi \rightarrow \exists x (\varphi \land \psi)$.
8. Mostre que a condição sobre x, y no Teorema 2.5.6 é necessária.
9. Mostre que
   (i) $\models \forall x (\varphi \rightarrow \psi) \rightarrow (\forall x \varphi \rightarrow \forall x \psi)$;
   (ii) $\models (\exists x \varphi \rightarrow \exists x \psi) \rightarrow \exists x (\varphi \rightarrow \psi)$;
   (iii) $\models \forall x (\varphi \leftrightarrow \psi) \rightarrow (\forall x \varphi \leftrightarrow \forall x \psi)$;
   (iv) $\models (\forall x \varphi \rightarrow \exists x \psi) \leftrightarrow \exists x (\varphi \rightarrow \psi)$;
   (v) $\models (\exists x \varphi \rightarrow \forall x \psi) \rightarrow \forall x (\varphi \rightarrow \psi)$.
10. Mostre que as recíprocas das implicações do exercício 9(i)–(iii) e (v) não se verificam.
11. Suponha que L tenha um predicado unário P. Defina a relativização σ^P de σ por

$$\sigma^P := \sigma \text{ para } \sigma \text{ atômica,}$$
$$(\varphi \Box \psi)^P := \varphi^P \Box \psi^P,$$
$$(\neg \varphi)^P := \neg \varphi^P,$$
$$(\forall x \varphi)^P := \forall x (P(x) \rightarrow \varphi^P),$$
$$(\exists x \varphi)^P := \exists x (P(x) \land \varphi^P).$$

Seja $\mathfrak{A}$ uma estrutura sem funç oes e sem constantes. Considere a estrutura $\mathfrak{B}$ com universo $P^{\mathfrak{A}}$ e relações que são restrições das relações de $\mathfrak{A}$, onde $P^{\mathfrak{A}} \neq \emptyset$. Mostre que $\mathfrak{A} \models \sigma^P \Leftrightarrow \mathfrak{B} \models \sigma$ para sentenças σ. Por que somente relações são permitidas em $\mathfrak{A}$?

12. Seja S um símbolo de predicado binário. Mostre que $\models \neg \exists y \forall x (S(y,x) \leftrightarrow \neg S(x,x))$. (Pense na relação "$y$ barbeia x" e lembre-se do paradoxo do barbeiro de Russell).
13. (i) Mostre que as condições "livre para" não podem ser desprezadas em 2.5.8.
    (ii) Mostre que $\models t = s \Rightarrow \models \varphi[t/x] \leftrightarrow \varphi[s/x]$.
    (iii) Mostre que $\models \varphi \leftrightarrow \psi \Rightarrow \models \sigma[\varphi/\$] \leftrightarrow \sigma[\psi/\$]$.
14. Encontre a forma normal prenex de
    (a) $\neg((\neg \forall x \varphi(x) \lor \forall x \psi(x)) \land (\exists x \sigma(x) \rightarrow \forall x \tau(x)))$,
    (b) $\forall x \varphi(x) \leftrightarrow \exists x \psi(x)$,
    (c) $\neg (\exists x \varphi(x,y) \land (\forall y \psi(y) \rightarrow \varphi(x,x)) \rightarrow \exists x \forall y \sigma(x,y))$,
    (d) $((\forall x \varphi(x) \rightarrow \exists y \psi(x,y)) \rightarrow \psi(x,x)) \rightarrow \exists x \forall y \sigma(x,y)$.
15. Mostre que $\models \exists x (\varphi(x) \rightarrow \forall y \varphi(y))$. (É instrutivo pensar em $\varphi(x)$ como 'x bebe').

3.6 Identidade

Temos nos limitado nesse livro à consideração de estruturas com identidade, e portanto de linguagens com identidade. Por conseguinte classificamos '=' como um símbolo lógico, ao invés de um símbolo matemático. Podemos, entretanto, tratar = não apenas como um certo predicado binário, pois identidade satisfaz um número de axiomas característicos, listados abaixo.

I_1 $\forall x(x = x)$,
I_2 $\forall xy(x = y \to y = x)$,
I_3 $\forall xyz(x = y \land y = z \to x = z)$,
I_4 $\forall x_1 \ldots x_n y_1 \ldots y_n (\bigwedge_{i \leq n} x_i = y_i \to t(x_1, \ldots, x_n) = t(y_1, \ldots, y_n))$,

$\forall x_1 \ldots x_n y_1 \ldots y_n (\bigwedge_{i \leq n} x_i = y_i \to \varphi(x_1, \ldots, x_n) = \varphi(y_1, \ldots, y_n))$.

Pode-se simplesmente verificar que I_1, I_2, I_3 são verdadeiros, em toda estrutura $\mathfrak{A}$. No caso de I_4, observe que podemos supor que as fórmulas são fechadas. Do contrário adicionamos quantificadores para cada variável remanescente e acrescentamos identidades postiças, e.g.

medskip
$\forall z_1 \ldots z_k x_1 \ldots x_n y_1 \ldots y_n (\bigwedge_{i \leq n} x_i = y_i \land \bigwedge_{i \leq k} z_k = z_k \to t(x_1, \ldots, x_n) = t(y_1, \ldots, y_n))$.

Agora $(t(\bar{a}_1, \ldots, \bar{a}_n))^{\mathfrak{A}}$ define uma função $t^{\mathfrak{A}}$ sobre $|\mathfrak{A}|^n$, obtida a partir das funções de $\mathfrak{A}$ dadas através de várias substituições, portanto $a_i = b_i (i \leq n) \Rightarrow (t(\bar{a}_1, \ldots, \bar{a}_n))^{\mathfrak{A}} = (t(\bar{b}_1, \ldots, \bar{b}_n))^{\mathfrak{A}}$. Isso demonstra a primeira parte de I_4.

A segunda parte é demonstrada por indução sobre φ (usando a primeira parte): e.g. considere o caso do quantificador universal e suponha que $a_i = b_i$ para todo $i \leq n$.

$\mathfrak{A} \models \forall u \varphi(u, \bar{a}_1, \ldots, \bar{a}_n) \Leftrightarrow \mathfrak{A} \models \varphi(\bar{c}, \bar{a}_1, \ldots, \bar{a}_n)$ para todo $c \stackrel{h.i.}{\Leftrightarrow}$
$\mathfrak{A} \models \varphi(\bar{c}, \bar{b}_1, \ldots, \bar{b}_n)$ para todo $c \Leftrightarrow \mathfrak{A} \models \forall u \varphi(u, \bar{b}_1, \ldots, \bar{b}_n)$.

Logo $\mathfrak{A} \models (\bigwedge_{i \leq n} \bar{a}_i = \bar{b}_i) \Rightarrow \mathfrak{A} \models \forall u \varphi(u, \bar{a}_1, \ldots, \bar{a}_n) \to \forall u \varphi(u, \bar{b}_1, \ldots, \bar{b}_n)$. Isso se verifica para todos $a_1, \ldots, a_n, b_1, \ldots, b_n$, daí $\mathfrak{A} \models \forall x_1 \ldots x_n y_1 \ldots y_n (\bigwedge_{i \leq n} x_i = y_i \to (\forall u \varphi(u, x_1, \ldots, x_n) \to \forall u \varphi(u, y_1, \ldots, y_n))$.

Note que φ (respectivamente t), em I_4 pode ser qualquer fórmula (respectivamente termo), portanto I_4 permanece verdadeiro para um número infinito de axiomas. Denominamos tal "axioma instante" de *esquema de axioma*.

Os primeiros três axiomas enunciam que a identidade é uma relação de equivalência. I_4 enuncia que a identidade é uma congruência com respeito a todas as relações (definíveis).

É importante se dar conta de que somente a partir dos axiomas não podemos determinar a natureza precisa da relação de interpretação. Adotamos explicitamente a convenção de que "=" será sempre interpretada pela igualdade de fato.

Exercícios

1. Mostre que $\models \forall x \exists y (x = y)$.

2. Mostre que $\models \forall x(\varphi(x) \leftrightarrow \exists y(x = y \wedge \varphi(y)))$ e que
$\models \forall x(\varphi(x) \leftrightarrow \forall y(x = y \to \varphi(y)))$, onde y não ocorre em $\varphi(x)$.
3. Mostre que $\models \varphi(t) \leftrightarrow \forall x(x = t \to \varphi(x))$ se $x \notin VL(t)$.
4. Mostre que as condições dos exercícios 2 e 3 são necessárias.
5. Considere $\sigma_1 = \forall x(x \sim x)$, $\sigma_2 = \forall xy(x \sim y \to y \sim x)$, $\sigma_3 = \forall xyz(x \sim y \wedge y \sim z \to x \sim z)$. Mostre que se $\mathfrak{A} \models \sigma_1 \wedge \sigma_2 \wedge \sigma_3$, onde $\mathfrak{A} = \langle A, R \rangle$, então R é uma relação de equivalência. Obs.: $x \sim y$ é uma notação sugestiva para o átomo $\overline{R}(x, y)$.
6. Seja $\sigma_4 = \forall xyz(x \sim y \wedge x \sim z \to y \sim z)$. Mostre que $\sigma_1, \sigma_4 \models \sigma_2 \wedge \sigma_3$.
7. Considere o esquema $\sigma_5 : x \sim y \to (\varphi[x/z] \to \varphi[y/z])$. Mostre que $\sigma_1, \sigma_5 \models \sigma_2 \wedge \sigma_3$. Obs.: se σ for um esquema, então $\Delta \cup \{\sigma\} \models \varphi$ designa $\Delta \cup \Sigma \models \varphi$, onde Σ consiste de todas as instâncias de σ.
8. Obtenha a versão-para-termos de I_4 a partir de sua versão-para-fórmulas.

3.7 Exemplos

Consideraremos linguagens para alguns tipos familiares de estruturas. Como todas as linguagens são construídas da mesma maneira, não listaremos os símbolos lógicos. Supõe-se que todas as estruturas satisfazem os axiomas da identidade I_1–I_4. Para um refinamento veja 2.10.2.

1. *A linguagem da identidade.* Tipo: $\langle -; -; 0 \rangle$.

    Alfabeto.
    Símbolo de predicado: $=$

As estruturas desse tipo são da forma $\mathfrak{A} = \langle A \rangle$, e satisfazem I_1, I_2, I_3. (Nessa linguagem I_4 segue de I_1, I_2, I_3, cf. 2.10 Exercício 5).

Em uma estrutura somente com a identidade existe tão pouca "estrutura" que tudo o que se pode fazer é olhar para o número de elementos (cardinalidade). Existem sentenças λ_n e μ_n dizendo que existem pelo menos (ou, no máximo) n elementos (Exercício 3, seção 3.1)

$$\lambda_n := \exists y_1 \ldots y_n \bigwedge_{i \neq j} y_i \neq y_j, (n > 1),$$
$$\mu_n := \forall y_0 \ldots y_n \bigvee_{i \neq j} y_i \neq y_j, (n > 0).$$

Portanto $\mathfrak{A} \models \lambda_n \wedge \mu_n$ sse $|\mathfrak{A}|$ tem exatamente n elementos. Como universos não são vazios $\models \exists x(x = x)$ sempre se verifica.

Podemos também formular "*existe um único x tal que* ...".

Definição 3.7.1 $\exists!x\varphi(x) := \exists x(\varphi(x) \wedge \forall y(\varphi(y) \to x = y))$, onde y não ocorre em $\varphi(x)$.

Note que $\exists!x\varphi(x)$ é uma abreviação (informal).

2. *A linguagem da ordem parcial.* Tipo: $\langle 2; -; 0 \rangle$.

Alfabeto.
Símbolos de predicado: $=, \leq$.

Abreviações $x \neq y := \neg x = y,$ $x < y := x \leq y \wedge x \neq y,$
$x > y := y < x,$ $x \geq y := y \leq x,$
$x \leq y \leq z := x \leq y \wedge y \leq z.$

Definição 3.7.2 $\mathfrak{A}$ *é um* conjunto parcialmente ordenado (poset) *se* $\mathfrak{A}$ *é um modelo de*
$\forall xyz(x \leq y \leq z \rightarrow x \leq z),$
$\forall xy(x \leq y \leq x \leftrightarrow x = y).$

A notação pode confundir, pois usualmente se introduz a relação $\leq$ (e.g. sobre os reais) como uma disjunção $x < y$ ou $x = y$. Em nosso alfabeto a relação é primitiva, embora um outro símbolo teria sido preferível, mas decidimos seguir a tradição. Note que a relação é reflexiva: $x \leq x$.

Conjuntos parcialmente ordenados são bem básicos em matemática, pois aparecem sob várias formas. É muitas vezes conveniente visualizar *posets* por meio de diagramas, onde $a \leq b$ é representado como igual ou acima (respectivamente à direita). Uma das tradições em lógica é a de manter objetos e seus nomes separadamente. Por conseguinte falamos de símbolos de função que são interpretados por funções, etc. Entretanto, na prática isso torna a notação um pouco carregada. Preferimos usar a mesma notação para os objetos sintáticos e suas interpretações, e.g. se $\mathfrak{R} = \langle \mathbb{R}, \leq \rangle$ é o conjunto parcialmente ordenado dos números reais, então $\mathfrak{R} \models \forall x \exists y (x \leq y)$, enquanto que a rigor deveria ser escrito algo como $\forall x \exists y (x \overline{\leq} y)$ para distinguir o símbolo da relação que o interpreta.

O símbolo '$\leq$' em $\mathfrak{R}$ representa a relação propriamente dita e o '$\leq$' na sentença é o símbolo de predicado. Recomenda-se que o leitor distinga os símbolos em suas várias apresentações.

Mostramos alguns diagramas de *posets*.

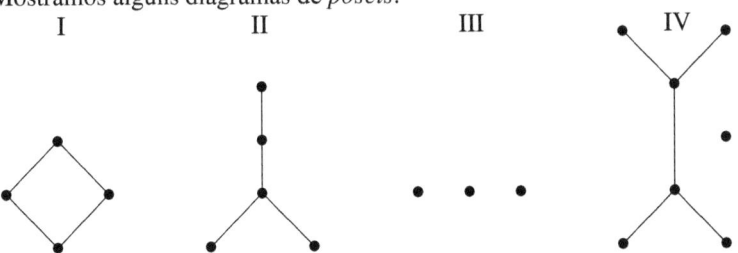

Dos diagramas podemos extrair um bocado de propriedades. E.g. $\mathfrak{A}_1 \models \exists x \forall y (x \leq y)$ ($\mathfrak{A}_i$ é a estrutura com o diagrama da figura i), i.e. $\mathfrak{A}_1$ tem um elemento mínimo. $\mathfrak{A}_3 \models \forall x \neg \exists y (x < y)$, i.e. em $\mathfrak{A}_3$ nenhum elemento é estritamente menor que um outro elemento.

Definição 3.7.3 *(i)* $\mathfrak{A}$ *é um conjunto (linearmente ou totalmente) ordenado se ele for um poset e* $\mathfrak{A} \models \forall xy(x \leq y \vee y \leq x)$ *(cada dois elementos são comparáveis).*

(ii) $\mathfrak{A}$ *é densamente ordenado se* $\mathfrak{A} \models \forall xy(x < y \rightarrow \exists z(x < z \wedge z < y))$ *(entre dois elementos quaisquer existe um terceiro elemento).*

80   3 Lógica de Predicados

Um exercício razoavelmente divertido é encontrar sentenças que distinguem entre estruturas e vice-versa. Por exemplo podemos distinguir $\mathfrak{A}_3$ e $\mathfrak{A}_4$ (do diagrama acima) da seguinte maneira: em $\mathfrak{A}_4$ existe precisamente *um* elemento que é incomparável a todos os outros elementos, em $\mathfrak{A}_3$ existem mais de um elementos como esse. Faça $\sigma(x) := \forall y(y \neq x \to \neg y \leq x \land \neg x \leq y)$. Então $\mathfrak{A}_4 \models \forall xy(\sigma(x) \land \sigma(y) \to x = y)$, porém $\mathfrak{A}_3 \models \neg \forall xy(\sigma(x) \land \sigma(y) \to x = y)$.

3. *A linguagem dos grupos.* Tipo: $\langle -; 2, 1; 1\rangle$.

Alfabeto.
Símbolo de predicado: $=$
Símbolos de função: $\cdot$, $^{-1}$
Símbolos de constante: e

Notação: De modo a estar de acordo a prática escrevemos $t \cdot s$ e t^{-1} ao invés de $\cdot(t, s)$ e $^{-1}(t)$.

Definição 3.7.4 $\mathfrak{A}$ *é grupo se ele é um modelo de*
$\forall xyz((x \cdot y) \cdot z = x \cdot (y \cdot z))$,
$\forall x(x \cdot e = x \land e \cdot x = x)$,
$\forall x(x \cdot x^{-1} = e \land x^{-1} \cdot x = e)$.

Quando conveniente, escreveremos ts para designar $t \cdot s$; adotaremos as convenções de parentização da álgebra. Um grupo $\mathfrak{A}$ é *comutativo* ou *abeliano* se $\mathfrak{A} \models \forall xy(xy = yx)$.

Grupos comutativos são frequentemente descritos na linguagem dos grupos *aditivos*, que têm o seguinte alfabeto:

Símbolo de predicado: $=$
Símbolos de função: $+$, $-$
Símbolos de constante: 0

4. *A linguagem da geometria projetiva plana.* Tipo: $\langle 2; -; 0\rangle$.

As estruturas que se considera neste caso são planos projetivos, que são usualmente assumidos como consistindo de *pontos* e *retas* com uma *relação de incidência*. Nessa abordagem o tipo seria $\langle 1, 1, 2; -; 0\rangle$. Podemos, entretanto, usar um tipo mais simples, já que um ponto pode ser definido como algo que é incidente a uma reta, e uma reta como algo para o qual podemos encontrar um ponto que lhe é incidente. Obviamente isso requer uma relação de incidência não-simétrica.

Agora relacionaremos os axiomas, que divergem um pouco do conjunto tradicional de axiomas. É um exercício simples mostrar que o sistema é equivalente aos conjuntos tradicionais.

Alfabeto.
Símbolos de predicado: $I, =$.

Introduzimos as seguintes abreviações:
$$\Pi(x) := \exists y(xIy), \qquad \Lambda(y) := \exists x(xIy).$$

Definição 3.7.5 $\mathfrak{A}$ é plano projetivo *se satisfaz*
$\gamma_0 : \forall x(\Pi(x) \leftrightarrow \neg\Lambda(x))$,
$\gamma_1 : \forall xy(\Pi(x) \wedge \Pi(y) \to \exists z(xIz \wedge yIz))$,
$\gamma_2 : \forall uv(\Lambda(u) \wedge \Lambda(v) \to \exists x(xIu \wedge xIv))$,
$\gamma_3 : \forall xyuv(xIu \wedge yIu \wedge xIv \wedge yIv \to x = y \vee u = v)$,
$\gamma_4 : \exists x_0 x_1 x_2 x_3 u_0 u_1 u_2 u_3 (\bigwedge x_i Iu_i \wedge \bigwedge\limits_{j=i-1(\mathrm{mod}\ 3)} x_i Iu_j \wedge \bigwedge\limits_{\substack{j\neq i-1(\mathrm{mod}\ 3)\\ i\neq j}} \neg x_i Iu_j)$.

γ_0 nos diz que em um plano projetivo tudo é ponto, ou reta; γ_1 e γ_2 nos dizem que "quaisquer duas retas se intersectam em um ponto" e "quaisquer dois pontos podem ser unidos por uma reta", por γ_3 esse ponto (ou reta) é único se as dadas retas (ou os dados pontos) são distintas (ou distintos). Finalmente γ_4 torna os planos projetivos não-triviais, no sentido de que existem pontos e retas em número suficiente.

$\Pi^{\mathfrak{A}} = \{a \in |\mathfrak{A}| \mid \mathfrak{A} \models \Pi(\bar{a})\}$ e $\Lambda^{\mathfrak{A}} = \{b \in |\mathfrak{A}| \mid \mathfrak{A} \models \Lambda(\bar{b})\}$ são os conjuntos de *pontos* e *retas* de $\mathfrak{A}$; $I^{\mathfrak{A}}$ é a *relação de incidência* em $\mathfrak{A}$.

A formalização acima é um bocado complicada. Normalmente se usa um formalismo bi-sortido, com $P, Q, R, \ldots$ variando sobre pontos e $\ell, m, n \ldots$ variando sobre retas. O primeiro axioma é então omitido por convenção. Os axiomas remanescentes ficam assim

$\gamma_1' : \forall PQ \exists \ell(PI\ell \wedge QI\ell)$,
$\gamma_2' : \forall \ell m \exists P(PI\ell \wedge PIm)$,
$\gamma_3' : \forall PQ\ell m(PI\ell \wedge QI\ell \wedge PIm \wedge QIm \to P = Q \vee \ell = m)$,
$\gamma_4' : \exists P_0 P_1 P_2 P_3 \ell_0 \ell_1 \ell_2 \ell_3 (\bigwedge P_i I\ell_i \wedge \bigwedge\limits_{j=i-1(\mathrm{mod}\ 3)} P_i I\ell_i \wedge \bigwedge\limits_{\substack{j\neq i-1(\mathrm{mod}\ 3)\\ i\neq j}} \neg P_i I\ell_j)$.

A tradução de uma linguagem para a outra não apresenta qualquer dificuldade. Os axiomas acima são diferentes dos axiomas usualmente dados no curso de geometria projetiva. Escolhemos esses axiomas específicos porque são fáceis de formular e também porque o chamado *princípio da dualidade* segue imediatamente. (cf. 2.10, Exercício 8). O quarto axioma é um axioma de extensão, e simplesmente diz que certas coisas existem; ele pode ser parafraseado diferentemente: existem quatro pontos entre os quais não há um grupo de três pontos colineares (i.e. sobre uma reta). Tal axioma de extensão é meramente uma precaução para assegurar que modelos triviais sejam excluídos. Nesse caso particular, não se poderia fazer muita geometria se houvesse apenas um triângulo!

5. *A linguagem dos anéis com elemento unitário.* Tipo: $\langle -; 2, 2, 1; 2 \rangle$.

Alfabeto.
Símbolo de predicado: $=$
Símbolos de função: $+, \cdot, -$
Símbolos de constante: $0, 1$

Definição 3.7.6 $\mathfrak{A}$ *é um* anel *(com elemento unitário) se ele é um modelo de*
$\forall xyz((x+y)+z = x+(y+z))$,
$\forall xy(x+y = y+x)$,
$\forall xyz((x \cdot y) \cdot z = x \cdot (y \cdot z))$,
$\forall xyz(x \cdot (y+z) = x \cdot y + x \cdot z)$,
$\forall xyz((x+y) \cdot z = x \cdot z + y \cdot z)$,
$\forall x(x+0 = x)$,
$\forall x(x+(-x) = 0)$,
$\forall x(1 \cdot x = x \land x \cdot 1 = x)$,
$0 \neq 1$.

Um anel $\mathfrak{A}$ *é* comutativo *se* $\mathfrak{A} \models \forall xy(x \cdot y = y \cdot x)$.
Um anel $\mathfrak{A}$ *é um* anel de divisão *se* $\mathfrak{A} \models \forall x(x \neq 0 \to \exists y(x \cdot y = 1))$.
Um anel comutativo de divisão é chamado de corpo.

Na verdade é mais conveniente se ter disponível na linguagem de corpos, um símbolo para a função que dá o elemento inverso, daí a linguagem teria o tipo $\langle -; 2, 2, 1, 1; 2 \rangle$.
Por conseguinte adicionamos à lista anterior de axiomas as sentenças
$\forall x(x \neq 0 \to x \cdot x^{-1} = 1 \land x^{-1} \cdot x = 1)$ e $0^{-1} = 1$.
Note que devemos de alguma maneira "fixar o valor de 0^{-1}", e a razão para isso aparecerá em 3.10, Exercício 2.

6. *A linguagem da aritmética.* Tipo: $\langle -; 2, 2, 1; 1 \rangle$.

   Alfabeto.
   Símbolo de predicado: =
   Símbolos de função: $+, \cdot, S$
   Símbolo de constante: 0
   (S representa a função sucessor $n \mapsto n+1$).

Historicamente, a linguagem da aritmética foi introduzida por Peano com a intenção de descrever os números naturais com adição, multiplicação e sucessor, a menos de isomorfismo. Isso em contraste com, e.g. a teoria dos grupos, na qual se procura capturar uma grande classe de estruturas não-isomorfas. Aconteceu, entretanto, que os axiomas de Peano caracterizaram uma grande classe de estruturas, que chamaremos (na falta de um termo) *estruturas de Peano*. Sempre que alguma confusão ameaça acontecer usaremos a notação oficial para o símbolo zeo: $\overline{0}$, porém na maioria das vezes confiaremos no bom senso do leitor.

Definição 3.7.7 *Uma* estrutura de Peano $\mathfrak{A}$ *é um modelo de*
$\forall x(0 \neq S(x))$,
$\forall xy(S(x) = S(y) \to x = y)$,
$\forall x(x+0 = x)$,
$\forall xy(x + S(y) = S(x+y))$,
$\forall x(x \cdot 0 = 0)$,
$\forall xy(x \cdot S(y) = x \cdot y + x)$,
$\varphi(0) \land \forall x(\varphi(x) \to \varphi(S(x))) \to \forall x \varphi(x)$.

3.7 Exemplos   83

O último esquema de axioma é chamado *esquema de indução* ou *princípio da indução matemática*.

Será útil dispor de um pouco mais de notação. Definimos:
$\overline{1} := S(\overline{0}), \overline{2} := S(\overline{1})$, e em geral $\overline{n+1} := S(\overline{n})$,
$x < y := \exists z(x + Sz = y)$,
$x \leq y := x < y \lor x = y$.

Existe uma estrutura de Peano que é o modelo pretendido da aritmética, a saber a estrutura usual dos números naturais, com as operações usuais de adição, multiplicação e sucessor (e.g. os ordinais finitos na teoria dos conjuntos). Chamamos essa estrutura de Peano de *modelo padrão* $\mathfrak{N}$, e os números naturais usuais são chamados de *números padrão*.

Verifica-se facilmente que $\overline{n}^{\mathfrak{N}} = n$ e que $\mathfrak{N} \models \overline{n} < \overline{m} \Leftrightarrow n < m$: pela definição de interpretação temos que $\overline{0}^{\mathfrak{N}} = 0$. Assuma que $\overline{n}^{\mathfrak{N}} = n$, $\overline{n+1}^{\mathfrak{N}} = (S(\overline{n}))^{\mathfrak{N}} = \overline{n}^{\mathfrak{N}} + 1 = n + 1$. Agora aplicamos a indução matemática na metalinguagem, e obtemos que $\overline{n}^{\mathfrak{N}} = n$ para todo n. Para a segunda afirmação veja o Exercício 13. Em $\mathfrak{N}$ podemos definir todos os tipos de conjuntos, relações e números. Para ser mais preciso dizemos que uma relação k-ária R em $\mathfrak{N}$ é definida por φ se $\langle a_1, \ldots, a_k \rangle \in R \Leftrightarrow \mathfrak{N} \models \varphi(\overline{a_1}, \ldots, \overline{a_k})$. Um elemento $a \in |\mathfrak{N}|$ é definido em $\mathfrak{N}$ por φ se $\mathfrak{N} \models \varphi(\overline{b}) \Leftrightarrow b = a$, ou $\mathfrak{N} \models \forall x(\varphi(x) \leftrightarrow x = \overline{a})$.

Exemplos.
(a) O conjunto dos números pares é definido por $P(x) := \exists y(x = y + y)$.
(b) A relação de divisibilidade é definida por $x|y := \exists z(xz = y)$.
(c) O conjunto dos números primos é definido por $Pr(x) := \forall yz(x = yz \to y = 1 \lor z = 1) \land x \neq 1$.

Podemos dizer que introduzimos os predicados $P, |$ e Pr por definição (explícita).

7. *A linguagem dos grafos.*

Usualmente pensamos em grafos como figuras geométricas consistindo de vértices e arestas conectando alguns dos vértices. Uma linguagem adequada para a teoria dos grafos é obtida introduzindo-se um predicado R que expressa o fato de que dois vértices estão conectados por uma aresta. Daí, não precisamos de variáveis ou constantes para arestas.

Alfabeto.
Símbolos de predicado: $R, =$.

Definição 3.7.8 *Um grafo é uma estrutura* $\mathfrak{A} = \langle A, R \rangle$ *satisfazendo os seguintes axiomas:*
$\forall xy(R(x,y) \to R(y,x))$,
$\forall x \neg R(x,x)$.

Essa definição está de acordo com a tradição geométrica. Existem elementos, chamados vértices, dos quais alguns são conectados por arestas. Note que dois vértices são conectados por no máximo uma aresta. Além do mais, não há (necessidade de haver uma) aresta de um vértice para si próprio. Isso é inspirado na geometria, entretanto, do ponto de vista das numerosas aplicações de grafos parece que noções mais liberais são desejadas.

Exemplos.

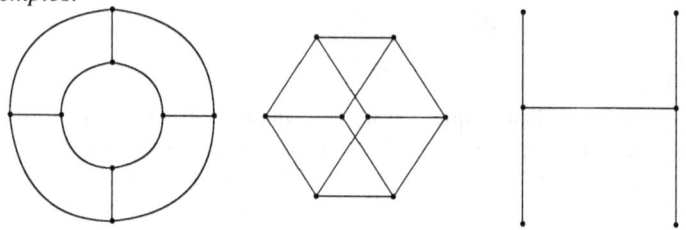

Podemos também considerar grafos nos quais as arestas são direcionadas. Um *grafo direcionado* $\mathfrak{A} = \langle A, R \rangle$ satisfaz apenas ao axioma $\forall x \neg R(x,x)$.

Exemplos.

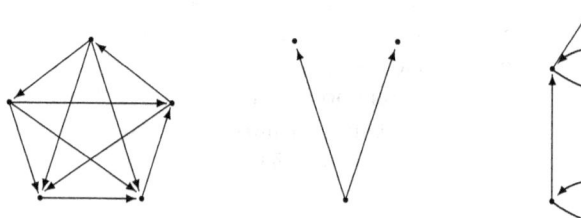

Se abandonamos a condição de irreflexividade então um "grafo" é simplesmente um conjunto com uma relação binária. Podemos generalizar a noção ainda mais, de forma que mais arestas podem conectar um par de vértices.

Para tratar tais grafos generalizados consideramos uma linguagem com dois predicados unários V, E e um predicado ternário C. Pense em $V(x)$ como "x é um vértice". $E(x)$ como "x é uma aresta", e $C(x, z, y)$ como "z conecta x e y". Um *multigrafo* direcionado é uma estrutura $= \langle A, V, E, C \rangle$ satisfazendo os seguintes axiomas:

$\forall x(V(x) \leftrightarrow \neg E(x))$,
$\forall xyz(C(x,z,y) \to V(x) \wedge V(y) \wedge E(z))$.

As arestas podem ser vistas como setas. Adicionando a condição de simetria, $\forall xyz(C(x,z,y) \to C(y,z,x))$ obtém-se multigrafos não-direcionados.

Exemplos.

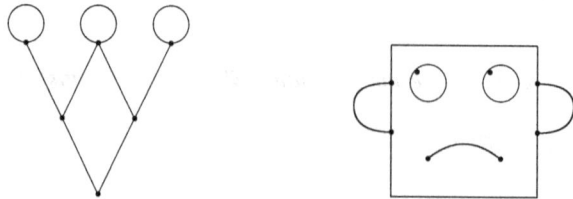

Observação: A nomenclatura em teoria dos grafos não é muito uniforme. Escolhemos nosso arcabouço formal de tal forma que ele se preste ao tratamento em lógica de primeira ordem.

Para o propósito de descrever multigrafos uma linguagem bi-sortida (cf. geometria) é bem adequada. Deixo a reformulação ao leitor.

Exercícios

1. Considere a linguagem das ordens parciais. Defina predicados para (a) x é o *máximo*; (b) x é *maximal*; (c) não existe elemento entre x e y; (d) x é um *sucessor imediato* (respectivamente *predecessor imediato*) de y; (e) z é o *ínfimo* de x e y.
2. Dê uma sentença σ tal que $\mathfrak{A}_2 \models \sigma$ e $\mathfrak{A}_4 \models \neg\sigma$ (para $\mathfrak{A}_i$ associado aos diagramas da página ??).
3. Sejam $\mathfrak{A}_1 = \langle \mathbb{N}, \leq \rangle$ e $\mathfrak{A}_2 = \langle \mathbb{Z}, \leq \rangle$ os conjuntos ordenados dos números naturais, e dos inteiros, respectivamente. Dê uma sentença σ tal que $\mathfrak{A}_1 \models \sigma$ e $\mathfrak{A}_2 \models \neg\sigma$. Faça o mesmo para $\mathfrak{A}_2$ e $\mathfrak{B} = \langle \mathbb{Q}, \leq \rangle$ (o conjunto ordenado dos racionais). Obs.: σ está na linguagem dos posets; em particular, você não pode adicionar constantes ou símbolos de função, etc., embora que abreviações definidas sejam obviamente inofensivas.
4. Seja $\sigma = \exists x \forall y (x \leq y \lor y \leq x)$. Encontre posets $\mathfrak{A}$ e $\mathfrak{B}$ tais que $\mathfrak{A} \models \sigma$ e $\mathfrak{B} \models \neg\sigma$.
5. Faça o mesmo para $\sigma = \forall xy \exists z ((x \leq z \land y \leq z) \lor (z \leq x \land z \leq y))$.
6. Usando a linguagem da identidade dê um conjunto (infinito) Γ tal que $\mathfrak{A}$ seja um modelo de Γ sse $\mathfrak{A}$ for infinito.
7. Considere a linguagem dos grupos. Defina as propriedades: (a) x é idempotente; (b) x pertence ao centro.
8. Seja $\mathfrak{A}$ um anel; dê uma sentença σ tal que $\mathfrak{A} \models \sigma \Leftrightarrow \mathfrak{A}$ é um domínio integral (i.e. não tem divisores de zero).
9. Dê uma fórmula $\sigma(x)$ na linguagem dos anéis tal que $\mathfrak{A} \models \sigma(\bar{a}) \Leftrightarrow$ o ideal principal (a) é primo (em $\mathfrak{A}$).
10. Defina na linguagem da aritmética: (a) x e y são primos entre si; (b) x é o menor primo maior que y; (c) x é o maior número com $2x < y$.
11. $\sigma := \forall x_1 \ldots x_n \exists y_1 \ldots y_m \varphi$ e $\tau := \exists y_1 \ldots y_m \psi$ são sentenças em uma linguagem sem a identidade, símbolos de função ou constantes, onde φ e ψ são livres de quantificador. Mostre que: $\models \sigma \Leftrightarrow \sigma$ se verifica em todas as estruturas com n elementos. $\models \tau \Leftrightarrow \tau$ se verifica em todas as estruturas com 1 elemento.
12. O *cálculo monádico de predicados* tem apenas símbolos unários de predicado (sem a identidade). Considere $\mathfrak{A} = \langle A, R_1, \ldots, R_n \rangle$ onde todos os R_i's são conjuntos. Defina $a \sim b := a \in R_i \Leftrightarrow b \in R_i$ para todo $i \leq n$. Mostre que $\sim$ é uma relação de equivalência e que $\sim$ tem no máximo 2^n classes de equivalência. A classe de equivalência de a é representada por $[a]$. Defina $B = A/\sim$ e $[a] \in S_i \Leftrightarrow a \in R_i$, $\mathfrak{B} = \langle B, S_1, \ldots, S_n \rangle$. Mostre que $\mathfrak{A} \models \sigma \Leftrightarrow \mathfrak{B} \models \sigma$ para toda σ na linguagem correspondente. Para tal σ mostre que $\models \sigma \Leftrightarrow \mathfrak{A} \models \sigma$ para toda $\mathfrak{A}$ com no máximo 2^n elementos. Usando esse fato, esquematize um procedimento de decisão para a noção de verdade no cálculo monádico de predicados.
13. Seja $\mathfrak{N}$ o modelo padrão da aritmética. Mostre que $\mathfrak{N} \models \bar{n} < \bar{m} \Leftrightarrow n < m$.
14. Seja $\mathfrak{N} = \langle \mathbb{N}, < \rangle$ e $\mathfrak{B} = \langle \mathbb{N}, \triangle \rangle$, onde $n \triangle m$ sse (i) $n < m$ e n, m são ambos pares ou ambos ímpares, ou (ii) se n é par e m é ímpar. Dê uma sentença σ tal que $\mathfrak{A} \models \sigma$ e $\mathfrak{B} \models \neg\sigma$.

15. Se $\langle A, R \rangle$ for um plano projetivo, então $\langle A, \check{R} \rangle$ também é um plano projetivo (*o plano dual*), onde $\check{R}$ é a relação inversa da relação R. Formulando na linguagem bi-sortida: se $\langle A_P, A_L, I \rangle$ é um plano projetivo, então $\langle A_L, A_P, \check{I} \rangle$ também o é.)

3.8 Dedução Natural

Estendemos o sistema da seção 2.4 para a lógica de predicados. Por razões semelhantes às mencionadas na seção 2.4 consideramos a linguagem com os conectivos $\wedge$, $\rightarrow$, $\bot$ e $\forall$. O quantificador existencial é deixado de fora, porém ele será considerado mais adiante.

Adotamos todas as regras da lógica proposicional e adicionamos

$$\forall I \frac{\varphi(x)}{\forall x \varphi(x)} \qquad \forall E \frac{\forall x \varphi(x)}{\varphi(t)}$$

tal que na regra $\forall I$ a variável x não pode ocorrer em qualquer hipótese da qual $\varphi(x)$ depende, i.e. uma hipótese não-descartada na derivação de $\varphi(x)$. Em $\forall E$ exigimos, é claro, que t seja livre para x.

$\forall I$ tem a seguinte explicação intuitiva: se um objeto arbitrário x tem a propriedade φ, então todo objeto tem a propriedade φ. O problema é que nenhum dos objetos que conhecemos em matemática pode ser considerado "arbitrário". Portanto ao invés de procurar pelo "objeto arbitrário" no mundo real (do ponto de vista da matemática), vamos tentar encontrar um critério sintático. Considere uma variável x (ou uma constante) em uma derivação, existem fundamentos razoáveis para chamar x de "arbitrário"? Aqui vai uma sugestão plausível: no contexto das derivações chamaremos x *arbitrário* se nada foi assumido concernente a x. Em termos mais técnicos, x é arbitrário em sua ocorrência específica em uma derivação se a parte da derivação acima dela não contém qualquer hipótese que contenha x livre.

Demonstraremos a necessidade das restrições acima, lembrando sempre que o sistema pelo menos tem que ser *correto*, i.e. que enunciados deriváveis devem ser verdadeiros.

Restrição sobre $\forall I$:

$$\frac{\dfrac{\dfrac{[x=0]}{\forall x(x=0)}}{\dfrac{x=0 \rightarrow \forall x(x=0)}{\forall x(x=0 \rightarrow \forall x(x=0))}}}{0=0 \rightarrow \forall x(x=0)}$$

A introdução do $\forall$ no primeiro passo foi ilegal.

Logo $\vdash 0 = 0 \rightarrow \forall x(x=0)$, porém claramente $\not\models 0 = 0 \rightarrow \forall x(x=0)$ (tome qualquer estrutura contendo mais que apenas o 0).

3.8 Dedução Natural

Restrição sobre $\forall E$:

$$\frac{\dfrac{[\forall x \neg \forall y(x = y)]}{\neg \forall y(y = y)}}{\forall x \neg \forall y(x = y) \to \neg \forall y(y = y)}$$

A eliminação do $\forall$ no primeiro passo foi ilegal.

Note que y não é livre para x em $\neg \forall y(x = y)$. A sentença derivada é claramente falsa em estruturas com pelo menos dois elementos.

Agora vamos dar alguns exemplos de derivações. Assumimos que o leitor nesse ponto tenha experiência suficiente em descartar hipóteses, de tal forma que não mais indicaremos os descartes usando números.

$$\dfrac{\dfrac{\dfrac{\dfrac{\dfrac{[\forall x \forall y \varphi(x,y)]}{\forall y \varphi(x,y)} \forall E}{\varphi(x,y)} \forall E}{\forall x \varphi(x,y)} \forall I}{\forall y \forall x \varphi(x,y)} \forall I}{\forall x \forall y \varphi(x,y) \to \forall y \forall x \varphi(x,y)} \to I$$

$$\dfrac{\dfrac{\dfrac{[\forall x(\varphi(x) \land \psi(x))]}{\varphi(x) \land \psi(x)}}{\dfrac{\varphi(x)}{\forall x \varphi(x)}} \quad \dfrac{\dfrac{[\forall x(\varphi(x) \land \psi(x))]}{\varphi(x) \land \psi(x)}}{\dfrac{\psi(x)}{\forall x \psi(x)}}}{\dfrac{\forall x \varphi(x) \land \forall x \psi(x)}{\forall x(\varphi(x) \land \psi(x)) \to \forall x \varphi(x) \land \forall x \psi(x)}}$$

Seja $x \notin VL(\varphi)$

$$\dfrac{\dfrac{\dfrac{\dfrac{[\forall x(\varphi \to \psi(x))]}{\varphi \to \psi(x)} \forall E \quad [\varphi]}{\psi(x)} \to E}{\dfrac{\forall x \psi(x)}{\varphi \to \forall x \psi(x)} \to I} \forall I}{\forall x(\varphi \to \psi(x)) \to (\varphi \to \forall x \psi(x))} \to I \qquad \dfrac{\dfrac{[\varphi]}{\forall x \varphi} \forall I \quad \dfrac{[\forall x \varphi]}{\varphi} \forall E}{\varphi \leftrightarrow \forall x \varphi}$$

Na derivação mais à direita $\forall I$ foi permitido, pois $x \notin VL(\varphi)$, e $\forall E$ é aplicável.

Note que $\forall I$ na derivação mais à esquerda é permitido porque $x \notin VL(\varphi)$, pois naquele ponto φ é ainda (parte de) uma hipótese.

O leitor terá absorvido a técnica por trás das regras dos quantificadores: reduza um $\forall x \varphi$ a φ e reintroduza $\forall$ mais adiante, se necessário. Intuitivamente, procede-se da seguinte maneira: para mostrar que "para todo $x \ldots x \ldots$" basta mostrar que "$\ldots x \ldots$" para um x arbitrário. Esse último enunciado é mais fácil de encarar. Sem entrar em distinções filosóficas mais apuradas, notamos que a distinção "para todo x

... x ..." – "para um x arbitrário ... x ..." está embutida no nosso sistema por meio da distinção "enunciado quantificado" – "enunciado com variável livre".

O leitor terá também observado que sob uma estratégia razoável de derivação, grosso modo, eliminação precede introdução. Existe uma explicação segura para esse fenômeno, seu tratamento apropriado pertencendo à *teoria da prova*, onde *derivações normais* (derivações sem passos supérfluos) são consideradas. Veja o Capítulo 6. No momento o leitor pode aceitar o fato mencionado acima como uma regra-do-polegar conveniente.

Podemos formular as propriedades de derivabilidade do quantificador universal em termos da relação $\vdash$:

$\Gamma \vdash \varphi(x) \Rightarrow \Gamma \vdash \forall x \varphi(x)$ se $x \notin VL(\psi)$ para toda $\psi \in \Gamma$,
$\Gamma \vdash \forall x \varphi(x) \Rightarrow \Gamma \vdash \varphi(t)$ se t é livre para x em φ.
As implicações acima seguem diretamente de $(\forall I)$ e $(\forall E)$.

Nosso próximo objetivo é a corretude do sistema de dedução natural para a lógica de predicados. Primeiro estendemos a definição de $\models$.

Definição 3.8.1 *Seja Γ um conjunto de fórmulas e suponha que* $\{x_{i_1}, x_{i_2}, \ldots\} = \bigcup \{VL(\psi) \mid \psi \in \Gamma \cup \{\sigma\}\}$. *Se* **a** *for uma seqüência* $(a_1, a_2, \ldots)$ *de elementos (repetições permitidas) de* $|\mathfrak{A}|$, *então* $\Gamma(\mathbf{a})$ *é obtido de* Γ *substituindo simultaneamente em todas as fórmulas de* Γ *os* x_{i_j} *por* $\overline{a_j}$ $(j \geq 1)$ *(para* $\Gamma = \{\psi\}$ *escrevemos* $\psi(\mathbf{a})$). *Agora definimos*

(i) $\mathfrak{A} \models \Gamma(\mathbf{a})$ *se* $\mathfrak{A} \models \psi$ *para toda* $\psi \in \Gamma(\mathbf{a})$
(ii) $\Gamma \models \sigma$ *se* $\mathfrak{A} \models \Gamma(\mathbf{a}) \Rightarrow \mathfrak{A} \models \sigma(\mathbf{a})$ *para todas* $\mathfrak{A}, \mathbf{a}$.

No caso em que apenas sentenças estiverem envolvidas, a definição pode ser simplificada:

$\Gamma \models \sigma$ se $\mathfrak{A} \models \Gamma \Rightarrow \mathfrak{A} \models \sigma$ para toda $\mathfrak{A}$.
Se $\Gamma = \emptyset$, escrevemos $\models \sigma$.

Podemos parafrasear essa definição da seguinte maneira: $\Gamma \models \sigma$, se para toda estrutura $\mathfrak{A}$ e todas as escolhas de $\mathbf{a}$, $\sigma(\mathbf{a})$ é verdadeira em $\mathfrak{A}$ se todas as hipóteses de $\Gamma(\mathbf{a})$ são verdadeiras em $\mathfrak{A}$.

Podemos agora formular

Lema 3.8.2 (Corretude) $\Gamma \vdash \sigma \Rightarrow \Gamma \models \sigma$.

Demonstração. Pela definição de $\Gamma \vdash \sigma$ basta mostrar que para cada derivação com Γ como conjunto de hipóteses e com σ como conclusão, $\Gamma \models \sigma$. Usamos indução sobre $\mathcal{D}$ (cf. 2.5.1 e exercício 2).
Como já demos nossa definição de satisfação em termos de valorações, que evidentemente contém a lógica proposicional como um caso especial, podemos copiar os casos de (1) a derivação com um elemento, (2) as derivações com uma regra proposicional no último passo, do Lema 2.5.1 (favor verifique essa afirmação).

3.8 Dedução Natural

Logo temos que tratar as derivações com $(\forall I)$ ou $(\forall E)$ como passo final.

$(\forall I)$ $\quad \mathcal{D}$ $\quad$ $\mathcal{D}$ tem suas hipóteses em Γ e x não é livre em Γ.
$\quad\quad\;\;\dfrac{\varphi(x)}{\forall x \varphi(x)}$ $\quad$ Hipótese da indução: $\Gamma \models \varphi(x)$, i.e. $\mathfrak{A} \models \Gamma(\mathbf{a})$
$\quad\quad\quad\quad\quad\;\Rightarrow \mathfrak{A} \models (\varphi(x))(\mathbf{a})$ para toda $\mathfrak{A}$ e toda $\mathbf{a}$.

Não significa restrição supor que x é a primeira das variáveis livres envolvidas (por que?). Portanto podemos substituir x por $\overline{a_1}$ em φ. Faça $\mathbf{a} = (a_1, \mathbf{a}')$. Agora temos:

para todo a_1 e $\mathbf{a}' = (a_2, \ldots)$ $\mathfrak{A} \models \Gamma(\mathbf{a}') \Rightarrow \mathfrak{A} \models \varphi(\overline{a_1})(\mathfrak{a})$, logo
para toda $\mathbf{a}'$ $\mathfrak{A} \models \Gamma(\mathbf{a}') \Rightarrow \mathfrak{A} \models (\varphi(\overline{a_1}))(\mathbf{a}')$ para todo a_1, logo
para toda $\mathbf{a}'$ $\mathfrak{A} \models \Gamma(\mathbf{a}') \Rightarrow \mathfrak{A} \models (\forall x \varphi(x))(\mathbf{a}')$.

Isso mostra que $\Gamma \models \forall x \varphi(x)$. (Note que nessa demonstração usamos $\forall x(\sigma \to \tau(x)) \to (\sigma \to \forall x \tau(x))$, onde $x \notin VL(\sigma)$, na metalinguagem. É claro que podemos usar princípios seguros no meta-nível.)

$(\forall E)$ $\quad \mathcal{D}$ $\quad$ Hipótese da indução: $\Gamma \models \forall x \varphi(x)$,
$\quad\quad\;\;\dfrac{\forall x \varphi(x)}{\varphi(t)}$ $\quad$ i.e. $\mathfrak{A} \models \Gamma(\mathbf{a}) \Rightarrow \mathfrak{A} \models (\forall x \varphi(x))(\mathbf{a})$,
$\quad\quad\quad\quad\quad\;$ para toda $\mathbf{a}$ e $\mathfrak{A}$.

Portanto suponha que $\mathfrak{A} \models \Gamma(\mathbf{a})$, então $\mathfrak{A} \models \varphi(\overline{b})(\mathbf{a})$ para todo $b \in |\mathfrak{A}|$. Em particular podemos tomar $t[\overline{\mathbf{a}}/\mathbf{z}]$ para $\overline{b}$, onde abusamos um pouco da notação; como existe um número finito de variáveis $z_1, \ldots, z_n$, precisamos apenas de um número finito de a_i's, e consideramos portanto uma substituição simultânea comum.
$\mathfrak{A} \models (\varphi[\mathbf{a}/\mathbf{z}])[t[\mathbf{a}/\mathbf{z}]/x]$, daí pelo Lema 2.5.4, $\mathfrak{A} \models (\varphi[t/x])[\mathbf{a}/\mathbf{z}]$, ou $\mathfrak{A} \models (\varphi(t))(\mathbf{a})$. $\quad\square$

Tendo estabelecido a corretude de nosso sistema, podemos facilmente obter resultados de não-derivabilidade.

Exemplos.

1. $\not\vdash \forall x \exists y \varphi \to \exists y \forall x \varphi$.
   Tome $\mathfrak{A} = \langle \{0,1\}, \{\langle 0,1 \rangle, \langle 1,0 \rangle\} \rangle$ (tipo $\langle 2; -; 0 \rangle$) e considere
   $\varphi := P(x,y)$, o predicado interpretado em $\mathfrak{A}$.
   $\mathfrak{A} \models \forall x \exists y P(x,y)$ pois para 0 temos
   $\langle 0,1 \rangle \in P$ e para 1 temos $\langle 1,0 \rangle \in P$.
   Mas $\mathfrak{A} \not\models \exists y \forall x P(x,y)$, pois para 0 temos
   $\langle 0,0 \rangle \notin P$ e para 1 temos $\langle 1,1 \rangle \notin P$.
2. $\forall x \varphi(x,x), \forall xy(\varphi(x,y) \to \varphi(y,x)) \not\vdash \forall xyz(\varphi(x,y) \land \varphi(y,z) \to \varphi(x,z))$.
   Considere $\mathfrak{B} = \langle \mathbb{R}, P \rangle$ com $P = \{\langle a,b \rangle \mid |a-b| \leq 1\}$.

Embora variáveis e constantes sejam basicamente diferentes, elas têm algumas propriedades em comum. Tanto as constantes como as variáveis livres podem ser introduzidas nas derivações através de $\forall E$, porém apenas as variáveis livres pode ser submetidas à regra $\forall I$, – isto é, variáveis livres podem desaparecer nas derivações por outros meios que não os proposicionais. Segue que uma variável pode tomar o lugar de uma constante numa derivação porém em geral a recíproca não é verdadeira. Tornamos isso mais preciso no que se segue.

Teorema 3.8.3 *Seja x uma variável que não ocorre em Γ ou em φ.*
  (i) $\Gamma \vdash \varphi \Rightarrow \Gamma[x/c] \vdash \varphi[x/c]$.
  (ii) Se c não ocorre em Γ, então $\Gamma \vdash \varphi(c) \Rightarrow \Gamma \vdash \forall x \varphi(x)$.

Demonstração. (ii) segue imediatamente de (i) por $\forall I$. (i) Indução sobre a derivação de $\Gamma \vdash \varphi$. Deixo ao leitor. □

Observe que o resultado é bastante óbvio, pois trocar c por x é tão inofensivo quanto pintar c de vermelho – a derivação permanece intacta.

Exercícios

1. Mostre que:
    (i) $\vdash \forall x(\varphi(x) \to \psi(x)) \to (\forall x \varphi(x) \to \forall x \psi(x))$,
    (ii) $\vdash \forall x \varphi(x) \to \neg \forall x \neg \varphi(x)$,
    (iii) $\vdash \forall x \varphi(x) \to \forall z \varphi(z)$ se z não ocorre em $\varphi(x)$,
    (iv) $\vdash \forall x \forall y \varphi(x,y) \to \forall y \forall x \varphi(x,y)$,
    (v) $\vdash \forall x \forall y \varphi(x,y) \to \forall x \varphi(x,x)$,
    (vi) $\vdash \forall x(\varphi(x) \land \psi(x)) \leftrightarrow \forall x \varphi(x) \land \forall x \psi(x)$,
    (vii) $\vdash \forall x(\varphi \to \psi(x)) \leftrightarrow (\varphi \to \forall x \psi(x))$, onde $x \notin VL(\varphi)$.
2. Estenda a definição de derivação para o sistema atual (cf. 1.4.1).
3. Mostre que $(s(t)[\overline{a}/x])^{\mathfrak{A}} = (s(\overline{(t[\overline{a}/x])^{\mathfrak{A}}})[\overline{a}/x])^{\mathfrak{A}}$.
4. Mostre as implicações inversas de 2.8.3.
5. Atribua a cada átomo $P(t_1, \ldots, t_n)$ um símbolo proposicional, denotado por P. Agora defina uma tradução † da linguagem da lógica de predicados para a linguagem da lógica proposicional da seguinte forma
    $P(t_1, \ldots, t_n)^\dagger := P$ e $\bot^\dagger := \bot$
    $(\varphi \square \psi)^\dagger := \varphi^\dagger \square \psi^\dagger$
    $(\neg \varphi)^\dagger := \neg \varphi^\dagger$
    $(\forall x \varphi)^\dagger := \varphi^\dagger$
    Mostre que $\Gamma \vdash \varphi \Rightarrow \Gamma^\dagger \vdash^\dagger \varphi^\dagger$, onde $\vdash^\dagger$ quer dizer "derivável sem usar ($\forall I$) ou ($\forall E$)" (e a recíproca se verifica?)
    Conclua que a lógica de predicados é consistente.
    Mostre que a lógica de predicados é conservativa sobre a lógica proposicional (cf. definição 4.1.5).

3.9 Adicionando o Quantificador Existencial

Vamos introduzir $\exists x \varphi$ como uma abreviação para $\neg \forall x \neg \varphi$ (o Teorema 2.5.1 nos diz que há uma boa razão para proceder dessa forma). Podemos demonstrar o seguinte:

Lema 3.9.1

(i) $\varphi(t) \vdash \exists x \varphi(x) \, (t$ livre para x em $\varphi)$
(ii) $\Gamma, \varphi(x) \vdash \psi \Rightarrow \Gamma, \exists x \varphi(x) \vdash \psi$
 se x não está livre em ψ ou em qualquer fórmula de Γ.

Demonstração. (i)

$$\cfrac{\cfrac{\cfrac{[\forall x \neg \varphi(x)]}{\neg \varphi(t)} \forall E \qquad \varphi(t)}{\bot} \to E}{\neg \forall x \neg \varphi(x)} \to I$$

logo $\varphi(t) \vdash \exists x \varphi(x)$.

(ii)

$$\cfrac{\neg \forall x \neg \varphi(x) \qquad \cfrac{\cfrac{\cfrac{\cfrac{[\varphi(x)]}{\mathcal{D}}}{\cfrac{\psi \qquad [\neg \psi]}{\bot} \to E}}{\neg \varphi(x)} \to I}{\forall x \neg \varphi(x)} \forall I}{\cfrac{\bot}{\psi} \text{RAA}} \to E$$

$\square$

Explicação. A subderivação no canto superior à esquerda é a derivação dada; suas hipóteses estão em $\Gamma \cup \{\varphi(x)\}$ (apenas $\varphi(x)$ é mostrada). Como $\varphi(x)$ (isto é, todas as ocorrências dessa fórmula) é descartada e x não ocorre livre em Γ ou ψ, podemos aplicar $\forall I$. Da derivação concluimos que $\Gamma, \exists x \varphi(x) \vdash \psi$.

Podemos compactar a última derivação em uma regra de eliminação para $\exists$:

$$\cfrac{\exists x \varphi(x) \qquad \begin{array}{c}[\varphi(x)]\\ \vdots \\ \psi\end{array}}{\psi} \exists E$$

com as condições: x não ocorre livre em ψ, ou em uma hipótese da subderivação de ψ, diferente de $\varphi(x)$.

Isso pode facilmente verificado como correto pois sempre podemos preencher os detalhes ausentes, tal qual mostrado na derivação anterior.

Por (i) temos também uma regra de introdução: $\cfrac{\varphi(t)}{\exists x \varphi(x)} \exists I$ para t livre para x em φ.

3 Lógica de Predicados

Exemplos de derivações.

$$\cfrac{[\exists x \varphi(x)]^2 \quad \cfrac{\cfrac{[\forall x(\varphi(x) \to \psi)]^3}{\varphi(x) \to \psi} \forall E \quad [\varphi(x)]^1}{\psi} \to E}{\cfrac{\cfrac{\psi}{\exists x \varphi(x) \to \psi} \to I_2}{\forall x(\varphi(x) \to \psi) \to (\exists x \varphi(x) \to \psi)} \to I_3} \exists E_1 \qquad x \notin VL(\psi)$$

$$\cfrac{[\exists x(\varphi(x) \lor \psi(x))]^3 \quad \cfrac{[\varphi(x) \lor \psi(x)]^2 \quad \cfrac{[\varphi(x)]^1}{\exists x \varphi(x)} \; \cfrac{[\psi(x)]^1}{\exists x \psi(x)}}{\exists x \varphi(x) \lor \exists x \psi(x) \quad \exists x \varphi(x) \lor \exists x \psi(x)} \lor E_1}{\cfrac{\cfrac{\exists x \varphi(x) \lor \exists x \psi(x)}{\exists x \varphi(x) \lor \exists x \psi(x)} \exists E_2}{\exists x(\varphi(x) \lor \psi(x)) \to \exists x \varphi(x) \lor \exists x \psi(x)} \to I_3}$$

Vamos esboçar brevemente a abordagem alternativa, ou seja aquela de enriquecer a linguagem.

Teorema 3.9.2 *Considere a lógica de predicados com a linguagem cheia e as regras para todos os conectivos, então* $\vdash \exists x \varphi(x) \leftrightarrow \neg \forall x \neg \varphi(x)$.

Demonstração. Semelhante à demonstração do Teorema 1.6.3. $\square$

Agora é hora de enunciar as regras para $\forall$ e $\exists$ com mais precisão. Queremos substituições de termos para algumas ocorrências da variável quantificada em $(\forall E)$ e $(\exists E)$. O exemplo abaixo dá uma motivação para isso.

$$\cfrac{\cfrac{\forall x(x = x)}{x = x} \forall E}{\exists y(x = y)} \exists I$$

O resultado não seria derivável se pudéssemos apenas fazer substituições para *todas* as ocorrências ao mesmo tempo. Mesmo assim, o resultado é evidentemente verdadeiro.

A formulação apropriada das regras agora é:

$$\forall I \; \cfrac{\varphi}{\forall x \varphi} \qquad \forall E \; \cfrac{\forall x \varphi}{\varphi[t/x]}$$

$$\exists I \; \cfrac{\varphi[t/x]}{\exists x \varphi} \qquad \exists E \; \cfrac{\exists x \varphi \quad \begin{array}{c}[\varphi]\\ \vdots \\ \psi\end{array}}{\psi}$$

com as restrições apropriadas.

Exercícios

Mostre que:
1. $\vdash \exists x(\varphi(x) \wedge \psi) \leftrightarrow \exists x \varphi(x) \wedge \psi$ se $x \notin VL(\psi)$,
2. $\vdash \forall x(\varphi(x) \vee \psi) \leftrightarrow \forall x \varphi(x) \vee \psi$ se $x \notin VL(\psi)$,
3. $\vdash \forall x \varphi(x) \leftrightarrow \neg \exists x \neg \varphi(x)$,
4. $\vdash \neg \forall x \varphi(x) \leftrightarrow \exists x \neg \varphi(x)$,
5. $\vdash \neg \exists x \varphi(x) \leftrightarrow \forall x \neg \varphi(x)$,
6. $\vdash \exists x(\varphi(x) \to \psi) \leftrightarrow (\forall x \varphi(x) \to \psi)$ se $x \notin VL(\psi)$,
7. $\vdash \exists x(\varphi \to \psi(x)) \leftrightarrow (\varphi \to \exists x \psi(x))$ se $x \notin VL(\varphi)$,
8. $\vdash \exists x \exists y \varphi \leftrightarrow \exists y \exists x \varphi$,
9. $\vdash \exists x \varphi \leftrightarrow \varphi$ se $x \notin VL(\varphi)$.

3.10 Dedução Natural e Identidade

Vamos dar regras, correspondendo aos axiomas I_1–I_4 da seção 2.6.

$$\frac{}{x = x} RI_1$$

$$\frac{x = y}{y = x} RI_2$$

$$\frac{x = y \quad y = z}{y = z} RI_3$$

$$\frac{x_1 = y_1, \ldots, x_n = y_n}{t(x_1, \ldots, x_n) = t(y_1, \ldots, y_n)} RI_4$$

$$\frac{x_1 = y_1, \ldots, x_n = y_n \quad \varphi(x_1, \ldots, x_n)}{\varphi(y_1, \ldots, y_n)} RI_5$$

onde $y_1, \ldots, y_n$ são livres para $x_1, \ldots, x_n$ em φ. Note que desejamos permitir substituição da variável y_i ($i \leq n$) para *alguma* porém não necessariamente todas as ocorrências da variável x_i. Podemos expressar isso formulando RI_4 nos termos precisos do operador de substituição simultânea:

$$\frac{x_1 = y_1, \ldots, x_n = y_n}{t[x_1, \ldots, x_n/z_1, \ldots, z_n] = t[y_1, \ldots, y_n/z_1, \ldots, z_n]}$$

$$\frac{x_1 = y_1, \ldots, x_n = y_n \quad \varphi[x_1, \ldots, x_n/z_1, \ldots, z_n]}{\varphi[y_1, \ldots, y_n/z_1, \ldots, z_n]}$$

Exemplo.

$$\frac{x = y \quad x^2 + y^2 > 12x}{2y^2 > 12x}$$

$$\frac{x = y \quad x^2 + y^2 > 12x}{x^2 + y^2 > 12y}$$

$$\frac{x = y \quad x^2 + y^2 > 12x}{2y^2 > 12y}$$

Os exemplos acima são aplicações legítimas de RI_4 que têm três diferentes conclusões.

A regra RI_1 não tem hipóteses, o que pode parecer surpreendente, porém certamente não é proibido.

As regras RI_4 têm muitas hipóteses, e em conseqüência as árvores de derivação podem parecer um pouco mais complicadas. Obviamente pode-se obter todos os benefícios de RI_4 através de uma regra restrita, permitindo-se apenas uma substituição a cada vez.

Lema 3.10.1 $\vdash I_i$ *para* $i = 1, 2, 3, 4$.

Demonstração. Imediata. □

Podemos enfraquecer um pouco as regras RI_4 considerando apenas os termos e as fórmulas mais simples.

Lema 3.10.2 *Seja L do tipo* $\langle r_1, \ldots, r_n; a_1, \ldots, a_m; k \rangle$. *Se as regras*

$$\frac{x_1 = y_1, \ldots, x_{r_i} = y_{r_i} \quad P_1(x_1, \ldots, x_{r_i})}{P_1(y_1, \ldots, y_{r_i})} \text{ para todo } i \leq n$$

e

$$\frac{x_1 = y_1, \ldots, x_{a_j} = y_{a_j}}{f_j(x_1, \ldots, x_{a_j}) = f_j(y_1, \ldots, y_{a_j})} \text{ para todo } j \leq m$$

são dadas, então as regras RI_4 são deriváveis.

Demonstração. Consideramos um caso especial. Suponha que L tenha um símbolo de predicado binário e um símbolo de função unária.

(i) Mostramos que $x = y \vdash t(x) = t(y)$ por indução sobre t.
   (a) $t(x)$ é uma variável ou uma constante. Imediato.
   (b) $t(x) = f(s(x))$. Hipótese da indução: $x = y \vdash s(x) = s(y)$

$$\dfrac{\dfrac{\dfrac{\dfrac{[x=y]}{f(x)=f(y)}}{\forall xy(x=y \to f(x)=f(y))}\forall I\ 2\times}{s(x)=s(y) \to f(s(x))=f(s(y))} \qquad \dfrac{x=y}{s(x)=s(y)}\mathcal{D}}{f(s(x))=f(s(y))}$$

Isso mostra que $x = y \vdash f(s(x)) = f(s(y))$.

(ii) Mostramos que $\vec{x} = \vec{y}, \varphi(\vec{x}) \vdash \varphi(\vec{y})$
   (a) φ é atômica, então $\varphi = P(t,s)$. t e s podem (neste exemplo) conter no máximo uma variável cada. Portanto basta considerar
   $x_1 = y_1, x_2 = y_2, P(t(x_1,x_2), s(x_1,x_2)) \vdash P(t(y_1,y_2), s(y_1,y_2))$,
   (i.e. $P(t[x_1, x_2/z_1, z_2], \ldots)$).
   Agora obtemos, aplicando $\to E$ duas vezes, de

$$\dfrac{\dfrac{\dfrac{\dfrac{[x_1=y_1]\quad [x_2=y_2]\quad [P(x_1,x_2)]}{P(y_1,y_2)}}{x_1=y_1 \to (x_2=y_2 \to (P(x_1,x_2) \to P(y_1,y_2)))}\to I\ 3\times}{\forall x_1 x_2 y_1 y_2(x_1=y_1 \to (x_2=y_2 \to (P(x_1,x_2) \to P(y_1,y_2))))}\forall I}{s(x_1,x_2)=s(y_1,y_2) \to (t(x_1,x_2)=t(y_1,y_2) \to (P(s_x,t_x) \to P(s_y,t_y)))}\forall E$$

e das duas seguintes instâncias de (i)

$$\begin{array}{cc} x_1=y_1 \quad x_2=y_2 & x_1=y_1 \quad x_2=y_2 \\ \mathcal{D} & \mathcal{D}' \\ s(x_1,x_2)=s(y_1,y_2) & t(x_1,x_2)=t(y_1,y_2) \end{array}$$

o resultado desejado, $(P(s_x, t_x) \to P(s_y, t_y))$.
Logo $x_1 = y_1, x_2 = y_2 \vdash P(s_x, t_x) \to P(s_y, t_y)$
onde $s_x = s(x_1, x_2)$, $s_y = s(y_1, y_2)$,
$t_x = t(x_1, x_2)$, $t_y = t(y_1, y_2)$.

(b) $\varphi = \sigma \to \tau$.
Hipótese da indução: $\vec{x} = \vec{y}, \sigma(\vec{y}) \vdash \sigma(\vec{x})$
$\vec{x} = \vec{y}, \tau(\vec{x}) \vdash \tau(\vec{y})$

$$\vec{x} = \vec{y} \quad [\sigma(\vec{y})]$$
$$\mathcal{D}$$
$$\frac{\sigma(\vec{x}) \to \tau(\vec{x}) \quad \sigma(\vec{x})}{\tau(\vec{x})} \qquad \vec{x} = \vec{y}$$
$$\mathcal{D}'$$
$$\frac{\tau(\vec{y})}{\sigma(\vec{y}) \to \tau(\vec{y})}$$

Logo $\vec{x} = \vec{y}, \sigma(\vec{x}) \to \tau(\vec{x}) \vdash \sigma(\vec{y}) \to \tau(\vec{y})$.

(c) $\varphi = \sigma \wedge \tau$, deixo ao leitor.

(d) $\varphi = \forall z \psi(z, \vec{x})$

Hipótese da indução: $\vec{x} = \vec{y}, \psi(z, \vec{x}) \vdash \psi(z, \vec{y})$

$$\frac{\forall z \psi(z, \vec{x})}{\psi(z, \vec{x})} \qquad \vec{x} = \vec{y}$$
$$\mathcal{D}$$
$$\frac{\psi(z, \vec{y})}{\forall z \psi(z, \vec{y})}$$

Logo $\vec{x} = \vec{y}, \forall z \psi(z, \vec{x}) \vdash \forall z \psi(z, \vec{y})$.

Isso estabelece, por indução, a regra geral. □

Exercícios

1. Mostre que $\forall x(x = x), \forall xyz(x = y \wedge z = y \to x = z) \vdash I_2 \wedge I_3$ (usando apenas a lógica de predicados).
2. Mostre que $\vdash \exists x(t = x)$ para qualquer termo t. Explique por que todas as funções em uma estrutura são totais (i.e. definidas para todos os argumentos); que significa 0^{-1}?
3. Mostre que $\vdash \forall z(z = x \to z = y) \to x = y$.
4. Mostre que $\vdash \forall xyz(x \neq y \to x \neq z \vee y \neq z)$.
5. Mostre que na linguagem da identidade, $I_1, I_2, I_3 \vdash I_4$.
6. Mostre que $\forall x(x = a \vee x = b \vee x = c) \vdash \forall x \varphi(x) \leftrightarrow (\varphi(a) \vee \varphi(b) \vee \varphi(c))$, onde a, b, c são constantes.
7. Mostre que:
   (i) $\forall xy(f(x) = f(y) \to x = y), \forall xy(g(x) = g(y) \to x = y) \vdash \forall xy(f(g(x)) = f(g(y)) \to x = y)$,
   (ii) $\forall y \exists x(f(x) = y), \forall y \exists x(g(x) = y) \vdash \forall y \exists x(f(g(x)) = y)$.
   Que propriedades são expressas por esse exercício?
8. Demonstre o seguinte *Princípio da Dualidade* para a geometria projetiva (cf. definição 2.7.5): Se $\Gamma \vdash \varphi$ então temos também $\Gamma \vdash \varphi^d$, onde Γ é o conjunto de axiomas da geometria projetiva e φ^d é obtida de φ substituindo cada átomo

xIy por yIx. (Sugestão: verifique o efeito da tradução d sobre a derivação de φ a partir de Γ.)

4

Completude e Aplicações

4.1 O Teorema da Completude

Tal qual no caso da lógica proposicional mostraremos que 'derivabilidade' e 'conseqüência semântica' coincidem. Faremos bastante coisa antes de chegar no teorema. Embora a demonstração do teorema da completude não seja mais difícil que, digamos, algumas demonstrações em análise, recomendaríamos ao leitor que fizesse uma leitura do enunciado do teorema e que saltasse a demonstração na primeira leitura, retornando a ela mais tarde. É mais instrutivo ir às aplicações e isso provavelmente dará ao leitor um melhor sentimento para o assunto.

A principal ferramenta neste capítulo é o

Lema 4.1.1 (Lema da Existência de Modelo) *Se Γ for um conjunto consistente de sentenças, então Γ tem um modelo.*

Uma versão mais refinada é

Lema 4.1.2 *Suponha que L tenha cardinalidade κ. Se Γ for um conjunto consistente de sentenças, então Γ tem um modelo de cardinalidade $\leq \kappa$.*

De 3.1.1 imediatamente deduzimos o teorema de Gödel

Teorema 4.1.3 (Teorema da Completude) $\Gamma \vdash \varphi \Leftrightarrow \Gamma \models \varphi$.

Passaremos agora por todos os passos da demonstração do teorema da completude. Nesta seção consideraremos sentenças, a menos que mencionemos especificamente fórmulas não-fechadas. Além do mais, '$\vdash$' representará 'derivabilidade na lógica de predicados com identidade'.

Tal qual no caso da lógica proposicional temos que construir um modelo e a única coisa que temos é nossa teoria consistente. Essa construção é uma espécie de truque do Barão de Münchhausen; temos que nos sacar (na verdade, sacar um modelo) de uma montanha de sintaxe e de regras de prova. A idéia mais plausível é formar um universo a partir de termos fechados e definir relações como os conjuntos de (uplas de) termos nos átomos da teoria. Há basicamente duas coisas que temos que cuidar: (i) se a teoria nos diz que $\exists x \varphi(x)$, então o modelo tem que fazer com que $\exists x \varphi(x)$

seja verdadeira, e portanto é preciso exibir um elemento (que nesse caso é um termo fechado t) tal que $\varphi(t)$ seja verdadeira. Isso significa que a teoria tem que provar $\varphi(t)$ para um termo fechado apropriado t. Esse problema é resolvido nas chamadas teorias de Henkin. (ii) Um modelo tem que decidir sentenças, i.e. ele tem que dizer se σ ou $\neg\sigma$ se verificam, para cada sentença σ. Tal qual em lógica proposicional, isso é tratado pelas teorias consistentes maximais.

Definição 4.1.4 *(i) Uma teoria T é uma coleção de sentenças com a propriedade $T \vdash \varphi \Rightarrow \varphi \in T$ (uma teoria é fechada sob derivabilidade).*

(ii) Um conjunto $\Gamma = \{\varphi \mid T \vdash \varphi\}$ é chamado de um conjunto de axiomas da teoria T. Os elementos de T são chamados axiomas.

(iii) T é chamado de uma teoria de Henkin se para cada sentença $\exists x \varphi(x)$ existe uma constante c tal que $\exists x \varphi(x) \to \varphi(c) \in T$ (tal constante c é chamada de uma testemunha para $\exists x \varphi(x)$).

Note que $T = \{\sigma \mid \Gamma \vdash \sigma\}$ é uma teoria. Pois, se $T \vdash \sigma$, então $\sigma_1, \ldots, \sigma_k \vdash \varphi$ para uma certa φ_i com $\Gamma \vdash \sigma_i$.

$\mathcal{D}_1\ \mathcal{D}_2\ \ldots\ \mathcal{D}_k$ Das derivações $\mathcal{D}_1, \ldots, \mathcal{D}_k$ de $\Gamma \vdash \sigma_1, \ldots,$

$\sigma_1\ \sigma_2\ \ldots\ \sigma_k$ $\Gamma \vdash \sigma_k$ e $\mathcal{D}$ de $\sigma_1, \ldots, \sigma_k \vdash \varphi$ uma derivação

$\dfrac{\mathcal{D}}{\varphi}$ of $\Gamma \vdash \varphi$ é obtida, conforme indicado.

Definição 4.1.5 *Sejam T e T' teorias nas linguagens L e L'.*
(i) T' é extensão de T se $T \subseteq T'$,
(ii) T' é uma extensão conservativa de T se $T' \cap L = T$ (i.e. todos os teoremas de T' na linguagem L já são teoremas de T).

Exemplo de uma extensão conservativa: Considere uma lógica proposicional P' na linguagem L com $\to, \wedge, \bot, \leftrightarrow, \neg$. Então o exercício 2, seção 1.6, nos diz que P' é conservativa sobre P.

Nossa primeira tarefa é a construção de *extensões de Henkin* de uma dada teoria T, isto é: extensões de T que sejam teorias de Henkin.

Definição 4.1.6 *Seja T uma teoria com linguagem L. A linguagem L^* é obtida a partir de L pela adição de uma constante c_φ para cada sentença da forma $\exists x \varphi(x)$. T^* é a teoria com o conjunto de axiomas*

$$T \cup \{\exists x \varphi(x) \to \varphi(c_\varphi) \mid \exists x \varphi(x) \text{ é fechada, com testemunha } c_\varphi\}.$$

Lema 4.1.7 T^* *é conservativa sobre T.*

Demonstração. (a) Seja $\exists x \varphi(x) \to \varphi(c)$ um dos novos axiomas. Suponha que $\Gamma, \exists x \varphi(x) \to \varphi(c) \vdash \psi$, onde ψ não contém c e Γ é um conjunto de sentenças, nenhuma das quais contém a constante c. Vamos mostrar que $\Gamma \vdash \psi$ em um certo número de passos.

1. $\Gamma \vdash (\exists x \varphi(x) \to \varphi(c)) \to \psi$,

2. $\Gamma \vdash (\exists x\varphi(x) \to \varphi(y)) \to \psi$, onde y é uma variável que não ocorre na derivação associada. 2 segue de 1 pelo Teorema 2.8.3.
3. $\Gamma \vdash \forall y((\exists x\varphi(x) \to \varphi(y)) \to \psi)$. Essa aplicação de $(\forall I)$ está correta, pois c não ocorria em Γ.
4. $\Gamma \vdash \exists y(\exists x\varphi(x) \to \varphi(y)) \to \psi$, (cf. exemplo da seção 2.9).
5. $\Gamma \vdash (\exists x\varphi(x) \to \exists y\varphi(y)) \to \psi$, (seção 2.9, exercício 7).
6. $\vdash \exists x\varphi(x) \to \exists y\varphi(y)$.
7. (a) $\Gamma \vdash \psi$, (de 5 e 6).
   (b) Suponha que $T^* \vdash \psi$ para uma $\psi \in L$. Pela definição de derivabilidade $T \cup \{\sigma_1, \ldots, \sigma_n\} \vdash \psi$, onde σ_i são os novos axiomas da forma $\exists x\varphi(x) \to \varphi(c)$. Vamos mostrar que $T \vdash \psi$ por indução sobre n. Para $n = 0$ estamos resolvidos. Suponha que $T \cup \{\sigma_1, \ldots, \sigma_{n+1}\} \vdash \psi$. Faça $\Gamma' = T \cup \{\sigma_1, \ldots, \sigma_n\}$, então $\Gamma', \sigma_{n+1} \vdash \psi$ e podemos aplicar o item (a). Daí, $T \cup \{\sigma_1, \ldots, \sigma_n\} \vdash \psi$. Agora, pela hipótese da indução, $T \vdash \psi$. □

Embora tenhamos adicionado um número de testemunhas a T, não há evidência de que T^* seja uma teoria de Henkin, pois ao enriquecer a linguagem nós também adicionamos novos enunciados existenciais $\exists x\tau(x)$ que podem não ter testemunhas. De modo a contornar essa dificuldade iteramos o processo acima um número contável de vezes.

Lema 4.1.8 *Defina* $T_0 := T$; $T_{n+1} := (T_n)^*$; $T_\omega := \bigcup\{T_n \mid n \geq 0\}$. *Então* T_ω *é uma teoria de Henkin e é conservativa sobre* T.

Demonstração. Chamemos de L_n (resp. L_ω) a linguagem de T_n (resp. T_ω).

(i) T_n é conservativa sobre T. Indução sobre n.
(ii) T_ω é uma teoria. Suponha que $T_\omega \vdash \sigma$, então $\varphi_0, \ldots, \varphi_n \vdash \sigma$ para certas $\varphi_0, \ldots, \varphi_n \in T_\omega$. Para cada $i \leq n$, $\varphi_i \in T_{m_i}$ para algum m_i. Seja $m = \max\{m_i \mid i \leq n\}$. Como $T_k \subseteq T_{k+1}$ para todo k, temos que $T_{m_i} \subseteq T_m$ ($i \leq n$). Por conseguinte, $T_m \vdash \sigma$. T_m é (por definição) uma teoria, logo $\sigma \in T_m \subseteq T_\omega$.
(iii) T_ω é uma teoria de Henkin. Seja $\exists x\varphi(x) \in L_\omega$, então $\exists x\varphi(x) \in L_n$ para algum n. Por definição $\exists x\varphi(x) \to \varphi(c) \in T_{n+1}$ para um certo c. Logo, $\exists x\varphi(x) \to \varphi(c) \in T_\omega$.
(iv) T_ω é conservativa sobre T. Observe que $T_\omega \vdash \sigma$ se $T_n \vdash \sigma$ para algum n, e aplique (i). □

Como um corolário obtemos: T_ω é consistente se T também o for. Pois suponha que T_ω seja inconsistente, então $T_\omega \vdash \bot$. Como T_ω é conservativa sobre T (e $\bot \in L$) $T \vdash \bot$. Contradição.

Nosso próximo passo é estender T_ω tanto quanto possível, tal como fizemos na lógica proposicional (2.5.7). Enunciamos um princípio geral.

Lema 4.1.9 (Lindenbaum) *Cada teoria consistente está contida em uma teoria maximamente consistente.*

Demonstração. Fazemos uma aplicação direta do **Lema de Zorn**. Seja T consistente. Considere o conjunto A de todas as extensões consistentes T' de T, parcialmente ordenadas por inclusão. Afirmação: A tem um elemento maximal.

1. Cada cadeia em A tem um limitante superior. Seja $\{T_i \mid i \in I\}$ uma cadeia. Então $T' = \bigcup T_i$ é uma extensão consistente de T contendo todos os T_i's (Exercício 2). Logo T' é um limitante superior.
2. Por conseguinte, A tem um elemento maximal T_m (lema de Zorn).
3. T_m é uma extensão maximamente consistente de T. Apenas temos que demonstrar que: se $T_m \subseteq T'$ e $T' \in A$, então $T_m = T'$. Mas isso é trivial pois T_m é maximal no sentido de $\subseteq$. Conclusão: T está contida na teoria maximamente consistente T_m. □

Note que em geral T tem muitas extensões maximamente consistentes. A existência acima está longe de ser única (na verdade a demonstração de sua existência usa essencialmente o axioma da escolha). Note, entretanto, que se a linguagem for contável, pode-se reproduzir a demonstração de 2.5.7 e dispensar o Lema de Zorn.

Agora combinamos a construção de uma extensão de Henkin com uma extensão maximamente consistente. Felizmente a propriedade de ser uma teoria de Henkin é preservada sob a operação de se tomar uma extensão maximamente consistente. Pois, a linguagem permanece fixa, daí, se para um enunciado existencial $\exists x \varphi(x)$ existe uma testemunha c tal que $\exists x \varphi(x) \to \varphi(c) \in T$, então trivialmente, $\exists x \varphi(x) \to \varphi(c) \in T_m$. Portanto

Lema 4.1.10 *Uma extensão de uma teoria de Henkin com a mesma linguagem é novamente uma teoria de Henkin.*

Agora chegamos à demonstração de nosso principal resultado.

Lema 4.1.11 (Lema da Existência de Modelo) *Se Γ for consistente, então Γ tem um modelo*

Demonstração. Seja $T = \{\sigma \mid \Gamma \vdash \sigma\}$ a teoria dada por Γ. Qualquer modelo de T é, obviamente, um modelo de Γ.

Seja T_m uma extensão de Henkin maximamente consistente de T (que existe pelos lemas precedentes), com linguagem L_m.

Construiremos um modelo de T_m usando a própria T_m. Nesse ponto o leitor deveria se dar conta de que uma linguagem é, afinal de contas, um conjunto, ou seja um conjunto de cadeias de símbolos. Portanto, exploraremos esse conjunto para construir o universo de um modelo apropriado.

1. $A = \{t \in L_m \mid t \text{ é fechado}\}$.
2. Para cada símbolo de função $\overline{f}$ definimos uma função $\hat{f} : A^k \to A$ por $\hat{f}(t_1, \ldots, t_k) := f(t_1, \ldots, t_k)$.
3. Para cada símbolo de predicado $\overline{P}$ definimos uma relação $\hat{P} \subseteq A^p$ por $\langle t_1, \ldots, t_p \rangle \in \hat{P} \Leftrightarrow T_m \vdash P(t_1, \ldots, t_p)$.
4. Para cada símbolo de constante c definimos uma constante $\hat{c} := c$.

4.1 O Teorema da Completude

Embora possa parecer que criamos o modelo desejado, temos que melhorar o resultado, porque '=' não é interpretado como a real igualdade. Podemos apenas afirmar que

(a) A relação $t \sim s$ definida por $T_m \vdash t = s$ para $t, s \in A$ é uma relação de equivalência. Pelo lema 2.10.1, I_1, I_2, I_3 são teoremas de T_m, logo, $T_m \vdash \forall x(x = x)$, e, portanto, (por $(\forall E)$) $T_m \vdash t = t$, ou $t \sim t$. Simetria e transitividade seguem da mesma maneira.

(b) $t_i \sim s_i$ $(i \leq p)$ e $\langle t_1, \ldots, t_p \rangle \in \hat{P} \Rightarrow \langle s_1, \ldots, s_p \rangle \in \hat{P}$.
$t_i \sim s_i (i \leq k) \Rightarrow \hat{f}(t_1, \ldots, t_k) \sim \hat{f}(s_1, \ldots, s_k)$ para todos os símbolos P e f.

A demonstração é simples: use $T_m \vdash I_4$ (Lema 2.10.1).

Uma vez que temos uma relação de equivalência, que, além do mais, é uma congruência com respeito às relações e funções básicas, é natural introduzir a estrutura quociente.

Denotemos a classe de equivalência de t sob $\sim$ por $[t]$.

Defina $\mathfrak{A} := \langle A/\sim, \tilde{P}_1, \ldots, \tilde{P}_n, \tilde{f}_1, \ldots, \tilde{f}_m, \{\tilde{c}_i \mid i \in I\}\rangle$, onde
$\tilde{P}_i := \{\langle [t_1], \ldots, [t_{r_i}]\rangle \mid \langle t_1, \ldots, t_{r_i}\rangle \in \hat{P}_i\}$
$\tilde{f}_j([t_1], \ldots, [t_{a_j}]) = [\hat{f}_j(t_1, \ldots, t_{a_j})]$
$\tilde{c}_i := [\hat{c}_i]$.

É preciso mostrar que as relações e as funções em $A/\sim$ estão bem-definidas, mas isso já é garantido pelo item (b) acima.

Termos fechados levam a uma espécie de vida dupla. Por um lado eles são objetos sintáticos, por outro lado eles são o material a partir do qual os elementos do universo são feitos. As duas coisas estão relacionadas por $t^{\mathfrak{A}} = [t]$. Isso é demonstrado por indução sobre t.

(i) $t = c$, então $t^{\mathfrak{A}} = \tilde{c} = [\hat{c}] = [t]$,
(ii) $t = f(t_1, \ldots, t_k)$, então $t^{\mathfrak{A}} = \tilde{f}(t^{\mathfrak{A}_1}, \ldots, t^{\mathfrak{A}_k}) \stackrel{h.i.}{=} \tilde{f}([t_1], \ldots, [t_k])$
$= [\hat{f}(t_1, \ldots, t_k)] = [f(t_1, \ldots, t_k)]$.

Além disso temos que $\mathfrak{A} \models \varphi(t) \Leftrightarrow \mathfrak{A} \models \varphi(\overline{[t]})$, pelo que foi dito acima e pelo Exercício 6 da seção 3.4.

Afirmação. $\mathfrak{A} \models \varphi(t) \Leftrightarrow T_m \vdash \varphi(t)$ para todas as sentenças na linguagem L_m de T_m que, aliás, é também $L(\mathfrak{A})$, pois cada elemento de $A/\sim$ tem um nome em L_m. Demonstramos a afirmação por indução sobre φ.

(i) φ é atômica. $\mathfrak{A} \models P(t_1, \ldots, t_p) \Leftrightarrow \langle t_1^{\mathfrak{A}}, \ldots, t_p^{\mathfrak{A}}\rangle \in \tilde{P} \Leftrightarrow \langle [t_1], \ldots, [t_p]\rangle \in \tilde{P} \Leftrightarrow$
$\langle t_1, \ldots, t_p\rangle \in \hat{P} \Leftrightarrow T_m \vdash P(t_1, \ldots, t_p)$. O caso $\varphi = \bot$ é trivial.
(ii) $\varphi = \sigma \wedge \tau$. Trivial.
(iii) $\varphi = \sigma \to \tau$. Lembramos que, pelo lema 2.6.9, $T_m \vdash \sigma \to \tau \Leftrightarrow (T_m \vdash \sigma \Rightarrow T_m \vdash \tau)$. Note que podemos copiar esse resultado, pois sua demonstração usa apenas lógica proposicional, e portanto permanece correta em lógica de predicados.
$\mathfrak{A} \models \varphi \to \tau \Leftrightarrow (\mathfrak{A} \models \sigma \Rightarrow \mathfrak{A} \models \tau) \stackrel{h.i.}{\Leftrightarrow} (T_m \vdash \sigma \Rightarrow T_m \vdash \tau) \Leftrightarrow T_m \vdash \sigma \to \tau$.
(iv) $\varphi = \forall x \psi(x)$. $\mathfrak{A} \models \forall x \psi(x) \Leftrightarrow \mathfrak{A} \not\models \exists x \neg \psi(x) \Leftrightarrow \mathfrak{A} \not\models \neg \psi(\overline{a})$, para todo $a \in |\mathfrak{A}| \Leftrightarrow$ para todo $a \in |\mathfrak{A}|$ ($\mathfrak{A} \models \psi(\overline{a})$). Assumindo que $\mathfrak{A} \models \forall x \psi(x)$,

obtemos, em particular, que $\mathfrak{A} \models \psi(c)$ para a testemunha c correspondente a $\exists x \neg \psi(x)$. Pela hipótese da indução, $T_m \vdash \psi(c)$. $T_m \vdash \exists x \neg \psi(x) \to \neg \psi(c)$, logo $T_m \vdash \psi(c) \to \neg \exists x \neg \psi(x)$. Daí, $T_m \vdash \forall x \psi(x)$.

Reciprocamente: $T_m \vdash \forall x \psi(x) \Rightarrow T_m \vdash \psi(t)$, portanto $T_m \vdash \psi(t)$ para todo termo fechado t, e daí, pela hipótese da indução, $\mathfrak{A} \models \psi(t)$ para todo termo fechado t. Daí, $\mathfrak{A} \models \forall x \psi(x)$.

Agora vemos que $\mathfrak{A}$ é um modelo de Γ, pois $\Gamma \subseteq T_m$. □

O modelo construído acima é conhecido por vários nomes, às vezes chamado de *modelo canônico* ou *modelo de termos (fechados)*. Em programação em lógica o conjunto dos termos fechados de qualquer linguagem é chamado de *universo de Herbrand* ou *domínio de Herbrand*, e o modelo canônico é chamado de *modelo de Herbrand*.

Para termos uma estimativa da cardinalidade do modelo temos que calcular o número de termos fechados em L_m. Como não mudamos de linguagem ao passar de T_ω para T_m, podemos olhar para a linguagem L_ω. Indicaremos como obter as cardinalidades desejadas, dado o alfabeto da linguagem original L. Usaremos livremente o axioma da escolha, em particular na forma das leis de absorção (i.e. $\kappa + \lambda = \kappa \cdot \lambda = \max(\kappa, \lambda)$ para cardinais infinitos). Digamos que L tem tipo $\langle r_1, \ldots, r_n; a_1, \ldots, a_m \rangle; \kappa \rangle$.

1. Defina
$$TERM_0 := \{c_i \mid i \in I\} \cup \{x_j \mid j \in N\}$$
$$TERM_{n+1} := TERM_n \cup \{f_j(t_1, \ldots, t_{a_j}) \mid j \leq m,$$
$$t_k \in TERM_n \text{ para } k \leq a_j\}.$$

Então $TERM = \bigcup \{TERM_n \mid n \in N\}$ (Exercício 5)
$|TERM_0| = \max(\kappa, \aleph_0) = \mu$.
Suponha que $|TERM_n| = \mu$. Então
$|\{f_j(t_1, \ldots, t_{a_j}) \mid t_1, \ldots, t_{a_j} \in TERM_n\}| = |TERM_n|^{a_j} = \mu^{a_j} = \mu$. Logo
$|TERM_{n+1}| = \mu + \mu + \ldots + \mu$ ($m + 1$ vezes) $= \mu$.
Finalmente $|TERM| = \sum_{n \in N} |TERM_n| = \aleph_0 \cdot \mu = \mu$.

2. Defina
$$FORM_0 := \{P_i(t_1, \ldots, t_{r_i}) \mid i \leq n, t_k \in TERM\} \cup \{\bot\}$$
$$FORM_{n+1} := FORM_n \cup \{\varphi \square \psi \mid \square \in \{\wedge, \to\}, \varphi, \psi \in FORM_n\}$$
$$\cup \{\forall x_i \varphi \mid i \in N, \varphi \in FORM_n\}.$$

Então $FORM = \bigcup \{FORM_n \mid n \in N\}$ (Exercício 5)
Como no item 1. mostra-se que $|FORM| = \mu$.

3. O conjunto de sentenças da forma $\exists x \varphi(x)$ tem cardinalidade μ. Ela é trivialmente $\leq \mu$. Considere $A = \{\exists x(x = c_i) \mid i \in I\}$. Claramente $|A| = \kappa \cdot \aleph_0 = \mu$. Daí, a cardinalidade dos enunciados existenciais é μ.

4. L_1 tem os símbolos de constante de L, mais as testemunhas. Pelo item 3. a cardinalidade do conjunto de símbolos de constante é μ. Usando 1. e 2. chegamos à conclusão que L_0 tem μ termos e μ fórmulas. Por indução sobre n cada L_n tem μ

termos e μ fórmulas. Por conseguinte L_ω tem $\aleph_0 \cdot \mu = \mu$ termos e fórmulas. L_ω também é a linguagem de T_m.

5. L_ω tem no máximo μ termos fechados. Como L_1 tem μ testemunhas, L_ω tem no mínimo μ, e portanto exatamente μ termos fechados.
6. O conjunto dos termos fechados tem $\leq \mu$ classes de equivalência sob $\sim$, logo $|\mathfrak{A}| \leq \mu$.

Tudo isso se soma para chegar à versão fortalecida do Lema da Existência de Modelo:

Lema 4.1.12 *Γ é consistente $\leftrightarrow$ Γ tem um modelo de cardinalidade no máximo a cardinalidade da linguagem.*

Note os seguintes fatos:

- Se L tem um número infinito de constantes, então L é contável.
- Se L tem $\kappa \geq \aleph_0$ constantes, então $|L| = \kappa$.

O teorema da completude para a lógica de predicados levanta a mesma questão que o teorema da completude para a lógica proposicional: podemos efetivamente encontrar uma derivação de φ se φ é verdadeira? O problema é que não temos muito no que nos apoiar; φ é verdadeira em todas as estruturas (do tipo de similaridade apropriado). Muito embora (no caso de uma linguagem contável) podemos nos restringir a estruturas contáveis, o fato de que φ é verdadeira em todas as estruturas não dá a informação combinatória necessária para construir uma derivação de φ. O problema nesse estágio está além das nossas possibilidades. Um tratamento do problema está na alçada da teoria da prova; o cálculo de seqüentes de Gentzen ou o método do tableau são mais apropriados para a busca de derivações que a dedução natural.

No caso da lógica de predicados existem certos melhoramentos em cima do teorema da completude. Pode-se, por exemplo, perguntar o quão complicado é o modelo que construimos no lema da existência de modelo. O ambiente apropriado para essas questões vai ser encontrado na teoria da recursão. Podemos, entretanto, dar uma rápida olhada num caso simples.

Seja T uma teoria *decidível* com uma linguagem contável, i.e. temos um método efetivo de testar pertinência (ou, o que resulta na mesma coisa, podemos testar se $\Gamma \vdash \varphi$ para um conjunto de axiomas de T). Considere a teoria de Henkin introduzida em 3.1.8; $\sigma \in T_\omega$ se $\sigma \in T_n$ para um certo n. Esse número n pode ser obtido de σ por inspeção das testemunhas ocorrendo em σ. Das testemunhas podemos também determinar quais axiomas da forma $\exists x \varphi(x) \to \varphi(c)$ estão envolvidos. Seja $\{\tau_1, \ldots, \tau_n\}$ o conjunto de axiomas necessários para a derivação de σ, então $T \cup \{\tau_1, \ldots, \tau_n\} \vdash \sigma$. Pelas regras da lógica isso se reduz a $T \vdash \tau_1 \wedge \ldots \wedge \tau_n \to \sigma$. Como as constantes c_i são novas com respeito a T, isso é equivalente a $T \vdash \forall z_1 \ldots z_k (\tau_n' \to \sigma')$ para variáveis apropriadas $z_1, \ldots, z_k$, onde $\tau_1', \ldots, \tau_n', \sigma'$ são obtidas por substituição. Portanto vemos que $\sigma \in T_\omega$ decidível. O próximo passo é a formação de uma extensão maximal T_m.

Seja $\varphi_0, \varphi_1, \varphi_2, \ldots$ uma enumeração de todas as sentenças de T_ω. Adicionamos sentenças a T_ω em etapas.

4 Completude e Aplicações

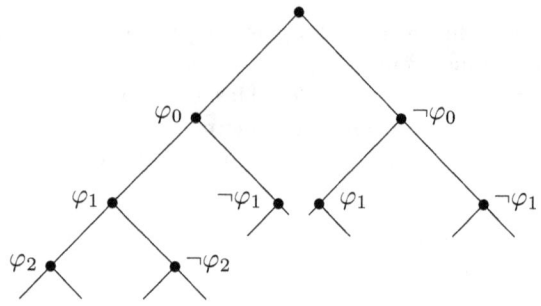

etapa 0: $T_0 = \begin{cases} T_\omega \cup \{\varphi_0\} & \text{se } T \cup \{\varphi_0\} \text{ é consistente,} \\ T_\omega \cup \{\neg\varphi_0\} & \text{caso contrário.} \end{cases}$

etapa $n+1$: $T_{n+1} = \begin{cases} T_n \cup \{\varphi_{n+1}\} & \text{se } T_n \cup \{\varphi_{n+1}\} \text{ é consistente,} \\ T_n \cup \{\neg\varphi_{n+1}\} & \text{caso contrário.} \end{cases}$

$T^\circ = \bigcup T_n$ (T° é dada por um caminho infinito apropriado na árvore). É facilmente verificado que T° é maximamente consistente. Além do mais, T° é decidível. Para testar $\varphi_n \in T^\circ$ temos que testar se $\varphi_n \in T_n$ ou $T_{n-1} \cup \{\varphi_n\} \vdash \bot$, que é decidível. Logo T° é decidível.

O modelo $\mathfrak{A}$ construído em 3.1.11 é portanto decidível também no seguinte sentido: as operações e relações de $\mathfrak{A}$ são decidíveis, o que significa que $\langle [t_1], \ldots, [t_p] \rangle \in \tilde{P}$ e $\tilde{f}([t_1], \ldots, [t_k]) = [t]$ são decidíveis.

Resumindo, dizemos que uma teoria consistente decidível tem um modelo decidível (isso pode ser dito de modo mais preciso substituindo 'decidível' por 'recursivo').

Exercícios

1. Considere a linguagem dos grupos. $T = \{\sigma \mid \mathfrak{A} \models \sigma\}$, onde $\mathfrak{A}$ é um grupo fixo não-trivial. Mostre que T não é uma teoria de Henkin.
2. Seja $\{T_i \mid i \in I\}$ um conjunto de teorias, linearmente ordenadas por inclusão. Mostre que $T = \bigcup \{T_i \mid i \in I\}$ é uma teoria que estende cada T_i. Se cada T_i é consistente, então T é consistente.
3. Mostre que $\lambda_n \vdash \sigma \Leftrightarrow \sigma$ se verifica em todos os modelos com pelo menos n elementos. $\mu_n \vdash \sigma \Leftrightarrow \sigma$ se verifica em todos os elementos com no máximo n elementos. $\lambda_n \wedge \mu_n \vdash \sigma \Leftrightarrow \sigma$ se verifica em todos os modelos com exatamente n elementos, $\{\lambda_n \mid n \in \mathbb{N}\} \vdash \sigma \Leftrightarrow \sigma$ se verifica em todos os modelos infinitos, (para ver uma definição de λ_n, μ_n, veja seção 2.7).
4. Mostre que $T = \{\sigma \mid \lambda_2 \vdash \sigma\} \cup \{c_1 \neq c_2\}$ em uma linguagem com $=$ e dois símbolos de constante c_1, c_2, é uma teoria de Henkin.
5. Mostre que $TERM = \bigcup \{TERM_n \mid n \in \mathbb{N}\}$, $FORM = \bigcup \{FORM_n \mid n \in \mathbb{N}\}$ (cf. 2.1.5).

4.2 Compaccidade e Skolem–Löwenheim

A menos que se diga o contrário, consideramos sentenças nesta seção. Do Lema da Existência de Modelo obtemos o seguinte:

Teorema 4.2.1 (Teorema da Compaccidade) *Γ tem um modelo $\Leftrightarrow$ cada subconjunto finito Δ de Γ tem um modelo.*

Uma formulação equivalente é:

Γ não tem modelo $\Leftrightarrow$ algum Δ finito tal que $\Delta \subseteq \Gamma$ não tem modelo.

Demonstração. Consideramos a segunda versão.
$\Leftarrow$: Trivial.
$\Rightarrow$: Suponha que Γ não tem modelo, então pelo Lema da Existência de Modelo Γ é inconsistente, i.e. $\Gamma \vdash \bot$. Por conseguinte existem $\sigma_1, \ldots, \sigma_n \in \Gamma$ tais que $\sigma_1, \ldots, \sigma_n \vdash \bot$. Isso mostra que $\Delta = \{\sigma_1, \ldots, \sigma_n\}$ não tem modelo. $\square$

Vamos introduzir um pouco de notação: $\text{Mod}(\Gamma) = \{\mathfrak{A} \mid \mathfrak{A} \models \sigma \text{ para toda } \sigma \in \Gamma\}$. Por conveniência escreveremos com freqüência $\mathfrak{A} \models \Gamma$ para $\mathfrak{A} \in \text{Mod}(\Gamma)$. Escrevemos $\text{Mod}(\varphi_1, \ldots, \varphi_n)$ ao invés de $\text{Mod}(\{\varphi_1, \ldots, \varphi_n\})$.

Em geral $\text{Mod}(\Gamma)$ não é um conjunto (no sentido técnico de teoria dos conjuntos: $\text{Mod}(\Gamma)$ é na maioria das vezes uma classe própria). Não nos preocuparemos com isso pois a notação é usada apenas como uma abreviação.

Reciprocamente, seja $\mathcal{K}$ uma classe de estruturas (fixamos o tipo de similaridade), então $\text{Th}(\mathcal{K}) = \{\sigma \mid \mathfrak{A} \models \sigma \text{ para toda } \mathfrak{A} \in \mathcal{K}\}$. Chamamos $\text{Th}(\mathcal{K})$ de *teoria de $\mathcal{K}$*.

Adotamos a convenção (já usada na seção 2.7) de não incluir os axiomas de identidade em um conjunto Γ; eles serão sempre satisfeitos.

Exemplos.

1. $\text{Mod}(\forall xy(x \leq y \land y \leq x \leftrightarrow x = y), \forall xyz(x \leq y \land y \leq z \rightarrow x \leq z))$ é a classe dos conjuntos parcialmente ordenados.
2. Seja $\mathcal{G}$ a classe de todos os grupos. $\text{Th}(\mathcal{G})$ é a teoria dos grupos.

Podemos considerar o conjunto dos inteiros com a estrutura de grupo aditivo usual, mas também com a estrutura de anel, portanto existem duas estruturas $\mathfrak{A}$ e $\mathfrak{B}$, das quais a primeira é num certo sentido uma parte da segunda (teoria das categorias usa um funtor esquecimento para expressar isso). Dizemos que $\mathfrak{A}$ é um *reduto* de $\mathfrak{B}$, ou que $\mathfrak{B}$ é uma *expansão* de $\mathfrak{A}$.

Em geral

Definição 4.2.2 *$\mathfrak{A}$ é um reduto de $\mathfrak{B}$ ($\mathfrak{B}$ uma expansão de $\mathfrak{A}$) se $|\mathfrak{A}| = |\mathfrak{B}|$ e além do mais todas as relações, funções e constantes de $\mathfrak{A}$ ocorrem também como relações, funções e constantes de $\mathfrak{B}$.*

Notação. $(\mathfrak{A}, S_1, \ldots, S_n, g_1, \ldots, g_m, \{a_j \mid j \in J\})$ é a expansão de $\mathfrak{A}$ com os extras indicados.

No início (antes que "teoria dos modelos" foi introduzida) Skolem (1920) e Löwenheim (1915) estudaram as possíveis cardinalidades de modelos de teorias consistentes. A seguinte generalização segue imediatamente dos resultados precedentes.

Teorema 4.2.3 (Skolem–Löwenheim de-cima-para-baixo) *Seja Γ um conjunto de sentenças em uma linguagem de cardinalidade κ, e suponha que $\kappa < \lambda$. Se Γ tem um modelo de cardinalidade λ', então Γ tem um modelo de cardinalidade κ', para todo κ' com $\kappa \leq \kappa' < \lambda$.*

Demonstração. Adicione à linguagem L de Γ um conjunto de constantes novas (que não ocorrem no alfabeto de L) $\{c_i \mid i \in I\}$ de cardinalidade κ', e considere $\Gamma' = \Gamma \cup \{c_i \neq c_j \mid i,j \in I, i \neq j\}$. Afirmação: $\mathrm{Mod}(\Gamma') \neq \emptyset$.

Considere um modelo $\mathfrak{A}$ de Γ de cardinalidade λ. Expandimos $\mathfrak{A}$ para $\mathfrak{A}'$ adicionando κ' constantes distintas (isso é possível: $|\mathfrak{A}|$ contém um subconjunto de cardinalidade κ'. $\mathfrak{A}' \in \mathrm{Mod}(\Gamma)$ (cf. Exercício 3) e $\mathfrak{A}' \models c_i \neq c_j$ ($i \neq j$). Consequentemente $\mathrm{Mod}(\Gamma') \neq \emptyset$. A cardinalidade da linguagem de Γ' é κ'. Pelo Lema da Existência de Modelo Γ' tem um modelo $\mathfrak{B}'$ de cardinalidade $\leq \kappa'$, mas, pelos axiomas $c_i \neq c_j$, a cardinalidade é também $\geq \kappa'$. Logo $\mathfrak{B}'$ tem cardinalidade κ'. Agora tome o reduto $\mathfrak{B}$ de $\mathfrak{B}'$ na linguagem de Γ, então $\mathfrak{B} \in \mathrm{Mod}(\Gamma)$ (Exercício 3). □

Exemplos

1. A teoria dos números reais, $\mathrm{Th}(R)$, na linguagem dos corpos, tem um modelo contável.
2. Considere a teoria de conjuntos de Zermelo–Fraenkel ZF. Se $\mathrm{Mod}(ZF) \neq \emptyset$, então ZF tem um modelo contável. Esse fato foi descoberto por Skolem. Devido à sua natureza intrigante, ele foi chamado de *paradoxo de Skolem*. Pode-se provar em ZF a existência de conjuntos incontáveis (e.g. o contínuo), como então pode ZF ter um modelo contável? A resposta é simples: enumerabilidade vista de fora e de dentro do modelo não é o mesmo. Para estabelecer enumerabilidade precisa-se de uma bijeção com os números naturais. Aparentemente um modelo pode ser tão pobre que lhe falta bijeções que de fato existem fora do modelo.

Teorema 4.2.4 (Skolem–Löwenheim de-baixo-para-cima) *Suponha que Γ tenha uma linguagem de cardinalidade κ, e que $\mathfrak{A} \in \mathrm{Mod}(\Gamma)$ com cardinalidade $\lambda \geq \kappa$. Para cada $\mu > \lambda$, Γ tem um modelo de cardinalidade μ.*

Demonstração. Adicione μ novas constantes c_i, $i \in I$ a L e considere $\Gamma' = \Gamma \cup \{c_i \neq c_j \mid i \neq j, i,j \in I\}$. Afirmação: $\mathrm{Mod}(\Gamma') \neq \emptyset$. Aplicamos o Teorema da Compacidade.

Seja $\Delta \subseteq \Gamma'$ um conjunto finito. Digamos que Δ contém novos axiomas com constantes $c_{i_0}, \ldots, c_{i_k}$, então $\Delta \subseteq \Gamma \cup \{c_{i_p} \neq c_{i_q} \mid p,q \leq k\} = \Gamma_0$. Claramente cada modelo de Γ_0 é um modelo de Δ (Exercício 1(i)).

Agora tome $\mathfrak{A}$ e expanda esse modelo para $\mathfrak{A}' = (\mathfrak{A}, a_1, \ldots, a_k)$, onde os a_i's são distintos.

Então obviamente $\mathfrak{A}' \in \mathrm{Mod}(\Gamma_0)$, logo $\mathfrak{A}' \in \mathrm{Mod}(\Delta)$. Pelo Teorema da Compaccidade existe um $\mathfrak{B}' \in \mathrm{Mod}(\Gamma')$. O reduto $\mathfrak{B}$ de $\mathfrak{B}'$ à (tipo da) linguagem L é um modelo de Γ. Dos axiomas adicionais em Γ' segue que $\mathfrak{B}'$, e consequentemente $\mathfrak{B}$, tem cardinalidade $\geq \mu$.

Agora aplicamos o Teorema de Skolem–Löwenheim de-cima-para-baixo e obtemos a existência de um modelo de Γ de cardinalidade μ. □

Agora listamos um número de aplicações.

Aplicação I. Modelos Não-padrão de PA.

Corolário 4.2.5 *A aritmética de Peano tem modelos não-padrão.*

Seja $\mathcal{P}$ a classe de todas as estruturas de Peano. Faça $\mathbf{PA} = \mathrm{Th}(\mathcal{P})$. Pelo Teorema da Completude $\mathbf{PA} = \{\sigma \mid \Sigma \vdash \sigma\}$ onde Σ é o conjunto de axiomas listado na seção 2.7, Exemplo 6. **PA** tem um modelo de cardinalidade $\aleph_0$ (o modelo padrão $\mathfrak{N}$), logo pelo Teorema de Skolem–Löwenheim de-baixo-para-cima a teoria **PA** tem modelos de toda cardinalidade $k > \aleph_0$. Esses modelos são claramente não isomorfos a $\mathfrak{N}$. Para mais detalhes veja a Aplicação I da seção 3.3.

Aplicação II. Modelos Finitos e Infinitos

Lema 4.2.6 *Se Γ tem modelos finitos arbitrariamente grandes, então Γ tem um modelo infinito.*

Demonstração. Faça $\Gamma' = \Gamma \cup \{\lambda_n \mid n > 1\}$, onde λ_n expressa a sentença "existe pelo menos n elementos distintos", cf. seção 2.7, Exemplo 1. Aplique o Teorema da Compaccidade. Seja $\Delta \subseteq \Gamma'$ finito, e seja λ_m a sentença λ_n em Δ com o maior índice n. Verifique que $\mathrm{Mod}(\Delta) \supseteq \mathrm{Mod}(\Gamma \cup \{\lambda_m\})$. Agora Γ tem modelos finitos arbitrariamente grandes, logo Γ tem um modelo $\mathfrak{A}$ com no mínimo m elementos, i.e. $\mathfrak{A} \in \mathrm{Mod}(\Gamma \cup \{\lambda_m\})$. Logo $\mathrm{Mod}(\Delta) \neq \emptyset$.

Pela compaccidade $\mathrm{Mod}(\Gamma') \neq \emptyset$, mas em virtude dos axiomas λ_m, um modelo de Γ' é infinito. Daí Γ', e por conseguinte Γ, tem um modelo infinito. □

Obtemos então o corolário simples a seguir.

Corolário 4.2.7 *Considere uma classe $\mathcal{K}$ de estruturas que tem modelos finitos arbitrariamente grandes. Então, na linguagem da classe, não existe conjunto Σ de sentenças, tal que $\mathfrak{A} \in \mathrm{Mod}(\Sigma) \Leftrightarrow \mathfrak{A}$ é finito e $\mathfrak{A} \in \mathcal{K}$.*

Demonstração. Imediata. □

Podemos parafrasear o resultado da seguinte forma: a classe de estruturas finitas em tal classe $\mathcal{K}$ não é axiomatizável em lógica de primeira ordem.

Todos nós sabemos que finitude pode ser expressa em uma linguagem que contém variáveis para conjuntos ou funções (e.g. a definição de Dedekind), portanto a incapacidade de caracterizar a noção de finito é um defeito específico da lógica de primeira ordem. Dizemos que *finitude não é uma propriedade de primeira ordem*.

O corolário se aplica a várias classes, e.g. grupos, anéis, corpos, conjuntos parcialmente ordenados, conjuntos (estruturas de identidade).

Aplicação III. Axiomatizabilidade e Axiomatizabilidade Finita.

Definição 4.2.8 *Uma classe $\mathcal{K}$ de estruturas é (finitamente) axiomatizável se existe um conjunto (finito) Γ tal que $\mathcal{K} = \mathrm{Mod}(\Gamma)$. Dizemos que Γ axiomatiza $\mathcal{K}$; as sentenças de Γ são chamadas de axiomas (cf. 3.1.4) de $\mathcal{K}$.*

Exemplos de conjuntos de axiomas Γ para as classes de conjuntos parcialmente ordenados, conjuntos ordenados, grupos, anéis, estruturas de Peano, são listados na seção 2.7.

O seguinte fato é muito útil.

Lema 4.2.9 *Se $\mathcal{K} = \mathrm{Mod}(\Gamma)$ e $\mathcal{K}$ é finitamente axiomatizável, então $\mathcal{K}$ é axiomatizável por um subconjunto finito de Γ.*

Demonstração. Seja $\mathcal{K} = \mathrm{Mod}(\Delta)$ para um Δ finito, então $\mathcal{K} = \mathrm{Mod}(\sigma)$, onde σ é a conjunção de todas as sentenças de Δ (Exercício 4). Então $\sigma \models \psi$ para toda $\psi \in \Gamma$ e $\Gamma \models \sigma$, daí $\Gamma \vdash \sigma$ também. Por conseguinte existe um número finito $\psi_1, \ldots, \psi_k \in \Gamma$ tal que $\psi_1, \ldots, \psi_k \vdash \sigma$. Afirmação: $\mathcal{K} = \mathrm{Mod}(\psi_1, \ldots, \psi_k)$.
 (i) $\{\psi_1, \ldots, \psi_k\} \subseteq \Gamma$ logo $\mathrm{Mod}(\Gamma) \subseteq \mathrm{Mod}(\psi_1, \ldots, \psi_k)$.
 (ii) De $\psi_1, \ldots, \psi_k \vdash \sigma$ segue que $\mathrm{Mod}(\psi_1, \ldots, \psi_k) \subseteq \mathrm{Mod}(\sigma)$.

Usando (i) e (ii) concluímos que $\mathrm{Mod}(\psi_1, \ldots, \psi_k) = \mathcal{K}$. □

Esse lema é instrumental para se demonstrar resultados de não-axiomatizabilidade-finita. Precisamos de mais um fato.

Lema 4.2.10 *$\mathcal{K}$ é finitamente axiomatizável $\Leftrightarrow$ $\mathcal{K}$ e seu complemento $\mathcal{K}^c$ são ambas axiomatizáveis.*

Demonstração. $\Rightarrow$. Seja $\mathcal{K} = \mathrm{Mod}(\varphi_1, \ldots, \varphi_n)$, então $\mathcal{K} = \mathrm{Mod}(\varphi_1 \wedge \ldots \wedge \varphi_n)$. $\mathfrak{A} \in \mathcal{K}^c$ (complemento de $\mathcal{K}$) $\Leftrightarrow \mathfrak{A} \not\models \varphi_1 \wedge \ldots \wedge \varphi_n \Leftrightarrow \mathfrak{A} \models \neg(\varphi_1 \wedge \ldots \wedge \varphi_n)$. Logo $\mathcal{K}^c = \mathrm{Mod}(\neg(\varphi_1 \wedge \ldots \wedge \varphi_n))$.
$\Leftarrow$. Seja $\mathcal{K} = \mathrm{Mod}(\Gamma)$, $\mathcal{K}^c = \mathrm{Mod}(\Delta)$. $\mathcal{K} \cap \mathcal{K}^c = \mathrm{Mod}(\Gamma \cup \Delta) = \emptyset$ (Exercício 1). Pela compaccidade, existem $\varphi_1, \ldots, \varphi_n \in \Gamma$ e $\psi_1, \ldots, \psi_m \in \Delta$ tal que $\mathrm{Mod}(\varphi_1, \ldots, \varphi_n, \psi_1, \ldots$
$\emptyset$, ou
$\mathrm{Mod}(\varphi_1, \ldots, \varphi_n) \cap \mathrm{Mod}(\psi_1, \ldots, \psi_m) = \emptyset$, (1)
$\mathcal{K} = \mathrm{Mod}(\Gamma) \subseteq \mathrm{Mod}(\varphi_1, \ldots, \varphi_n)$, (2)
$\mathcal{K}^c = \mathrm{Mod}(\Delta) \subseteq \mathrm{Mod}(\psi_1, \ldots, \psi_m)$, (3)
 (1), (2), (3) $\Rightarrow \mathcal{K} = \mathrm{Mod}(\varphi_1, \ldots, \varphi_n)$. □

Agora obtemos uma série de corolários.

Corolário 4.2.11 *A classe de todos os conjuntos infinitos (estruturas de identidade) é axiomatizável, porém não é finitamente axiomatizável.*

Demonstração. $\mathfrak{A}$ é infinita $\Leftrightarrow \mathfrak{A} \in \mathrm{Mod}(\{\lambda_n \mid n \in \mathbb{N}\})$. Logo o conjunto de axiomas é $\{\lambda_n \mid n \in \mathbb{N}\}$. Por outro lado a classe de conjuntos finitos não é axiomatizável, logo, pelo Lema 3.2.10, a classe de conjuntos infinitos não é finitamente axiomatizável. □

Corolário 4.2.12 (i) *A classe dos corpos de característica p (> 0) é finitamente axiomatizável.*

(ii) *A classe dos corpos de característica 0 é axiomatizável mas não é finitamente axiomatizável.*

(iii) *A classe dos corpos de característica positiva não é axiomatizável.*

Demonstração. (i) A teoria dos corpos tem um conjunto finito de axiomas Δ. $\Delta \cup \{\overline{p} = 0\}$ axiomatiza a classe $\mathcal{F}_p$ de corpos de característica p (onde $\overline{p}$ significa $1 + \ldots + 1$, p vezes).

(ii) $\Delta \cup \{\overline{2} \neq 0, \overline{3} \neq 0, \ldots, \overline{p} \neq 0, \ldots\}$ axiomatiza a classe $\mathcal{F}_0$ de corpos de característica 0. Suponha que $\mathcal{F}_0$ fosse finitamente axiomatizável, então pelo Lema 3.2.9 $\mathcal{F}_0$ era axiomatizável por $\Gamma = \Delta \cup \{\overline{p}_1 \neq 0, \ldots, \overline{p}_k \neq 0\}$, onde $p_1, \ldots, p_k$ são primos (não necessariamente os primeiros k primos). Seja q um número primo maior que todos os p_i's (Euclides). Então $\mathbb{Z}/(q)$ (os inteiros módulo q) é um modelo de Γ, mas $\mathbb{Z}/(q)$ não é um corpo de característica 0. Contradição.

(iii) segue imediatamente de (ii) e do Lema 3.2.10. □

Corolário 4.2.13 *A classe A_c de todos os corpos algebricamente fechados é axiomatizável mas não é finitamente axiomatizável.*

Demonstração. Seja $\sigma_n = \forall y_1 \ldots y_n \exists x (x^n + y_1 x^{n-1} + \ldots + y_{n-1} x + y_n = 0)$. Então $\Gamma = \Delta \cup \{\sigma_n \mid n \geq 1\}$ (Δ tal qual no corolário 3.2.12) axiomatiza A_c. Para mostrar não-axiomatizabilidade-finita, aplique o Lema 3.2.9 a Γ e encontre um corpo no qual um certo polinômio não fatora. □

Corolário 4.2.14 *A classe de todos os grupos abelianos livres-de-torsão é axiomatizável mas não é finitamente axiomatizável.*

Demonstração. Exercício 14. □

Observação. No Lema 3.2.9 usamos o Teorema da Completude e no Lema 3.2.10 o Teorema da Compaccidade. A vantagem de usar apenas o Teorema da Compaccidade é que se evita totalmente a noção de demonstrabilidade. O leitor poderia objetar que essa vantagem é um tanto artificial pois o Teorema da Compaccidade é um corolário do Teorema da Completude. Isso é verdade na nossa apresentação; pode-se, no entanto, derivar o Teorema da Compaccidade através de meios puramente da teoria dos modelos (usando ultraprodutos, cf. Chang–Keisler), portanto há situações em que se tem que usar o Teorema da Compaccidade. No momento a escolha entre usar o Teorema da Completude ou o Teorema da Compaccidade é em grande medida uma questão de gosto ou conveniência.

Para efeito de ilustração faremos uma demonstração alternativa do Lema 3.2.9 usando o Teorema da Compaccidade:

Novamente temos que $\text{Mod}(\Gamma) = \text{Mod}(\sigma)$ $(*)$. Considere $\Gamma' = \Gamma \cup \{\neg \sigma\}$.
$\mathfrak{A} \in \text{Mod}(\Gamma') \Leftrightarrow \mathfrak{A} \in \text{Mod}(\Gamma)$ e $\mathfrak{A} \models \neg \sigma$,
$\Leftrightarrow \mathfrak{A} \in \text{Mod}(\Gamma)$ e $\mathfrak{A} \notin \text{Mod}(\sigma)$.
Em vista de $(*)$ temos que $\text{Mod}(\Gamma') = \emptyset$.

112   4 Completude e Aplicações

Pelo Teorema da Compaccidade existe um subconjunto finito Δ de Γ' com Mod(Δ) = $\emptyset$. Nada impede que se suponha que $\neg\sigma \in \Delta$, daí Mod($\psi_1, \ldots, \psi_k, \neg\sigma$) = $\emptyset$. Agora segue facilmente que Mod($\psi_1, \ldots, \psi_k$) = Mod(σ) = Mod(Γ).   □

Aplicação IV. Ordenando Conjuntos.

Demonstra-se facilmente que cada conjunto finito pode ser ordenado, enquanto que para conjuntos infinitos isso é mais difícil. Um truque simples é apresentado abaixo.

Teorema 4.2.15 *Cada conjunto infinito pode ser ordenado.*

Demonstração. Seja $|X| = \kappa \geq \aleph_0$. Considere Γ, o conjunto de axiomas para ordens lineares (2.7.3). Γ tem um modelo contável, e.g. $\mathbb{N}$. Pelo Teorema de Skolem–Löwenheim de-baixo-para-cima Γ tem um modelo $\mathfrak{A} = \langle A, < \rangle$ de cardinalidade κ. Como X e A têm a mesma cardinalidade existe uma bijeção $f : X \to A$. Defina $x < x' := f(x) < f(x')$. Evidentemente, $<$ é uma ordem linear.

Da mesma maneira obtém-se: Cada conjunto infinito pode ser densamente ordenado. O mesmo truque funciona para classes axiomatizáveis em geral.

Exercícios

1. Mostre que: (i) $\Gamma \subseteq \Delta \Rightarrow$ Mod(Δ) $\subseteq$ Mod(Γ),
   (ii) $\mathcal{K}_1 \subseteq \mathcal{K}_2 \Rightarrow$ Th($\mathcal{K}_2$) $\subseteq$ Th($\mathcal{K}_1$),
   (iii) Mod($\Gamma \cup \Delta$) = Mod(Γ) $\cap$ Mod(Δ),
   (iv) Th($\mathcal{K}_1 \cup \mathcal{K}_2$) = Th($\mathcal{K}_1$) $\cap$ Th($\mathcal{K}_2$),
   (v) $\mathcal{K} \subseteq$ Mod(Γ) $\Leftrightarrow \Gamma \subseteq$ Th($\mathcal{K}$),
   (vi) Mod($\Gamma \cap \Delta$) $\supseteq$ Mod(Γ) $\cup$ Mod(Δ),
   (vii) Th($\mathcal{K}_1 \cap \mathcal{K}_2$) $\supseteq$ Th($\mathcal{K}_1$) $\cup$ Th($\mathcal{K}_2$).
   Mostre que em (vi) e (vii) $\supseteq$ não pode ser substituído por $=$.
2. (i) $\Gamma \subseteq$ Th(Mod(Γ)),
   (ii) $\mathcal{K} \subseteq$ Mod(Th($\mathcal{K}$)),
   (iii) Th(Mod(Γ)) é uma teoria com Γ como conjunto de axiomas.
3. Se $\mathfrak{A}$ com linguagem L é um reduto de $\mathfrak{B}$, então $\mathfrak{A} \models \sigma \Leftrightarrow \mathfrak{B} \models \sigma$ para $\sigma \in L$.
4. Mod($\varphi_1, \ldots, \varphi_n$) = Mod($\varphi_1 \wedge \ldots \wedge \varphi_n$).
5. $\Gamma \models \varphi \Rightarrow \Delta \models \varphi$ para um subconjunto finito $\Delta \subseteq \Gamma$. (Dê uma prova usando a completude, e uma outra prova usando a compacidade sobre $\Gamma \cup \{\neg\varphi\}$).
6. Mostre que *boa-ordenação* não é uma noção de primeira ordem. Suponha que Γ axiomatiza a classe de boas-ordenações. Adicione um número finito de constantes c_i e mostre que $\Gamma \cup \{c_{i+1} < c_i \mid i \in \mathbb{N}\}$ tem um modelo.
7. Se Γ tem apenas modelos finitos, então existe um n tal que cada modelo tem no máximo n elementos.
8. Suponha que L tenha o símbolo binário de predicado P. $\sigma := \forall x \neg P(x,x) \wedge \forall xyz(P(x,y) \wedge P(y,z) \to P(x,z)) \wedge \forall x \exists y P(x,y)$. Mostre que Mod($\sigma$) contém apenas modelos infinitos.

9. Mostre que $\sigma \vee \forall xy(x = y)$ tem modelos infinitos e um modelo finito, mas nenhum modelo finito arbitrariamente grande (σ tal qual no exercício anterior).
10. Suponha que L tenha um símbolo de função unária.
    (i) Escreva uma sentença φ tal que $\mathfrak{A} \models \varphi \Leftrightarrow f^{\mathfrak{A}}$ seja uma sobrejeção.
    (ii) Idem para uma injeção.
    (iii) Idem para uma bijeção (permutação).
    (iv) Use (ii) para formular uma sentença σ tal que (a) $\mathfrak{A} \models \varphi \Rightarrow \mathfrak{A}$ é infinito, (b) cada conjunto infinito pode ser expandido para um modelo de σ (Dedekind).
    (v) Mostre que cada conjunto infinito carrega uma permutação sem pontos fixos (cf. a demonstração de 3.2.15).
11. Mostre que: σ se verifica para corpos de característica zero $\Rightarrow \sigma$ se verifica para todos os corpos de característica $q > p$ para um certo p.
12. Considere uma seqüência de teorias T_i tal que $T_i \neq T_{i+1}$ e $T_i \subseteq T_{i+1}$. Mostre que $\bigcup \{T_i \mid i \in \mathbb{N}\}$ não é finitamente axiomatizável.
13. Se T_1 e T_2 são teorias tais que $\text{Mod}(T_1 \cup T_2) = \emptyset$, então existe uma σ tal que $T_1 \models \sigma$ e $T_2 \models \neg\sigma$.
14. (i) Um grupo pode ser ordenado $\Leftrightarrow$ cada subgrupo finitamente gerado pode ser ordenado.
    (ii) Um grupo abeliano $\mathfrak{A}$ pode ser ordenado $\Leftrightarrow \mathfrak{A}$ é livre-de-torsão. (Dica: olhe para todos os átomos fechados de de $L(\mathfrak{A})$ que são verdadeiros em $\mathfrak{A}$.)
15. Demonstre o Corolário 3.2.14.
16. Mostre que cada conjunto ordenado contável pode ser imerso nos racionais.
17. Mostre que a classe das árvores não pode ser axiomatizada. Aqui definimos uma árvore como uma estrutura $\langle T, \leq, t \rangle$, onde $\leq$ é uma ordem parcial, tal que para cada a os predecessores formam uma cadeia finita $a = a_n < a_{n-1} < \ldots < a_1 < a_0 = t$. t é chamado de elemento topo.
18. Um grafo (com R simétrica e irreflexiva) é chamado de k-colorível se pudermos pintar os vértices com k cores diferentes tais que vértices adjacentes têm cores distintas. Formulamos isso adicionando k predicados unários $C_1, \ldots, C_k$, mais os seguintes axiomas

$$\forall x \bigvee_i C_i(x), \bigwedge_{i \neq j} \neg(C_i(x) \wedge C_j(x)),$$

$$\bigwedge_i \forall xy (C_i(x) \wedge C_i(y) \to \neg R(x,y)).$$

Mostre que um grafo é k-colorível se cada subgrafo finito for k-colorível (De Bruijn-Erdös).

4.3 Um Pouco de Teoria dos Modelos

Na teoria dos modelos se investiga as várias propriedades de modelos (estruturas), em particular em conexão com as características de suas linguagens. Poder-se-ia dizer que a álgebra é uma parte da teoria dos modelos, e algumas partes da álgebra de fato pertencem à teoria dos modelos, outras partes apenas no sentido do caso limite no qual o papel da linguagem é negligenciável. É a interação entre linguagem e modelos que faz com que a teoria dos modelos seja fascinante. Aqui apenas discutiremos os preliminares do tópico.

Em álgebra não se distingue estruturas que são isomorfas; a natureza dos objetos é puramente acidental. Em lógica temos um outro critério: distinguimos entre duas estruturas exibindo uma sentença que se verifica numa mas não se verifica na outra. Portanto, se $\mathfrak{A} \models \sigma \Leftrightarrow \mathfrak{B} \models \sigma$ para toda σ, então não podemos distinguir (logicamente) $\mathfrak{A}$ e $\mathfrak{B}$.

Definição 4.3.1 *(i) $f : |\mathfrak{A}| \to |\mathfrak{B}|$ é um homomorfismo se, para todo P_i, $\langle a_1, \ldots, a_k \rangle \in P_i^{\mathfrak{A}} \Rightarrow \langle f(a_1), \ldots, f(a_k) \rangle \in P_i^{\mathfrak{B}}$, se, para todo F_j, $f(F_j^{\mathfrak{A}}(a_1, \ldots, a_p)) = F_j^{\mathfrak{B}}(f(a_1), \ldots, f(a_p))$, e, se, para todo c_i, $f(c^{\mathfrak{A}}) = c_i^{\mathfrak{B}}$.*

(ii) f é um isomorfismo se ela for um homomorfismo que é bijetor e satisfaz $\langle a_1, \ldots, a_n \rangle \in P_i^{\mathfrak{A}} \Leftrightarrow \langle f(a_1), \ldots, f(a_n) \rangle \in P_i^{\mathfrak{B}}$, para todo P_i.

Escrevemos $f : \mathfrak{A} \to \mathfrak{B}$ se f for um homomorfismo de $\mathfrak{A}$ para $\mathfrak{B}$. $\mathfrak{A} \cong \mathfrak{B}$ significa "$\mathfrak{A}$ é isomorfa a $\mathfrak{B}$", i.e. existe um isomorfismo $f : \mathfrak{A} \to \mathfrak{B}$.

Definição 4.3.2 *$\mathfrak{A}$ e $\mathfrak{B}$ são elementarmente equivalentes se para todas as sentenças σ de L, $\mathfrak{A} \models \sigma \Leftrightarrow \mathfrak{B} \models \sigma$.*

Notação. $\mathfrak{A} \equiv \mathfrak{B}$. Note que $\mathfrak{A} \equiv \mathfrak{B} \Leftrightarrow \text{Th}(\mathfrak{A}) = \text{Th}(\mathfrak{B})$.

Lema 4.3.3 $\mathfrak{A} \cong \mathfrak{B} \Rightarrow \mathfrak{A} \equiv \mathfrak{B}$.

Demonstração. Exercício 4. □

Definição 4.3.4 *$\mathfrak{A}$ é uma subestrutura (submodelo) de $\mathfrak{B}$ (do mesmo tipo) se $|\mathfrak{A}| \subseteq |\mathfrak{B}|$; $P_i^{\mathfrak{B}} \cap |\mathfrak{A}|^n = P_i^{\mathfrak{A}}$, $F^{\mathfrak{B}} \upharpoonright |\mathfrak{A}|^n = F_j^{\mathfrak{A}}$ e $c_i^{\mathfrak{A}} = c_i^{\mathfrak{B}}$ (onde n é o número de argumentos da função).*

Notação. $\mathfrak{A} \subseteq \mathfrak{B}$. Note que não é suficiente que $\mathfrak{A}$ esteja contida em $\mathfrak{B}$ "enquanto conjuntos"; as relações e funções de $\mathfrak{B}$ têm que ser extensões das relações e funções correspondentes em $\mathfrak{A}$, da maneira especificada acima.

Exemplos. O corpo dos racionais é uma subestrutura do corpo dos reais, mas não do corpo ordenado dos reais. Seja $\mathfrak{A}$ o grupo aditivo dos racionais, $\mathfrak{B}$ o grupo multiplicativo dos racionais não-nulos. Embora $|\mathfrak{B}| \subseteq |\mathfrak{A}|$, $\mathfrak{B}$ não é uma subestrutura de $\mathfrak{A}$. As noções conhecidas de subgrupos, subanéis, subespaços, todas satisfazem a definição acima.

A noção de equivalência elementar apenas requer que sentenças (que não se referem a elementos específicos, exceto constantes) sejam simultaneamente verdadeiras em duas estruturas. Podemos refinar a noção, considerando $\mathfrak{A} \subseteq \mathfrak{B}$ e permitindo a referência a elementos de $|\mathfrak{A}|$.

Definição 4.3.5 $\mathfrak{A}$ *é uma subestrutura elementar de* $\mathfrak{B}$ *(ou que* $\mathfrak{B}$ *é uma extensão elementar de* $\mathfrak{A}$*) se* $\mathfrak{A} \subseteq \mathfrak{B}$ *e para toda* $\varphi(x_1, \ldots, x_n)$ *em* L *e* $a_1, \ldots, a_n \in |\mathfrak{A}|$, $\mathfrak{A} \models \varphi(\bar{a}_1, \ldots, \bar{a}_n) \Leftrightarrow \mathfrak{B} \models \varphi(\bar{a}_1, \ldots, \bar{a}_n)$.

Notação. $\mathfrak{A} \prec \mathfrak{B}$.

Dizemos que $\mathfrak{A}$ e $\mathfrak{B}$ têm as mesmas sentenças verdadeiras *com parâmetros em* $\mathfrak{A}$.

Fato 4.3.6 $\mathfrak{A} \prec \mathfrak{B} \Rightarrow \mathfrak{A} \equiv \mathfrak{B}$.

A recíproca não se verifica (cf. Exercício 6).

Como frequentemente juntaremos todos os elementos de $|\mathfrak{A}|$ a $\mathfrak{A}$ como constantes, é conveniente se ter uma notação especial para a estrutura enriquecida: $\hat{\mathfrak{A}} = (\mathfrak{A}, |\mathfrak{A}|)$.

Se se deseja descrever uma certa estrutura $\mathfrak{A}$, é preciso especificar todas as relacionamentos básicos e relações funcionais. Isso pode ser feito na linguagem $L(\mathfrak{A})$ associada a $\mathfrak{A}$ (que, incidentalmente, *é* a linguagem do tipo de $\hat{\mathfrak{A}}$).

Definição 4.3.7 *O diagrama,* $\text{Diag}(\mathfrak{A})$*, é o conjunto de átomos fechados e negações de átomos fechados de* $L(\mathfrak{A})$*, que são verdadeiros em* $\mathfrak{A}$. *O diagrama positivo,* $\text{Diag}^+(\mathfrak{A})$*, é o conjunto de átomos fechados* φ *de* $L(\mathfrak{A})$ *tais que* $\mathfrak{A} \models \varphi$.

Exemplo.

1. $\mathfrak{A} = \langle \mathbb{N} \rangle$. $\text{Diag}(\mathfrak{A}) = \{\bar{n} = \bar{n} \mid n \in \mathbb{N}\} \cup \{\bar{n} \neq \bar{m} \mid n, m \in \mathbb{N}\}$.
2. $\mathfrak{B} = \langle \{1,2,3\}, < \rangle$. (ordem natural). $\text{Diag}(\mathfrak{B}) = \{\bar{1} = \bar{1}, \bar{2} = \bar{2}, \bar{3} = \bar{3}, \bar{1} \neq \bar{2}, \bar{2} \neq \bar{3}, \bar{2} \neq \bar{1}, \bar{3} \neq \bar{1}, \bar{3} \neq \bar{2}, \bar{1} < \bar{2}, \bar{1} < \bar{3}, \bar{2} < \bar{3}, \neg \bar{2} < \bar{1}, \neq \bar{3} < \bar{2}, \neg \bar{3} < \bar{1}, \neg \bar{1} < \bar{1}, \neg \bar{2} < \bar{2}, \neg \bar{3} < \bar{3}\}$.

Diagramas são úteis para muitos propósitos. Demonstramos um deles aqui: Dizemos que $\mathfrak{A}$ é *isomorficamente imersa* em $\mathfrak{B}$ se existe um isomorfismo f de $\mathfrak{A}$ em uma subestrutura de $\mathfrak{B}$.

Lema 4.3.8 $\mathfrak{A}$ *é isomorficamente imersa em* $\mathfrak{B} \Leftrightarrow \hat{\mathfrak{B}}$ *é um modelo de* $\text{Diag}(\mathfrak{A})$.

Demonstração. $\Rightarrow$. Seja f uma imersão isomórfica de $\mathfrak{A}$ em $\mathfrak{B}$, então $\mathfrak{A} \models P_1(\bar{a}_1, \ldots, \bar{a}_n) \Leftrightarrow \mathfrak{B} \models P_1(\overline{f(a_1)}, \ldots, \overline{f(a_n)})$ e $\mathfrak{A} \models t(\bar{a}_1, \ldots, \bar{a}_n) = s(\bar{a}_1, \ldots, \bar{a}_n) \Leftrightarrow \mathfrak{B} \models t(\overline{f(a_1)}, \ldots) = s(\overline{f(a_1)}, \ldots)$ (cf. Exercício 4.). Interpretando $\bar{a}$ como $f(a)$ em $\hat{\mathfrak{B}}$ (i.e. $\bar{a}^{\mathfrak{B}} = f(a)$), vemos imediatamente que $\hat{\mathfrak{B}} \models \text{Diag}(\mathfrak{A})$.

$\Leftarrow$. Suponha que $\hat{\mathfrak{B}} \models \text{Diag}(\mathfrak{A})$. Defina uma função $f : |\mathfrak{A}| \to |\mathfrak{B}|$ da seguinte maneira: $f(a) = (\bar{a})^{\mathfrak{B}}$. Então, claramente, f satisfaz as condições da definição 3.3.1 sobre relações e funções (pois elas são dadas por átomos e negações de átomos). Além do mais se $a_1 \neq a_2$ então $\mathfrak{A} \models \neg \bar{a}_1 = \bar{a}_2$, logo $\hat{\mathfrak{B}} \models \neg \bar{a}_1 = \bar{a}_2$.

Daí $\bar{a}_1^{\mathfrak{B}} \neq \bar{a}_2^{\mathfrak{B}}$, e portanto $f(a_1) \neq f(a_2)$. Isso mostra que f é um isomorfismo. $\square$

Frequentemente identificaremos $\mathfrak{A}$ com sua imagem sob uma imersão isomórfica em $\mathfrak{B}$, de modo que possamos considerar $\mathfrak{A}$ como uma subestrutura de $\mathfrak{B}$.

Temos um critério semelhante para extensão elementar. Dizemos que $\mathfrak{A}$ é *elementarmente imersível* em $\mathfrak{B}$ se $\mathfrak{A} \cong \mathfrak{A}'$ e $\mathfrak{A}' \prec \mathfrak{B}$ para alguma estrutura $\mathfrak{A}'$. Novamente, simplificaremos frequentemente as coisas escrevendo simplesmente $\mathfrak{A} \prec \mathfrak{B}$ quando queremos dizer "elementarmente imersível".

Lema 4.3.9 $\mathfrak{A} \prec \mathfrak{B} \Leftrightarrow \hat{\mathfrak{B}} \models \text{Th}(\hat{\mathfrak{A}})$.

Note bem: $\mathfrak{A} \prec \mathfrak{B}$ se verifica "a menos de isomorfismo". Supõe-se que $\hat{\mathfrak{B}}$ é de um tipo de similaridade que admite no mínimo constantes para todos os símbolos de constante de $L(\mathfrak{A})$.

Demonstração. $\Rightarrow$. Seja $\varphi(\overline{a}_1, \ldots, \overline{a}_n) \in \text{Th}(\hat{\mathfrak{A}})$, então $\mathfrak{A} \models \varphi(\overline{a}_1, \ldots, \overline{a}_n)$, donde $\hat{\mathfrak{B}} \models \varphi(\overline{a}_1, \ldots, \overline{a}_n)$. Logo $\hat{\mathfrak{B}} \models \text{Th}(\hat{\mathfrak{A}})$.
$\Leftarrow$. Por 3.3.8, $\mathfrak{A} \subseteq \mathfrak{B}$ (a menos de isomorfismo). Agora o leitor pode facilmente concluir a demonstração. $\square$

Agora vamos dar algumas aplicações.

Aplicação I. Modelos Não-padrão da Aritmética.

Recordemos que $\mathfrak{N} = \langle \mathbb{N}, +, \cdot, s, 0 \rangle$ é o *modelo padrão* da aritmética. Sabemos que ele satisfaz os axiomas de Peano (cf. exemplo 6, seção 2.7). Usamos as abreviações introduzidas na seção 2.7.

Vamos agora construir um modelo não-padrão. Considere $T = \text{Th}(\hat{\mathfrak{N}})$. Pelo Teorema de Skolem–Löwenheim T tem um modelo incontável $\mathfrak{M}$. Como $\mathfrak{M} \models \text{Th}(\hat{\mathfrak{N}})$, temos que, por 3.3.9, $\mathfrak{N} \prec \mathfrak{M}$. Observe que $\mathfrak{N} \not\cong \mathfrak{M}$ (por que?). Olharemos mais de perto para a forma pela qual $\mathfrak{N}$ é imersa em $\mathfrak{M}$.

Notamos que $\mathfrak{N} \models \forall xyz(x < y \land y < z \to x < z)$ (1)
$\mathfrak{N} \models \forall xyz(x < y \lor x = y \lor y < x)$ (2)
$\mathfrak{N} \models \forall x(\overline{0} \leq x)$ (3)
$\mathfrak{N} \models \neg \exists x(\overline{n} < x \land x < \overline{n+1})$ (4)

Daí, $\mathfrak{N}$ sendo uma subestrutura elementar de $\mathfrak{M}$, temos (1) e (2) para $\mathfrak{M}$, i.e. $\mathfrak{M}$ é linearmente ordenada. De $\mathfrak{N} \prec \mathfrak{M}$ e (3) concluímos que $\overline{0}$ é o primeiro elemento de $\mathfrak{M}$. Além disso, (4) com $\mathfrak{N} \prec \mathfrak{M}$ nos diz que não existem elementos de $\mathfrak{M}$ entre os "números naturais padrão".

Como resultado vemos que $\mathfrak{N}$ é um segmento inicial de $\mathfrak{M}$

| números padrão | números não-padrão |

Observação: é importante se dar conta de que (1)–(4) não são apenas *verdadeiras no modelo padrão*, mas são até mesmo demonstráveis em **PA**. Isso implica que elas se verificam não apenas em extensões elementares de $\mathfrak{N}$, mas em *todas* as estruturas de Peano. O preço que se tem que pagar é a demonstração propriamente dita de (1)–(4) em **PA**, que é mais trabalhosa que simplesmente estabelecer sua validade em $\mathfrak{N}$. Entretanto, qualquer um que possa dar uma demonstração informal dessas propriedades simples descobrirá que é apenas um passo a mais (enfandonho, porém não difícil) para formalizar a prova em nosso sistema de dedução natural. Provas passo-a-passo são delineadas nos Exercícios 29, 30.

4.3 Um Pouco de Teoria dos Modelos

Portanto, todos os elementos de $|\mathfrak{M}| - |\mathfrak{N}|$, os *números não-padrão*, vêm após os números padrão. Como $\mathfrak{M}$ é incontável, existe pelo menos um número não-padrão a. Note que $n < a$ para todo n, logo $\mathfrak{M}$ tem uma *ordem não-arquimedeana* (recordemos que $n = 1 + 1 + \ldots + 1$ (n vezes)).

Vemos que o sucessor $S(n) = n + 1$ de um número padrão é padrão. Além do mais, $\mathfrak{N} \models \forall x(x \neq \overline{0} \to \exists y(y + \overline{1} = x))$, portanto, como $\mathfrak{N} \prec \mathfrak{M}$, temos também que $\mathfrak{M} \models \forall x(x \neq \overline{0} \to \exists x(y + \overline{1}))$, i.e. em $\mathfrak{M}$ cada número, distinto de zero, tem um predecessor (único). Como a é não-padrão ele é distinto de zero, daí ele tem um predecessor, digamos a_1. Como sucessores de números padrão são padrão, a_1 é não-padrão. Podemos repetir esse procedimento indefinidamente e obter uma seqüência descendente infinita $a > a_1 > a_2 > a_3 > \ldots$ de números não-padrão. Conclusão: a estrutura $\mathfrak{M}$ não é bem-ordenada.

Entretanto, subconjuntos *definíveis* não-vazios de $\mathfrak{M}$ de fato possuem um elemento mínimo. Pois, tal conjunto é da forma $\{b \mid \mathfrak{M} \models \varphi(\overline{b})\}$, onde $\varphi \in L(\mathfrak{N})$, e sabemos que $\mathfrak{N} \models \exists x \varphi(x) \to \exists x(\varphi(x) \land \forall y(\varphi(y) \to x \leq y))$. Essa sentença também se verifica em $\mathfrak{M}$ e nos diz que $\{b \mid \mathfrak{M} \models \varphi(\overline{b})\}$ tem um elemento mínimo se não for vazio.

A construção acima não apenas deu uma estrutura de Peano não-padrão (cf. 3.2.5), mas também um modelo não-padrão da *verdadeira aritmética*, i.e. é um modelo de todas as sentenças verdadeiras no modelo padrão. Além do mais, esse modelo não-padrão é uma extensão elementar.

Os modelos não-padrão de **PA** que são extensões elementares de $\mathfrak{N}$ são aqueles que podem ser trabalhados mais facilmente que os outros, pois os fatos sobre o modelo padrão se transferem. Existe também um bom número de propriedades que têm sido estabelecidas para modelos não-padrão em geral. Tratamos duas delas aqui:

Teorema 4.3.10 *O conjunto de números padrão em um modelo não-padrão não é definível.*

Demonstração. Suponha que exista uma $\varphi(x)$ na linguagem de **PA**, tal que: $\mathfrak{M} \models \varphi(\overline{a}) \Leftrightarrow$ "a é um número padrão", então $\neg\varphi(x)$ define os números não-padrão. Como **PA** prova o *princípio do menor número*, temos que $\mathfrak{M} \models \exists x(\neg\varphi(x) \land \forall y < x \, \varphi(y))$, ou seja, existe um menor número não-padrão. Entretanto, como vimos acima, isso não é o caso. Logo não existe tal definição. □

Uma conseqüência simples é o

Lema 4.3.11 (Lema do Transbordamento) *Se $\varphi(\overline{n})$ se verifica em um modelo não-padrão para uma quantidade infinita de números n, então $\varphi(a)$ se verifica para no mínimo um número infinito a.*

Demonstração. Suponha que para nenhum a infinito $\varphi(\overline{a})$ se verifique, então $\exists y(x < y \land \varphi(y))$ define o conjunto dos números naturais padrão no modelo. Isso contradiz o resultado precedente. □

Nossa técnica de construir modelos produz vários modelos não-padrão da aritmética de Peano. Não temos nesse estágio qualquer meio de decidir se todos os modelos

118   4 Completude e Aplicações

de **PA** são elementarmente equivalentes ou não. A resposta a essa questão é fornecida pelo teorema da incompletude de Gödel, que enuncia que existe uma sentença γ tal que **PA** $\nvdash \gamma$ e **PA** $\nvdash \neg\gamma$. A incompletude de **PA** tem sido re-estabelecida por meios bem diferentes por Paris–Kirby–Harrington, Kripke, e outros. Como resultado, temos agora exemplos para γ, que pertencem à 'matemática normal', enquanto que a γ de Gödel, embora puramente aritmética, pode ser considerada como um pouco artificial, cf. Barwise, *Handbook of Mathematical Logic*, D8. **PA** tem um modelo decidível (recursivo), a saber, o modelo padrão. Esse, entretanto, é o único. Pelo teorema de Tennenbaum todos os modelos não-padrão de **PA** são indecidíveis (não recursivos).

Aplicação II. Números Reais Não-padrão.

Da mesma forma que na aplicação acima, podemos introduzir modelos não-padrão para o sistema de números reais. Usamos a linguagem do corpo ordenado R de números reais, e por conveniência usamos o símbolo de função $|\ |$, para a função do valor absoluto. Pelo Teorema de Skolem–Löwenheim existe um modelo $^*R$ de $\text{Th}(\hat{R})$ tal que $^*R$ tem cardinalidade maior que a de R. Aplicando 3.3.9, vemos que $R \prec {}^*R$, portanto $^*R$ é um corpo ordenado, contendo os números reais padrão. Por razões de cardinalidade existe um elemento $a \in |{}^*R| - |R|$. Para o elemento a existem duas possibilidades:

(i) $|a| > |r|$ para todo $r \in |R|$,
(ii) existe um $r \in |R|$ tal que $|a| < r$.

No segundo caso $\{u \in |R| \mid u < |a|\}$ é um subconjunto não-vazio limitado, que por conseguinte tem um supremo s (em R). Como $|a|$ é um número não-padrão, não existe número padrão entre s e $|a|$. Por álgebra, não existe número padrão entre 0 e $|\ |a| - s\ |$. Daí $|\ |a| - s\ |^{-1}$ é maior que todos os números padrão. Elementos satisfazendo a condição (i) acima, são chamados *infinitos* e elementos satisfazendo (ii) são chamados *finitos* (note que os números padrão são finitos).

Agora vamos listar um número de fatos, deixando as demonstrações (bastante simples) ao leitor.

1. $^*R$ tem uma ordem não-arquimedeana.
2. Existem números a tais que para todo número padrão positivo r, $0 < |a| < r$. Chamamos tais números, incluindo o 0, de *infinitesimais*.
3. a é infinitesimal $\Leftrightarrow a^{-1}$ é infinito, onde $a \neq 0$.
4. Para cada número não-padrão finito a existe um único número padrão $pad(a)$ tal que $a - pad(a)$ é infinitesimal.

Infinitesimais podem ser usados para cálculo elementar na tradição Leibniziana. Daremos alguns exemplos. Considere uma expansão R' de R com um predicado para N e uma função v. Seja $^*R'$ o modelo não-padrão correspondente tal que $R' \prec {}^*R'$. Estamos na verdade considerando duas extensões ao mesmo tempo. N está contida em R', i.e. distinguida por um predicado especial N. Daí N é estendida, juntamente com R' para $^*N$. Como é de se esperar $^*N$ é uma extensão elementar de N (cf. Exercício 16). Por conseguinte, podemos ter confiança em operar da maneira tradicional com os números reais e os números naturais. Em

particular temos em $^*R'$ números naturais infinitos disponíveis também. Queremos que v seja uma seqüência, i.e. estamos apenas interessados nos valores de v para argumentos sobre os números naturais. Os conceitos de convergência, limite, etc. podem ser trazidos de análise matemática.
Usaremos a notação do cálculo. O leitor pode tentar dar a formulação correta. Aqui vai um exemplo: $\exists m \forall n > m(|v_n - v_m| < \epsilon)$ significa $\exists x(N(x) \wedge \forall y(N(y) \wedge y > x \to |v(y) - v(x)| < \epsilon)$. A rigor deveríamos relativizar os quantificadores sobre os números naturais (cf. 2.5.12), porém é mais conveniente usar variáveis de vários tipos.

5. A seqüência v (ou (v_n)) converge em R' sse para todos os números naturais n, m $|v_n - v_m|$ é infinitesimal.

    Demonstração. (v_n) converge em R' se $R' \models \forall \epsilon > 0 \exists n \forall m > n(|v_n - v_m| < \epsilon)$. Assuma que (v_n) converge. Escolha para $\epsilon > 0$ um $n(\epsilon) \in |R'|$ tal que $R' \models \forall m > n(\epsilon)(|v_n - v_m| < \epsilon)$. Então temos também que $^*R' \models \forall m > n(\epsilon)(|v_n - v_m| < \epsilon)$. Em particular, se m, m' são infinitos, então $m, m' > n(\epsilon)$ para todo ϵ. Daí $|v_m - v_{m'}| < 2\epsilon$ para todo ϵ. Isso significa que $|v_m - v_{m'}|$ é infinitesimal. Reciprocamente, se $|v_n - v_m|$ é infinitesimal para todos n, m infinitos, então $^*R \models \forall m > n(|v_n - v_m| < \epsilon)$ onde n é infinito e ϵ é padrão, positivo. Logo $^*R' \models \exists n \forall m > n(|v_n - v_m| < \epsilon)$, para cada número padrão $\epsilon > 0$. Agora, como $R' \prec {}^*R'$, temos $R' \models \exists n \forall m > n(|v_n - v_m| < \epsilon)$ para $\epsilon > 0$, logo $R' \models \forall \epsilon > 0 \exists n \forall m > n(|v_n - v_m| < \epsilon)$. Daí (v_n) converge. □

6. $\lim\limits_{n \to \infty} v_n = a \Leftrightarrow |a - v_n|$ é infinitesimal para n infinito.

    Demonstração. Semelhante à do item anterior. □

Fomos capazes de apenas tocar a superfície da chamada "análise não-padrão". Para um tratamento extensivo, veja e.g. *Robinson, Stroyan–Luxemburg*.

Podemos agora fortalecer os Teoremas de Skolem–Löwenheim.

Teorema 4.3.12 (Skolem–Löwenheim de-cima-para-baixo) *Suponha que a linguagem L de $\mathfrak{A}$ tenha cardinalidade κ, e suponha que $\mathfrak{A}$ tenha cardinalidade $\lambda \geq \kappa$. Então existe uma estrutura $\mathfrak{A}$ de cardinalidade κ tal que $\mathfrak{B} \prec \mathfrak{A}$.*

Demonstração. Veja corolário 3.4.11. □

Teorema 4.3.13 (Skolem–Löwenheim de-baixo-para-cima) *Suponha que a linguagem L de $\mathfrak{A}$ tenha cardinalidade κ e que $\mathfrak{A}$ tenha cardinalidade $\lambda \geq \kappa$. Então para cada $\mu > \lambda$ existe uma estrutura $\mathfrak{B}$ de cardinalidade μ, tal que $\mathfrak{A} \prec \mathfrak{B}$.*

Demonstração. Aplique o velho Teorema de Skolem–Löwenheim de-baixo-para-cima à teoria $\text{Th}(\mathfrak{A})$. □

Na prova de completude usamos teorias maximamente consistentes. Em teoria dos modelos essas teorias são chamadas de teorias completas. Via de regra, essa noção é definida com respeito a conjuntos de axiomas.

Definição 4.3.14 *Uma teoria com axiomas Γ na linguagem L, é chamada* completa *se para cada sentença σ em L, $\Gamma \vdash \sigma$ ou $\Gamma \vdash \neg\sigma$.*

Uma teoria completa, por assim dizer, não deixa questões em aberto, mas ela não restringe a priori a classe de modelos. Antigamente os matemáticos tentavam encontrar teorias básicas desse tipo tais como axiomas para a aritmética que determinariam a menos de isomorfismo um modelo, i.e. tentavam dar um conjunto Γ de axiomas tal que $\mathfrak{A}, \mathfrak{B} \in \text{Mod}(\Gamma) \Rightarrow \mathfrak{A} \cong \mathfrak{B}$. Os Teoremas de Skolem–Löwenheim têm nos ensinado que isso é (exceto para o caso finito) inatingível. Há, no entanto, uma noção significativa:

Definição 4.3.15 *Seja κ um cardinal. Uma teoria é κ-categórica se ela tem no mínimo um modelo de cardinalidade κ e se quaisquer dois modelos de cardinalidade κ são isomorfos.*

Categoricidade em alguma cardinalidade não é tão incomum quanto se poderia pensar. Enumeramos alguns exemplos.

1. *A teoria dos conjuntos infinitos (estruturas de identidade) é κ-categórica para todo κ infinito.*

Demonstração. Imediata, porque aqui "isomorfo" significa "de mesma cardinalidade". □

2. *A teoria dos conjuntos densamente ordenados sem extremidades é $\aleph_0$-categórica.*

Demonstração. Veja em qualquer livro texto sobre teoria dos conjuntos. O teorema foi demonstrado por Cantor usando o chamado método ida-e-volta. □

3. *A teoria dos grupos abelianos livres-de-torsão divisíveis é κ-categórica para $\kappa > \aleph_0$.*

Demonstração. Verifique que um grupo abeliano livre-de-torsão divisível é um espaço vetorial sobre os racionais. Use o fato de que espaços vetoriais de mesma dimensão (sobre o mesmo corpo) são isomorfos. □

4. *A teoria dos corpos algebricamente fechados (de uma característica fixa) é κ-categórica para $\kappa > \aleph_0$.*

Demonstração. Use o Teorema de Steinitz: dois corpos algebricamente fechados de mesma característica e de mesmo grau incontável de transcendência são isomorfos. □

A conexão entre categoricidade e completude, para linguagens contáveis, é dada por

Teorema 4.3.16 (Teorema de Vaught) *Se T não tem modelos finitos e é κ-categórica para algum κ que não é menor que a cardinalidade de L, então T é completa.*

4.3 Um Pouco de Teoria dos Modelos

Demonstração. Suponha que T não seja completa. Então existe uma σ tal que $T \not\vdash \sigma$ e $T \not\vdash \neg\sigma$. Pelo Lema da Existência de Modelo, existem $\mathfrak{A}$ e $\mathfrak{B}$ em Mod(T) tais que $\mathfrak{A} \models \sigma$ e $\mathfrak{B} \models \neg\sigma$. Como $\mathfrak{A}$ e $\mathfrak{B}$ são infinitos podemos aplicar o Teorema de Skolem–Löwenheim (de-cima-para-baixo ou de-baixo-para-cima), de modo a obter $\mathfrak{A}'$ e $\mathfrak{B}'$, de cardinalidade κ, tais que $\mathfrak{A} \equiv \mathfrak{A}'$, e $\mathfrak{B} \equiv \mathfrak{B}'$. Mas então $\mathfrak{A}' \equiv \mathfrak{B}'$, e portanto $\mathfrak{A}' \equiv \mathfrak{B}'$, logo $\mathfrak{A} \equiv \mathfrak{B}$.

Isso contradiz o fato de que $\mathfrak{A} \models \sigma$ e $\mathfrak{B} \models \neg\sigma$. □

Como conseqüência vemos que as seguintes teorias são completas:

1. a teoria dos conjuntos infinitos;
2. a teoria dos conjuntos densamente ordenados sem extremidades;
3. a teoria dos grupos abelianos livres-de-torsão divisíveis;
4. a teoria dos corpos algebricamente fechados de característica fixa.

Um corolário do último fato ficou conhecido como *princípio de Lefschetz*: *se uma sentença σ, na linguagem de primeira ordem dos corpos, se verifica para todos os números complexos, ela se verifica para todos os corpos algebricamente fechados de característica zero.*

Isso significa que um teorema "algébrico" σ sobre corpos algebricamente fechados de característica 0 pode ser obtido através da concepção de uma prova por quaisquer que sejam os meios (analíticos, topológicos, ...) para o caso especial dos números complexos.

Decidibilidade.

Vimos no Capítulo 1 que existe um método efetivo para se testar se uma proposição é demonstrável – por meio da técnica da tabela-verdade, pois "verdade = demonstrabilidade".

Seria maravilhoso dispor de um tal método para a lógica de predicados. Church mostrou, no entanto, que não existe tal método (se entendermos "efetivo" como "recursivo") para a lógica geral de predicados. Mas poderia haver, e de fato existem, teorias especiais que são decidíveis. Um estudo técnico de decidibilidade faz parte da teoria da recursão. Aqui apresentaremos algumas poucas considerações.

Se T, com linguagem L, tem um conjunto decidível de axiomas Γ, então existe um método efetivo de enumerar todos os teoremas de T.

Pode-se obter tal enumeração da seguinte maneira:

(a) Construa uma lista efetiva $\sigma_1, \sigma_2, \sigma_3, \ldots$ de todos os axiomas de T (isso é possível porque Γ é decidível), e uma lista $\varphi_1, \varphi_2, \ldots$ de todas as fórmulas de L.

(b)
  (1) escreva todas as derivações de tamanho 1, usando σ_1, φ_1, com no máximo σ_1 não descartada,
  (2) escreva todas as derivações de tamanho 2, usando $\sigma_1, \sigma_2, \varphi_1, \varphi_2$, com no máximo σ_1, σ_2 não descartadas,

  ⋮

(n) escreva todas as derivações de tamanho n, usando $\sigma_1, \ldots, \sigma_n, \varphi_1, \ldots, \varphi_n$, com no máximo $\sigma_1, \ldots, \sigma_n$ não descartadas,

⋮

A cada vez obtemos apenas um número finito de teoremas e cada teorema é derivado em algum momento. O processo é claramente efetivo (embora não eficiente).
Agora observamos

Lema 4.3.17 *Se Γ e Γ^c (o complemento de Γ) são efetivamente enumeráveis, então Γ é decidível.*

Demonstração. Gere as listas de Γ e Γ^c simultaneamente. Em um número finito de passos encontraremos σ na lista de Γ ou na lista de Γ^c. Logo para cada σ podemos decidir em um número finito de passos se $\sigma \in \Gamma$ ou não. □

Como um corolário obtemos o

Teorema 4.3.18 *Se T for efetivamente axiomatizável e completa, então T é decidível.*

Demonstração. Como T é completa, temos que $\Gamma \vdash \sigma$ ou $\Gamma \vdash \neg\sigma$ para cada σ (onde Γ axiomatiza T). Logo $\sigma \in T^c \Leftrightarrow \Gamma \nvdash \sigma \Leftrightarrow \Gamma \vdash \neg\sigma$.
Do esboço acima segue que T e T^c são efetivamente enumeráveis. Pelo lema T é decidível. □

Aplicação. As seguintes teorias são decidíveis:

1. a teoria dos conjuntos infinitos;
2. a teoria dos conjuntos densamente ordenados sem extremidades;
3. a teoria dos grupos abelianos livres-de-torsão divisíveis;
4. a teoria dos corpos algebricamente fechados de característica fixa.

Demonstração. Veja as conseqüências do Teorema de Vaught (3.3.16). A enumeração efetiva é deixada ao leitor (o caso mais simples é, obviamente, aquele em que temos uma teoria finitamente axiomatizável, e.g. (1) ou (2)). □

Apresentaremos finalmente mais uma aplicação da abordagem não-padrão, dando uma demonstração não-padrão de

Lema 4.3.19 (Lema de König) *Uma árvore finitária infinita tem um ramo infinito.*

Uma árvore finitária, ou *leque* (em inglês, *fan*), tem a propriedade de que cada nó tem apenas um número finito de sucessores imediatos ('zero sucessores' está incluído). Por contraposição obtém-se a partir do Lema de König o chamado *Teorema do Leque* (em inglês, *Fan Theorem*) (que na verdade foi descoberto primeiro):

Teorema 4.3.20 *Se em um leque todos os ramos são finitos então o comprimento dos ramos é limitado.*

4.3 Um Pouco de Teoria dos Modelos

Note que se se considera a árvore como um espaço topológico, com sua topologia canônica (conjuntos abertos básicos "são" nós), então o Lema de König é o Teorema de Bolzano–Weierstrasz e o Teorema do Leque enuncia a compaccidade.

Daremos agora uma demonstração não-padrão do Lema de König.

Seja T um leque, e T^* uma extensão elementar própria (use 3.3.13).

(1) a relação "... é um sucessor imediato de ..." pode ser expressa na linguagem da ordem parcial:
$x \leq_i y := x < y \land \forall z(x \leq z \leq y \to x = z \lor y = z)$ onde, como de costume, $x < y$ representa $x \leq y \land x \neq y$.

(2) Se a for padrão, então os sucessores imediatos em T^* também são padrão. Como T é finitária, podemos apontar $a_1, \ldots, a_n$ tais que
$$T \models \forall x(x <_i \bar{a} \leftrightarrow \bigvee_{1 \leq k \leq n} \bar{a}_k = x).$$
Devido a $T \prec T^*$, temos também que
$$T^* \models \forall x(x <_i \bar{a} \leftrightarrow \bigvee_{1 \leq k \leq n} \bar{a}_k = x),$$
logo se b for um sucessor imediato de a em T^*, então $b = a_k$ para algum $k \leq n$, i.e. b é padrão.

Note que um nó sem sucessores em T também não tem sucessores em T^*, pois $T \models \forall x(x \leq \bar{a} \leftrightarrow x = \bar{a}) \Leftrightarrow T^* \models \forall x(x \leq \bar{a} \leftrightarrow x = \bar{a})$.

(3) Em T temos que um sucessor de um nó é um sucessor imediato daquele nó ou um sucessor de um sucessor imediato, i.e.
$$T \models \forall xy(x < y \to \exists z(x \leq z <_i y)). \; (*)$$

Isso é caso pois para nós a e b com $a < b$, b tem que ocorrer na cadeia finita de todos os predecessores de a. Logo faça $a = a_n < a_{n-1} < \ldots < a_i = b < a_{i-1} < \ldots$, então $a \leq a_{i+1} <_i b$.

Como a propriedade desejada é expressa por uma sentença de primeira ordem $(*)$, (3) também se verifica em T^*.

(4)

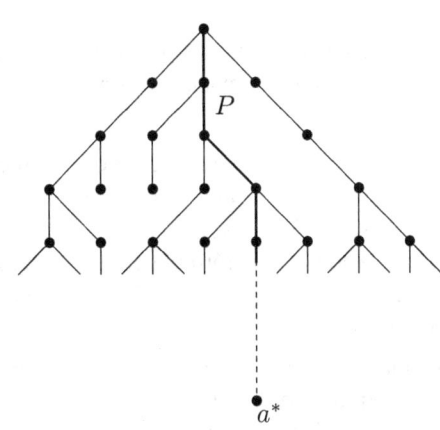

Seja a^* um elemento não-padrão de T^*. Afirmamos que

$P = \{a \in |T| \mid a^* < a\}$ é um ramo infinito (i.e. uma cadeia).
(i) P é linearmente ordenado pois $T \models \forall xyz(x \leq y \land x \leq z \to y \leq z \lor z \leq y)$ e portanto para quaisquer $p, q \in P \in P \subseteq |T^*|$ temos que $p \leq q$ ou $q \leq p$.
(ii) Suponha que P seja finito com b como último elemento, então b tem um sucessor e daí um sucessor imediato em T^*, que é predecessor de a^*.

Pelo item (2) esse sucessor imediato pertence a P. Contradição. Daí P é infinito.

Isso estabelece que T tem um ramo infinito. □

Eliminação de Quantificadores

Algumas teorias têm a agradável propriedade de que elas permitem a redução de fórmulas a uma forma particularmente simples: uma forma na qual nenhum quantificador ocorre. Sem entrar por uma teoria geral da eliminação de quantificadores, demonstraremos o procedimento em um caso simples: *a teoria $\mathcal{DO}$ das ordens densas sem extremidades*, cf. 2.7.3(ii); 'sem extremidades' é formulada como "$\forall x \exists yz((y < x \land x < z)$".

Seja $VL(\varphi) = \{y_1, \ldots, y_n\}$, onde todas as variáveis realmente ocorrem em φ. Pelos métodos usuais obtemos uma forma normal prenex φ' de φ, tal que $\varphi' := Q_1 x_1 Q_2 \ldots Q_m x_m \psi(x_1, \ldots, x_m, y_1, \ldots, y_n)$, onde cada Q_i é um dos quantificadores $\forall$ ou $\exists$. Eliminaremos os quantificadores começando com o mais interno.

Considere o caso em que $Q_m = \exists$. Vamos trazer ψ à forma normal disjuntiva $\bigvee \psi_j$, onde cada ψ_j é uma conjunção de átomos e negações de átomos. Primeiro observamos que as negações de átomos podem ser eliminadas em favor de átomos, pois $\mathcal{DO} \vdash \neg z = z' \leftrightarrow (z < z' \lor z' < z)$ e $\mathcal{DO} \vdash \neg z < z' \leftrightarrow (z = z' \lor z' < z)$. Portanto podemos assumir que os ψ_j's contêm apenas átomos.

Usando simplesmente lógica de predicados podemos substituir $\exists x_m \bigvee \psi_j$ pela fórmula equivalente $\bigvee \exists x_m \psi_j$.

Notação: para o resto deste exemplo usaremos $\psi \overset{*}{\leftrightarrow} \tau$ como uma abreviação para $\mathcal{DO} \vdash \sigma \leftrightarrow \tau$.

Acabamos de ver que basta considerar apenas fórmulas da forma $\exists x_m \bigwedge \sigma_p$, onde cada σ_p é atômica. Uma olhada sistemática nos operandos da conjunção nos mostrará o que fazer.

(1) Se x_m não ocorre em $\bigwedge \sigma_p$, podemos apagar o quantificador (cf. 2.5.2).

(2) Caso contrário, pegue todos os átomos contendo x_m e faça um reagrupamento, tal que obtemos $\bigwedge \sigma_p \overset{*}{\leftrightarrow} \bigwedge_i x_m < u_i \land \bigwedge_j v_j < x_m \land \bigwedge_k w_k = x_m \land \chi$, onde χ não contém x_m. Abrevie essa fórmula como $\tau \land \chi$. Pela lógica de predicados temos que $\exists x_m (\tau \land \chi) \overset{*}{\leftrightarrow} \exists x_m \tau \land \chi$ (cf. 2.5.3). Como desejamos eliminar $\exists x_m$, basta considerar apenas $\exists x_m \tau$.

Agora o problema foi reduzido a um problema de marcação. Imaginando que estamos lidando com uma ordem linear, exploraremos a informação dada por τ sobre a posição relativa dos u_i, v_j, w_k's com respeito a x_m.

(2a) $\tau := \bigwedge x_m < u_i \land \bigwedge v_j < x_m \land \bigwedge w_k = x_m$.

Então $\exists x_m \tau \stackrel{*}{\leftrightarrow} \tau'$, com $\tau' := \bigwedge w_0 < u_i \wedge \bigwedge v_j < w_0 \wedge \bigwedge w_0 = w_k$ (onde w_0 é a primeira variável entre os w_k's). A equivalência segue imediatamente usando um argumento da teoria dos modelos (i.e. $\mathcal{DO} \models \exists x_m \tau \leftrightarrow \tau'$).

(2b) $\tau := \bigwedge x_m < u_i \wedge \bigwedge v_j < x_m$.

Agora as propriedades de $\mathcal{DO}$ são essenciais. Observe que $\exists x_m (\bigwedge x_m < \bar{a}_i \wedge \bigwedge \bar{b}_j < x_m)$ se verifica em um conjunto *densamente ordenado* se e somente se todos os a_i's estejam à direita dos b_j's. Logo obtemos (por completude) $\exists x_m \tau \stackrel{*}{\leftrightarrow} \bigwedge_{i,j} v_j < u_i$.

(2c) $\tau := \bigwedge x_m < u_i \wedge \bigwedge w_k = x_m$.

Então $\exists x_m \tau \stackrel{*}{\leftrightarrow} \bigwedge w_0 < u_i \wedge \bigwedge w_k = w_0$.

(2d) $\tau := \bigwedge v_j < x_m \wedge \bigwedge w_k = x_m$.

Cf. (2c).

(2e) $\tau := \bigwedge x_m < u_i$.

Observe que $\exists x_m \tau$ se verifica em todos os conjuntos ordenados sem uma extremidade à esquerda. Logo temos que $\exists x_m \stackrel{*}{\leftrightarrow} \top$, pois trabalhamos em $\mathcal{DO}$.

(2f) $\tau := \bigwedge v_j < x_m$.

Cf. (2e).

(2g) $\tau := \bigwedge w_k = x_m$.

Então $\exists x_m \tau \stackrel{*}{\leftrightarrow} \bigwedge w_0 = w_k$.

Observações.

(i) Os casos (2b), (2e) e (2f) fazem uso de $\mathcal{DO}$.

(ii) Frequentemente é possível introduzir atalhos, e.g. quando uma variável (que não seja x_m) ocorre em dois dos grandes operandos da conjunção temos que $\exists x_m \tau \stackrel{*}{\leftrightarrow} \bot$.

Se o quantificador mais interno é universal, reduzimos a um existencial pela equivalência $\forall x_m \varphi \leftrightarrow \neg \exists x_m \neg \varphi$.

Agora está claro como eliminar os quantificadores um por um.

Exemplo.

126   4 Completude e Aplicações

$\exists xy(x < y \land \exists z(x < z \land z < y \land \forall u(u \neq z \to u < y \lor u = x)))$

$\overset{*}{\leftrightarrow} \exists xyz \forall u(x < y \land x < z \land z < y \land (u = z \lor u < y \lor u = x))$

$\overset{*}{\leftrightarrow} \exists xyz \neg \exists u(\neg x < y \lor \neg x < z \lor \neg z < y \lor (\neg u = z \land \neg u < y \land \neg u = x))$

$\overset{*}{\leftrightarrow} \exists xyz \neg \exists u(x = y \lor y < x \lor x = z \lor z < x \lor z = y \lor y < z \lor$
$((u < z \lor z < u) \land (u = y \lor y < u) \land (u < x \lor x < u)))$

$\overset{*}{\leftrightarrow} \exists xyz \neg \exists u(x = y \lor y < x \lor x = z \lor z < x \lor z = y \lor y < z \lor$
$(u < z \land u = y \land u < x) \lor (u < z \land u = y \land x < u) \lor$
$(u < z \land y < u \land u < x) \lor (u < z \land y < u \land x < u) \lor$
$(z < u \land u = y \land u < x) \lor (z < u \land u = y \land x < u) \lor$
$(z < u \land y < u \land u < x) \lor (z < u \land y < u \land x < u))$.

$\overset{*}{\leftrightarrow} \exists xyz \neg (x = y \lor y < x \lor x = z \lor z < x \lor z = y \lor y < z \lor$
$\exists u(u < z \land u = y \land u < x) \lor \exists u(u < z \land u = y \land x < u) \lor \ldots \lor$
$\exists u(z < u \land y < u \land x < u))$.

$\overset{*}{\leftrightarrow} \exists xyz \neg (x = y \lor \ldots \lor y < z \lor (y < z \land y < x) \lor (y < z \land x < y)$
$\lor (y < z \land y < x) \lor (y < z \land x < z) \lor (z < y \land y < x)$
$\lor (z < y \land x < y) \lor (z < x \land y < x) \lor \top)$.

$\overset{*}{\leftrightarrow} \exists xyz(\neg \top)$.

$\overset{*}{\leftrightarrow} \bot$.

Evidentemente esse exemplo de eliminação de quantificadores para a teoria das ordenações densas sem extremidades provê uma demonstração alternativa de sua decidibilidade. Pois, se φ for uma sentença, então φ é equivalente a uma sentença aberta φ'. Dada a linguagem de $\mathcal{DO}$ é óbvio que φ' é equivalente a $\top$ ou $\bot$. Daí, temos um algoritmo para decidir $\mathcal{DO} \vdash \varphi$. Note que obtemos mais: $\mathcal{DO}$ é completa, pois $\mathcal{DO} \vdash \varphi \leftrightarrow \bot$ ou $\mathcal{DO} \vdash \leftrightarrow \top$, logo $\mathcal{DO} \vdash \neg\varphi$ ou $\mathcal{DO} \vdash \varphi$.

Em geral não podemos esperar tanto da eliminação de quantificadores: e.g. a teoria dos corpos algebricamente fechados admite eliminação de quantificadores, mas não é completa (porque a característica não foi fixada antecipadamente); as sentenças abertas podem conter átomos indemonstráveis e irrefutáveis tais como $7 = 12, 23 = 0$.

Podemos concluir da existência de uma eliminação de quantificadores uma certa propriedade modelo-teórica, introduzida por Abraham Robinson, que se tornou importante para aplicações em álgebra (cf. o *Handbook of Mathematical Logic*, A_4).

Definição 4.3.21 *Uma teoria T é modelo completa se para* $\mathfrak{A}, \mathfrak{B} \in \text{Mod}(T)$, $\mathfrak{A} \subseteq \mathfrak{B} \Rightarrow \mathfrak{A} \prec \mathfrak{B}$.

Podemos agora obter imediatamente o seguinte:

Teorema 4.3.22 *Se T admite eliminação de quantificadores, então T é modelo completa.*

Demonstração. Sejam $\mathfrak{A}$ e $\mathfrak{B}$ modelos de T, tais que $\mathfrak{A} \subseteq \mathfrak{B}$. Temos que mostrar que $\mathfrak{A} \models \varphi(\bar{a}_1, \ldots, \bar{a}_n) \Leftrightarrow \mathfrak{B} \models \varphi(\bar{a}_1, \ldots, \bar{a}_n)$ para todos $a_1, \ldots, a_n \in |\mathfrak{A}|$, onde $VL(\varphi) = \{x_1, \ldots, x_n\}$.

Como T admite eliminação de quantificadores, existe uma fórmula livre-de-quantificadores $\psi(x_1, \ldots, x_n)$ tal que $\Gamma \vdash \varphi \leftrightarrow \psi$.

Daí basta mostrar que $\mathfrak{A} \vdash \psi(\bar{a}_1, \ldots, \bar{a}_n) \Leftrightarrow \mathfrak{B} \vdash \psi(\bar{a}_1, \ldots, \bar{a}_n)$ para uma fórmula livre-de-quantificador ψ. Uma indução simples estabelece essa equivalência. □

Algumas teorias T têm um modelo especial que está, a menos de isomorfismo, contido em todo modelo de T. Chamamos tal modelo de um *modelo primo* de T.

Exemplos.

(i) Os racionais formam um modelo primo para a teoria das ordenações densas sem extremidades;
(ii) O corpo dos racionais é o modelo primo da teoria dos corpos de característica zero;
(iii) O modelo padrão da aritmética é o modelo primo da aritmética de Peano.

Teorema 4.3.23 *Uma teoria modelo completa com um modelo primo é completa.*

Demonstração. Deixo ao leitor. □

Exercícios

1. Seja $\mathfrak{A} = \langle A, < \rangle$ um conjunto parcialmente ordenado. Mostre que $\text{Diag}^+(\mathfrak{A}) \cup \{\bar{a} \neq \bar{b} \mid a \neq b, a, b \in |\mathfrak{A}|\} \cup \{\forall xy(x \leq y \lor y \leq x)\}$ tem um modelo. (Sugestão: use compaccidade.)
   Conclua que todo conjunto parcialmente ordenado pode ser linearmente ordenado por uma ordem que é uma extensão de sua ordenação.
2. Se $f : \mathfrak{A} \to \mathfrak{B}$ e $VL(\varphi) = \{x_1, \ldots, x_n\}$, mostre que
   $\mathfrak{A} \vdash \varphi[\bar{a}_1, \ldots, \bar{a}_n / x_1, \ldots, x_n] \Leftrightarrow \mathfrak{B} \vdash \varphi[\overline{f(a_1)}, \ldots, \overline{f(a_n)} / x_1, \ldots, x_n]$.
   Em particular, $\mathfrak{A} \equiv \mathfrak{B}$.
3. Seja $\mathfrak{A} \subseteq \mathfrak{B}$. φ é chamada de *universal* (*existencial*) se φ está na forma prenex com apenas quantificadores universais (existenciais).
   (i) Mostre que para toda sentença universal φ, $\mathfrak{B} \models \varphi \Rightarrow \mathfrak{A} \models \varphi$.
   (ii) Mostre que para toda sentença existencial φ, $\mathfrak{A} \models \varphi \Rightarrow \mathfrak{B} \models \varphi$.
   (Aplicação: uma subestrutura de um grupo é um grupo. Essa é uma razão para usar o tipo de similaridade $\langle -; 2, 1; 1 \rangle$ para grupos, ao invés de $\langle -; 2; 0 \rangle$, ou $\langle -; 2; 1 \rangle$, como alguns autores fazem).
4. Let $\mathfrak{A} = \langle N, < \rangle, \mathfrak{B} = \langle N - \{0\}, < \rangle$.
   Mostre: (i) $\mathfrak{A} \cong \mathfrak{B}$; (ii) $\mathfrak{A} \equiv \mathfrak{B}$;
   (iii) $\mathfrak{B} \subseteq \mathfrak{A}$; (iv) não é o caso que t $\mathfrak{B} \prec \mathfrak{A}$.

5. (Tarski). Seja $\mathfrak{A} \subseteq \mathfrak{B}$. Mostre que $\mathfrak{A} \prec \mathfrak{B} \Leftrightarrow$ para toda $\varphi \in L$ e $a_1, \ldots, a_n \in |\mathfrak{A}|$, $\mathfrak{B} \vdash \exists y \varphi(y, \bar{a}_1, \ldots, \bar{n}) \Rightarrow$ existe um elemento $a \in |\mathfrak{A}|$ tal que $\mathfrak{B} \vdash \varphi(\bar{a}, \bar{a}_1, \ldots, \bar{a}_n)$, onde $VL(\varphi(y, \bar{a}_1, \ldots, \bar{a}_n)) = \{y\}$. Dica: para $\Leftarrow$ mostre que
    (i) $t^{\mathfrak{A}}(\bar{a}_1, \ldots, \bar{a}_n) = t^{\mathfrak{B}}(\bar{a}_1, \ldots, \bar{a}_n)$ para $t \in L$,
    (ii) $\mathfrak{A} \vdash \varphi(\bar{a}_1, \ldots, \bar{a}_n) \Leftrightarrow \mathfrak{B} \vdash \varphi(\bar{a}_1, \ldots, \bar{a}_n)$ para $\varphi \in L$ por indução sobre φ (use apenas $\vee, \neg, \exists$).
6. Uma outra construção de um modelo não-padrão da aritmética: Adicione à linguagem L da aritmética uma nova constante c. Mostre que $\Gamma = \text{Th}(\hat{\mathfrak{N}}) \cup \{c > \bar{n} \mid n \in |\mathfrak{N}|\}$ tem um modelo $\mathfrak{M}$. Mostre que $\mathfrak{M} \not\cong \mathfrak{N}$. $\mathfrak{M}$ pode ser contável?
7. Considere o anel Z dos inteiros. Mostre que existe uma estrutura $\mathfrak{A}$ tal que $Z \prec \mathfrak{A}$ e $Z \not\cong \mathfrak{A}$ (um modelo não-padrão dos inteiros). Mostre que $\mathfrak{A}$ tem um "número primo infinito", p_∞.
    Seja (p_∞) o ideal principal em $\mathfrak{A}$ gerado por p_∞. Mostre que $\mathfrak{A}/(p_\infty)$ é um corpo F. (Sugestão: olhe em $\forall x (\text{``} x$ não pertence a $(p_\infty)\text{''} \rightarrow \exists yz(xy = 1 + zp_\infty))$, dê uma formulação propriamente dita e use equivalência elementar). Qual é a característica de F? (Isso dá origem a uma construção não-padrão dos racionais a partir dos inteiros: considere o corpo primo).
8. Use o modelo não-padrão da aritmética para mostrar que "boa-ordenação" não é um conceito de primeira ordem.
9. Use o modelo não-padrão dos reais para mostrar que "corpo ordenado arquimedeano" não é um conceito de primeira ordem.
10. Considere a linguagem da identidade com constantes c_i ($i \in N$) $\Gamma = \{I_1, I_2, I_3\} \cup \{c_i \neq c_j \mid i, j \in N, i \neq j\}$. Mostre que a teoria de Γ é κ-categórica para $\kappa > \aleph_0$, mas não $\aleph_0$-categórica.
11. Mostre que a condição "nenhum modelo finito" no Teorema de Vaught é necessária (olhe a teoria da identidade).
12. Seja $X \subseteq |\mathfrak{A}|$. Defina $X_0 = X \cup C$ onde C é o conjunto de constantes de $\mathfrak{A}$, $X_{n+1} = X_n \cup \{f(a_1, \ldots, a_m) \mid f$ em $\mathfrak{A}, a_1, \ldots, a_m \in X_n\}$, $X_\omega = \bigcup \{X_n \mid n \in \mathbb{N}\}$.
    Mostre que: $\mathfrak{B} = \langle X_\omega, R_1 \cap X_\omega^{r_1}, \ldots, R_n \cap X_\omega^{r_n}, f_1|X_\omega^{a_1}, \ldots, f_m|X_\omega^{a_m}, \{c_i \mid i \in I\}\rangle$ é uma subestrutura de $\mathfrak{A}$. Dizemos que $\mathfrak{B}$ é a subestrutura gerada por X. Mostre que $\mathfrak{B}$ é a menor subestrutura de $\mathfrak{A}$ contendo X; $\mathfrak{B}$ também pode ser caracterizada como a interseção de todas as subestruturas contendo X.
13. Seja $^*R$ um modelo não-padrão de $\text{Th}(R)$. Mostre que pad (cf. Aplicação II, após o Lema do Transbordamento) é um homomorfismo do anel dos números finitos para R. Qual é o *kernel*?
14. Considere $\mathfrak{R}' = \langle R, N, <, +, \cdot, -, ^{-1}, 0, 1 \rangle$, onde N é o conjunto dos números naturais. $L(\mathfrak{R}')$ tem o símbolo de predicado N e, caso nos limitemos a $+$ e $\cdot$, podemos recuperar a aritmética relativizando nossas fórmulas a N (cf. 2.5.9).
    Seja $\mathfrak{R}' \prec {}^*\mathfrak{R}' = \langle {}^*R, {}^*N, \ldots \rangle$. Mostre que $\mathfrak{N} = \langle N, <, +, \cdot, 0, 1 \rangle \prec \langle {}^*N, <, +, \cdot, 0, 1 \rangle = {}^*\mathfrak{N}$ (Sugestão: considere para cada $\varphi \in L(\mathfrak{R})$ a fórmula relativizada $\varphi^N \in L(\mathfrak{R}')$).
15. Mostre que qualquer estrutura de Peano contém $\mathfrak{N}$ como uma subestrutura.

16. Seja L uma linguagem sem a identidade e com no mínimo uma constante. Seja $\sigma = \exists x_1 \ldots x_n \varphi(x_1, \ldots, x_n)$ e $\Sigma_\sigma = \{\varphi(t_1, \ldots, t_n) \mid t_i \text{ fechado em } L\}$, onde φ é livre de quantificador.
   (i) $\models \sigma \Leftrightarrow$ cada $\mathfrak{A}$ é um modelo de no mínimo uma sentença em Σ_σ. (Sugestão: para cada $\mathfrak{A}$, veja a subestrutura gerada por $\emptyset$).
   (ii) Considere Σ_σ como um conjunto de proposições. Mostre que para cada valoração v (no sentido da lógica proposicional) existe um modelo $\mathfrak{A}$ tal que $[\![\varphi(t_1,\ldots,t_n)]\!]_v = [\![\varphi(t_1,\ldots,t_n)]\!]_\mathfrak{A}$, para toda $\varphi(t_1,\ldots,t_n) \in \Sigma_\sigma$.
   (iii) Mostre que $\vdash \sigma \Leftrightarrow \bigvee_{i=1}^m \varphi(t_1^i, \ldots, t_n^i)$ para um certo m (sugestão: use o Exercício 9, seção 2.5).
17. Sejam $\mathfrak{A}, \mathfrak{B} \in \text{Mod}(T)$ e $\mathfrak{A} \equiv \mathfrak{B}$. Mostre que $\text{Diag}(\mathfrak{A}) \cup \text{Diag}(\mathfrak{B}) \cup T$ é consistente (use o Teorema da Compacidade). Conclua que existe um modelo de T no qual ambas $\mathfrak{A}$ e $\mathfrak{B}$ podem ser isomorficamente imersas.
18. Considere a classe $\mathcal{K}$ de todas as estruturas de tipo $\langle 1; -; 0\rangle$ com uma relação unária enumerável. Mostre que quaisquer $\mathfrak{A}$ e $\mathfrak{B}$ em $\mathcal{K}$ da mesma cardinalidade $\kappa > \aleph_0$ são isomorfas. Mostre que $T = \text{Th}(\mathcal{K})$ não é κ-categórica para qualquer que seja $\kappa \geq \aleph_0$.
19. Considere uma teoria T da identidade com axiomas λ_n para todo $n \in \mathbb{N}$. Em quais cardinalidades T é categórica? Mostre que T é completa e decidível. Compare o resultado com o resultado do Exercício 12.
20. Mostre que a teoria das ordens densas sem extremos não é categórica na cardinalidade do contínuo.
21. Considere a estrutura $\mathfrak{A} = \langle \mathbb{R}, <, f\rangle$, onde $<$ é a ordem natural, e f é uma função unária. Seja L a linguagem correspondente. Mostre que não existe sentença σ de L tal que $\mathfrak{A} \models \sigma \Leftrightarrow f(r) > 0$ para todo $r \in \mathbb{R}$. (Dica: considere isomorfismos $x \mapsto x + k$).
22. Seja $\mathfrak{A} = \langle A, \sim\rangle$, onde $\sim$ é uma relação de equivalência com uma quantidade enumerável de classes de equivalência, todas as quais infinitas. Mostre que $\text{Th}(\mathfrak{A})$ é $\aleph_0$-categórica. Axiomatize $\text{Th}(\mathfrak{A})$. Existe uma axiomatização finita? $\text{Th}(\mathfrak{A})$ é κ-categórica para $\kappa > \aleph_0$?
23. Seja L uma linguagem com um símbolo de função unária f. Encontre uma sentença τ_n, que diz que "f tem um laço de comprimento n", i.e. $\mathfrak{A} \models \tau_n \Leftrightarrow$ existem $a_1, \ldots, a_n \in |\mathfrak{A}|$ tais que $f^\mathfrak{A}(a_i) = a_{i+1}$ $(i < n)$ e $f^\mathfrak{A}(a_n) = a_1$. Considere uma teoria T com o conjunto de axiomas $\{\beta, \neg\tau_1, \neg\tau_2, \neg\tau_3, \ldots, \neg\tau_n, \ldots\}$ ($n \in \omega$), onde β expressa que "f é bijetora".
Mostre que T é κ-categórica para $\kappa > \aleph_0$. (Dica: considere a partição $\{(f^\mathfrak{A})^i(a) \mid i \in \omega\}$ em um modelo $\mathfrak{A}$). T é $\aleph_0$-categórica?
Mostre que T é completa e decidível. T é finitamente axiomatizável?
24. Faça $T_\forall = \{\sigma \mid T \vdash \sigma$ e σ é universal$\}$. Mostre que $T_\forall$ axiomatiza a teoria de todas as subestruturas de modelos de T. Note que uma parte segue do Exercício 5. Para a recíproca: seja $\mathfrak{A}$ um modelo de $T_\forall$ e considere $\text{Diag}(\mathfrak{A} \cup T)$. Use a compacidade.
25. Dizemos que uma teoria é *preservada sob subestruturas* se $\mathfrak{A} \subseteq \mathfrak{B}$ e $\mathfrak{B} \in \text{Mod}(T)$ implica $\mathfrak{A} \in \text{Mod}(T)$.

(Łoś–Tarski). Mostre que T é preservada sob subestruturas sse T pode ser axiomatizada por sentenças universais (use o Exercício 26).
26. Seja $\mathfrak{A} \equiv \mathfrak{B}$. Mostre que existe uma estrutura $\mathfrak{C}$ tal que $\mathfrak{A} \prec \mathfrak{C}$, $\mathfrak{B} \prec \mathfrak{C}$ (a menos de isomorfismo). Dica: assuma que o conjunto das constantes novas de $\mathfrak{B}$ é disjunto do conjunto das constantes novas de $\mathfrak{A}$. Mostre que $Th(\hat{\mathfrak{A}}) \cup Th(\hat{\mathfrak{B}})$ tem um modelo.
27. Mostre que a ordenação $<$, definida por $x < y := \exists u(y = x + Su)$ é demonstravelmente transitiva na Aritmética de Peano, i.e. **PA** $\vdash \forall xyz(x < y \land y < z \to x < z)$.
28. Mostre que
    (i) **PA** $\vdash \forall x(0 \leq x)$ (use indução sobre x),
    (ii) **PA** $\vdash \forall x(x = 0 \lor \exists y(y = Sy))$ (use indução sobre x),
    (iii) **PA** $\vdash \forall xy(x + y = y + x)$,
    (iv) **PA** $\vdash \forall y(x < y \to Sx \leq y)$ (use indução sobre y),
    (v) **PA** $\vdash \forall xy(x < y \lor x = y \lor y < x)$ (use indução sobre x, o caso em que $x = 0$ é simples, e para o passo de x para Sx use (iv)),
    (vi) **PA** $\vdash \forall y \neg \exists (y < x \land x < Sy)$ (compare com o item (iv)).
29. (i) Mostre que a teoria L_∞ com "universo infinito" (cf. seção 3.1, Exercício 3 ou Exercício 21 acima) admite eliminação de quantificadores.
    (ii) Mostre que L_∞ tem um modelo primo.

4.4 Funções de Skolem ou Como Enriquecer Sua Linguagem

Em argumentos matemáticos é comum se encontrar passagens como "....existe um x tal que $\varphi(x)$ se verifica. Seja a um desses elementos, então vemos que ...". Em termos de nossa lógica, isso leva à introdução de uma constante sempre que a existência de algum elemento satisfazendo a certa condição tenha sido estabelecida. O problema é que: dessa forma se está fortalecendo a linguagem de uma maneira essencial? Formulando mais precisamente: suponha que $T \vdash \exists x \varphi(x)$. Introduza uma constante (nova) a e substitua T por $T' = T \cup \{\varphi(a)\}$. Pergunta: T' é conservativa sobre T, i.e. será que $T' \vdash \psi \Rightarrow T \vdash \psi$ se verifica, para ψ não contendo a? Já lidamos com um problema semelhante no contexto de teorias de Henkin (seção 3.1), portanto podemos usar aqui a experiência adquirida naquela ocasião.

Teorema 4.4.1 *Seja T uma teoria com linguagem L, tal que $T \vdash \exists x \varphi(x)$, onde $VL(\varphi) = \{x\}$, e seja c uma constante que não ocorre em L. Então $T \cup \{\varphi(c)\}$ é conservativa sobre T.*

Demonstração. Pelo Lema 3.1.7, $T' = T \cup \{\exists x \varphi(x) \to \varphi(c)\}$ é conservativa sobre T. Se $\psi \in L$ e $T' \cup \{\varphi(c)\} \vdash \psi$, então $T' \cup \{\exists x \varphi(x)\} \vdash \psi$, ou $T' \vdash \exists x \varphi(x) \to \psi$. Como T' é conservativa sobre T temos que $T \vdash \exists x \varphi(x) \to \psi$. Usando $T \vdash \exists x \varphi(x)$, obtemos $T \vdash \psi$. (Para uma demonstração alternativa veja o Exercício 6). □

O teorema acima é um caso especial de uma prática muito comum; se, no processo de se demonstrar um teorema, se estabelece que "para cada x existe um y tal que

4.4 Funções de Skolem ou Como Enriquecer Sua Linguagem

$\varphi(x,y)$", então é conveniente introduzir uma função auxiliar f que pega um y para cada x, tal que $\varphi(x, f(x))$ se verifica para cada x. Essa técnica usualmente envolve o axioma da escolha. Podemos fazer a mesma pergunta nesse caso: se $T \vdash \forall x \exists y \varphi(x,y)$, introduza um símbolo de função f e substitua T por $T' = T \cup \{\forall x \varphi(x, f(x))\}$. Pergunta: T' é conservativa sobre T? A ideia de enriquecer a linguagem através da introdução de símbolos adicionais de função, que fazem o papel de funções de escolha, remonta a Skolem.

Definição 4.4.2 *Seja φ uma fórmula da linguagem L com $VL(\varphi) = \{x_1, \ldots, x_n, y\}$. Associe a φ um símbolo de função n-ária f_φ chamado de* (símbolo de) *função de Skolem. A sentença*

$$\forall x_1 \ldots x_n (\exists y \varphi(x_1, \ldots, x_n, y) \to \varphi(x_1, \ldots, x_n, f_\varphi(x_1, \ldots, x_n)))$$

é chamada de axioma de Skolem *para φ.*

Note que a testemunha da seção 3.1 é um caso especial de uma função de Skolem (tome $n = 0$): f_φ é uma constante.

Definição 4.4.3 *Se T é uma teoria com linguagem L, então $T^{sk} = T \cup \{\sigma \mid \sigma \text{ é um axioma de Skolem para alguma fórmula de } L\}$ é a extensão de Skolem de T e sua linguagem L^{sk} estende L através da inclusão de todas as funções de Skolem para L. Se $\mathfrak{A}$ for do tipo de L e $\mathfrak{A}^{sk}$ uma expansão de $\mathfrak{A}$ do tipo de L^{sk}, tal que $\mathfrak{A}^{sk} \models \sigma$ para todos os axiomas σ de Skolem de L e $|\mathfrak{A}| = |\mathfrak{A}^{sk}|$, então $\mathfrak{A}^{sk}$ é chamada de uma* expansão de Skolem *de $\mathfrak{A}$.*

A interpretação em $\mathfrak{A}^{sk}$ de um símbolo de função de Skolem é chamada de uma função de Skolem.

Note que uma expansão de Skolem contém uma quantidade infinita de funções, portanto ela é uma suave extensão de nossa noção de estrutura. O análogo de 3.1.7 é

Teorema 4.4.4 (i) T^{sk} *é conservativa sobre T.*
(ii) *Cada $\mathfrak{A} \in \text{Mod}(T)$ tem uma expansão de Skolem $\mathfrak{A}^{sk} \in \text{Mod}(T^{sk})$.*

Demonstração. Primeiro mostramos (ii). Consideramos apenas o caso de fórmulas com $VL(\varphi) = \{x_1, \ldots, x_n, y\}$ para $n \geq 1$. O caso em que $n = 0$ é semelhante, porém mais simples. Ele requer a introdução de novas constantes em $\mathfrak{A}$ (cf. Exercício 6). Suponha que $\mathfrak{A} \in \text{Mod}(T)$ e $\varphi \in L$ com $VL(\varphi) = \{x_1, \ldots, x_n, y\}$. Queremos encontrar uma função de Skolem para φ em $\mathfrak{A}$.

Defina $V_{a_1,\ldots,a_n} = \{b \in |\mathfrak{A}| \mid \mathfrak{A} \models \varphi(\bar{a}_1, \ldots, \bar{a}_n, \bar{b})\}$.

Aplique AE, o axioma da escolha, ao conjunto $\{V_{a_1,\ldots,a_n} \mid V_{a_1,\ldots,a_n} \neq \emptyset\}$: existe uma função de escolha F tal que $F(V_{a_1,\ldots,a_n}) \in V_{a_1,\ldots,a_n}$.

Defina uma função de Skolem por

$$F_\varphi(a_1, \ldots, a_n) = \begin{cases} F(V_{a_1,\ldots,a_n}) & \text{se } V_{a_1,\ldots,a_n} \neq \emptyset, \\ e & \text{caso contrário} \end{cases}$$

onde $e \in |\mathfrak{A}|$.

Agora é uma questão de rotina verificar que de fato $\mathfrak{A}^{sk} \models \forall x_1 \ldots x_n (\exists y \varphi(x_1, \ldots, x_n, y) \to \varphi(x_1, \ldots, x_n, f_\varphi(x_1, \ldots, x_n)))$, onde $F_\varphi = f_\varphi^{\mathfrak{A}^{sk}}$, e $\mathfrak{A}^{sk}$ é a expansão de $\mathfrak{A}$ com todas as funções de Skolem F_φ (incluindo as "constantes de Skolem", i.e. testemunhas). O item (i) segue imediatamente do item (ii): Suponha que $T \not\vdash \psi$ (com $\psi \in L$), então existe uma estrutura $\mathfrak{A}$ tal que $\mathfrak{A} \not\models \psi$. Como $\psi \in L$, temos também que $\mathfrak{A}^{sk} \not\models \psi$ (cf. seção 3.2, Exercício 3), daí $T^{sk} \not\vdash \psi$. □

Observação. Não é necessário (devido a 3.4.4) estender L com *todas* os símbolos de função de Skolem. Podemos adicionar somente símbolos de função para algum conjunto dado S de fórmulas de L. Falamos então da extensão de Skolem de T com respeito a S (ou com respeito a φ se $S = \{\varphi\}$).

O seguinte corolário confirma que podemos introduzir funções de Skolem no curso de um argumento matemático, sem fortalecer essencialmente a teoria.

Corolário 4.4.5 *Se* $T \vdash \forall x_1 x_n \exists y \varphi(x_1, \ldots, x_n, y)$ *onde* $VL(\varphi) = \{x_1, \ldots, x_n, y\}$, *então* $T' = T \cup \{\forall x_1 \ldots x_n \varphi(x_1, \ldots, x_n, f(x_1, \ldots, x_n))\}$ *é conservativa sobre* T.

Demonstração. Observe que $T'' = T \cup \{\forall x_1 \ldots x_n (\exists y \varphi(x_1, \ldots, x_n, y) \to \varphi(x_1, \ldots, x_n, f(x_1, \ldots, x_n))\} \vdash \forall x_1 \ldots x_n \varphi(x_1, \ldots, x_n, f_\varphi(x_1, \ldots, x_n))$. Logo $T' \vdash \psi \Rightarrow T'' \vdash \psi$. Agora aplique 3.4.4. □

A introdução de uma extensão de Skolem de uma teoria T resulta na "eliminação" do quantificador existencial que ocorre em prefixos da forma $\forall x_1 \ldots x_n \exists y$. A iteração desse processo sobre as formas normais prenex acaba resultando na elimina- ção de todos os quantificadores existenciais.

As funções de Skolem em um modelo expandido não são de forma alguma únicas. Se, no entanto, $\mathfrak{A} \models \forall x_1 \ldots x_n \exists! y \varphi(x_1, \ldots, x_n, y)$, então a função de Skolem para φ é univocamente determinada; temos inclusive $\mathfrak{A}^{sk} \models \forall x_1 \ldots x_n y (\varphi(x_1, \ldots, x_n, y) \leftrightarrow y = f_\varphi(x_1, \ldots, x_n))$.

Dizemos que φ *define* a função F_φ em $\mathfrak{A}^{sk}$, e $\forall x_1 \ldots x_n y (\varphi(x_1, \ldots, x_n, y) \leftrightarrow y = f_\varphi(x_1, \ldots, x_n))$ é chamada de *definição* de F_φ em $\mathfrak{A}^{sk}$.

Podemos de bom senso esperar que com respeito às funções de Skolem a combinação $\forall \exists!$ conduz a melhores resultados que a combinação $\forall \exists$. O teorema seguinte nos diz que obtemos substancialmente mais que apenas um resultado de extensão conservativa.

Teorema 4.4.6 *Suponha que* $T \vdash \forall x_1 \ldots x_n \exists! y \varphi(x_1, \ldots, x_n, y)$, *onde* $VL(\varphi) = \{x_1, \ldots, x_n, y\}$ *e seja* f *um símbolo n-ário que não ocorre em* T *ou em* φ. *Então* $T^+ = T \cup \{\forall x_1 \ldots x_n y (\varphi(x_1, \ldots, x_n, y) \leftrightarrow y = f(x_1, \ldots, x_n))\}$ *é conservativa sobre* T.
Além do mais, existe uma tradução $\tau \to \tau^0$ *de* $L^+ = L \cup \{f\}$ *para* L, *tal que*
  (1) $T^+ \vdash \tau \leftrightarrow \tau^0$,
  (2) $T^+ \vdash \tau \Leftrightarrow T \vdash \tau^0$,
  (3) $\tau = \tau^0$ *para* $\tau \in L$.

Demonstração. (i) Mostraremos que f age tal qual uma função de Skolem; na realidade, T^+ é equivalente à teoria T' do Corolário 4.4.5 (tomando f para f_φ).

(a) $T^+ \vdash \forall x_1 \ldots x_n \varphi(x_1, \ldots, x_n, f(x_1, \ldots, x_n))$.
Pois, $T^+ \vdash \forall x_1 \ldots x_n \exists y \varphi(x_1, \ldots, x_n, y)$ e
$T^+ \vdash \forall x_1 \ldots x_n y(\varphi(x_1, \ldots, x_n, y) \leftrightarrow y = f(x_1, \ldots, x_n))$.
Agora um exercício simples em dedução natural, envolvendo RI_4, produz (a).
Por conseguinte, $T' \subseteq T^+$ (na notação de 4.4.5).
(b) $y = f(x_1, \ldots, x_n), \forall x_1 \ldots x_n \varphi(x_1 \ldots x_n, f(x_1, \ldots, x_n)) \vdash$
$\varphi(x_1, \ldots, x_n, y)$, logo, $T' \vdash y = f(x_1, \ldots, x_n) \to \varphi(x_1, \ldots, x_n, y)$
e $\varphi(x_1, \ldots, x_n, y), \forall x_1 \ldots x_n \varphi(x_1, \ldots, x_n, f(x_1, \ldots, x_n))$,
$\forall x_1 \ldots x_n \exists! y \varphi(x_1, \ldots, x_n, y) \vdash y = f(x_1, \ldots, x_n)$,
so $T' \vdash \varphi(x_1, \ldots, x_n, y) \to y = f(x_1, \ldots, x_n)$.
Daí, $T' \vdash \forall x_1 \ldots x_n y(\varphi(x_1, \ldots, x_n, y) \leftrightarrow y = f(x_1, \ldots, x_n))$.
Logo, $T^+ \subseteq T'$, e, portanto, $T' = T^+$.
Agora, por 4.4.5, T^+ é conservativa sobre T.

(ii) A ideia, por trás da tradução, é substituir ocorrências de $f(-)$ por uma nova variável e eliminar f. Seja $\tau \in L^*$ e suponha que $f(-)$ seja um termo em L^* que não contém f em qualquer de seus subtermos. Então $\vdash \tau(\ldots, f(-), \ldots) \leftrightarrow \exists y(y = f(-) \wedge \tau(\ldots, y, \ldots))$, onde y não ocorre em τ, and $T^+ \vdash \tau(\ldots, f(-), \ldots) \leftrightarrow \exists y(\varphi(-, y) \wedge \tau(\ldots, y, \ldots))$. O lado direito contém uma ocorrência de f a menos que τ. Iteração do procedimento leva à fórmula sem f desejada τ^0. O leitor pode preencher os detalhes de uma definição indutiva precisa de τ^0; note que é preciso considerar apenas fórmulas τ atômicas (a tradução se estende trivialmente a todas as fórmulas). Dica: defina algo como "f-profundidade"de termos e átomos. Da descrição acima de τ^0 segue imediatamente que $T^+ \vdash \tau \leftrightarrow \tau^0$. Agora (2) segue de (i) e (1). Finalmente (3) é evidente. □

Como um caso especial obtemos a *definição explícita* de uma função.

Corolário 4.4.7 *Suponha que* $VL(t) = \{x_1, \ldots, x_n\}$ *e que* $f \notin L$. *Então* $T^+ = T \cup \{\forall x_1 \ldots x_n(t = f(x_1, \ldots, x_n))\}$ *é conservativa sobre* T.

Demonstração. Temos que $\forall x_1 \ldots x_n \exists! y(y = t)$, portanto a definição de f, como em 4.4.6, se torna $\forall x_1 \ldots x_n y(y = t \leftrightarrow y = f(x_1, \ldots, x_n))$, que, pelas regras de predicados e de identidade, é equivalente a $\forall x_1 \ldots x_n(t = f(x_1, \ldots, x_n))$. □

Chamamos $f(x_1, \ldots x_n) = t$ de *definição explícita* de f. Pode-se também adicionar novos símbolos de predicado a uma linguagem de forma a substituir fórmulas por átomos.

Teorema 4.4.8 *Suponha que* $VL(\varphi) = \{x_1, \ldots, x_n\}$ *e que* Q *seja um símbolo de predicado que não está em* L. *Então*

(i) $T^+ = T \cup \{\forall x_1 \ldots x_n(\varphi \leftrightarrow Q(x_1, \ldots, x_n))\}$ *é conservativa sobre* T.
(ii) existe uma tradução $\tau \to \tau^0$ *para* L *tal que*
   (1) $T^+ \vdash \tau \leftrightarrow \tau^0$,
   (2) $T^+ \vdash \tau \Leftrightarrow T \vdash \tau^0$,
   (3) $\tau = \tau^0$ *para* $\tau \in L$.

4 Completude e Aplicações

Demonstração. Semelhante a, porém mais simples que, a demonstração acima. Indicamos os passos; os detalhes são deixados ao leitor.

(a) Seja $\mathfrak{A}$ do tipo de L. Expanda $\mathfrak{A}$ para $\mathfrak{A}^+$ adicionando uma relação $Q^+ = \{\langle a_1, \ldots, a_n\rangle | \mathfrak{A} \models \varphi(\bar{a}_1, \ldots, \bar{a}_n)\}$.
(b) Mostre que $\mathfrak{A} \models T \Leftrightarrow \mathfrak{A}^+ \models T^+$ e conclua (i).
(c) Imite a tradução de 4.4.6.

□

Chamamos as extensões mostradas em 4.4.6, 4.4.7 e 4.4.8, de *extensões por definição*. As sentenças
$$\forall x_1 \ldots x_n y(\varphi \leftrightarrow y = f(x_1, \ldots, x_n)),$$
$$\forall x_1 \ldots x_n (f(x_1, \ldots, x_n = t),$$
$$\forall x_1 \ldots x_n (\varphi \leftrightarrow Q(x_1, \ldots, x_n)),$$
são chamadas *axiomas definidores* para f e Q respectivamente.

A Extensão por Definição faz parte da prática diária da matemática (e da ciência em geral). Se uma certa noção, definível em uma dada linguagem, tem um papel importante em nossas considerações, então é conveniente se ter uma notação curta, fácil, para tal noção.

Pense em "x é um número primo", "x é igual a y ou menor que y", "x é o máximo de x e y", etc.

Exemplos.

1. *Funções características*

Considere uma teoria T com (no mínimo) duas constantes c_0, c_1, tal que $T \vdash c_0 \neq c_1$. Seja $VL(\varphi) = \{x_1, \ldots, x_n\}$, então $T \vdash \forall x_1 \ldots x_n \exists! y (\varphi \wedge y = c_1) \vee (\neg \varphi \wedge y = c_0))$. (Mostre isso diretamente ou use o Teorema da Completude.)

O axioma definidor para a função característica K_φ é
$$\forall x_1 \ldots x_n y(((\varphi \wedge y = c_0) \vee (\neg \varphi \wedge y = c_1)) \leftrightarrow y = K_\varphi(x_1, \ldots, x_n)).$$

2. *Definições por Recursão (Primitiva)*

Em aritmética frequentemente se introduz funções por recursão, e.g. $x!$, x^y. O estudo dessas funções e similares pertence à teoria da recursão; aqui apenas chamamos a atenção para o fato de que podemos adicionar conservativamente símbolos e axiomas para tais funções.

Fato (Gödel, Davis, Matijasevich): cada função recursiva é definível em **PA**, no sentido de que existe uma fórmula φ de **PA** tal que

(i) $\mathbf{PA} \vdash \forall x_1 \ldots x_n \exists! y \varphi(x_1, \ldots, x_n, y)$ e
(ii) para $k_1, \ldots, k_n, m \in N$, $f(k_1, \ldots, k_n) = m \Rightarrow \mathbf{PA} \vdash \varphi(\bar{k}_1, \ldots, \bar{k}_n, \bar{m})$.

Para maiores detalhes, ver *Smorynski*, 1991; *Davis*, 1958.

Antes de terminar este capítulo, vamos brevemente retornar ao tópico de funções de Skolem e expansões de Skolem. Como observamos anteriormente, a introdução de funções de Skolem nos permite descartar certos quantificadores existenciais em fórmulas. Exploraremos essa idéia para reescrever fórmulas como fórmulas universais (em uma linguagem estendida!).

4.4 Funções de Skolem ou Como Enriquecer Sua Linguagem

Primeiro transformamos a fórmula φ na forma normal prenex φ'. Vamos supor que $\varphi' = \forall x_1 \ldots x_n \exists y \psi(x_1, \ldots, x_n, y, z_1, \ldots, z_k)$, onde $z_1, \ldots, z_k$ são todas as variáveis livres em φ. Agora considere
$$T^* = T \cup \{\forall x_1 \ldots x_n z_1 \ldots z_k (\exists y \psi(x_1, \ldots, x_n, y, z_1, \ldots, z_k) \to$$
$$\psi(x_1, \ldots, x_n, f(x_1, \ldots, x_n, z_1, \ldots, z_k), z_1, \ldots, z_k))\}.$$
Pelo Teorema 4.4.4 T^* é conservativa sobre T, e é um exercício simples em lógica mostrar que
$$T^* \vdash \forall x_1 \ldots x_n \exists y \psi(-, y, -) \leftrightarrow \forall x_1 \ldots x_n \psi(-, f(\ldots), -).$$
Agora repetimos o processo e eliminamos o próximo quantificador existencial no prefixo de ψ; em um número finito de passos obtemos uma fórmula φ^* em forma normal prenex sem quantificadores existenciais, que, em uma extensão conservativa apropriada de T obtida por uma série de expansões de Skolem, é equivalente a φ.

Advertência: A *forma de Skolem* φ^* é um tipo diferente de forma normal, no sentido de que ela não é *logicamente equivalente* a φ.

O Teorema 4.4.4 mostra que a adição de Axiomas de Skolem a uma teoria é conservativa, de modo que podemos operar com segurança com formas de Skolem. A forma de Skolem φ^* tem a propriedade de que é satisfatível se e somente se φ também o é (cf. Exercício 4). Por conseguinte ela é às vezes chamada a forma de Skolem para satisfatibilidade. Existe uma forma dual de Skolem φ_s (cf. Exercício 5), que é válida se e somente se φ também o é. φ_s é chamada a forma de Skolem para validade.

Exemplo. $\forall x_1 \exists y_1 \exists y_2 \forall x_2 \exists y_3 \forall x_3 \forall x_4 \exists y_4 \, \varphi(x_1, x_2, x_3, x_4, y_1, y_2, y_3, y_4, z_1, z_2)$.

passo 1. Eliminar y_1:
$\forall x_1 \exists y_2 \forall x_2 \exists y_3 \forall x_3 \forall x_4 \exists y_4 \, \varphi(x_1, x_2, x_3, x_4, f(x_1, z_1, z_2), y_2, y_3, y_4, z_1, z_2)$.
passo 2. Eliminar y_2:
$\forall x_1 \forall x_2 \exists y_3 \forall x_3 \forall x_4 \exists y_4 \, \varphi(\ldots, f(x_1, z_1, z_2), g(x_1, z_1, z_2), y_3, y_4, z_1, z_2)$.
passo 3. Eliminar y_3:
$\forall x_1 \forall x_2 \forall x_3 \forall x_4 \exists y_4 \, \varphi(\ldots, f(x_1, z_1, z_2), g(x_1, z_1, z_2), h(x_1, x_2, z_1, z_2), y_4, z_1, z_2)$.
passo 4. Eliminar y_4:
$\forall x_1 \forall x_2 \forall x_3 \forall x_4 \, \varphi(\ldots, f(x_1, z_1, z_2), g(x_1, z_1, z_2), h(x_1, x_2, z_1, z_2), k(x_1, x_2, x_3,$
$x_4, z_1, z_2), z_1, z_2)$.

Em expansões de Skolem temos funções disponíveis que pegam elementos para nós. Podemos explorar isso para obter extensões elementares.

Teorema 4.4.9 *Considere $\mathfrak{A}$ e $\mathfrak{B}$ do mesmo tipo. Se $\mathfrak{B}^{sk}$ for uma expansão de Skolem de $\mathfrak{B}$ e $\mathfrak{A}^* \subseteq \mathfrak{B}^{sk}$, onde $\mathfrak{A}^*$ é alguma expansão de $\mathfrak{A}$, então $\mathfrak{A} \prec \mathfrak{B}$.*

Demonstração. Usamos o Exercício 7 da seção 3.3. Sejam $a_1, \ldots, a_n \in |\mathfrak{A}|$, $\mathfrak{B} \models \exists y \varphi(y, \bar{a}_1, \ldots, \bar{a}_n) \Leftrightarrow \mathfrak{B}^{sk} \models \varphi(f_\varphi(\bar{a}_1, \ldots, \bar{a}_n), \bar{a}_1, \ldots, \bar{a}_n)$, onde f_φ é a função de Skolem para φ. Como $\mathfrak{A}^* \subseteq \mathfrak{B}^{sk}$, $f_\varphi^{\mathfrak{A}^*}(a_1, \ldots, a_n) = f_\varphi^{\mathfrak{B}^{sk}}(a_1, \ldots, a_n)$ e portanto $b = (f_\varphi(\bar{a}_1, \ldots, \bar{a}_n))^{\mathfrak{B}^{sk}} = (f_\varphi(\bar{a}_1, \ldots, \bar{a}_n))^{\mathfrak{A}^*} \in |\mathfrak{A}|$. Daí $\mathfrak{B}^{sk} \models \varphi(\bar{b}, \bar{a}_1, \ldots, \bar{a}_n)$.
Isso mostra que $\mathfrak{A} \prec \mathfrak{B}$. □

Definição 4.4.10 *Seja $X \subseteq |\mathfrak{A}|$. A Envoltória de Skolem $\mathfrak{S}_X$ de X é a subestrutura de $\mathfrak{A}$ que é o reduto da estrutura gerada por X na expansão de Skolem $\mathfrak{A}^{sk}$ de $\mathfrak{A}$ (cf. Exercício 14, seção 3.3).*

Em outras palavras, $\mathfrak{S}_X$ é a menor subestrutura de $\mathfrak{A}$, contendo X, que é fechada sob todas as funções de Skolem (incluindo as constantes).

Corolário 4.4.11 *Para todo* $X \subseteq |\mathfrak{A}|$, $\mathfrak{S}_X \prec \mathfrak{A}$.

Agora obtemos imediatamente a versão mais forte do Teorema de Skolem–Löwenheim de-cima-para-baixo formulada no Teorema 3.3.12, observando que a cardinalidade de uma subestrutura gerada por X é a maior entre as cardinalidades de X e a da linguagem. Isso se verifica também no caso em questão, onde um número infinito de funções de Skolem são adicionadas à linguagem).

Exercícios

1. Considere o exemplo sobre a função característica.
   (i) Mostre que $T^+ \vdash \forall x_1 \ldots x_n(\varphi \leftrightarrow K_\varphi(x_1, \ldots, x_n) = c_1)$.
   (ii) Traduza $K_\varphi(x_1, \ldots, x_n) = K_\varphi(y_1, \ldots, y_n)$.
   (iii) Mostre que $T^+ \vdash \forall x_1 \ldots x_n y_1 \ldots y_n (K_\varphi(x_1, \ldots, x_n) = K_\varphi(y_1, \ldots, y_n)) \leftrightarrow \forall x_1 \ldots x_n \varphi(x_1, \ldots, x_n) \vee$
   $\forall x_1 \ldots x_n \neg \varphi(x_1, \ldots, x_n)$.
2. Determine as formas de Skolem de
   (a) $\forall y \exists x (2x^2 + yx - 1 = 0)$,
   (b) $\forall \varepsilon \exists \delta (\varepsilon > 0 \to (\delta > 0 \wedge \forall x(|x - \overline{a}| < \delta \to |f(x) - f(\overline{a})| < \varepsilon)$,
   (c) $\forall x \exists y (x = f(y))$,
   (d) $\forall xy(x < y \to \exists u(u < x) \wedge \exists v(y < v) \wedge \exists w(x < v \wedge w < y))$,
   (e) $\forall x \exists y(x = y^2 \vee x = -y^2)$.
3. Seja σ^s a forma de Skolem de σ. Considere apenas sentenças.
   (i) Mostre que $\Gamma \cup \{\sigma^*\}$ é conservativa sobre $\Gamma \cup \{\sigma\}$.
   (ii) Faça $\Gamma^s = \{\sigma^s \mid \sigma \in \Gamma\}$. Mostre que para
   Γ finita, Γ^s é conservativa sobre Γ.
   (iii) Mostre que Γ^s é conservativa sobre Γ para Γ arbitrária.
4. Uma fórmula φ com $VL(\varphi) = \{x_1, \ldots, x_n\}$ é chamada de *satisfatível* se existe uma $\mathfrak{A}$ e $a_1, \ldots, a_n \in |\mathfrak{A}|$ tal que $\mathfrak{A} \models \varphi(\overline{a}_1, \ldots, \overline{a}_n)$. Mostre que φ é satisfatível sse φ^s é satisfatível.
5. Seja σ uma sentença em forma normal prenex. Definimos a *forma dual de Skolem* σ_s de σ da seguinte maneira: seja $\sigma = (Q_1 x_1) \ldots (Q_n x_n) \tau$, onde τ é livre de quantificador e os Q_i's são quantificadores. Considere $\sigma' = (\overline{Q}_1 x_1) \ldots (\overline{Q}_n x_n) \neg \tau$, onde $\overline{Q}_i = \forall, \exists$ sse $Q_i = \exists, \forall$. Suponha que $(\sigma')^s = (\overline{Q}_{i_1} x_{i_1}) \ldots (\overline{Q}_{i_k} x_{i_k}) \neg \tau'$; então $\sigma_s = (Q_{i_1} x_{i_1}) \ldots (Q_{i_k} x_{i_k}) \tau'$.
   Em palavras: elimine de σ os quantificadores universais e suas variáveis tal qual os existenciais no caso da forma de Skolem. Findamos com uma sentença existencial.
   Exemplo. $(\forall x \exists y \forall z \varphi(x, y, z))_s = \exists y \varphi(c, y, f(y))$.

   Assumimos que L tem pelo menos um símbolo de constante.
   (a) Mostre que para todas as sentenças (prenex) σ, $\models \sigma$ sse $\models \sigma_s$. (Sugestão: veja o Exercício 4). Daí o nome "forma de Skolem para *validade*".

(b) Demonstre o *Teorema de Herbrand*

$$\vdash \sigma \quad \Leftrightarrow \quad \bigvee_{i=1}^{m} \sigma'_s(t^i_1, \ldots, t^i_n)$$

para algum m, onde σ'_s é obtida de σ_s removendo os quantificadores. Os t^i_j ($i \leq m, j \leq n$) são certos termos fechados na expansão dual de Skolem de L. Sugestão: olhe para $\neg(\neg\sigma)^s$. Use o Exercício 18, seção 3.3.

6. Suponha que $T \vdash \exists x \varphi(x)$, com $VL(\varphi) = \{x\}$. Mostre que qualquer modelo $\mathfrak{A}$ de T pode ser expandido para um modelo $\mathfrak{A}^*$ de T com uma constante adicional c tal que $\mathfrak{A}^* \models \varphi(c)$. Use isso para construir uma demonstração alternativa de 4.4.1.
7. Considere I_∞ a teoria da identidade "com universo infinito" com axiomas λ_n ($n \in N$) e I'_∞ com constantes adicionais c_i ($i \in N$) e axiomas $c_i \neq c_j$ para $i \neq j, i, j \in N$. Mostre que I'_∞ é conservativa sobre I_∞.

4.5 Ultraprodutos

Até aqui exploramos o poder da interação entre lógica e suas interpretações; o teorema da completude é a chave para aquela parte da lógica, pois nos propicia o teorema da compacidade, nos fornece modelos não-padrão, caracteriza teorias, etc. Nesta seção vamos olhar para o lado modelo-teórico a partir de um ponto de vista diferente.

Poder-se-ia perguntar até onde se pode chegar sem as ferramentas formais da lógica; mais especificamente, até onde nos levará a abordagem modelo-teórica? Nesta seção introduziremos uma ferramenta para construção de modelos que é muito útil para aplicações em matemática, e que nos permite esquecer por um minuto o lado das derivações de lógica. A noção de ultraproduto foi introduzida nos anos 1950 por Łos.

Há muitas técnicas que permitem construir novas estruturas a partir de outras. Aqui vai um exemplo simples: sejam $\mathfrak{A}$ e $\mathfrak{B}$ grupos; então o produto cartesiano $\mathfrak{A} \times \mathfrak{B}$ consiste de pares (a, b) com $a \in A, b \in B$. Multiplicação é definida coordenada a coordenada: $(a_1, b_1) \cdot (a_2, b_2) = a_1 \cdot a_2, b_1 \cdot b_2)$ e a identidade é o par de identidades. O resultado é novamente um grupo. Note, entretanto, que o produto cartesiano de dois corpos não é um corpo.

Vamos generalizar essa noção de produto de modo que as propriedades do produto possam ser mantidas sob controle. Isso requer um pouco de teoria dos conjuntos.

Definição 4.5.1 *Seja I um conjunto não-vazio. $\mathcal{F} \subseteq \mathcal{P}(I)$ é um* filtro *se*

(i) $A, B \in \mathcal{F} \Rightarrow A \cap B \in \mathcal{F}$
(ii) $A \in \mathcal{F}, A \subseteq B \Rightarrow B \in \mathcal{F}$
(iii) $\emptyset \notin \mathcal{F}$ *(o filtro é* próprio)

Assumimos que $\mathcal{F} \neq \emptyset$. Se $\mathcal{F}$ is maximal, então $\mathcal{F}$ é chamado de *ultrafiltro*. $\mathcal{F}$ é chamado de *filtro livre* se $\cap \mathcal{F} = \emptyset$.

Exemplo 4.5.2 *Os seguintes conjuntos são filtros:*

1. $\mathcal{F} = \{A \mid A \supseteq A_0\}$, para $A_0 \neq \emptyset$. Se $A_0 = \{a_0\}$, então claramente $\mathcal{F}$ é um ultrafiltro; esse filtro é chamado de ultrafiltro principal.
2. $\mathcal{F} = \{A \mid I - A \text{ é finito }\}$, para I infinito. Os A's nesse filtro são chamados de conjuntos co-finitos.
3. $\mathcal{F} = \{A \subseteq [0,1] \mid \mu(A) = 1\}$. Aqui μ é a medida de Lebesgue.

A definição a seguir nos propicia muitos filtros.

Definição 4.5.3 $G \subseteq \mathcal{P}(I)$ tem a propriedade da interseção finita (fip) se

$$A_1, \ldots, A_n \in G \Rightarrow A_1 \cap \cdots \cap A_n \neq \emptyset$$

Lema 4.5.4 *Se G tem a propriedade da interseção finita, então G está contido em um filtro.*

Demonstração. Defina $\mathcal{F} = \{A \mid A \supseteq B_1 \cap \cdots \cap B_k \text{ for } B_1, \ldots, B_k \in G \text{ e } k \in \mathbb{N}\}$
(i) se $A, A' \in \mathcal{F}$, então $A \supseteq B_1 \cap \cdots \cap B_k$ e $A' \supseteq B'_1 \cap \cdots \cap B'_l$ para certos $B_1, \ldots, B_k, B'_1, \ldots, B'_l \in G$. Portanto, $A \cap A' \supseteq B_1 \cap \cdots \cap B_k \cap B'_1 \cap \cdots \cap B'_l$, o que implica que $A \cap A' \in \mathcal{F}$.
(ii) $A \in \mathcal{F}, A \subseteq A' \Rightarrow A' \in \mathcal{F}$. Trivial.
(iii) $\emptyset \notin \mathcal{F}$. Trivial. □

Exercício 4.5.5 *Mostre que esse $\mathcal{F}$ é o menor filtro contendo G. Dizemos que G gera $\mathcal{F}$.*

Lema 4.5.6 *Seja $\mathcal{F} \subseteq \mathcal{P}(I)$ um filtro. As seguintes condições são equivalentes:*
(i) $\mathcal{F}$ é um ultrafiltro.
(ii) $A \in \mathcal{F}$ ou $A^c \in \mathcal{F}$ para todo $A \subseteq X$.
(iii) $A \cup B \in \mathcal{F} \Rightarrow A \in \mathcal{F}$ ou $B \in \mathcal{F}$.

Demonstração. (i) $\Rightarrow$ (ii) Assuma que $A, A^c \notin \mathcal{F}$. Afirmação: $\{A\} \cup \mathcal{F}$ tem a propriedade da interseção finita. Suponha que $\{A\} \cup \mathcal{F}$ não tenha a propriedade da interseção finita. Considere $A_1 \cap \cdots \cap A_n$ onde $A_i \in \mathcal{F}$. Se $(A_1 \cap \cdots \cap A_n) \cap A = \emptyset$, então $A^c \supseteq A_1 \cap \cdots \cap A_n$. Mas então $A^c \in \mathcal{F}$ — contradição. Suponha que $\mathcal{G} \subseteq \mathcal{P}(X)$ seja gerado por $\mathcal{F} \cup \{A\}$, então $\mathcal{G} \supseteq \mathcal{F}$ e $\mathcal{G} \neq \mathcal{F}$; isso contradiz a maximalidade de $\mathcal{F}$. Daí $A \in \mathcal{F}$ ou $A^c \in \mathcal{F}$.
(ii) $\Rightarrow$ (iii) Suponha que $A \cup B \in \mathcal{F}$. Agora suponha que $A, B \notin \mathcal{F}$. Então, pela condição (ii), $A^c, B^c \in \mathcal{F}$. Em razão do fato de que $\mathcal{F}$ é um filtro, tem-se também que $A^c \cap B^c \in \mathcal{F}$, o que é equivalente a $(A \cup B)^c \in \mathcal{F}$. Mas então segue que $(A \cup B) \cap (A \cup B)^c = \emptyset \in \mathcal{F}$. Contradição.
(iii) $\Rightarrow$ (i) Asuma que $\mathcal{F}$ não seja maximal. Então $\mathcal{F}$ é um subconjunto próprio de um filtro $\mathcal{F}'$. Por conseguinte, existe um conjunto A em $\mathcal{F}'$ que não pertence a $\mathcal{F}$.
Agora $A \cup A^c = I \in \mathcal{F}$, portanto, pela condição (ii), $A \in \mathcal{F}$ or $A^c \in \mathcal{F}$. Na verdade, $A^c \in \mathcal{F}$, daí $A^c \in \mathcal{F}'$. Sabemos que $A \in \mathcal{F}'$, portanto $\emptyset \in \mathcal{F}'$. Contradição, logo $\mathcal{F}$ é um ultrafiltro. □

Exercício 4.5.7 *Se $\mathcal{F}$ for um filtro livre, então $\mathcal{F}$ não contém conjuntos finitos.*

4.5 Ultraprodutos

Corolário 4.5.8 *(i) Se $\mathcal{F}$ for um ultrafiltro livre, então $\mathcal{F}$ contém todos os conjuntos cofinitos.*
(ii) Se I for finito e $\mathcal{F} \subseteq \mathcal{P}(I)$ for um ultrafiltro, então $\mathcal{F}$ não é livre (é principal).

Teorema 4.5.9 (AC) *Todo filtro está contido em um ultrafiltro.*

Demonstração. Vamos usar o lema de Zorn. Suponha que tenhamos um filtro $\mathcal{F} \subseteq \mathcal{P}(X)$. Seja Z o conjunto de todos os filtros contendo $\mathcal{F}$ parcialmente ordenado por $\subseteq$. Seja $\mathcal{K}$ uma cadeia em Z. Defina $\mathcal{F}^* = \cup \mathcal{K}$. Afirmação: $\mathcal{F}^*$ um filtro.
(i) $A, B \in \mathcal{F}^* \Rightarrow A \in \mathcal{F}_1, B \in \mathcal{F}_2$ para certos $\mathcal{F}_1, \mathcal{F}_2 \in \mathcal{K}$. Digamos que $\mathcal{F}_1 \subseteq \mathcal{F}_2$, então $A, B \in \mathcal{F}_2 \Rightarrow A \cap B \in \mathcal{F}_2 \Rightarrow A \cap B \in \mathcal{F}^*$.
(ii) Suponha que $A \in \mathcal{F}^*$ e $B \supseteq A$. Isso significa que $A \in \mathcal{F}$ para algum $\mathcal{F} \in \mathcal{K}$. Dado que $\mathcal{F}$ é um filtro, segue que $B \in \mathcal{F}$, o que implica que $B \in \mathcal{F}^*$.
(iii) $\emptyset \notin \mathcal{F}^*$. Trivial.
Note que $\mathcal{F} \in \mathcal{K} \Rightarrow \mathcal{F} \subseteq \mathcal{F}^*$. Agora podemos aplicar o lema de Zorn: existe um $\mathcal{F}_m \in Z$ maximal. Esse é o ultrafiltro que se procurava. □

Corolário 4.5.10 *Existe um ultrafiltro livre sobre todo conjunto infinito I.*

Demonstração. A interseção de todos os conjuntos cofinitos de I é vazia (por que?). Portanto, tome F gerado pelos conjuntos cofinitos e estenda-o para um ultrafiltro. □

Corolário 4.5.11 *Existe um ultrafiltro livre sobre todo conjunto infinito I.*

Demonstração. A interseção de todos os conjuntos cofinitos de I é vazia (por que?). Portanto, tome F gerado pelos conjuntos cofinitos e estenda-o para um ultrafiltro. □

Exercício 4.5.12 *(1) Seja $\mathcal{F}$ um ultrafiltro livre. Mostre que $A \in \mathcal{F}$ e B é finito $\Rightarrow A - B \in \mathcal{F}$.*
(2) Mostre que se $G \subseteq \mathcal{P}(\mathbb{N})$ e G for contável $\Rightarrow G$ não gera um ultrafiltro livre.
(3) Seja $\mathcal{F}$ um filtro (um ultrafiltro) sobre I e $A \in \mathcal{F}$ então $\mathcal{F} \cap \mathcal{P}(A)$ é um filtro (um ultrafiltro) sobre A.
(4) O conjunto de todos os filtros é fechado sob interseção e união arbitrárias de cadeias.

Nosso próximo passo é a definição geral de produtos cartesianos de estruturas com o mesmo tipo de similaridade. Considere um conjunto indexado $\{\mathfrak{A}_i | i \in I\}$; para o universo do produto cartesiano do conjunto simplesmente tomamos o produto cartesiano dos universos e definimos as relações e operações coordenada-a-coordenada. A linguagem L é fixa.

Definição 4.5.13 (Produto cartesiano de estruturas) *1. $\prod_{i \in I} A_i = \{f : I \to \bigcup_{i \in I} A_i \mid f(i) \in A_i\}$. Por conveniencia, fazemos $\prod_{i \in I} A_i = A$*
2. $R^A(f_1, \ldots, f_n) \Leftrightarrow \forall i \in I(R^{A_i}(f_1(i), \ldots, f_n(i)))$
3. $F^A(f_1, \ldots, f_n) = \lambda i. F^{A_i}(f_1(i), \ldots, f_n(i))$
4. $c^A = \lambda i. c^{A_i}$
5. $\prod_{i \in I} \mathfrak{A}_i = \langle A, R_1^A, \ldots, R_n^A, F_1^A, \ldots, F_n^A, \{c_j^A \mid j \in J\}\rangle$.
Denotaremos essa estrutura produto por $\mathfrak{A}$ quando essa notação der origem a confusões.

140   4 Completude e Aplicações

Exemplo 4.5.14 $\prod_{i \in \mathbb{N}} \mathfrak{A}_i$ onde $\mathfrak{A}_i = \langle \mathbb{N}, +, \cdot, \{0, 1\} \rangle$

Como isso é o produto enumerável dos números naturais, estamos considerando todas as funções de $\mathbb{N}$ para $\mathbb{N}$. Pode-se vizualizar essas funções no primeiro quadrante do plano.

Daqui por diante praticaremos um abuso inofensivo de linguagem usando $\mathfrak{A}$ tanto para a estrutura quanto para seu universo; o leitor não terá dificuldade de discernir os dois significados.

Lema 4.5.15 *Seja $\mathcal{F}$ um filtro sobre I; faça $f_1 \sim f_2 \Leftrightarrow \{i \in I \mid f_1(i) = f_2(i)\} \in \mathcal{F}$, onde $f_1, f_2 \in \mathfrak{A}$. Então $\sim$ é uma relação de equivalencia sobre $\mathfrak{A}$.*

Demonstração. (i) $f_1 \sim f_1$. Note que $\{i \in I \mid f_1(i) = f_1(i)\} = I \in \mathcal{F}$.
(ii) $f_1 \sim f_2 \Rightarrow f_2 \sim f_1$, por definição.
(iii) *Transitividade.* Assuma que $f_1 \sim f_2$ e que $f_2 \sim f_3$.
Faça $A_1 = \{i \in I \mid f_1(i) = f_2(i)\}$ e $A_2 = \{i \in I \mid f_2(i) = f_3(i)\}$, então $A_1, A_2 \in (\mathcal{F})$, e, portanto, $A_1 \cap A_2 \in \mathcal{F}$. Agora $A_1 \cap A_2 \subseteq \{i | f_1(i) = f_3(i)\}$. Logo, $\{i \in I \mid f_1(i) = f_3(i)\} \in \mathcal{F}$, e, portanto, $f_1 \sim f_3$. □

Notação: A notação apropriada para a relação de equivalencia com respeito a $\mathcal{F}$ seria $\sim_\mathcal{F}$. Quando não houver chance de surgir confusão, manteremos $\sim$.
A classe de equivalencia de f sob $\sim_\mathcal{F}$ será denotada por $f/\mathcal{F}$.

As classes de equivalencia dos elementos do produto cartesiano $\mathfrak{A}$ servirão como os elementos de uma nova estrutura. Para esse propósito temos que definir as relações e as operações.

Lema 4.5.16 *1. Se $f_1 \sim g_1, \ldots, f_n \sim g_n$ então*
$\{i \in I \mid R^{\mathfrak{A}_i}(f_1(i), \ldots, f_n(i))\} \in \mathcal{F} \Leftrightarrow \{i \in I \mid R^{\mathfrak{A}_i}(g_1(i), \ldots, g_n(i))\} \in \mathcal{F}$
2. Se $f_1 \sim g_1, \ldots, f_n \sim g_n$, então $F^A(f_1(i), \ldots, f_n(i)) \sim F^A(g_1(i), \ldots, g_n(i))$

Demonstração. (a) $\Rightarrow$: Faça $A_1 = \{i \in I | f_1(i) = g_1(i)\}, \ldots\ldots, A_n = \{i \in I | f_n(i) = g_n(i)\}$
Suponha que $A_1, \ldots\ldots, A_n \in \mathcal{F}$ e $B = \{i \in I \mid R^{\mathfrak{A}_i}(f_1(i), \ldots, f_n(i))\} \in \mathcal{F}$ sejam dados. Se $i \in A_1 \cap \ldots \cap A_n \cap B$, então $f_1(i) = g_1(i), \ldots, f_n(i) = g_n(i)$ e $R^{\mathfrak{A}_i}(f_1(i), \ldots, f_n(i))$ logo $R^{\mathfrak{A}_i}(g_1(i), \ldots, g_n(i))$. Portanto, $A_1 \cap \ldots \cap A_n \cap B \subseteq \{i \in I \mid R^{\mathfrak{A}_i}(g_1(i), \ldots, g_n(i))\}$ e, como $A_1 \cap \ldots \cap A_n \cap B \in \mathcal{F}$, segue que $\{i \in I \mid R^{\mathfrak{A}_i}(g_1(i), \ldots, g_n(i))\} \in \mathcal{F}$.
$\Leftarrow$: semelhante.
(b) Seja $A_1 \cap \ldots \cap A_n \in \mathcal{F}$, como no item (a). Considere o conjunto $C = \{i \in I \mid \mathcal{F}^{\mathfrak{A}_i}(f_1(i), \ldots, f_n(i)) = \mathcal{F}^{\mathfrak{A}_i}(g_1(i), \ldots, g_n(i))\}$. Suponha que $i \in A_1 \cap \ldots \cap A_n$, então $f_1(i) = g_1(i), \ldots, f_n(i) = g_n(i)$ e, portanto, $\mathcal{F}^{\mathfrak{A}_i}(f_1(i), \ldots, f_n(i)) = \mathcal{F}^{\mathfrak{A}_i}(g_1(i), \ldots, g_n(i))\}$. Isso nos diz que $A_1 \cap \ldots \cap A_n \subseteq C$, e, como $A_1 \cap \ldots \cap A_n \in \mathcal{F}$, segue que $C \in \mathcal{F}$.
□

Agora podemos definir uma estrutura produto módulo um filtro.

4.5 Ultraprodutos 141

Definição 4.5.17 *Seja $\mathcal{F}$ um filtro sobre I, então $\mathfrak{A}/\mathcal{F} =$*

$$\prod_{i \in I} \mathfrak{A}_i/\mathcal{F} = \left\langle \prod_{i \in I} A_i/\mathcal{F}, \tilde{R}_1, \ldots, \tilde{R}_n, \tilde{F}_1, \ldots, \tilde{F}_m, \{\tilde{c}_j \mid j \in J\} \right\rangle$$

onde $\prod_{i \in I} A_i/\mathcal{F} = \{f/\mathcal{F} \mid f \in \prod_{i \in I} A_i\}$
$\tilde{R}_k(f_1/\mathcal{F}, \ldots, f_n/\mathcal{F}) = \{i \in I \mid R_k^{\mathfrak{A}_i}(f_1(i), \ldots, f_n(i))\} \in \mathcal{F}$
$\tilde{F}_k(f_1/\mathcal{F}, \ldots, f_n/\mathcal{F}) = F_k^{\mathfrak{A}}(f_1, \ldots, f_n)/\mathcal{F}$
$\tilde{c}_j = c_j^{\mathfrak{A}}/\mathcal{F}$

Observe que $\tilde{R}_k$ e $\tilde{F}_k$ estão bem definidos pelo lema 4.5.16.

Notation: $\prod_\mathcal{F} \mathfrak{A}_i := \prod_{i \in I} \mathfrak{A}_i/\mathcal{F}$.
$\prod_\mathcal{F} \mathfrak{A}_i$ é chamado de *produto reduzido* dos $\mathfrak{A}_i$'s. $\prod_\mathcal{F} \mathfrak{A}_i$ é um *ultraproduto* se $\mathcal{F}$ for um ultrafiltro.

Nossa próxima tarefa é interpretar termos da linguagem no produto reduzido.

Lema 4.5.18 $[\![t(\overline{f_1/\mathcal{F}}, \ldots, \overline{f_n/\mathcal{F}})]\!]_{\prod_F \mathfrak{A}_i} = \lambda i.[\![t(f_1(i), \ldots, f_n(i))]\!]_{\prod_F \mathfrak{A}_i}/\mathcal{F}$

Demonstração. Indução sobre t.

- $t = c$:
  $[\![c]\!]_{\prod_F \mathfrak{A}_i} = \lambda i.c(i)/\mathcal{F} = \lambda i.[\![c]\!]_{\mathfrak{A}_i}/\mathcal{F}$.
- $t = \bar{f}$:
  $[\![\bar{f}]\!]_{\prod_F \mathfrak{A}_i} = f/\mathcal{F} = \lambda i.f(i)/\mathcal{F} = \lambda i.[\![f]\!]_{\mathfrak{A}_i}/\mathcal{F}$
- $t = G(t_1, \ldots, t_k)$:
  $[\![t(\overline{f_1/\mathcal{F}}, \ldots, \overline{f_n/\mathcal{F}})]\!]_{\prod_F \mathfrak{A}_i} =$
  $[\![G(t_1(\overline{f_1/\mathcal{F}}, \ldots, \overline{f_n/\mathcal{F}}), \ldots, t_k(\overline{f_1/\mathcal{F}}, \ldots, \overline{f_n/\mathcal{F}}))]\!]_{\prod_F \mathfrak{A}_i} =$
  $\tilde{G}([\![t_1(\overline{f_1/\mathcal{F}}, \ldots, \overline{f_n/\mathcal{F}})]\!]_{\prod_F \mathfrak{A}_i}, \ldots, [\![t_k(\overline{f_1/\mathcal{F}}, \ldots, \overline{f_n/\mathcal{F}})]\!]_{\prod_F \mathfrak{A}_i}) \stackrel{IH}{=}$
  $\tilde{G}(\lambda i.[\![t_1(f_1(i), \ldots, f_n(i))]\!]_{\mathfrak{A}_i}/\mathcal{F}, \ldots, \lambda i.[\![t_k(f_1(i), \ldots, f_n(i))]\!]_{\mathfrak{A}_i}/\mathcal{F}) \stackrel{def}{=}$
  $\lambda i.G^{\mathfrak{A}_i}([\![t_1(f_1(i), \ldots, f_n(i))]\!]_{\mathfrak{A}_i}, \ldots, [\![t_k(f_1(i), \ldots, f_n(i))]\!]_{\mathfrak{A}_i})/\mathcal{F} =$
  $\lambda i.[\![G(t_1(f_1(i), \ldots, f_n(i)), \ldots, t_k(f_1(i), \ldots, f_n(i)))]\!]_{\mathfrak{A}_i}/\mathcal{F} =$
  $\lambda i.[\![t(t_1(f_1(i), \ldots, f_n(i)), \ldots, t_k(f_1(i), \ldots, f_n(i)))]\!]_{\mathfrak{A}_i}/\mathcal{F}$

□

Lema 4.5.19

$$\prod_F \mathfrak{A}_i \models t = s \Leftrightarrow \{i \in I \mid [\![t]\!]_{\mathfrak{A}_i} = [\![s]\!]_{\mathfrak{A}_i}\} \in \mathcal{F}$$

Demonstração. $\prod_F \mathfrak{A}_i \models t = s \Leftrightarrow [\![t]\!]_{\prod_F \mathfrak{A}_i} = [\![s]\!]_{\prod_F \mathfrak{A}_i} \Leftrightarrow \lambda i.[\![t]\!]_{\mathfrak{A}_i}/\mathcal{F} = \lambda i.[\![s]\!]_{\mathfrak{A}_i}/\mathcal{F} \Leftrightarrow \{i \in I \mid [\![t]\!]_{\mathfrak{A}_i} = [\![s]\!]_{\mathfrak{A}_i}\} \in \mathcal{F}$. □

Teorema 4.5.20 (Teorema fundamental de ultraprodutos, Łos) *Seja $\mathcal{F}$ um ultrafiltro. Então*

$$\prod_F \mathfrak{A}_i \models \varphi(\overline{f_1/\mathcal{F}}, \ldots, \overline{f_n/\mathcal{F}}) \Leftrightarrow \{i \in I \mid \mathfrak{A}_i \models \varphi(\overline{f_1(i)}, \ldots, \overline{f_n(i)})\} \in \mathcal{F}$$

Demonstração. Indução sobre φ.

1. Observe que em geral φ tem parâmetros em $\prod_F \mathfrak{A}_i$. φ é uma sentença na linguagem estendida $L(\prod_F \mathfrak{A}_i)$.
2. Note que podemos nos restringir a fórmulas sem termos, i.e. o que segue é demonstrado para $\varphi(t_1, \ldots, t_n)$ fechada, ver Cor. 3.5.9:

$$\mathfrak{B} \models \varphi(t_1, \ldots, t_n) \Leftrightarrow \mathfrak{B} \models \varphi(\overline{[t_1]_\mathfrak{B}}, \ldots, \overline{[t_n]_\mathfrak{B}})$$

- $\varphi = (t = s)$. Ver lema 4.5.19.
- $\varphi = R(\overline{g_1/\mathcal{F}}, \ldots, \overline{g_m/\mathcal{F}})$. $\prod_F \mathfrak{A}_i \models R(\overline{g_1/\mathcal{F}}, \ldots, \overline{g_m/\mathcal{F}}) \Leftrightarrow$
  $\{i \in I \mid R^{\mathfrak{A}_i}(g_1(i), \ldots, g_m(i))\} \in \mathcal{F} \Leftrightarrow$
  $\{i \in I \mid \mathfrak{A}_i \models R(g_1(i), \ldots, g_m(i))\} \in \mathcal{F}$
- $\varphi = \varphi_1 \wedge \varphi_2$. $\prod_F \mathfrak{A}_i \models \varphi_1 \wedge \varphi_2 \stackrel{\text{def}}{\Longleftrightarrow} \prod_F \mathfrak{A}_i \models \varphi_1$ e $\prod_F \mathfrak{A}_i \models \varphi_2 \stackrel{IH}{\Longleftrightarrow}$
  $\{i \in I \mid \mathfrak{A}_i \models \varphi_1\} \in \mathcal{F}$ and $\{i \in I \mid \mathfrak{A}_i \models \varphi_2\} \in \mathcal{F}$
  Put $X_1 = \{i \in I \mid \mathfrak{A}_i \models \varphi_1\}$ e $X_2 = \{i \in I \mid \mathfrak{A}_i \models \varphi_2\}$.
  Agora, $X_1 \cap X_2 \in \mathcal{F}$ e também $X_1 \cap X_2 \subseteq \{i \in I \mid \mathfrak{A}_i \models \varphi_1 \wedge \varphi_2\} \in \mathcal{F}$, portanto $\{i \in I \mid \mathfrak{A}_i \models \varphi_1 \wedge \varphi_2\} \in \mathcal{F}$. A recíproca é óbvia.
- $\varphi = \neg \psi$. $\prod_F \mathfrak{A}_i \models \neg\psi(\overline{f_1/\mathcal{F}}, \ldots, \overline{f_n/\mathcal{F}}) \Leftrightarrow$
  $\prod_F \mathfrak{A}_i \not\models \psi(\overline{f_1/\mathcal{F}}, \ldots, \overline{f_n/\mathcal{F}}) \stackrel{IH}{\Longleftrightarrow} \{i \in I \mid \mathfrak{A}_i \models \psi(\overline{f_1(i)}, \ldots, \overline{f_n(i)})\} \notin \mathcal{F}$.
  Como $\mathcal{F}$ é um ultrafiltro esse último enunciado é equivalente a
  $\{i \in I \mid \mathfrak{A}_i \not\models \psi(\overline{f_1(i)}, \ldots, \overline{f_n(i)})\} \in \mathcal{F}$ e, portanto, a
  $\{i \in I \mid \mathfrak{A}_i \models \neg\psi(\overline{f_1(i)}, \ldots, \overline{f_n(i)})\} \in \mathcal{F}$

- $\varphi = \forall x \psi(x)$. $\prod_F \mathfrak{A}_i \models \forall x \psi(x, \overline{f_1/\mathcal{F}}, \ldots, \overline{f_n/\mathcal{F}}) \Leftrightarrow$
  $\prod_F \mathfrak{A}_i \models \psi(g/\mathcal{F}, \overline{f_1/\mathcal{F}}, \ldots, \overline{f_n/\mathcal{F}})$ para todo $g \in \prod_F \mathfrak{A}_i \stackrel{IH}{\Longleftrightarrow}$
  $\{i \in I \mid \mathfrak{A}_i \models \psi(g(i), \overline{f_1(i)}, \ldots, \overline{f_n(i)})\} \in \mathcal{F}$ para todo $g \in \prod_{i \in I} A_i$
  Note que para qualquer $a \in \mathfrak{A}_i$ podemos encontrar um $g \in \prod_{i \in I} \mathfrak{A}_i$ tal que
  $g(i) = a$: tome um g' arbitrário e defina $g(i) = \begin{cases} g'(i) \text{ se } i \neq j \\ a \text{ se } = j \end{cases}$
  Logo, obtemos para todo $a \in |\mathfrak{A}_i|$: $X = \{i \in I \mid \mathfrak{A}_i \models \psi(\overline{a}, \overline{f_1(i)}, \ldots, \overline{f_n(i)})\} \in \mathcal{F}$ (1)
  Assuma agora que $\{i \in I \mid \mathfrak{A}_i \models \forall x \psi(x, \overline{f_1(i)}, \ldots, \overline{f_n(i)})\} \notin \mathcal{F}$. então
  $\{i \in I \mid \mathfrak{A}_i \not\models \forall x \psi(x, \overline{f_1(i)}, \ldots, \overline{f_n(i)})\} \in \mathcal{F}$, e, portanto,
  $Y = \{i \in I \mid \mathfrak{A}_i \models \exists x \neg \psi(x, \overline{f_1(i)}, \ldots, \overline{f_n(i)})\} \in \mathcal{F}$ (2)
  Como $X \cap Y \in \mathcal{F}$, temos que $X \cap Y \neq \emptyset$. Logo, escolha um $i \in X \cap Y$, então, pelo item (2), $\mathfrak{A}_i \models \psi(\overline{b}, \overline{f_1(i)}, \ldots, \overline{f_n(i)})$ para todo $b \in A_i$, e, pelo item (1), $\mathfrak{A}_i \models \exists x \neg \psi(x, \overline{f_1(i)}, \ldots, \overline{f_n(i)})$, ou seja, existe um $b \in A_i$ tal que $\mathfrak{A}_i \models \neg \psi(\overline{b}, \overline{f_1(i)}, \ldots, \overline{f_n(i)})$. Contradição.
  Portanto, $\{i \in I \mid \mathfrak{A}_i \models \forall x \psi(x, \overline{f_1(i)}, \ldots, \overline{f_n(i)})\} \in \mathcal{F}$
  A recíproca fica para o leitor.

□

Definição 4.5.21 $\mathfrak{A}^I_\mathcal{F} = \prod_F \mathfrak{A}_i$ onde $\mathfrak{A}_i = \mathfrak{A}$ para todo i. Isso é chamado de **ultrapotencia** *de* $\mathfrak{A}$.

Corolário 4.5.22 $\mathfrak{A} \prec \mathfrak{A}_F^I$

Demonstração. Considere a imersão $\lambda i.a/\mathcal{F}$. Isso lhe dá todas as funções constantes módulo $\mathcal{F}$. Agora, $\mathfrak{A}_F^I \models \varphi(\hat{a}_1/\mathcal{F},\ldots,\hat{a}_k/\mathcal{F}) \Leftrightarrow \{i \in I \mid \mathfrak{A} \models \varphi(a_1,\ldots,a_k)\} = I \in \mathcal{F}$, onde $\hat{a}_j = \lambda i \cdot a_j$ são funções constantes com valores a_j. Dizemos que $\mathfrak{A}$ está elementarmente imersa em $\prec \mathfrak{A}_F^I$, e a função $\lambda i.a/\mathcal{F}$ é uma imersão elementar. $\square$

Continuamos o exemplo 4.5.14. Para evitar confusão de notação, denotamos o conjunto índice, i.e. $\mathbb{N}$, por I. As linhas (horizontais) são os números padrão, imersos no produto (módulo $\mathcal{F}$). Considere $d(i) = i$ (a diagonal). Afirmação: $d > \hat{n}/\mathcal{F}$ para todo n padrão. $\mathfrak{A}_F^I \models d > \hat{n}(i)/\mathcal{F} \Leftrightarrow \{i \in \mathbb{N} \mid d(i) > \hat{n}(i)\} \in \mathcal{F}\{i \in I \mid d(i) > \hat{n}(i)\} = \{i \in I \mid i > n\}$ é cofinito e portanto pertence a $\mathcal{F}$.
Vamos definir um número primo infinito: $f(i) = p_i$ (o i° primo). Mostramos que $f/\mathcal{F}$ é um primo:
$\mathbb{N}_\mathcal{F}^I \models \forall xy(xy = \overline{f/\mathcal{F}} \to x = 1 \lor y = 1) \Leftrightarrow$
$\{i \in \mid \mathbb{N} \models \forall xy(xy = p_i \to x = 1 \lor y = 1) \in \mathcal{F} \Leftrightarrow$
$\{i \in I \mid \mathbb{N} \models \forall xy(xy = \overline{f(i)} \to x = 1 \lor y = 1)\} \in \mathcal{F}$.
Como p_i é um número primo, esse conjunto é I (i.e. $\mathbb{N}$), que, sendo cofinito, pertence a $\mathcal{F}$. Isso mostra que $f/\mathcal{F}$ é um primo em $\mathbb{N}_\mathcal{F}^I$.

Teorema 4.5.23 (Compaccidade por ultrafiltro) *Suponha que* $\mathcal{K} = \text{Mod}(\Gamma)$. *Se, para todo* $\Delta \subseteq \Gamma$ *finito, existe um* $\mathfrak{A}_\Delta \in K$ *com* $\mathfrak{A}_\Delta \models \Delta$, *então existe um ultraproduto* $\mathfrak{B}$ *de* $\mathfrak{A}_\Delta$ *tal que* $\mathfrak{B} \models \Gamma$

Demonstração. Podemos assumir que Γ é infinito. Suponha que $\mathfrak{A}_\Delta \models \Delta$, e seja I o conjunto de subconjuntos finitos de Γ.
Defina, para uma $\varphi \in \Gamma$: $S_\varphi = \{\Delta \in I \mid \varphi \in \Delta\}$. A família de S_φ's tem a propriedade da interseção finita: $\{\varphi_1,\ldots,\varphi_k\} \subset S_{\varphi_1} \cap \ldots \cap S_{\varphi_k}$ Pelo Lema 4.5.4 e pelo Teorema 4.5.9, existe um ultrafiltro $\mathcal{F}$ contendo os S_φ's.
Se $\Delta \in S_\varphi$ então $\varphi \in \Delta$ portanto $\mathfrak{A}_\Delta \models \varphi$, e, por conseguinte, $S_\varphi \subseteq \{\Delta \mid \mathfrak{A}_\Delta \models \varphi\}$.
Logo, $\{\Delta \mid \mathfrak{A}_\Delta \models \varphi\} \in \mathcal{F}$.
Agora, aplique o teorema fundamental: $\{\Delta \mid \mathfrak{A}_\Delta \models \varphi\} \in \mathcal{F} \Leftrightarrow \prod_\mathcal{F} \mathfrak{A}_\Delta \models \varphi$. Daí, $\prod_\mathcal{F} \mathfrak{A}_\Delta \models \Gamma$. $\square$

Isso leva a uma prova puramente modelo-teórica do teorema da compaccidade:

Corolário 4.5.24 (Compaccidade) *Se* $\text{Mod}(\Delta) \neq \emptyset$ *para todo* $\Delta \subseteq \Gamma$ *finito, então* $\text{Mod}(\Gamma) \neq \emptyset$.

Essa prova não usa nada de lógica. Isso é realmente gratificante, pois se obtém de volta, com o teorema da compaccidade, o suficiente de lógica. Pode-se obter, por assim falando, as vantagens do teorema da compaccidade, com todas as suas virtudes, por meios completamente algébricos.

O que segue é uma pequena variação do Teorema da compaccidade por ultrafiltro:

Teorema 4.5.25 *Toda* $\mathfrak{A}$ *está imersa em um ultraproduto de suas subestruturas finitamente geradas.*

4 Completude e Aplicações

Demonstração. Para uma dada estrutura $\mathfrak{A}$ consideramos $\Gamma = \text{diag}(\mathfrak{A})$, com a linguagem contendo constantes para todos os elementos de $\mathfrak{A}$. Seja Δ um subconjunto finito de Γ; as novas constantes de Δ são $\overline{a_1}, \ldots, \overline{a_n}$. A substrutura $\mathfrak{A}_\Delta$ de $\mathfrak{A}$ é gerada por $a_1, \ldots, a_n$. Como Δ é um subconjunto do diagram, $\mathfrak{A}_\Delta \models \Delta$.
Suponha que $\mathcal{F}$ seja um ultrafiltro contendo os subconjuntos finitos Δ de Γ, então $\{\Delta | \mathfrak{A}_\Delta \models \Delta\} \in \mathcal{F}$, e, portanto, $\Pi_\mathcal{F} A_\Delta \models \Gamma$, logo, $\mathfrak{A} \hookrightarrow \Pi_\mathcal{F} \mathfrak{A}_\Delta$. $\square$

Exercício 4.5.26 *Se $\mathcal{F} = \{X \subseteq I \mid i_0 \in X\}$ (i.e. $\mathcal{F}$ é um ultrafiltro principal) então $\prod_F \mathfrak{A}_i \cong \mathfrak{A}_{i_0}$*

Definição 4.5.27 *i. $\mathcal{K}$ é uma* classe elementar básica *se $\mathcal{K} = \text{Mod}(\varphi)$, para alguma sentença φ. (i.e. $\mathcal{K}$ é finitamente axiomatizável.)*
i. $\mathcal{K}$ é uma classe elementar *se $\mathcal{K} = \text{Mod}(\Gamma)$, para algum conjunto de sentenças Γ. (I.e. $\mathcal{K}$ é axiomatizável.)*
iii. $\mathcal{K}$ é fechada sob equivalencia elementar se $\mathfrak{A} \in \mathcal{K}, \mathfrak{A} \equiv \mathfrak{B} \Rightarrow \mathfrak{B} \in \mathcal{K}$.
iv. $\mathcal{K}$ é fechada sob ultraprodutos se $\mathfrak{A}_i \in \mathcal{K}, \mathcal{F}$ é um ultrafiltro $\Rightarrow \prod_\mathcal{F} \mathfrak{A}_i \in \mathcal{K}$.

Axiomatizabilidade e axiomatizabilidade finita são por natureza noções sintáticas; a bem da verdade, elas também têm caracterizações modelo-teóricas.

Teorema 4.5.28 *i. $\mathcal{K}$ é uma classe elementar $\Leftrightarrow \mathcal{K}$ é fechada sob equivalencia elementar e ultraprodutos.*
ii. $\mathcal{K}$ é uma classe elementar básica $\Leftrightarrow \mathcal{K}$ e $\mathcal{K}^c$ são fechadas sob equivalencia elementar e ultraprodutos.

Demonstração. i. ($\Rightarrow$) $\mathcal{K} = \text{Mod}(\Gamma)$ para algum Γ.
$\mathcal{K}$ é fechada sob equivalencia elementar. Escolha uma $\mathfrak{A} \in \mathcal{K}$ arbitrária. Seja $\mathfrak{B} \equiv \mathfrak{A}$. Isso significa que $\mathfrak{A} \models \varphi \Leftrightarrow \mathfrak{B} \models \varphi$, para toda sentença φ. Dado que $\mathfrak{A} \models \varphi$ para toda $\varphi \in \Gamma$, segue então que $\mathfrak{B} \models \varphi$ para toda $\varphi \in \Gamma$, logo, $\mathfrak{B} \in Mod(\Gamma) = \mathcal{K}$.
$\mathcal{K}$ é fechada sob ultraprodutos. Seja $\mathfrak{A}_i \in K$ para $i \in I$ e suponha que $\mathcal{F}$ seja um ultrafiltro. Defina $\mathfrak{A} = \prod_\mathcal{F} \mathfrak{A}_i$. Sabemos que $\mathfrak{A} \models \varphi \Leftrightarrow \{i \in I \mid \mathfrak{A}_i \models \varphi\} \in \mathcal{F}$. If $\varphi \in \Gamma$, então $\{i \in I \mid A_i \models \varphi\} = I \in \mathcal{F}$. Logo, $\mathfrak{A} \models \varphi$ para toda $\varphi \in \Gamma$, o que significa que $\mathfrak{A} \in \text{Mod}(\Gamma) = \mathcal{K}$.
($\Leftarrow$): Temos que encontrar um conjunto de axiomas para $\mathcal{K}$, i.e. um conjunto Γ tal que $\Gamma \models \varphi \Leftrightarrow \varphi \in \mathcal{K}$. Claramente, Th($\mathcal{K}$) é um candidato plausível, portanto vamos tentar $\Gamma = \text{Th}(\mathcal{K})$. Como $\mathcal{K} \subseteq \text{Mod}(\text{Th}(\mathcal{K}))$, precisamos apenas mostrar que a relação "$\supseteq$"se verifica. Portanto, seja $\mathfrak{A} \in Mod(\Gamma)$. Considere Th($\hat{\mathfrak{A}}$) (i.e. a teoria de $\mathfrak{A}$ na linguagem estendida $L(\mathfrak{A})$).
Afirmação: qualquer Δ finito tal que $\Delta \subseteq \text{Th}(\hat{\mathfrak{A}})$ tem um modelo em $\mathcal{K}$.
Escolha um desses $\Delta = \{\varphi_1 \ldots \varphi_n\}$ e faça $\sigma = \varphi_1 \wedge \ldots \wedge \varphi_n$. Sejam $\overline{a_1}, \ldots, \overline{a_k}$ as novas constantes ocorrendo em σ; definimos $\sigma^* = \sigma[z_1, \ldots, z_k/\overline{a_1}, \ldots, \overline{a_k}]$, onde $z_1, \ldots, z_k$ são variáveis novas. Agora suponha que $\exists \vec{z}\sigma^*$ não se verifica em nenhum $\mathfrak{B}$ in $\mathcal{K}$, então $\neg\exists \vec{z}\sigma^* \in \Gamma$, hence $\mathfrak{A} \models \neg\exists \vec{z}\sigma^*$, i.e. $\mathfrak{A} \models \forall \neg\vec{z}\sigma^*$, o que contradiz $\hat{\mathfrak{A}} \models \Gamma$. Por conseguinte, existe, para cada Δ, uma $\mathfrak{A}_\Delta \in \mathcal{K}$ com $\mathfrak{A}_\Delta \models \Delta$. Pelo teorema 4.5.25, $\prod_F \mathfrak{A}_\Delta \in \text{Mod}(\text{Th}(\mathfrak{A}))$ para um ultrafiltro apropriado $\mathcal{F}$. Portanto, $\mathfrak{A} \overset{\prec}{\hookrightarrow} \prod_F \mathfrak{A}_\Delta$ (pelo lema 4.3.9), e, consequentemente, $\mathfrak{A} \equiv \prod_F \mathfrak{A}_\Delta$. $\mathcal{K}$ é fechada sob ultrafiltros e $\equiv$, daí, $\mathfrak{A} \in \mathcal{K}$

ii. Pelo item *i* e lema 4.2.10. □

Aplicação 4.5.29 *i*. a classe de conjuntos bem-ordenados não é elementar. $\mathbb{N}$ é bem-ordenado, mas $\mathfrak{A} = \mathbb{N}_{\mathcal{F}}^{\mathbb{N}}$ (para algum ultrafiltro livre $\mathcal{F}$) tem sequencias descendentes infinitas. Dê um exemplo.

ii. A class de todas as árvores trees não é elementar. Fato: $\mathbb{N}$ é uma árvore. Considere a estrutura $\mathfrak{A}$ sob i. Existe um elemento infinito d. O topo não pode ser atingido em um número finito de passos de predecessor imediato a partir de d.

iii. A classe de todos os corpos de característcas positivas não é elementar.. Considere $\mathbb{F}_{p_i} = \mathbb{Z}/(p_i)$ (i.e. o corpo primo de característica p_i) . Tome um ultrafiltro livre $\mathcal{F}$ sobre $\mathbb{N}$. $\Pi_{\mathcal{F}}\mathbb{F}_{p_i} = \mathfrak{A}$ ié um corpo.
Como $\{i \mid \mathbb{F}_{p_j} \models p_i \neq 0\} = \{i\}^c$ é cofinito, temos que $\mathfrak{A} \models p_i \neq 0$. Daí, $\Pi_{\mathcal{F}}\mathbb{F}_{p_i}$ tem característica 0.

iv. a classe de corpos ordenados arquimedeanos não é elementar. Considere $\mathfrak{A} = \mathbb{Q}_{\mathcal{F}}^{\mathbb{N}}$, onde $\mathcal{F}$ é um ultrafiltro livre sobre $\mathbb{N}$. $\mathfrak{A}$ tem elementos infinitos, por exemplo $d = \lambda i.i/\mathcal{F}$. $\mathfrak{A} \models d > r$ para todo $r \in \mathbb{Q}$. Logo, não existe **n** padrão tal que $\mathbf{n} > d$. Em outras palavras, a série $1 + 1, 1 + 1 + 1, 1 + 1 + 1 + 1, \ldots$ vai permanecer abaixo de d.

Exemplo 4.5.30 Seja $\mathfrak{A} = \mathbb{Z}_{\mathcal{F}}^{\mathbb{N}}$, onde $\mathcal{F}$ é um ultrafiltro livre sobre $\mathbb{N}$.
$\mathfrak{A}$ tem números infinitos (números não padrão) incluindo primos infinitos: faça $f(i) = p_i$. Agora, $\mathfrak{A} \models$ "$f/\mathcal{F}$ é um primo", ou seja, $\mathfrak{A} \models \forall xy(xy = \overline{f/\mathcal{F}} \to x = 1 \vee y = 1)$. Esse primo infinito – vamos chamá-lo p_∞ gera um ideal I. Afirmamos que I é um ideal maximal. Felizmente existe um modo de formular isso em lógica de primeira ordem. Vamos lembrar que a maximalidade do ideal primo (p) para um primo ordinário é expresso por "para todo n existe um m tal que $mn \equiv 1 \bmod p$. Isso é formalizado pela fórmula $\sigma: \forall x \exists yz(xy = 1 + zp)$. Como σ se verifica para todo primo padrão, ela também se verifica para p_∞ pelo teorema fundamental. Por conseguinte, $\mathfrak{A}/(p_\infty)$ é um corpo. Como ele no pode ter uma característica positiva, ele tem característica 0. Um corpo de característica 0 contém como seu corpo primo os racionais, logo, podemos recuperar os racionais a partir de $\mathfrak{A}/(p_\infty)$. Daí, construímos de uma maneira atravessada os racionais diretamente dos corpos primos finitos (e, portantok de $\mathbb{N}$) por meios modelo-teóricos.

Corolário 4.5.31 *(a) Um grupo G pode ser ordenado $\Leftrightarrow$ todos os seus subgrupos finitamente gerados podem ser ordenados.*
(b) Todo grupo abeliano sem-torsão pode ser ordenado.

Demonstração. (a) Estenda a linguagem da teoria dos grupos com $<$. A teoria dos grupos tem o conjunto de axiomas Γ_1, Γ_2 consiste de axiomas de ordenação + $\forall xyz(x < y \to x + z < y + z)$. Aplique o lema 4.5.25 à linguagem/tipo de similaridade estendido(a).
(b) Suponha que G_Δ seja gerado por $\{a_1, \ldots, a_n\}$. Pelo teorema fundamental dos grupos abelianos $G_\Delta \cong \mathbb{Z}^n$ para algum n. $\mathbb{Z}^n$ pode ser ordenado lexicograficamente e portanto G_Δ também pode. Agora, aplique (a). □

Teorema 4.5.32 *Se $\mathfrak{A} \equiv \mathfrak{B}$ então existe um $\mathfrak{C}$ tal que $\mathfrak{A} \prec \mathfrak{C}$ e $\mathfrak{B} \prec \mathfrak{C}$.*

4 Completude e Aplicações

Não provaremos o teorema aqui.

Teorema 4.5.33 *Se* $\mathfrak{A} \equiv \mathfrak{B}$ *então* $\mathfrak{A} \overset{\prec}{\hookrightarrow} \mathfrak{B}_\mathcal{F}^I$, *para algum* I, *e algum ultrafiltro* $\mathcal{F}$.

Demonstração. ($\Leftarrow$): trivial.

($\Rightarrow$): Suponha que Δ' seja um subconjunto finito de $\text{Th}(\hat{\mathfrak{A}})$ (em $L(\mathfrak{A})$). Digamos que $\Delta = \{\varphi_1, \ldots, \varphi_n\}$, onde $\varphi_1, \ldots, \varphi_n$ contém novas constantes $\overline{a_1}, \ldots, \overline{a_k}$. Defina $\varphi_\Delta = \varphi_1 \wedge \cdots \wedge \varphi_n$ e $\hat{\varphi}_\Delta = \varphi_\Delta[z_1, \ldots, z_k/a_1, \ldots, a_k]$, onde $z_1, \ldots, z_k$ como variáveis novas. $\mathfrak{A} \models \exists z_1, \ldots, z_k \varphi_\Delta$ e $\mathfrak{A} \equiv \mathfrak{B}$, daí $\mathfrak{B} \models \exists z_1, \ldots, z_k \hat{\varphi}_\Delta$. Agora, pelo lema 4.3.9 $\hat{\mathfrak{B}} \models \hat{\varphi}_\Delta(b_1, \ldots, b_k)$ para certos $b_1, \ldots, b_k \in |\mathfrak{B}|$, note que tivemos que expandir $\mathfrak{B}$ de modo a acomodar as novas constantes. Pelo lema 4.5.23 $\hat{\mathfrak{B}}_F^I \models \text{Th}(\hat{\mathfrak{A}})$. Logo, pelo lema 4.3.9 $\mathfrak{A} \overset{\prec}{\hookrightarrow} \prod_\mathcal{F} \mathfrak{B}_\Delta$ in $L(\mathfrak{A})$. Tomando redutos chegamos ao resultado desejado: $\mathfrak{B}_\Delta$: $\mathfrak{A} \overset{\prec}{\hookrightarrow} \mathfrak{B}_\mathcal{F}^I$ em L. □

Exercício 4.5.34 *1)* $\forall i \in I(\mathfrak{A}_i \hookrightarrow \mathfrak{B}_i) \Rightarrow \Pi_\mathcal{F} \mathfrak{A}_i \hookrightarrow \Pi_\mathcal{F} \mathfrak{B}_i$.
2) $\forall i \in I(\mathfrak{A}_i \overset{\prec}{\hookrightarrow} \mathfrak{B}_i) \Rightarrow \Pi_\mathcal{F} \mathfrak{A}_i \overset{\prec}{\hookrightarrow} \Pi_\mathcal{F} \mathfrak{B}_i$.

Teorema 4.5.35 $\mathcal{K}$ *é uma classe elementar.* $\mathfrak{A}$ *pode ser imersa num elemento de* $\mathcal{K}$ $\Leftrightarrow$ *todas as subestruturas finitamente geradas de* $\mathfrak{A}$ *podem ser imersas em elementos de* $\mathcal{K}$

Demonstração. ($\Rightarrow$): Trivial.
($\Leftarrow$): Para cada $\mathfrak{A}_i$ finitamente gerada de $\mathfrak{A}$ existe uma $\mathfrak{B}_i \in \mathcal{K}$ tal que $\mathfrak{A}_i \hookrightarrow \mathfrak{B}_i \in \mathcal{K}$. Logo, pelo teorema 4.5.25 $\mathfrak{A} \hookrightarrow \Pi_\mathcal{F} \mathfrak{A}_i \hookrightarrow \Pi_\mathcal{F} \mathfrak{B}_i \in \mathcal{K}$. □

Aplicação 4.5.36 *Vamos lembrar que uma álgebra booleana é atômica se e somente se*
$$\forall x(x > 0 \to \exists y(0 < y \leq x \wedge \forall z(0 < z \leq y \to z = y)))$$

Fatos: (1) Uma álgebra booleana atômica é isomorfa a um subconjunto do conjunto das partes dos átomos.
(2) Uma álgebra booleana finitamente gerada é atômica (Ver P.R. Halmos, *Lectures on Boolean Algebras*).

Pelo teorema 4.5.25, qualquer álgebra booleana $\mathfrak{A}$ é imersa num ultraproduto de suas subálgebras finitamente geradas (que são atômicas). As álgebras booleanas atômicas são elementares, portanto $\mathfrak{A}$ é imersa em uma álgebra booleana atômica. Daí, cada $\mathfrak{A}$ é isomorfa a uma subálgebra booleana de um $\mathcal{P}(X)$ *(teorema da representação de Stone)*.

Aplicação 4.5.37 *(Fechos algébricos)* Dado um corpo $\mathfrak{A}$ vamos exibir um corpo $\mathfrak{B}$ estendendo $\mathfrak{A}$, no qual todos os polinômios $p(x)$ de grau positivo têm zeros.
Fato: Para cada conjunto finito de polinômios não-constantes $p_1(x), \ldots, p_k(x) \in \mathfrak{A}[x]$ existe uma extensão $\mathfrak{A}'$ de $\mathfrak{A}$ tal que $\mathfrak{A}' \models \exists x p_1(x) = 0 \wedge \cdots \exists x p_k(x) = 0$. Defina $\Gamma = \{\exists x p(x) = 0 \mid, p(x) \text{ um polinômio de grau positivo sobre } \mathfrak{A}\} \cup \text{Diag}(\mathfrak{A})$, $I = \{\Delta \subseteq \Gamma \mid \Delta \text{ finito }\}$, $S_p = \{\Delta \mid \exists x p(x) = 0 \in \Delta\}$. Os S_p's têm a propriedade da interseção finita: $\{\exists x p_1(x) = 0, \ldots, \exists x p_k(x) = 0\} \in S_{p_1} \cap \cdots \cap S_{p_k}$ (Logo, $\mathfrak{A}_0 \models \text{Diag}(\mathfrak{A})$). Para cada Δ existe um $\mathfrak{A}_\Delta$ tal que $\mathfrak{A}_\Delta \models \Delta$. Seja $\mathcal{F}$ um ultrafiltro

sobre I estendendo os S_p's. $\Pi_{\mathcal{F}}\mathfrak{A}_\Delta \models \exists_x p(x) = 0 \Leftrightarrow \{\Delta \,|\, \mathfrak{A}_\Delta \models \exists_x p(x) = 0\} \in \mathcal{F}$.
$\Pi_{\mathcal{F}}\mathfrak{A}_\Delta \models \mathrm{Diag}(\mathfrak{A})$ implica $\mathfrak{A} \hookrightarrow \Pi_{\mathcal{F}}\mathfrak{A}_\Delta$. Encontramos uma extensão específica na qual todos os polinômios têm zeros.
A seguir consideramos a menor extensão de $\mathfrak{A}$ dentro de $\Pi_{\mathcal{F}}\mathfrak{A}_\Delta$; essa, em termos algébricos, é o fecho algébrico.

Para mais sobre ultraprodutos:
P.C. Eklof, *Ultraproducts for Algebraists* in Handbook of Mathematical Logic. Elsevier, Amsterdam, 1977.
H. Schoutens, *The Use of Ultraproducts in Commutative Algebra*, Springer, 2010.
J.L. Bell and A.B. Slomson. *Models and Ultraproducts: An Introduction*. (Dover Books on Mathematics). 2006.
C.C. Chang and H.J. Keisler, *Model Theory*. Elsevier, Amsterdam 1990 (3rd ed.)

5
Lógica de Segunda Ordem

Em lógica de predicados de primeira ordem as variáveis representam *elementos* de uma estrutura, em particular os quantificadores são interpretados da maneira usual tal como "para todo elemento a de $|\mathfrak{A}|$ ..." e "existe um elemento a de $|\mathfrak{A}|$ ...". Agora permitiremos um segundo tipo de variáveis representando subconjuntos do universo e seus produtos cartesianos, i.e. relações sobre o universo.

A introdução dessas variáveis de segunda ordem não é o resultado de uma busca desordenada da generalidade; frequentemente nos vemos forçados a levar em consideração todos os subconjuntos de uma estrutura. Entre os exemplos estão "cada conjunto não-vazio limitado de reais tem um supremo", "cada conjunto não-vazio de números naturais tem um elemento mínimo", "cada elemento está contido em um ideal maximal". Já a própria introdução dos reais baseada nos racionais requer quantificação sobre conjunto de racionais, como sabemos da teoria dos cortes de Dedekind.

Ao invés de permitir para conjuntos (e quantificação sobre conjuntos), podemos também permitir variáveis para funções. No entanto, como podemos reduzir funções a conjuntos (ou relações), nos restringiremos aqui à lógica de segunda ordem com variáveis que representarão conjuntos.

Quando lidamos com aritmética de segunda ordem podemos restringir nossa atenção a variáveis representando subconjuntos de N, pois existe uma codificação de seqüências finitas de números em termos de números, e.g. através da função β de Gödel, ou via fatoração prima. Em geral, no entanto, permitiremos variáveis para representar relações.

A introdução da sintaxe da lógica de segunda ordem é tão semelhante àquela da lógica de primeira ordem que deixaremos a maior parte dos detalhes para o leitor.

O *alfabeto* consiste de símbolos para

(i) variáveis individuais: $x_0, x_1, x_2, \ldots$,
(ii) constantes individuais: $c_0, c_1, c_2, \ldots$,

e para cada $n \geq 0$,

(iii) variáveis para conjuntos (predicados) n-ários: $X_0^n, X_1^n, X_2^n, \ldots$,
(iv) constantes para conjuntos (predicados) n-ários: $\bot, P_0^n, P_1^n, P_2^n, \ldots$,
(v) conectivos: $\wedge, \rightarrow, \vee, \neg, \leftrightarrow, \exists, \forall$.

5 Lógica de Segunda Ordem

Finalmente temos os símbolos auxiliares usuais: (,), ,, , ..

Observação. Existe um número contável de variáveis de cada tipo. O número de constantes pode ser arbitrariamente grande.

As fórmulas são definidas indutivamente por:
(i) $X_i^0, P_i^0, \bot \in FORM$,
(ii) para $n > 0$, $X^n(t_1, \ldots, t_n) \in FORM$, $P^n(t_1, \ldots, t_n) \in FORM$,
(iii) $FORM$ é fechada sob os conectivos proposicionais,
(iv) $FORM$ é fechada sob a quantificação de primeira e de segunda ordem.

Notação. Frequentemente escreveremos $\langle x_1, \ldots, x_n \in X^n \rangle$ para designar $X^n(x_1, \ldots, x_n)$ e normalmente omitiremos o expoente em X^n.

A semântica da lógica de segunda ordem é definida da mesma maneira que no caso de lógica de primeira ordem.

Definição 5.1 *Uma estrutura de segunda ordem é uma seqüência* $\mathfrak{A} = \langle A, A^*, c^*, R^* \rangle$, *onde* $A^* = \langle A_n \mid n \in N \rangle$, $c^* = \{c_i \mid i \in N\} \subseteq A$,
$R^* = \langle R_i^n \mid i, n \in N \rangle$, *e* $A_n \subseteq \mathcal{P}(A^n), R_i^n \in A_n$.

Em palavras: uma estrutura de segunda ordem consiste de um universo A de indivíduos e universos de segunda ordem de relações n-árias ($n \geq 0$), constantes individuais e constantes de conjunto (relação), pertencendo aos vários universos.

Em cada caso A_n contém *todas* as relações n-árias (i.e. $A_n = \mathcal{P}(A^n)$), e chamamos $\mathfrak{A}$ de *cheia*.

Dado que listamos $\bot$ como uma constante de predicado 0-ário, temos que acomodá-la na estrutura $\mathfrak{A}$.

Em conformidade com as definições usuais da teoria dos conjuntos, escrevemos $0 = \emptyset, 1 = \{0\}$, e $2 = \{0, 1\}$. Também tomamos $A^0 = 1$, e portanto $A_0 \subseteq \mathcal{P}(A^0) = \mathcal{P}(1) = 2$. Por convenção atribuimos 0 a $\bot$. Como também queremos um predicado (proposição) 0-ário distinto $\top := \neg\bot$, fazemos $1 \in A_0$. Logo, na verdade, $A_0 = \mathcal{P}(A^0) = 2$.

Agora, com o objetivo de definir *validade* em $\mathfrak{A}$, reproduzimos o procedimento da lógica de primeira ordem. Dada uma estrutura $\mathfrak{A}$, introduzimos uma linguagem estendida $L(\mathfrak{A})$ com nomes $\overline{S}$ para todos os elementos S de A e A_n ($n \in N$). As constantes R_i^n são interpretações dos símbolos de constante correspondentes P_i^n.

Vamos definir $\mathfrak{A} \models \varphi$, φ é verdadeira ou *válida* em $\mathfrak{A}$, para φ fechada.

Definição 5.2
(i) $\mathfrak{A} \models \overline{S}$ *se* $S = 1$.
(ii) $\mathfrak{A} \models \overline{S}^n(\overline{s}_1, \ldots, \overline{s}_n)$ *se* $\langle s_1, \ldots, s_n \rangle \in S^n$.
(iii) os conectivos proposicionais são interpretados como de costume (cf. 2.2.1, 3.4.5),
(iv) $\mathfrak{A} \models \forall x \varphi(x)$ *se* $\mathfrak{A} \models \varphi(\overline{s})$ *para todo* $s \in A$,
  $\mathfrak{A} \models \exists x \varphi(x)$ *se* $\mathfrak{A} \models \varphi(\overline{s})$ *para algum* $s \in A$,
(v) $\mathfrak{A} \models \forall X^n \varphi(X^n)$ *se* $\mathfrak{A} \models \varphi(\overline{S}^n)$ *para todo* $S^n \in A_n$,
  $\mathfrak{A} \models \exists X^n \varphi(X^n)$ *se* $\mathfrak{A} \models \varphi(\overline{S}^n)$ *para algum* $S^n \in A_n$.

Se $\mathfrak{A} \models \varphi$ dizemos que φ é verdadeira, ou *válida*, em $\mathfrak{A}$.

Tal qual em lógica de primeira ordem temos um sistema de dedução natural, que consiste das regras usuais da lógica de primeira ordem, mais regras adicionais para os quantificadores de segunda ordem.

$$\frac{\varphi}{\forall X^n \varphi} \forall^2 I \qquad \frac{\forall X^n \varphi}{\varphi^*} \forall^2 E$$

$$\frac{\varphi^*}{\exists X^n \varphi} \exists^2 I \qquad \frac{\exists X^n \varphi \quad \begin{array}{c}[\varphi]\\ \vdots\\ \psi\end{array}}{\psi} \exists^2 E$$

onde as condições sobre $\forall^2 I$ e $\exists^2 E$ são as de costume, e φ^* é obtida a partir de φ substituindo-se cada ocorrência de $X^n(t_1, \ldots, t_n)$ por $\sigma(t_1, \ldots, t_n)$ para uma certa fórmula σ, tal que nenhuma variável livre entre os t_i's venha a se tornar ligada após a substituição.

Note que $\exists^2 I$ nos dá o tradicional *Esquema da Compreensão*:

$$\exists X^n \forall x_1 \ldots x_n (\varphi(x_1, \ldots, x_n) \leftrightarrow X^n(x_1, \ldots, x_n)),$$

onde X^n não pode ocorrer livre em φ.

Demonstração.

$$\frac{\forall x_1 \ldots x_n (\varphi(x_1, \ldots, x_n) \leftrightarrow \varphi(x_1, \ldots, x_n))}{\exists X^n \forall x_1 \ldots x_n (\varphi(x_1, \ldots, x_n) \leftrightarrow X^n(x_1, \ldots, x_n))} \exists^2 I$$

Como a linha de cima é derivável, temos uma demonstração do princípio mencionado. Reciprocamente, $\exists^2 I$ segue do princípio da compreensão, dadas as regras usuais da lógica. A demonstração vai ser esboçada aqui ($\vec{x}$ e $\vec{t}$ representam seqüências de variáveis ou termos; assuma que X^n não ocorre em σ).

$$\frac{\exists X^n \forall \vec{x}(\sigma(\vec{x}) \leftrightarrow X^n(\vec{x})) \quad \dfrac{\dfrac{[\forall \vec{x}(\sigma(\vec{x}) \leftrightarrow X^n(\vec{x}))]}{\sigma(\vec{t}) \leftrightarrow X^n(\vec{t})} \quad \varphi(\ldots, \sigma(\vec{t}), \ldots)}{\dfrac{\varphi(\ldots, X^n(\vec{t}), \ldots)}{\exists X^n \varphi(\ldots, X^n(\vec{t}), \ldots)} *} \dagger}{\exists X^n \varphi(\ldots, X^n(\vec{t}), \ldots)}$$

□

Em † há uma certa quantidade de passos envolvidos, i.e. aqueles necessários para o Teorema da Substituição. Em * aplicamos uma $\exists$-introdução inofensiva, no sentido de que partimos de uma instância envolvendo uma variável para chegar a um enunciado de existência, exatamente como na lógica de primeira ordem. Isso parece dar origem a um ciclo vicioso, pois queremos justificar $\exists^2$-introdução. Entretanto, na base das regras para os quantificadores usuais justificamos algo muito mais forte que $*$ supondo o Esquema da Compreensão, a saber a introdução do quantificador existencial, dada uma *fórmula* σ e não simplesmente uma variável ou uma constante.

Como já definimos $\forall^2$ a partir de $\exists^2$, um argumento semelhante funciona para $\forall^2 E$.

O poder adicional das regras de quantificadores de segunda ordem reside em $\forall^2 I$ e $\exists^2 E$. Podemos tornar isso mais preciso considerando a lógica de segunda ordem como um tipo especial de lógica de primeira ordem (i.e. "achatando" a lógica de segunda ordem). A ideia básica é introduzir predicados especiais para expressar a relação entre um predicado e seus argumentos.

Logo vamos considerar uma lógica de primeira ordem com uma seqüência de predicados $Ap_0, Ap_1, Ap_2, Ap_3, \ldots$, tal que cada Ap_n é $(n+1)$-ário. Pensamos em $Ap_n(x, y_1, \ldots, y_n)$ como sendo $x^n(y_1, \ldots, y_n)$.

Para $n = 0$ obtemos $Ap_0(x)$ como uma versão de primeira ordem de X^0, mas que está de acordo com nossas intenções. X^0 é uma proposição (i.e. algo a que pode ser atribuído um valor-verdade), e o mesmo acontece com $Ap_0(x)$. Agora temos uma lógica na qual todas as variáveis são de primeira ordem, de modo que podemos aplicar todos os resultados dos capítulos precedentes.

De modo a proceder uma simulação natural da lógica de segunda ordem adicionamos predicados unários $V, U_0, U_1, U_2, \ldots$, para serem vistos como "é um elemento", "é um predicado 0-ário" (i.e. proposição)", "é um predicado 1-ário", etc.

Agora temos que indicar axiomas de nosso sistema de primeira ordem que incorporem as propriedades características da lógica de segunda ordem.

(i) $\forall xyz(U_i(x) \land U_j(y) \land V(z) \to x \neq y \land y \neq z \land z \neq x)$ para todo $i \neq j$.
 (i.e. os U_i's são disjuntos dois-a-dois, e disjuntos de V).
(ii) $\forall xy_1 \ldots y_n(Ap_n(x, y_1, \ldots, y_n) \to U_n(x) \land \bigwedge_i V(y_i))$ para $n \geq 1$.
 (i.e. se $x, y_1, \ldots, y_n$ pertencem à relação Ap_n, então pense em x como sendo um predicado e os y_i's como elementos).
(iii) $U_0(C_0), V(C_{2^{i+1}})$, para $i \geq 0$, e $U_n(C_{3^i \cdot 5^n})$, para $i, n \geq 0$.
 (i.e. certas constantes são designadas como "elementos" e "predicados").
(iv) $\forall z_1 \ldots z_m \exists x(U_n(x) \land \forall y_1 \ldots y_n(\bigwedge_i V(y_i) \to (\varphi^* \leftrightarrow Ap_n(x, y_1, \ldots, y_n))))$, onde $x \notin VL(\varphi^*)$, veja abaixo. (A versão de primeira ordem do esquema de compreensão.) Assumimos que $VL(\varphi) \subseteq \{z_1, \ldots, z_n, y_1, \ldots, y_n\}$.
(v) $\neg Ap_0(C_0)$. (Ou seja, existe um predicado 0-ário para 'falsidade'.)

Afirmamos que a teoria de primeira ordem dada pelos axiomas acima representa a lógica de segunda ordem no seguinte sentido preciso: podemos traduzir a lógica de segunda ordem na linguagem da teoria acima tal que derivabilidade é fielmente preservada.

A tradução é obtida atribuindo-se símbolos apropriados aos vários símbolos do alfabeto da lógica de segunda ordem e definindo-se um procedimento indutivo para converter cadeias de símbolos compostas. Fazemos

$(x_i)^* := x_{2^{i+1}}$,
$(c_i)^* := c_{2^{i+1}}$, para $i \geq 0$,
$(X_i^n)^* := x_{3^i \cdot 5^n}$,
$(P_i^n)^* := c_{3^i \cdot 5^n}$, para $i \geq 0, n \geq 0$,
$(X_i^0)^* := Ap_0(x_{3^i})$, para $i \geq 0$,
$(P_i^0)^* := Ap_0(c_{3^i})$, para $i \geq 0$,
$(\bot)^* := Ap_0(c_0)$.

Além do mais:
$(\varphi \square \psi)^* := \varphi^* \square \psi^*$ para conectivos binários $\square$,
$(\neg \varphi)^* := \neg \varphi^*$,
$(\forall x_i \varphi(x_i))^* := \forall x_i^*(V(x_i^*) \to \varphi^*(x_i^*))$,
$(\exists x_i \varphi(x_i))^* := \exists x_i^*(V(x_i^*) \land \varphi^*(x_i^*))$,
$(\forall X_i^n \varphi(X_i^n))^* := \forall (X_i^n)^*(U_n((X_i^n)^*) \to \varphi^*((x_i^n)^*))$,
$(\exists X_i^n \varphi(X_i^n))^* := \exists (X_i^n)^*(U_n((X_i^n)^*) \land \varphi^*((x_i^n)^*))$

É entediante porém rotineiro mostrar que $\vdash_2 \varphi \Leftrightarrow \vdash_1 \varphi^*$, onde $\vdash_2$ e $\vdash_1$ se referem à derivabilidade nos respectivos sistemas de segunda ordem e de primeira ordem.

Note que a tradução acima poderia ser usada como uma desculpa para não se trabalhar com lógica de segunda ordem de forma alguma, se não fosse pelo fato de que a versão de primeira ordem não é nem de longe tão natural como a de segunda ordem. Além do mais, ela obscurece um número de características interessantes e fundamentais, e.g. validade em todos os modelos principais (veja adiante) faz sentido na versão de segunda ordem, enquanto que ela é uma coisa um tanto estranha à versão de primeira ordem.

Definição 5.3 *Uma estrutura de segunda ordem $\mathfrak{A}$ é chamada de um modelo na lógica de segunda ordem se o esquema de compreensão é válido em $\mathfrak{A}$.*

Se $\mathfrak{A}$ é cheia (i.e. $A_n = \mathcal{P}(A^n)$ para todo n), então chamamos $\mathfrak{A}$ de modelo *principal* (ou *padrão*).

Da noção de modelo obtemos duas noções distintas de "validade de segunda ordem": (i) verdadeira em todos os modelos, (ii) verdadeira em todos os modelos principais.

Recordemos que $\mathfrak{A} \models \varphi$ foi definido para estruturas arbitrárias de segunda ordem; usaremos $\models \varphi$ para "verdadeira em todos os modelos".

Por indução sobre derivações obtemos $\vdash_2 \varphi \Rightarrow \models \varphi$.

Usando a tradução acima para a lógica de primeira ordem obtemos também $\models \varphi \Rightarrow \vdash_2 \varphi$. Combinando esses resultados obtemos

Teorema 5.4 (Teorema da Completude) $\vdash_2 \varphi \Leftrightarrow \models \varphi$.

Obviamente, temos também que $\models \varphi$ implica que φ é verdadeira em todos os modelos principais. A recíproca, no entanto, não se verifica. Podemos tornar isso plausível pelo seguinte argumento:

(i) Podemos definir a noção de função unária na lógica de segunda ordem, e daí as noções 'bijetora' e 'sobrejetora'. Usando essas noções podemos formular uma sentença σ, que enuncia que "o universo (de indivíduos) é finito" (qualquer injeção do universo nele mesmo é uma sobrejeção).

(ii) Considere $\Gamma = \{\sigma\} \cup \{\lambda_n \mid n \in N\}$. Γ é consistente, porque cada subconjunto finito $\{\sigma, \lambda_{n_1}, \ldots, \lambda_{n_k}\}$ é consistente, pois ele tem um modelo de segunda ordem, a saber o modelo principal sobre um universo de n elementos, onde $n = \max\{n_1, \ldots, n_k\}$.

Logo, pelo Teorema da Completude acima, Γ tem um modelo de segunda ordem. Suponha agora que Γ tem um modelo principal $\mathfrak{A}$. Então $|\mathfrak{A}|$ é na verdade Dedekind-finito, e (assumindo o axioma da escolha) *finito*. Digamos que $\mathfrak{A}$ tem n_0 elementos, então $\mathfrak{A} \not\models \lambda_{n_0+1}$. Contradição.

Logo Γ não tem modelo principal. Daí o Teorema da Completude falha para a validade com respeito aos modelos principais (igualmente para a compacidade). Para encontrar um sentença que se verifica em todos os modelos principais, mas falha em algum modelo é necessário um argumento mais refinado.

Uma característica peculiar da lógica de segunda ordem é a definibilidade de todos os conectivos usuais em termos de $\forall$ e $\to$.

Teorema 5.5
(a) $\vdash_2 \bot \leftrightarrow \forall X^0.X^0$,
(b) $\vdash_2 \varphi \wedge \psi \leftrightarrow \forall X^0((\varphi \to (\psi \to X^0)) \to X^0)$,
(c) $\vdash_2 \varphi \vee \psi \leftrightarrow \forall X^0((\varphi \to X^0) \wedge (\psi \to X^0) \to X^0)$,
(d) $\vdash_2 \exists x\varphi \leftrightarrow \forall X^0(\forall x(\varphi \to X^0) \to X^0)$,
(e) $\vdash_2 \exists X^n\varphi \leftrightarrow \forall X^0(\forall X^n((\varphi \to X^0) \to X^n)$.

Demonstração. (a) é óbvio.

(b)

$$\dfrac{\dfrac{\dfrac{\dfrac{\dfrac{[\varphi \wedge \psi]}{\varphi} \quad [\varphi \to (\psi \to X^0)]}{\psi \to X^0} \quad \dfrac{[\varphi \wedge \psi]}{\psi}}{X^0}}{(\varphi \to (\psi \to X^0)) \to X^0}}{\forall X^0((\varphi \to (\psi \to X^0)) \to X^0)}}{\varphi \wedge \psi \to \forall X^0((\varphi \to (\psi \to X^0)) \to X^0)}$$

Reciprocamente,

$$\dfrac{\dfrac{\dfrac{\dfrac{[\varphi] \quad [\psi]}{\varphi \wedge \psi}}{\psi \to (\varphi \wedge \psi)}}{\varphi \to (\psi \to (\varphi \wedge \psi))} \quad \dfrac{\forall X^0((\varphi \to (\psi \to X^0)) \to X^0)}{\varphi \to (\psi \to (\varphi \wedge \psi)) \to \varphi \wedge \psi} \forall^2 E}{\varphi \wedge \psi}$$

(d)
$$\frac{\exists x\varphi(x) \quad \dfrac{[\varphi(x)] \quad \dfrac{[\forall x(\varphi(x) \to X)]}{\varphi(x) \to X}}{X}}{\dfrac{\forall x(\varphi(x) \to X) \to X}{\forall X(\forall x(\varphi(x) \to X) \to X)}}$$

Reciprocamente,

$$\dfrac{\dfrac{\dfrac{[\varphi(x)]}{\exists x\varphi(x)}}{\dfrac{\varphi(x) \to \exists x\varphi(x)}{\forall x(\varphi(x) \to \exists x\varphi(x))}} \quad \dfrac{\forall X(\forall x(\varphi(x) \to X) \to X)}{\forall x(\varphi(x) \to \exists x\varphi(x)) \to \exists x\varphi(x)}}{\exists x\varphi(x)}$$

(c) e (e) deixo ao leitor. □

Na lógica de segunda ordem também temos meios naturais de definir identidade para indivíduos. A ideia subjacente, que remonte lá atrás a Leibniz, é que iguais têm exatamente as mesmas propriedades.

Definição 5.6 (Identidade de Leibniz) $x = y := \forall X(X(x) \leftrightarrow X(y))$.

Essa identidade definida tem as propriedades desejadas, i.e. ela satisfaz $I_1, \ldots, I_4$.

Teorema 5.7
(i) $\vdash_2 x = x$
(ii) $\vdash_2 x = y \to y = x$
(iii) $\vdash_2 x = y \land y = z \to x = z$
(iv) $\vdash_2 x = y \to (\varphi(x) \to \varphi(y))$

Demonstração. Óbvia. □

No caso em que a lógica já possui uma relação de identidade para indivíduos, digamos $\doteq$, podemos mostrar que

Teorema 5.8 $\vdash_2 x \doteq y \leftrightarrow x = y$.

Demonstração. $\to$ é óbvio, devido a I_4. $\leftarrow$ é obtido da seguinte maneira:

$$\dfrac{x \doteq x \quad \dfrac{\forall X(X(x) \leftrightarrow X(y))}{x \doteq x \leftrightarrow x \doteq y}}{x \doteq y}$$

Em $\forall^2 E$ substituimos $X(z)$ por $z \doteq x$. □

5 Lógica de Segunda Ordem

Podemos também usar lógica de segunda ordem para estender a Aritmética de Peano para aritmética de segunda ordem. Consideramos uma lógica de segunda ordem com identidade (de primeira ordem) e uma constante de predicado binário S, que representa, intuitivamente, a relação sucessor. Os seguintes axiomas especiais são adicionados:

1. $\exists!x\forall y\neg S(y,x)$
2. $\forall x\exists!yS(x,y)$
3. $\forall xyz(S(x,z) \wedge S(y,z) \to x = y)$

Por conveniência estendemos a linguagem com numerais e a função sucessor. Sob os axiomas abaixo essa extensão é conservativa de qualquer forma:

   (i) $\forall y\neg S(y,\overline{0})$,
   (ii) $S(\overline{n}, \overline{n+1})$,
   (iii) $y = x^+ \leftrightarrow S(x,y)$.

Agora escrevemos o *axioma da indução* (Obs.: não é um esquema, tal qual na aritmética de primeira ordem, mas um axioma propriamente dito!).

4. $\forall X(X(0) \wedge \forall x(X(x) \to X(x^+)) \to \forall xX(x))$

A extensão da aritmética de primeira ordem para a de segunda ordem *não* é conservativa. A demonstração desse fato, entretanto, está além dos nossos modestos recursos.

Pode-se também usar a ideia por trás do axioma da indução para se dar uma definição (indutiva) da classe dos números naturais em uma lógica de segunda ordem com os axiomas (1), (2), (3): N é a menor classe contendo 0 e fechada sob a operação sucessor.

Seja $\nu(x) := \forall X((X(0) \wedge \forall y(X(y) \to X(y^+)) \to X(x))$.
Então, pelo axioma da compreensão, $\exists Y\forall x(\nu(x) \leftrightarrow Y(x))$.

Ainda não podemos asseverar a existência de um único Y satisfazendo $\forall x(\nu(x) \leftrightarrow Y(x))$, pois ainda não introduzimos a identidade para termos de segunda ordem. Por conseguinte, vamos adicionar relações de identidade para os vários termos de segunda ordem, mais seus óbvios axiomas.

Agora podemos formular o

Axioma da Extensionalidade

$$\forall \vec{x}(X^n(\vec{x}) \leftrightarrow Y^n(\vec{x})) \leftrightarrow X^n = Y^n$$

Portanto, finalmente, com a ajuda do axioma da extensionalidade, podemos asseverar $\exists!Y\forall x(\nu(x) \leftrightarrow Y(x))$. Daí podemos adicionar conservativamente uma constante de predicado unário N com o axioma $\forall x(\nu(x) \leftrightarrow N(x))$.

O axioma da extensionalidade é, por um lado, um tanto básico – ele permite a definição por abstração ("o conjunto de todos os x, tal que ..."), e, por outro lado, um tanto inofensivo – podemos sempre transformar um modelo de segunda ordem sem extensionalidade em um com extensionalidade tomando um quociente com respeito à relação de equivalência induzida por =.

Exercícios

1. Mostre que a restrição sobre X^n no esquema da compreensão não pode ser desprezada (considere $\neg X(x)$).
2. Mostre que $\Gamma \vdash_2 \varphi \Leftrightarrow \Gamma^* \vdash_1 \varphi^*$ (onde $\Gamma^* = \{\psi^* \mid \psi \in \Gamma\}$).
   Dica: use indução sobre a derivação, com o esquema da compreensão e uma versão simplificada das regras para $\forall, \exists$. Para as regras dos quantificadores é conveniente considerar um passo intermediário consistindo de uma substituição da variável livre por uma constante nova do tipo apropriado.
3. Demonstre (c) e (e) do Teorema 4.5.
4. Demonstre o Teorema 4.7.
5. Dê uma fórmula $\varphi(X^2)$, que enuncia que X^2 é uma função.
6. Dê uma fórmula $\varphi(X^2)$, que enuncia que X^2 é uma ordem linear.
7. Dê uma sentença σ que enuncia que os indivíduos podem ser linearmente ordenados sem que exista um último elemento (σ pode servir como um axioma de infinitude).
8. Dada a aritmética de segunda ordem com a função sucessor, dê axiomas para a adição como uma relação ternária.
9. Suponha que seja dada uma lógica de segunda ordem com uma constante de predicado binário $<$ com axiomas adicionais que fazem com que $<$ seja uma ordem linear densa sem extremidades. Escrevemos $x < y$ para designar $< (x, y)$. X é um *corte de Dedekind* se $\exists x X(x) \land \exists x \neg X(x) \land \forall x(X(x) \land y < x \rightarrow X(y))$. Defina uma ordenação parcial sobre os cortes de Dedekind fazendo $X \leq X' := \forall x(X(x) \rightarrow X'(x))$. Mostre que essa ordem parcial é total.
10. Considere a versão de primeira ordem da lógica de segunda ordem (envolvendo os predicados Ap_n, U_n, V) com o axioma da extensionalidade. Qualquer modelo $\mathfrak{A}$ dessa teoria de primeira ordem pode ser "imerso" no modelo principal de segunda ordem sobre $L_\mathfrak{A} = \{a \in |\mathfrak{A}| \mid \mathfrak{A} \models V(\overline{a})\}$, da seguinte maneira.
    Defina para qualquer $r \in U_n$, $f(r) = \{\langle a_1, \ldots, a_n \rangle \mid \mathfrak{A} \models Ap_n(\overline{r}, \overline{a}_1, \ldots, \overline{a}_n)\}$.
    Mostre que f estabelece uma imersão "isomórfica" de $\mathfrak{A}$ no modelo principal correspondente. Daí modelos principais podem ser vistos como modelos maximais únicos da lógica de segunda ordem.
11. Formule o axioma da escolha – para cada número x existe um conjunto $X \ldots$ – na aritmética de segunda ordem.
12. Mostre que na definição 4.6 uma única implicação basta.

6
Lógica Intuicionística

6.1 Raciocínio Construtivo

Nos capítulos precedentes, fomos guiados pela seguinte extrapolação (aparentemente inofensiva) de nossa experiência com conjuntos finitos: universos infinitos podem ser examinados em sua totalidade. Em particular podemos ou não, de maneira global, determinar se $\mathfrak{A} \models \exists x \varphi(x)$ se verifica. Adaptando a frase de Hermann Weyl: estamos acostumados a pensar em conjuntos infinitos não apenas como sendo definidos por uma propriedade, mas como conjuntos cujos elementos são, por assim dizer, espalhados em nossa frente, de modo que podemos examinar um por um tal como um funcionário na delegacia examina seu arquivo. Essa visão do universo matemático é uma idealização atraente porém um tanto irrealista. Se se leva a sério nossas limitações perante as totalidades infinitas, então há que se ler um enunciado como "existe um número primo maior que $10^{10^{10}}$" de maneira mais rígida que "é impossível que o conjunto dos primos se acabe antes de $10^{10^{10}}$". Pois não podemos inspecionar o conjunto dos números naturais de uma só vez e detectar um número primo. Temos que *exibir* um primo p maior que $10^{10^{10}}$.

Igualmente, pode-se estar convencido de que um certo problema (e.g. a determinação de um ponto de saturação de um jogo de soma-zero) tem uma solução na base de um teorema abstrato (tal como o teorema do ponto fixo de Brouwer). Não obstante, não se pode sempre exibir uma solução. O que se precisa é de um método *construtivo* (ou prova *construtiva*) que determine a solução.

Aqui vai mais um exemplo para ilustrar as restrições dos métodos abstratos. Considere o problema "Existem dois números irracionais a e b tais que a^b seja racional?" Aplicamos o seguinte raciocínio esperto: suponha que $\sqrt{2}^{\sqrt{2}}$ seja racional, então resolvemos o problema. Caso $\sqrt{2}^{\sqrt{2}}$ seja irracional então $\left(\sqrt{2}^{\sqrt{2}}\right)^{\sqrt{2}}$ é racional. Em ambos os casos existe uma solução, logo a resposta do problema é: Sim. No entanto, caso alguém nos peça para apresentar um tal par a, b, então temos que nos engajar seriamente na teoria dos números de modo a chegar à escolha correta entre os números mencionados acima.

6 Lógica Intuicionística

Evidentemente, enunciados podem ser lidos de maneira não-construtiva, como fizemos nos capítulos precedentes, e de maneira construtiva. Neste capítulo esboçaremos brevemente a lógica que se usa no raciocínio construtivo. Na matemática a prática do raciocínio e dos procedimentos construtivos tem sido defendida por um número de pessoas, mas os fundadores da matemática construtiva são claramente L. Kronecker e L.E.J. Brouwer. Esse último apresentou um programa completo para a reconstrução da matemática sobre uma base construtiva. A matemática de Brouwer (e a lógica que a acompanha) é chamada de *intuicionística*, e nesse contexto a matemática tradicional não-construtiva (e sua lógica) é chamada de *clássica*.

Há um número de questões filosóficas relacionadas com o intuicionismo, sobre as quais recomendamos ao leitor que consulte a literatura, cf. *Dummett, Troelstra–van Dalen*.

Como não podemos mais basear nossas interpretações da lógica na ficção de que o universo matemático é uma totalidade pré-determinada que pode ser examinada como um todo, temos que fornecer uma interpretação heurística dos conectivos lógicos na lógica intuicionística. Basearemos nossas heurísticas na interpretação via provas proposta por A. Heyting. Uma semântica semelhante foi proposta por A. Kolmogorov; a interpretação via provas é chamada de a interpretação de Brouwer–Heyting–Kolmogorov (BHK).

O ponto de partida é que um enunciado φ é considerado verdadeiro (ou que se verifica) se temos uma prova para ele. Por uma prova queremos dizer uma construção matemática que estabeleça φ, e não uma dedução em um certo sistema formal. Por exemplo, uma prova de '$2 + 3 = 5$' consiste das sucessivas construções de $2, 3$ e 5, seguidas por uma construção que adiciona 2 a 3, seguida de uma construção que compara o resultado dessa adição e 5.

A noção primitiva aqui é "a prova φ", onde entendemos por uma prova uma construção (para nossos propósitos, não especificada). Indicaremos agora como provas de enunciados compostos dependem de provas de suas partes.

($\wedge$) a prova $\varphi \wedge \psi := a$ é um par $\langle b, c \rangle$ tal que b prova φ e c prova ψ.
($\vee$) a prova $\varphi \vee \psi := a$ é um par $\langle b, c \rangle$ tal que b é um número natural e se $b = 0$ então c prova φ, e se $b \neq 0$ então c prova ψ.
($\rightarrow$) a prova $\varphi \rightarrow \psi := a$ é uma construção que converte uma prova qualquer p de φ em uma prova $a(p)$ de ψ.
($\bot$) nenhum a prova $\bot$.

Para lidar com quantificadores assumimos que algum domínio D de objetos seja dado.

($\forall$) a prova $\forall x \varphi(x) := a$ é uma construção tal que para cada $b \in D$, $a(b)$ prova $\varphi(\bar{b})$.
($\exists$) a prova $\exists x \varphi(x) := $ é um par $\langle b, c \rangle$ tal que $b \in D$ e c prova $\varphi(\bar{b})$.

Essa explanação dos conectivos serve como um meio de se dar ao leitor um sentimento sobre o que é e o que não é correto na lógica intuicionística. Geralmente considera-se a explanação como a definição do significado intuicionístico pretendido dos conectivos.

Exemplos.

1. $\varphi \wedge \psi \to \varphi$ é verdadeira, pois suponha que $\langle a, b \rangle$ seja uma prova de $\varphi \wedge \psi$, então a construção c com $c(a, b) = a$ converte uma prova de $\varphi \wedge \psi$ em uma prova de φ. Logo c prova $(\varphi \wedge \psi \to \varphi)$.
2. $(\varphi \wedge \psi \to \sigma) \to (\varphi \to (\psi \to \sigma))$. Suponha que a prove $\varphi \wedge \psi \to \sigma$, i.e. a converta cada prova $\langle b, c \rangle$ de $\varphi \wedge \psi$ em uma prova $a(b, c)$ de σ. Agora a prova desejada p de $\varphi \to (\psi \to \sigma)$ é uma construção que converte cada prova b de φ numa prova $p(b)$ de $\psi \to \sigma$. Logo $p(b)$ é uma construção que converte uma prova c de ψ numa prova $(p(b))(c)$ de σ. Recordemos que tínhamos uma prova $a(b, c)$ de σ, portanto faça $(p(b))(c) = a(b, c)$; suponha que q seja dada por $q(c) = a(b, c)$, então p é definida por $p(b) = q$. Claramente, o procedimento acima contém a descrição de uma construção que converte a numa prova p de $\varphi \to (\psi \to \sigma)$. (Para aqueles familiarizados com a notação λ: $p = \lambda b.\lambda c.a(b, c)$, logo $\lambda a.\lambda b.\lambda c.a(b, c)$ é a prova que estávamos procurando).
3. $\neg \exists x \varphi(x) \to \forall x \neg \varphi(x)$.
    Usaremos agora um argumento um pouco mais informal. Suponha que tenhamos uma construção a que reduz uma prova de $\exists x \varphi(x)$ a uma prova de $\bot$. Queremos uma construção p que produza para cada $d \in D$ uma prova de $\varphi(\bar{b}) \to \bot$, i.e. uma construção que converte uma prova de $\varphi(\bar{b})$ em uma prova de $\bot$. Portanto suponha que b seja uma prova de $\varphi(\bar{b})$, então $\langle d, b \rangle$ é uma prova de $\exists x \varphi(x)$, e $a(d, b)$ é uma prova de $\bot$. Daí p com $(p(d))(b) = a(d, b)$ é uma prova de $\forall x \neg \varphi(x)$. Isso nos dá uma construção que converte a em p.

O leitor pode tentar por si próprio justificar alguns dos enunciados acima, mas não deveria se preocupar se os detalhes venham a se tornar demasiadamente complicados. Uma abordagem conveniente desses problemas requer um pouco mais de ferramental do que o que temos em mãos (e.g. notação λ). Note, a propósito, que o procedimento inteiro não está livre de problemas pois assumimos um certo número de propriedades de fechamento da classe de construções.

Agora que já demos uma heurística grosseira do significado dos conectivos lógicos na lógica intuicionística, vamos passar a uma formalização. Acontece que o sistema de dedução natural é quase correto. A única regra que não tem conteúdo construtivo é aquela da Reductio ad Absurdum. Como vimos (p. 38), uma aplicação de RAA resulta em $\vdash \neg\neg\varphi \to \varphi$, mas para $\neg\neg\varphi \to \varphi$ se verificar informalmente precisamos de uma construção que transforme uma prova de $\neg\neg\varphi$ numa prova de φ. Agora a prova $\neg\neg\varphi$ se a transforma cada prova b de $\neg\varphi$ em uma prova de $\bot$, i.e. não pode haver uma prova b de $\neg\varphi$. O próprio b deve ser uma construção que transforma cada prova c de φ numa prova de $\bot$. Logo sabemos que não pode haver uma construção que converta uma prova de φ numa prova de $\bot$, mas isso está bem longe da prova desejada de φ! (cf. ex. 1).

6.2 Lógica Intuicionística Proposicional e de Predicados

Adotamos todas as regras da dedução natural para os conectivos $\vee, \wedge, \to, \bot, \exists, \forall$ com exceção da regra RAA. De modo a cobrir tanto a lógica proposicional quanto a lógica de predicados de uma vez só admitimos que o alfabeto (cf. 2.3, p. 60) contenha símbolos 0-ários de predicado, usualmente chamados de símbolos de proposição.

Estritamente falando lidamos com uma noção de derivabilidade diferente daquela introduzida anteriormente (cf. p. 36), pois RAA é removida; por conseguinte usamos uma notação distinta, e.g. $\vdash_i$. Entretanto, continuaremos a usar $\vdash$ quando não houver confusão.

Podemos agora adotar todos os resultados das partes precedentes que não fizeram uso de RAA.

A seguinte lista pode ser útil:

Lema 6.2.1
(1) $\vdash \varphi \wedge \psi \leftrightarrow \psi \wedge \varphi$ (p. 32)
(2) $\vdash \varphi \vee \psi \leftrightarrow \psi \vee \varphi$
(3) $\vdash (\varphi \wedge \psi) \wedge \sigma \leftrightarrow \varphi \wedge (\psi \wedge \sigma)$
(4) $\vdash (\varphi \vee \psi) \vee \sigma \leftrightarrow \varphi \vee (\psi \vee \sigma)$
(5) $\vdash \varphi \vee (\psi \wedge \sigma) \leftrightarrow (\varphi \vee \psi) \wedge (\varphi \vee \sigma)$
(6) $\vdash \varphi \wedge (\psi \vee \sigma) \leftrightarrow (\varphi \wedge \psi) \vee (\varphi \wedge \sigma)$ (p. 51)
(7) $\vdash \varphi \rightarrow \neg\neg\varphi$ (p. 33)
(8) $\vdash (\varphi \rightarrow (\psi \rightarrow \sigma)) \leftrightarrow (\varphi \wedge \psi \rightarrow \sigma)$ (p. 33)
(9) $\vdash \varphi \rightarrow (\psi \rightarrow \varphi)$ (p. 37)
(10) $\vdash \varphi \rightarrow (\neg\varphi \rightarrow \psi)$ (p. 37)
(11) $\vdash \neg(\varphi \vee \psi) \leftrightarrow \neg\varphi \wedge \neg\psi$
(12) $\vdash \neg\varphi \vee \neg\psi \rightarrow \neg(\varphi \wedge \psi)$
(13) $\vdash (\neg\varphi \vee \psi) \rightarrow (\varphi \rightarrow \psi)$
(14) $\vdash (\varphi \rightarrow \psi) \rightarrow (\neg\psi \rightarrow \neg\varphi)$ (p. 37)
(15) $\vdash (\varphi \rightarrow \psi) \rightarrow ((\psi \rightarrow \sigma) \rightarrow (\varphi \rightarrow \sigma))$ (p. 37)
(16) $\vdash \bot \leftrightarrow (\varphi \wedge \neg\varphi)$ (p. 37)
(17) $\vdash \exists x(\varphi(x) \vee \psi(x)) \leftrightarrow \exists x\varphi(x) \vee \exists x\psi(x)$
(18) $\vdash \forall x(\varphi(x) \wedge \psi(x)) \leftrightarrow \forall x\varphi(x) \wedge \exists x\psi(x)$
(19) $\vdash \neg\exists x\varphi(x) \leftrightarrow \forall x\neg\varphi(x)$
(20) $\vdash \exists x\neg\varphi(x) \rightarrow \neg\forall x\varphi(x)$
(21) $\vdash \forall x(\varphi \rightarrow \psi(x)) \leftrightarrow (\varphi \rightarrow \forall x\psi(x))$
(22) $\vdash \exists x(\varphi \rightarrow \psi(x)) \leftrightarrow (\varphi \rightarrow \exists x\psi(x))$
(23) $\vdash (\varphi \vee \forall x\psi(x)) \rightarrow \forall x(\varphi \vee \psi(x))$
(24) $\vdash (\varphi \wedge \exists x\psi(x)) \leftrightarrow \exists x(\varphi \wedge \psi(x))$
(25) $\vdash \exists x(\varphi(x) \rightarrow \psi) \rightarrow (\forall x\varphi(x) \rightarrow \psi)$
(26) $\vdash \forall x(\varphi(x) \rightarrow \psi) \leftrightarrow (\exists x\varphi(x) \rightarrow \psi)$

(Observe que (19) e (20) são casos especiais de (26) e (25).)

Todos esses teoremas podem ser demonstrados por meio de aplicação imediata das regras. Alguns teoremas bem conhecidos estão propositadamente ausentes, e em alguns casos existe uma implicação apenas em uma direção; mostraremos mais adiante que essas implicações não podem, em geral, ser invertidas.

De um ponto de vista construtivo RAA é usada para derivar conclusões fortes a partir de premissas fracas. E.g. em $\neg(\varphi \wedge \psi) \vdash \neg\varphi \vee \neg\psi$ a premissa é fraca (algo não tem prova) e a conclusão é forte, e pede por uma decisão efetiva. Não se pode

6.2 Lógica Intuicionística Proposicional e de Predicados

esperar que se obtenha tais resultados na lógica intuicionística. Ao contrário, existe uma coleção de resultados fracos, usualmente envolvendo negações e duplas negações.

Lema 6.2.2
(1) $\vdash \neg\varphi \leftrightarrow \neg\neg\neg\varphi$
(2) $\vdash (\varphi \wedge \neg\psi) \to \neg(\varphi \to \psi)$
(3) $\vdash (\varphi \to \psi) \to (\neg\neg\varphi \to \neg\neg\psi)$
(4) $\vdash \neg\neg(\varphi \to \psi) \leftrightarrow (\neg\neg\varphi \to \neg\neg\psi)$
(5) $\vdash \neg\neg(\varphi \wedge \psi) \leftrightarrow (\neg\neg\varphi \wedge \neg\neg\psi)$
(6) $\vdash \neg\neg\forall x \varphi(x) \to \forall x \neg\neg\varphi(x)$

De modo a abreviar derivações usaremos a notação $\dfrac{\Gamma}{\varphi}$ em uma derivação quando existe uma derivação para $\Gamma \vdash \varphi$ (Γ tem 0, 1 ou 2 elementos).

Demonstração. (1) $\neg\varphi \to \neg\neg\neg\varphi$ segue do Lema 6.2.1 (7). Para a recíproca usamos novamente 6.2.1(7)

$$\dfrac{\dfrac{[\varphi]^1 \quad \overline{\varphi \to \neg\neg\varphi}}{\dfrac{\neg\neg\varphi \qquad [\neg\neg\neg\varphi]^2}{\dfrac{\bot}{\neg\varphi} 1}}}{\neg\neg\neg\varphi \to \neg\varphi} 2 \qquad \dfrac{\dfrac{[\varphi \wedge \neg\psi]^2}{\varphi} \quad [\varphi \to \psi]^1}{\dfrac{\psi \qquad \dfrac{[\varphi \wedge \neg\psi]^2}{\neg\psi}}{\dfrac{\bot}{\neg(\varphi \to \psi)} 1}} \\ \overline{(\varphi \wedge \neg\psi) \to \neg(\varphi \to \psi)} \, 2$$

$$\dfrac{[\neg\neg\varphi]^3 \quad \dfrac{\dfrac{[\varphi]^1 \quad [\varphi \to \psi]^4}{\psi} \quad [\neg\psi]^2}{\dfrac{\bot}{\neg\varphi} 1}}{\dfrac{\dfrac{\bot}{\neg\neg\psi} 2}{\dfrac{\neg\neg\varphi \to \neg\neg\psi}{(\varphi \to \psi) \to (\neg\neg\varphi \to \neg\neg\psi)} 4} 3}$$

Prove (3) também usando (14) e (15) de 6.2.1.
(4) Aplique a metade intuicionística da contraposição (Lema 6.2.1(14)) a (2):

$$\cfrac{\cfrac{[\neg\neg(\varphi \to \psi)]^4}{\neg(\varphi \land \neg\psi)} \quad \cfrac{[\varphi]^1 \quad [\neg\psi]^2}{\varphi \land \neg\psi}}{\cfrac{\cfrac{\bot}{\neg\varphi}1 \qquad [\neg\neg\varphi]^3}{\cfrac{\cfrac{\bot}{\neg\neg\psi}2}{\cfrac{\neg\neg\varphi \to \neg\neg\psi}{\neg\neg(\varphi \to \psi) \to (\neg\neg\varphi \to \neg\neg\psi)}4}3}}$$

Para a recíproca aplicamos alguns fatos de 6.2.1.

$$\cfrac{\cfrac{\cfrac{\cfrac{[\neg(\varphi \to \psi)]^1}{\neg(\neg\varphi \lor \psi)}}{\neg\neg\varphi \land \neg\psi}}{\neg\neg\varphi} \quad [\neg\neg\varphi \to \neg\neg\psi]^2 \qquad \cfrac{\cfrac{\cfrac{[\neg(\varphi \to \psi)]^1}{\neg(\neg\varphi \lor \psi)}}{\neg\neg\varphi \land \neg\psi}}{\neg\psi}}{\cfrac{\cfrac{\neg\neg\psi \qquad \bot}{\neg\neg(\varphi \to \psi)}1}{(\neg\neg\varphi \to \neg\neg\psi) \to \neg\neg(\varphi \to \psi)}2}$$

(5) $\to$: Aplique (3) a $\varphi \land \psi \to \varphi$ e $\varphi \land \psi \to \psi$. A derivação da recíproca é dada abaixo:

$$\cfrac{\cfrac{[\neg\neg\varphi \land \neg\neg\psi]^4}{\neg\neg\psi} \qquad \cfrac{\cfrac{[\neg(\varphi \land \psi)]^3 \quad \cfrac{[\varphi]^1 \quad [\psi]^2}{\varphi \land \psi}}{\cfrac{\bot}{\neg\varphi}1} \qquad \cfrac{[\neg\neg\varphi \land \neg\neg\psi]^4}{\neg\neg\varphi}}{\cfrac{\bot}{\neg\psi}2}}{\cfrac{\cfrac{\bot}{\neg\neg(\varphi \land \psi)}3}{(\neg\neg\varphi \land \neg\neg\psi) \to \neg\neg(\varphi \land \psi)}4}$$

(6) $\vdash \exists x \neg\varphi(x) \to \neg\forall x \varphi(x)$,   6.2.1(20)
        logo $\neg\neg\forall x \varphi(x) \to \neg\exists x \neg\varphi(x)$,   6.2.1(14)
        daí $\neg\neg\forall x \varphi(x) \to \forall x \neg\neg\varphi(x)$.   6.2.1(19)

$\square$

6.2 Lógica Intuicionística Proposicional e de Predicados

A maior parte dos meta-teoremas imediatos da lógica proposicional e da lógica de predicados se transportam para a lógica intuicionística. Os seguintes teoremas podem ser demonstrados por uma entediante porém rotineira indução.

Teorema 6.2.3 (Teorema da Substituição para Derivações) *Se $\mathcal{D}$ é uma derivação e $ um átomo proposicional, então $\mathcal{D}[\varphi/\$]$ é uma derivação se as variáveis livres de φ não ocorrem ligadas em $\mathcal{D}$.*

Teorema 6.2.4 (Teorema da Substituição para Derivabilidade) *Se $\Gamma \vdash \sigma$ e $ é um átomo proposicional, então $\Gamma[\varphi/\$] \vdash \sigma[\varphi/\$]$, onde as variáveis livres de φ não ocorrem ligadas em σ ou Γ.*

Teorema 6.2.5 (Teorema da Substituição para Equivalência)
$\Gamma \vdash (\varphi_1 \leftrightarrow \varphi_2) \to (\psi[\varphi_1/\$] \leftrightarrow \psi[\varphi_2/\$])$,
$\Gamma \vdash \varphi_1 \leftrightarrow \varphi_2 \Rightarrow \Gamma \vdash \psi[\varphi_1/\$] \leftrightarrow \psi[\varphi_2/\$]$,
onde $ é uma proposição atômica, as variáveis livres de φ_1 e φ_2 não ocorrem ligadas em Γ ou ψ e as variáveis ligadas de ψ não ocorrem livres em Γ.

As demonstrações dos teoremas acima são deixadas ao leitor. Teoremas desse tipo estão sempre sofrendo de condições sobre variáveis que nem sempre são elegantes. Em aplicações práticas sempre se renomeia variáveis ligadas ou se considera apenas hipóteses fechadas, de modo que não haja muito com o que se preocupar. Para formulações precisas veja o Capítulo 6.

O leitor terá observado da linha de raciocínio que $\vee$ e $\exists$ carregam a maior parte do peso da construtitividade. Demonstraremos isso mais uma vez em um argumento informal.

Existe um procedimento efetivo para calcular a expansão decimal de π (3, 141592 7...). Vamos considerar o enunciado $\varphi_n :=$ na expansão decimal de π existe uma seqüência de n setes consecutivos.

Claramente $\varphi_{100} \to \varphi_{99}$ se verifica, mas não existe qualquer que seja a evidência para $\neg \varphi_{100} \vee \varphi_{99}$.

O fato de que $\wedge, \to, \forall, \bot$ não pedem pelo tipo de decisões que $\vee$ e $\exists$ exigem, é mais ou menos confirmado pelo seguinte

Teorema 6.2.6 *Se φ não contém $\vee$ ou $\exists$ e todos os átomos exceto $\bot$ em φ são negados, então $\vdash \varphi \leftrightarrow \neg\neg\varphi$.*

Demonstração. Indução sobre φ.
Deixamos a demonstração ao leitor. (Dica: aplique 6.2.2.) □

Por definição a lógica de predicados (proposicional) intuicionística é um subsistema dos sistemas clássicos correspondentes. Gödel e Gentzen mostraram, entretanto, que ao interpretar a disjunção clássica e o quantificador existencial num sentido fraco, podemos imergir a lógica clássica na lógica intuicionística. Para esse propósito introduzimos uma tradução apropriada:

6 Lógica Intuicionística

Definição 6.2.7 *O mapeamento* $^\circ : FORM \to FORM$ *é definido por*
(i) $\bot^\circ := \bot$ e $\varphi^\circ := \neg\neg\varphi$ *para* φ *atômica e diferente de* $\bot$.
(ii) $(\varphi \wedge \psi)^\circ := \varphi^\circ \wedge \psi^\circ$
(iii) $(\varphi \vee \psi)^\circ := \neg(\neg\varphi^\circ \vee \neg\psi^\circ)$
(iv) $(\varphi \to \psi)^\circ := \varphi^\circ \to \psi^\circ$
(v) $(\forall x \varphi(x))^\circ := \forall x \varphi^\circ(x)$
(v) $(\exists x \varphi(x))^\circ := \neg\forall x \neg\varphi^\circ(x)$

O mapeamento $^\circ$ é chamado de *tradução de Gödel*.

Definimos $\Gamma^\circ = \{\varphi^\circ \mid \varphi \in \Gamma\}$. A relação entre derivabilidade clássica ($\vdash_c$) e derivabilidade intuicionística ($\vdash_i$) é dada por

Teorema 6.2.8 $\Gamma \vdash_c \varphi \Leftrightarrow \Gamma^\circ \vdash_i \varphi^\circ$.

Demonstração. Segue dos capítulos anteriores que $\vdash_c \varphi \leftrightarrow \varphi^\circ$, por conseguinte $\Leftarrow$ é uma conseqüência imediata de $\Gamma \vdash_i \varphi \Rightarrow \Gamma \vdash_c \varphi$.

Para $\Rightarrow$, usamos indução sobre a derivação $\mathcal{D}$ de φ a partir de Γ.

1. $\varphi \in \Gamma$, então também $\varphi^\circ \in \Gamma^\circ$ e portanto $\Gamma^\circ \vdash_i \varphi^\circ$.
2. A última regra de $\mathcal{D}$ é uma regra de introdução ou de eliminação proposicional. Consideramos dois casos

$\to I$
$$\begin{array}{c}[\varphi]\\ \mathcal{D}\\ \psi\\ \hline \varphi \to \psi\end{array}$$
Hipótese da indução $\Gamma^\circ, \varphi^\circ \vdash_i \psi^\circ$.
Por $\to I$, $\Gamma^\circ \vdash_i \varphi^\circ \to \psi^\circ$, logo por definição
$\Gamma^\circ \vdash_i (\varphi \to \psi)^\circ$.

$\vee E$
$$\begin{array}{ccc}&[\varphi] & [\psi]\\ \mathcal{D} & \mathcal{D}_1 & \mathcal{D}_2\\ \varphi \vee \psi & \sigma & \sigma\\ \hline & \sigma\end{array}$$
Hipótese da indução: $\Gamma^\circ \vdash_i (\varphi \vee \psi)^\circ$, $\Gamma^\circ, \varphi^\circ \vdash_i \sigma^\circ$, $\Gamma^\circ, \psi^\circ \vdash_i \sigma^\circ$
(onde Γ contém hipóteses envolvidas ainda não descartadas).

$\Gamma^\circ \vdash_i \neg(\neg\varphi^\circ \wedge \neg\psi^\circ)$, $\Gamma^\circ \vdash_i \varphi^\circ \to \sigma^\circ$, $\Gamma^\circ \vdash_i \psi^\circ \to \sigma^\circ$.
O resultado segue da derivação abaixo:

$$\dfrac{\neg(\neg\varphi^\circ \wedge \neg\psi^\circ) \quad \dfrac{\dfrac{\dfrac{[\varphi^\circ]^1 \quad \varphi^\circ \to \sigma^\circ}{\sigma^\circ} \quad [\neg\sigma^\circ]^3}{\dfrac{\bot}{\neg\varphi^\circ}1} \quad \dfrac{\dfrac{[\psi^\circ]^2 \quad \psi^\circ \to \sigma^\circ}{\sigma^\circ} \quad [\neg\sigma^\circ]^3}{\dfrac{\bot}{\neg\psi^\circ}2}}{\neg\varphi^\circ \wedge \neg\psi^\circ}}{\dfrac{\bot}{\neg\neg\sigma^\circ}3}$$
$$\sigma^\circ$$

Os casos remanescentes deixo ao leitor.

3. A última regra de $\mathcal{D}$ é a regra do *falsum*. Este caso é óbvio.
4. A última regra de $\mathcal{D}$ é uma regra de introdução ou de eliminação de um quantificador. Vamos considerar dois casos.

$$\forall I \quad \frac{\mathcal{D}}{\forall x \varphi(x)} \qquad \begin{array}{l} \text{Hipótese da indução: } \Gamma^\circ \vdash_i \varphi(x)^\circ. \\ \text{Por } \forall I, \Gamma^\circ \vdash_i \forall x \varphi(x)^\circ, \text{ logo} \\ \Gamma^\circ \vdash_i (\forall x \varphi(x))^\circ. \end{array}$$

$$\exists E \quad \frac{\mathcal{D}}{\exists x \varphi(x)} \quad \frac{\overset{[\varphi(x)]}{\mathcal{D}_1}}{\sigma} \qquad \begin{array}{l} \text{Hipótese da indução: } \Gamma^\circ \vdash_i (\exists x \varphi(x))^\circ, \\ \Gamma^\circ, \varphi(x)^\circ \vdash_i \sigma^\circ. \\ \text{Logo } \Gamma^\circ \vdash_i (\neg \forall x \neg \varphi(x))^\circ \text{ e} \\ \Gamma^\circ \vdash_i \forall x(\varphi(x)^\circ \to \sigma^\circ). \end{array}$$

$$\cfrac{\neg \forall x \neg \varphi(x)^\circ \qquad \cfrac{\cfrac{\bot}{\neg \varphi(x)^\circ} 1}{\forall x \neg \varphi(x)^\circ}}{\cfrac{\bot}{\cfrac{\neg \neg \sigma^\circ}{\sigma^\circ}} 2}$$

com a derivação interna usando $[\varphi(x)^\circ]^1$, $\cfrac{\forall x(\varphi(x)^\circ \to \sigma^\circ)}{\varphi(x)^\circ \to \sigma^\circ}$, σ°, $[\neg \sigma^\circ]^2$.

Agora obtemos $\Gamma^\circ \vdash_i \sigma^\circ$.

5. A última regra de $\mathcal{D}$ é RAA.

$$\begin{array}{c} [\neg \varphi] \\ \mathcal{D} \\ \bot \\ \hline \varphi \end{array} \qquad \begin{array}{l} \text{Hipótese da indução: } \Gamma^\circ, (\neg \varphi)^\circ \vdash_i \bot. \\ \text{Logo, } \Gamma^\circ \vdash_i \neg\neg \varphi^\circ, \text{ donde, pelo Teorema 6.2.6,} \\ \Gamma^\circ \vdash_i \varphi^\circ. \end{array}$$

Vamos chamar as fórmulas nas quais todos os átomos ocorrem negados, e que contêm apenas os conectivos $\wedge, \to, \forall, \bot$, de *negativas*.

O papel especial de $\vee$ e $\exists$ é destacado por

Corolário 6.2.9 *A lógica de predicados (e a proposicional) clássica é conservativa sobre a lógica de predicados (e a proposicional) intuicionística com respeito a fórmulas negativas, i.e.* $\vdash_c \varphi \Leftrightarrow \vdash_i \varphi$ *para φ negativa.*

Demonstração. φ°, para φ negativa, é obtida substituindo-se cada átomo p por $\neg\neg p$. Como todos os átomos ocorrem negados temos $\vdash_i \varphi^\circ \leftrightarrow \varphi$ (aplique 6.2.2(1) e 6.2.6). O resultado agora segue de 6.2.8. □

Em determinadas teorias (e.g. aritmética) os átomos são *decidíveis*, i.e. $\Gamma \vdash \varphi \vee \neg \varphi$ para φ atômica. Para tais teorias pode-se simplificar a tradução de Gödel fazendo $\varphi^\circ := \varphi$ para φ atômica.

Observe que o Corolário 6.2.9 nos diz que a lógica intuicionística é consistente sse a lógica clássica o é (um resultado não muito surpreendente!).

Para a lógica proposicional temos um resultado um pouco mais forte que 6.2.8.

Teorema 6.2.10 (Teorema de Glivenko) $\vdash_c \varphi \Leftrightarrow \vdash_i \neg\neg\varphi$.

Demonstração. Mostre por indução sobre φ que $\vdash_i \varphi^\circ \leftrightarrow \neg\neg\varphi$ (use 6.2.2), e aplique 6.2.8. □

6.3 Semântica de Kripke

Há um número de semânticas (mais ou menos formalizadas) para a lógica intuicionística que permitem um teorema de completude. Vamos nos concentrar aqui na semântica introduzida por Kripke pois ela é conveniente para aplicações e é bastante simples.

Motivação heurística. Imagine um matemático idealizado (neste contexto tradicionalmente chamado de *sujeito criativo*), que estende tanto seu conhecimento quanto seu universo de objetos no decurso do tempo. Em cada momento k ele tem um estoque Σ_k de sentenças, que ele, por algum meio, reconheceu como verdadeiras e um estoque A_k de objetos que ele construiu (ou criou). Como a cada momento k o matemático idealizado tem várias escolhas para suas atividades futuras (ele pode até parar tudo de uma vez), os estágios de sua atividade devem ser pensados como sendo *parcialmente ordenados*, e não necessariamente ordenados linearmente. Como o matemático idealizado interpretará os conectivos lógicos? Evidentemente a interpretação de um enunciado composto tem que depender da interpretação de suas partes, e.g. o matemático idealizado estabeleceu φ ou (e) ψ no estágio k se ele estabeleceu φ no estágio k ou (e) ψ no estágio k. A implicação é mais complicada, pois $\varphi \to \psi$ pode ser conhecida no estágio k sem que φ ou ψ sejam conhecidas. Claramente, o matemático idealizado conhece $\varphi \to \psi$ no estágio k se ele sabe que se em qualquer estágio futuro (incluindo k) φ estiver estabelecida, também ψ está estabelecida. Igualmente $\forall x \varphi(x)$ está estabelecida no estágio k se em qualquer estágio futuro (incluindo k) para todos os objetos a que existem naquele estágio $\varphi(\overline{a})$ está estabelecida.

Evidentemente no caso do quantificador universal temos que levar o futuro em consideração pois *para todos os elementos* significa mais do que simplesmente "para todos os elementos que construimos até agora"! Existência, por outro lado, não é relegada ao futuro. O matemático idealizado sabe no estágio k que $\exists x \varphi(x)$ se ele construiu um objeto a tal que no estágio k ele estabeleceu $\varphi(\overline{a})$. Obviamente, existem muitas observações que poderiam ser feitas, por exemplo que é razoável adicionar "em princípio" a um número de cláusulas. Isso resolve o caso de números grandes, seqüências de escolha, etc. Pense em $\forall xy \exists z(z = x^y)$, será que o matemático idealizado realmente constrói 10^{10} como uma sucessão de unidades? Para essa e outras questões semelhantes recomenda-se ao leitor que consulte a literatura.

6.3 Semântica de Kripke

Formalizaremos agora a semântica esboçada acima.

Para uma primeira introdução é conveniente considerar uma linguagem sem símbolos de função. Mais tarde será simples estender a linguagem.

Consideramos modelos para alguma linguagem L.

Definição 6.3.1 *Um modelo de Kripke é uma quádrupla $\mathcal{K} = \langle K, \Sigma, C, D \rangle$, onde K é um conjunto (não-vazio) parcialmente ordenado, C uma função definida sobre as constantes de L, D uma função valorada em conjuntos sobre K, Σ uma função sobre K tal que*

- $C(c) \in D(k)$ *para todo* $k \in K$,
- $D(k) \neq \emptyset$ *para todo* $k \in K$,
- $\Sigma(k) \subseteq At_k$ *para todo* $k \in K$,

onde At_k é o conjunto de todas as sentenças atômicas de L com constantes para os elementos de $D(k)$. D e Σ satisfazem as seguintes condições:

(i) $k \leq l \Rightarrow D(k) \subseteq D(l)$.
(ii) $\bot \notin \Sigma(k)$, para todo k.
(iii) $k \leq l \Rightarrow \Sigma(k) \subseteq \Sigma(l)$.

$D(k)$ é chamado de domínio de $\mathcal{K}$ em k, os elementos de K são chamados de nós de $\mathcal{K}$. Ao invés de "φ tem constantes auxiliares para elementos de $D(k)$" dizemos simplesmente que "φ tem parâmetros em $D(k)$".

Σ associa a cada nó os 'fatos básicos' que se verificam em k, as condições (i), (ii), (iii) simplesmente enunciam que a coleção de objetos disponíveis não decresce no tempo, que uma falsidade não é nunca estabelecida e que um fato básico que uma vez tenha sido estabelecido permanece verdadeiro em estágios posteriores. As constantes são interpretadas pelos mesmos elementos em todos os domínios (elas são os *designadores rígidos*).

Note que D e Σ juntos determinam a cada nó k uma estrutura clássica $\mathfrak{A}(k)$ (no sentido de 2.2.1). O universo de $\mathfrak{A}(k)$ é $D(k)$ e as relações de $\mathfrak{A}(k)$ são dadas por $\Sigma(k)$ como o diagrama positivo: $\langle \vec{a} \rangle \in R^{\mathfrak{A}(k)}$ sse $R(\vec{a}) \in \Sigma(k)$. As condições (i) e (iii) acima nos dizem que os universos são crescentes:

$k \leq l \Rightarrow |\mathfrak{A}(k)| \subseteq |\mathfrak{A}(l)|$

e que as relações são crescentes:

$k \leq l \Rightarrow R^{\mathfrak{A}(k)} \subseteq R^{\mathfrak{A}(l)}$.

Além do mais, $c^{\mathfrak{A}(k)} = c^{\mathfrak{A}(l)}$ para todo k e l.

Em $\Sigma(k)$ existem algumas proposições, algo que não permitimos na lógica clássica de predicados. Aqui é conveniente para se tratar de lógica proposicional e de predicados simultaneamente.

A função Σ nos diz quais átomos são "verdadeiros" em k. Agora estendemos Σ a todas as sentenças.

Lema 6.3.2 *Σ tem uma extensão única para uma função sobre K (também denotada por Σ) tal que $\Sigma(k) \subseteq Sent_k$, o conjunto de todas as sentenças com parâmetros em $D(k)$, satisfazendo:*

170   6 Lógica Intuicionística

(i) $\varphi \vee \psi \in \Sigma(k) \Leftrightarrow \varphi \in \Sigma(k)$ ou $\psi \in \Sigma(k)$
(ii) $\varphi \wedge \psi \in \Sigma(k) \Leftrightarrow \varphi \in \Sigma(k)$ e $\psi \in \Sigma(k)$
(iii) $\varphi \rightarrow \psi \in \Sigma(k)$ para todo $l \geq k$ $(\varphi \in \Sigma(l) \Rightarrow \psi \in \Sigma(l))$
(iv) $\exists x \varphi(x) \in \Sigma(k) \Leftrightarrow$ existe um $a \in D(k)$ tal que $\varphi(\overline{a}) \in \Sigma(k)$
(v) $\forall x \varphi(x) \in \Sigma(k) \Leftrightarrow$ para todo $l \geq k$ e para todo $a \in D(l)$ $\varphi(\overline{a}) \in \Sigma(l)$.

Demonstração. Imediata. Simplesmente definimos $\varphi \in \Sigma(k)$ para todo $k \in K$ simultaneamente por indução sobre φ. □

Notação. Escrevemos $k \Vdash \varphi$ para $\varphi \in \Sigma(k)$, pronunciando 'k força φ'.

Exercício para o leitor: reformule (i)–(v) acima em termos de forçamento.

Corolário 6.3.3 (i) $k \Vdash \neg \varphi \Leftrightarrow$ para todo $l \geq k$, $l \nVdash \varphi$.
(ii) $k \Vdash \neg \neg \varphi \Leftrightarrow$ para todo $l \geq k$, existe um $p \geq l$ tal que $(p \Vdash \varphi)$.

Demonstração. $k \Vdash \neg \varphi \Leftrightarrow k \Vdash \varphi \rightarrow \bot \Leftrightarrow$ para todo $l \geq k$, $(l \Vdash \varphi \Rightarrow l \Vdash \bot) \Leftrightarrow$ para todo $l \geq k$, $l \nVdash \varphi$.
$k \Vdash \neg \neg \varphi \Leftrightarrow$ para todo $l \geq k$, $l \nVdash \neg \varphi \Leftrightarrow$ para todo $l \geq k$, não é o caso que (para todo $p \geq l$ $p \nVdash \varphi) \Leftrightarrow$ para todo $l \geq k$, existe um $p \geq l$ tal que $p \Vdash \varphi$. □

A monotonicidade de Σ para átomos é transportada para fórmulas arbitrárias.

Lema 6.3.4 (Monotonicidade de $\Vdash$) $k \leq l$, $k \Vdash \varphi \Rightarrow l \Vdash \varphi$.

Demonstração. Indução sobre φ.

φ atômica : o lema se verifica pela definição 6.3.1.
$\varphi = \varphi_1 \wedge \varphi_2$: suponha que $k \Vdash \varphi_1 \wedge \varphi_2$ e que $k \leq l$, então $k \Vdash \varphi_1 \wedge \varphi_2 \Leftrightarrow k \Vdash \varphi_1$ e $k \Vdash \varphi_2 \Rightarrow$ (hip. da ind.) $l \Vdash \varphi_1$ e $l \Vdash \varphi_2 \Leftrightarrow l \Vdash \varphi_1 \wedge \varphi_2$.
$\varphi = \varphi_1 \vee \varphi_2$: semelhante ao caso conjuntivo.
$\varphi = \varphi_1 \rightarrow \varphi_2$: suponha que $k \Vdash \varphi_1 \rightarrow \varphi_2$, $l \geq k$. Suponha também que $p \geq l$ e $p \Vdash \varphi_1$, então, como $p \geq k$, $p \Vdash \varphi_2$. Donde $l \Vdash \varphi_1 \rightarrow \varphi_2$.
$\varphi = \exists x \varphi_1(x)$: imediato.
$\varphi = \forall x \varphi_1(x)$: suponha que $k \Vdash \forall x \varphi_1(x)$ e que $l \geq k$. Suponha também que $p \geq l$ e que $a \in D(p)$, então, como $p \geq k$, $p \Vdash \varphi_1(\overline{a})$. Donde $l \Vdash \forall x \varphi_1(x)$.
□

Apresentaremos agora alguns exemplos, que refutam fórmulas classicamente verdadeiras. Basta indicar quais átomos são forçados em cada nó. Simplificaremos a apresentação desenhando o conjunto parcialmente ordenado e indicando os átomos forçados em cada nó. Para a lógica proposicional nenhuma função de domínio é exigida (equivalentemente, uma função constante, digamos $D(k) = \{0\}$), portanto simplificamos a apresentação nesse caso.

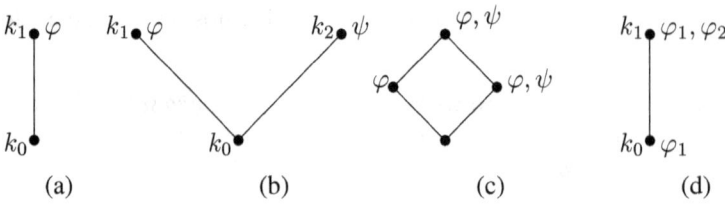

(a) No nó inferior nenhum átomo é conhecido, e no segundo apenas um, i.e. φ, e para ser mais preciso $k_0 \not\Vdash \varphi$, $k_1 \Vdash \varphi$. Por 6.3.3 $k_0 \Vdash \neg\neg\varphi$, logo $k_0 \not\Vdash \neg\neg\varphi \to \varphi$. Note, entretanto, que $k_0 \not\Vdash \neg\varphi$, pois $k_1 \Vdash \varphi$. Logo $k_0 \not\Vdash \varphi \vee \neg\varphi$.

(b) $k_i \not\Vdash \varphi \wedge \psi$ ($i = 0, 1, 2$), logo $k_0 \Vdash \neg(\varphi \wedge \psi)$. Por definição, $k_0 \Vdash \neg\varphi \vee \neg\psi \Leftrightarrow k_0 \Vdash \neg\varphi$ ou $k_0 \Vdash \neg\psi$. A primeira é falsa, pois $k_1 \Vdash \varphi$, e a última é falsa, pois $k_2 \Vdash \psi$. Donde $k_0 \not\Vdash \neg(\varphi \wedge \psi) \to \neg\varphi \vee \neg\psi$.

(c) O nó inferior força $\psi \to \varphi$, mas não força $\neg\psi \vee \varphi$ (por que?). Portanto ele não força $(\psi \to \varphi) \to (\neg\psi \vee \varphi)$.

(d) No nó inferior as seguintes implicações são forçadas: $\varphi_2 \to \varphi_1$, $\varphi_3 \to \varphi_2$, $\varphi_3 \to \varphi_1$, mas nenhuma das implicações recíprocas é forçada, donde $k_0 \not\Vdash (\varphi_1 \leftrightarrow \varphi_2) \vee (\varphi_2 \leftrightarrow \varphi_3) \vee (\varphi_3 \leftrightarrow \varphi_1)$.

Analisaremos o último exemplo um pouco mais. Considere um modelo de Kripke com dois nós como em d, com alguma atribuição Σ de átomos. Mostraremos que para quatro proposições arbitrárias $\sigma_1, \sigma_2, \sigma_3, \sigma_4$

$$k_0 \Vdash \bigvee_{1 \leq i < j \leq 4} \sigma_i \leftrightarrow \sigma_j,$$

i.e. de quaisquer quatro proposições pelo menos duas são equivalentes.

Há um número de casos. (1) Pelo menos duas das $\sigma_1, \sigma_2, \sigma_3, \sigma_4$ são forçadas em k_0. Então estamos resolvidos. (2) Apenas uma das σ_i's é forçada em k_0. Então das proposições remanescentes, ou duas delas são forçadas em k_1, ou duas delas não são forçadas em k_1. Em ambos os casos existem σ_j e $\sigma_{j'}$, tais que $k_0 \Vdash \sigma_j \leftrightarrow \sigma_{j'}$. (3) Nenhuma σ_i é forçada em k_0. Então podemos repetir o argumento usado em (2).

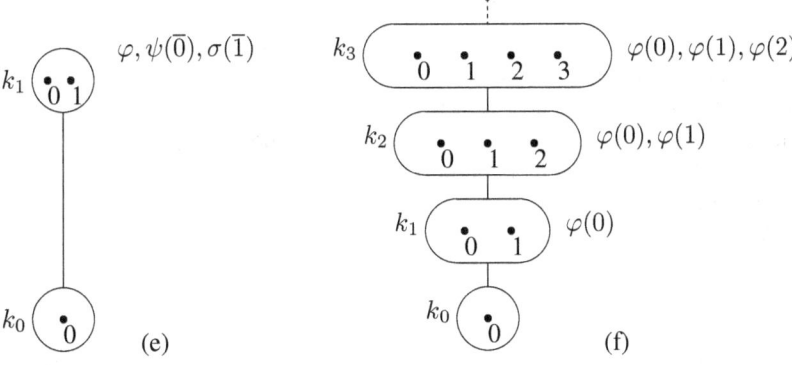

(e) (i) $k_0 \Vdash \varphi \to \exists x \sigma(x)$, pois o único nó que força φ é k_1, e, de fato, $k_1 \Vdash \sigma(1)$, portanto $k_1 \Vdash \exists x \sigma(x)$.

Agora suponha que $k_0 \Vdash \exists x(\varphi \to \sigma(x))$, então, como $D(k_0) = \{0\}$, $k_0 \Vdash \varphi \to \sigma(0)$. Mas $k_1 \Vdash \varphi$ e $k_1 \not\Vdash \sigma(0)$.

Contradição. Donde $k_0 \not\Vdash (\varphi \to \exists x \sigma(x)) \to \exists x(\varphi \to \sigma(x))$.

Observação. $(\varphi \to \exists x \sigma(x)) \to \exists x(\varphi \to \sigma(x))$ é chamado de *princípio da independência da premissa*. Não é surpreendente que ele falha em alguns modelos de Kripke, pois $\varphi \to \exists x \sigma(x)$ nos diz que o elemento exigido a para $\sigma(\bar{a})$ pode depender da prova de φ (em nossa interpretação heurística); enquanto que em $\exists x(\varphi \to \sigma(x))$, o elemento a tem que ser encontrado independentemente de φ. Portanto o lado direito é mais forte.

(ii) $k_0 \Vdash \neg \forall x \psi(x) \Leftrightarrow k_i \nVdash \forall x \psi(x)$ $(i = 0, 1)$. $k_1 \nVdash \psi(\overline{1})$, portanto mostramos que $k_0 \Vdash \neg \forall x \psi(x)$. $k_0 \Vdash \exists x \neg \psi(x) \Leftrightarrow k_0 \Vdash \neg \psi(\overline{0})$. Entretanto, $k_1 \Vdash \psi(\overline{0})$, logo $k_0 \nVdash \exists x \neg \psi(x)$. Donde $k_0 \nVdash \neg \forall x \psi(x) \to \exists x \neg \psi(x)$.

(iii) Um argumento semelhante mostra que $k_0 \nVdash (\forall x \psi(x) \to \tau) \to \exists x (\psi(x) \to \tau)$, onde τ não é forçada em k_1.

(f) $D(k_i) = \{0, \ldots, i\}$, $\Sigma(k_i) = \{\varphi(0), \ldots, \varphi(i-1)\}$, $k_0 \Vdash \forall x \neg \neg \varphi(x) \Leftrightarrow$ para todo i, $k_i \Vdash \neg \neg \varphi(j)$, $j \leq i$. Esta última é verdadeira pois para todo $p > i$, $k_p \Vdash \varphi(j)$, $j \leq i$. Agora $k_0 \Vdash \neg \neg \forall x \varphi(x) \Leftrightarrow$ para todo i existe um $j \geq i$ tal que $k_j \Vdash \forall x \varphi(x)$. Mas nenhum k_j força $\forall x \varphi(x)$. Logo $k_0 \nVdash \forall x \neg \neg \varphi(x) \to \neg \neg \forall x \varphi(x)$.

Observação. Vimos que $\neg \neg \forall x \varphi(x) \to \forall x \neg \neg \varphi(x)$ é derivável e é fácil ver que ela se verifica em todos os modelos de Kripke, mas a recíproca falha em alguns modelos. O esquema $\forall x \neg \neg \varphi(x) \to \neg \neg \forall x \varphi(x)$ é chamado de *deslocamento da dupla negação* (DDN).

A próxima coisa a fazer é mostrar que a semântica de Kripke é correta para a lógica intuicionística.

Definimos mais algumas noções para sentenças:

(i) $\mathcal{K} \Vdash \varphi$ se $k \Vdash \varphi$ para todo $k \in K$.
(ii) $\Vdash \varphi$ se $\mathcal{K} \Vdash \varphi$ para todo $\mathcal{K}$.

Para fórmulas contendo variáveis livres temos que ser mais cuidadosos. Suponha que φ contém variáveis livres, então dizemos que $k \Vdash \varphi$ sse $k \Vdash Cl(\varphi)$ (o fecho universal). Para um conjunto Γ e uma fórmula φ com variáveis livres $x_{i_0}, x_{i_1}, x_{i_2}, \ldots$ (que serão representadas por $\vec{x}$), definimos $\Gamma \Vdash \varphi$ por: para todo $\mathcal{K}$, $k \in K$ e para todo $(\vec{a} \in D(k))$ $[k \Vdash \psi(\vec{a})$ para todo $\psi \in \Gamma \Rightarrow k \Vdash \varphi(\vec{a})]$. ($\vec{a} \in D(k)$ é um abuso conveniente de linguagem).

Antes de prosseguir introduzimos mais um abuso de linguagem que se mostrará extremamente útil: usaremos livremente quantificadores em nossa meta-linguagem. Terá chamado a atenção do leitor o fato de que as cláusulas na definição da semântica de Kripke abundam com expressões como "para todo $l \geq k$", "para todo $a \in D(k)$". É uma economia de escrita usar "$\forall l \geq k$", "$\forall a \in D(k)$" no seu lugar, e é um aumento de legibilidade sistemática. Nesse ponto o leitor está bem acostumado às frases de rotina de nossa semântica, portanto não teremos dificuldade para evitar uma confusão de quantificadores na meta-linguagem e na linguagem objeto.

Para efeito de exemplo reformularemos a definição precedente:

$$\Gamma \Vdash \varphi := (\forall \mathcal{K})(\forall k \in K)(\forall \vec{a} \in D(k))[\forall \psi \in \Gamma(k \Vdash \psi(\vec{a})) \Rightarrow k \Vdash \varphi(\vec{a})].$$

Há uma reformulação útil dessa noção de "conseqüência semântica".

Lema 6.3.5 *Suponha que Γ seja finito, então $\Gamma \Vdash \varphi \Leftrightarrow \Vdash Cl(\bigwedge \Gamma \to \varphi)$ (onde $Cl(X)$ é o fecho universal de X).*

Demonstração. Deixo ao leitor. □

Teorema 6.3.6 (Teorema da Corretude) $\Gamma \vdash \varphi \Rightarrow \Gamma \Vdash \varphi$.

Demonstração. Use indução sobre a derivação $\mathcal{D}$ de φ a partir de Γ. Abreviaremos "$k \Vdash \psi(\vec{a})$ para todo $\psi \in \Gamma$" por "$k \Vdash \Gamma(\vec{a})$". O modelo $\mathcal{K}$ é fixo na demonstração.

(1) $\mathcal{D}$ consiste de apenas φ, então obviamente $k \Vdash \Gamma(\vec{a}) \Rightarrow k \Vdash \varphi(\vec{a})$ para todo k e $(\vec{a}) \in D(k)$.

(2) $\mathcal{D}$ termina com uma aplicação de uma regra de derivação.

($\wedge I$) Hipótese da indução: $\forall k \forall \vec{a} \in D(k)(k \Vdash \Gamma(\vec{a}) \Rightarrow k \Vdash \varphi_i(\vec{a}))$, para $i = 1, 2$. Agora escolha um $k \in K$ e $\vec{a} \in D(k)$ tais que $k \Vdash \Gamma(\vec{a})$, então $k \Vdash \varphi_1(\vec{a})$ e $k \Vdash \varphi_2(\vec{a})$, logo $k \Vdash (\varphi_1 \wedge \varphi_2)(\vec{a})$.

Note que a escolha de $\vec{a}$ não teve realmente um papel nessa demonstração. Para simplificar a apresentação omitiremos a referência a $\vec{a}$, quando $\vec{a}$ não tiver um papel.

($\wedge E$) Imediato.

($\vee I$) Imediato.

($\vee E$) Hipótese da indução: $\forall k(k \Vdash \Gamma \Rightarrow k \Vdash \varphi \vee \psi)$, $\forall k(k \Vdash \Gamma, \varphi \Rightarrow k \Vdash \sigma)$, $\forall k(k \Vdash \Gamma, \psi \Rightarrow k \Vdash \sigma)$. Agora suponha que $k \Vdash \Gamma$, então pela hip. da ind. $k \Vdash \varphi \vee \psi$, logo $k \Vdash \varphi$ ou $k \Vdash \psi$. No primeiro caso $k \Vdash \Gamma, \varphi$, logo $k \Vdash \sigma$. No segundo caso, $k \Vdash \Gamma, \psi$, logo $k \Vdash \sigma$. Em ambos os casos $k \Vdash \sigma$, e estamos resolvidos.

($\rightarrow I$) Hipótese da indução: $(\forall k)(\forall \vec{a} \in D(k))(k \Vdash \Gamma(\vec{a}), \varphi(\vec{a}) \Rightarrow k \Vdash \psi(\vec{a}))$. Agora suponha que $k \Vdash \Gamma(\vec{a})$ para algum $\vec{a} \in D(k)$. Queremos mostrar que $k \Vdash (\varphi \rightarrow \psi)(\vec{a})$, portanto seja $l \geq k$ e $l \Vdash \varphi(\vec{a})$. Por monotonicidade $l \Vdash \Gamma(\vec{a})$, e $\vec{a} \in D(l)$, portanto a hip. da ind. nos diz que $l \Vdash \psi(\vec{a})$. Donde $\forall l \geq k(l \Vdash \varphi(\vec{a}) \Rightarrow l \Vdash \psi(\vec{a}))$, logo $k \Vdash (\varphi \rightarrow \psi)(\vec{a})$.

($\rightarrow E$) Imediato.

($\bot$) Hipótese da indução: $\forall k(k \Vdash \Gamma \Rightarrow k \Vdash \bot)$. Como, evidentemente, nenhum k pode forçar Γ, $\forall k(k \Vdash \Gamma \Rightarrow k \Vdash \varphi)$ é correta.

($\forall I$) As variáveis livres em Γ são $\vec{x}$, e z não ocorre na seqüência $\vec{x}$. Hipótese da indução: $(\forall k)(\forall \vec{a}, b \in D(k))(k \Vdash \Gamma(\vec{a}) \Rightarrow k \Vdash \varphi(\vec{a}, b))$. Agora suponha que $k \Vdash \Gamma(\vec{a})$ para algum $\vec{a} \in D(k)$, temos que mostrar que $k \Vdash \forall z \varphi(\vec{a}, z)$. Portanto suponha que $l \geq k$ e $b \in D(l)$. Por monotonicidade $l \Vdash \Gamma(\vec{a})$ e $\vec{a} \in D(l)$, logo pela hip. da ind. $l \Vdash \varphi(\vec{a}, b)$. Isso mostra que $(\forall l \geq k)(\forall b \in D(l))(l \Vdash \varphi(\vec{a}, b))$ e portanto $k \Vdash \forall z \varphi(\vec{a}, z)$.

($\forall E$) Imediato.

($\exists I$) Imediato.

($\exists E$) Hipótese da indução: $(\forall k)(\forall \vec{a} \in D(k))(k \Vdash \Gamma(\vec{a}) \Rightarrow k \Vdash \exists z \varphi(\vec{a}, z))$ e $(\forall k)(\forall \vec{a}, b \in D(k))(k \Vdash \varphi(\vec{a}, b), k \Vdash \Gamma(\vec{a}) \Rightarrow k \Vdash \sigma(\vec{a}))$. Aqui as variáveis em Γ e σ são $\vec{x}$, e z não ocorre na seqüência $\vec{x}$. Agora suponha que $k \Vdash \Gamma(\vec{a})$, para algum $\vec{a} \in D(k)$, então $k \Vdash \exists z \varphi(\vec{a}, z)$. Portanto suponha que $k \Vdash \varphi(\vec{a}, b)$ para algum $b \in D(k)$. Pela hipótese da indução $k \Vdash \sigma(\vec{a})$.

□

6 Lógica Intuicionística

Para o Teorema da Completude precisamos de algumas noções e uns poucos lemas.

Definição 6.3.7 *Um conjunto de sentenças Γ é uma teoria prima com respeito a uma linguagem L se*

(i) Γ é fechado sob $\vdash$
(ii) $\varphi \vee \psi \in \Gamma \Rightarrow \varphi \in \Gamma$ ou $\psi \in \Gamma$
(iii) $\exists x \varphi(x) \in \Gamma \Rightarrow \varphi(c) \in \Gamma$ para alguma constante c de L.

O lema seguinte é um análogo à construção de Henkin combinada com uma extensão maximal consistente.

Lema 6.3.8 *Suponha que Γ e φ sejam fechados, então se $\Gamma \not\vdash \varphi$, existe uma teoria prima Γ' em uma linguagem L', estendendo Γ tal que $\Gamma' \not\vdash \varphi$.*

Demonstração. Em geral é preciso estender a linguagem L de Γ com um conjunto apropriado de constantes 'testemunhas'. Portanto, estenda a linguagem L de Γ com um conjunto enumerável de constantes para uma nova linguagem L'. A teoria desejada Γ' é obtida por meio de uma série de extensões $\Gamma_0 \subseteq \Gamma_1 \subseteq \Gamma_2 \ldots$. Fazemos $\Gamma_0 := \Gamma$.

Suponha que Γ_k seja dada tal que $\Gamma_k \not\vdash \varphi$ e que Γ_k contém apenas uma quantidade finita de constantes novas. Consideramos dois casos.

k é par. Procure a primeira sentença existencial $\exists x \psi(x)$ em L' que ainda não tenha sido tratada, tal que $\Gamma_k \vdash \exists x \psi(x)$. Seja c a primeira constante nova que não ocorre em Γ_k. Agora faça $\Gamma_{k+1} := \Gamma_k \cup \{\psi(c)\}$.

k é ímpar. Procure a primeira sentença disjuntiva $\psi_1 \vee \psi_2$ com $\Gamma_k \vdash \psi_1 \vee \psi_2$ que ainda não tenha sido tratada. Note que não é o caso que ambos $\Gamma_k, \psi_1 \vdash \varphi$ e $\Gamma_k, \psi_2 \vdash \varphi$ pois dessa forma, por $(\vee E)$, $\Gamma_k \vdash \varphi$.

Agora fazemos: $\Gamma_{k+1} := \begin{cases} \Gamma_k \cup \{\psi_1\} & \text{se } \Gamma_k, \psi_1 \not\vdash \varphi \\ \Gamma_k \cup \{\psi_2\} & \text{caso contrário.} \end{cases}$

Finalmente: $\Gamma' := \bigcup_{k \geq 0} \Gamma_k$.

Há umas poucas coisas a serem mostradas:

1. $\Gamma' \not\vdash \varphi$. Primeiro mostramos que $\Gamma_i \not\vdash \varphi$ por indução sobre i. Para $i = 0$, $\Gamma_0 \not\vdash \varphi$ se verifica por hipótese. O passo da indução é óbvio para i ímpar. Para i par supomos que $\Gamma_{i+1} \vdash \varphi$. Então $\Gamma_i, \psi(c) \vdash \varphi$. Como $\Gamma_i \vdash \exists x \psi(x)$, obtemos $\Gamma_i \vdash \varphi$ por $\exists E$, o que contradiz a hipótese da indução. Donde $\Gamma_{i+1} \not\vdash \varphi$, e por conseguinte por indução completa $\Gamma_i \not\vdash \varphi$ para todo i.
   Agora, se $\Gamma' \vdash \varphi$ então $\Gamma_i \vdash \varphi$ para algum i. Contradição.

2. Γ' é uma teoria prima.
   (a) Suponha que $\psi_1 \vee \psi_2 \in \Gamma'$ e seja k o menor número tal que $\Gamma_k \vdash \psi_1 \vee \psi_2$. Claramente $\psi_1 \vee \psi_2$ não foi tratado antes do estágio k, e $\Gamma_h \vdash \psi_1 \vee \psi_2$ para $h \geq k$. Eventualmente $\psi_1 \vee \psi_2$ tem que ser tratado em algum estágio $h \geq k$, daí então $\psi_1 \in \Gamma_{h+1}$ ou $\psi_2 \in \Gamma_{h+1}$, e portanto $\psi_1 \in \Gamma'$ ou $\psi_2 \in \Gamma'$.
   (b) Suponha que $\exists x \psi(x) \in \Gamma'$, e seja k o menor número tal que $\Gamma_k \vdash \exists x \psi(x)$. Para algum $h \geq k$, $\exists x \psi(x)$ é tratada, e portanto $\psi(c) \in \Gamma_{h+1} \subseteq \Gamma'$ para algum c.

(c) Γ' é fechado sob $\vdash$. Se $\Gamma' \vdash \psi$, então $\Gamma' \vdash \psi \vee \psi$, e portanto pelo item (a) $\psi \in \Gamma'$.

Conclusão: Γ' é uma teoria prima contendo Γ, tal que $\Gamma' \not\vdash \varphi$. $\square$

O próximo passo é construir para Γ e φ fechados com $\Gamma \not\vdash \varphi$, um modelo de Kripke, com $\mathcal{K} \Vdash \Gamma$ e $k \not\Vdash \varphi$ para algum $k \in K$.

Lema 6.3.9 (Lema da Existência de Modelo) *Se $\Gamma \not\vdash \varphi$ então existe um modelo de Kripke $\mathcal{K}$, com um nó raiz k_0 tal que $k_0 \Vdash \Gamma$ e $k_0 \not\Vdash \varphi$.*

Primeiro estendemos Γ para uma teoria prima apropriada Γ' tal que $\Gamma' \not\vdash \varphi$. Γ' tem a linguagem L' com conjunto de constantes C'. Considere um conjunto de constantes distintas $\{c_m^i \mid i \geq 0, m \geq 0\}$ disjunto de C'. Uma família enumerável de conjuntos enumeráveis de constantes é dada por $C^i = \{c_m^i \mid m \geq 0\}$. Construiremos um modelo de Kripke sobre o conjunto parcialmente ordenado de todas as seqüências finitas de números naturais, incluindo a seqüência vazia $\langle \, \rangle$, com sua ordenação natural, "segmento inicial de".

Defina $C(\langle \, \rangle) := C'$ e $C(\vec{n}) = C(\langle \, \rangle) \cup C^0 \cup \cdots \cup C^{k-1}$ para $\vec{n}$ de comprimento positivo k. $L(\vec{n})$ é a extensão de L com $C(\vec{n})$, com conjunto de átomos $At(\vec{n})$. Agora faça $D(\vec{n}) := C(\vec{n})$. Definimos $\Sigma(\vec{n})$ por indução sobre o comprimento de $\vec{n}$.

$\Sigma(\langle \, \rangle) := \Gamma' \cap At(\langle \, \rangle)$. Suponha que $\Sigma(\vec{n})$ já tenha sido definido. Considere uma enumeração $\langle \sigma_0, \tau_0 \rangle, \langle \sigma_1, \tau_1 \rangle, \ldots$ de todos os pares de sentenças em $L(\vec{n})$ tais que $\Gamma(\vec{n}), \sigma_i \not\vdash \tau_i$. Aplique o Lema 6.3.8 a $\Gamma(\vec{n}) \cup \{\sigma_i\}$ e τ_i para cada i. Isso dá origem a uma teoria prima $\Gamma(\vec{n}, i)$ e $L(\vec{n}, i)$ tal que $\sigma_i \in \Gamma(\vec{n}, i)$ e $\Gamma(\vec{n}, i) \not\vdash \tau_i$.

Agora faça $\Sigma(\vec{n}, i) := \Gamma(\vec{n}, i) \cap At(\vec{n}, i)$. Observamos que todas as condições para um modelo de Kripke estão cumpridas. O modelo reflete bastante (tal qual o modelo de 3.1.11) a natureza das teorias primas envolvidas.

Afirmação. $\vec{n} \Vdash \psi \Leftrightarrow \Gamma(\vec{n}) \vdash \psi$.

Demonstramos a afirmação por indução sobre ψ.

- Para ψ atômica a equivalência se verifica por definição.
- $\psi = \psi_1 \wedge \psi_2$ – imediato.
- $\psi = \psi_1 \vee \psi_2$.
  (a) $\vec{n} \Vdash \psi_1 \vee \psi_2 \Leftrightarrow \vec{n} \Vdash \psi_1$ ou $\vec{n} \Vdash \psi_2 \Rightarrow$ (por hip. da ind.) $\Gamma(\vec{n}) \vdash \psi_1$ ou $\Gamma(\vec{n}) \vdash \psi_2 \Rightarrow \Gamma(\vec{n}) \vdash \psi_1 \vee \psi_2$.
  (b) $\Gamma(\vec{n}) \vdash \psi_1 \vee \psi_2 \Rightarrow \Gamma(\vec{n}) \vdash \psi_1$ ou $\Gamma(\vec{n}) \vdash \psi_2$, pois $\Gamma(\vec{n})$ é uma teoria prima (na linguagem certa $L(\vec{n})$). Portanto, pela hipótese da indução, $\vec{n} \Vdash \psi_1$ ou $\vec{n} \Vdash \psi_2$, e por conseguinte $\vec{n} \Vdash \psi_1 \vee \psi_2$.
- $\psi = \psi_1 \rightarrow \psi_2$.
  (a) $\vec{n} \Vdash \psi_1 \rightarrow \psi_2$. Suponha que $\Gamma(\vec{n}) \not\vdash \psi_1 \rightarrow \psi_2$, então $\Gamma(\vec{n}), \psi_1 \not\vdash \psi_2$. Pela definição do modelo existe uma extensão $\vec{m} = \langle n_0, \ldots, n_{k-1}, i \rangle$ de $\vec{n}$ tal que $\Gamma(\vec{n}) \cup \{\psi_1\} \subseteq \Gamma(\vec{m})$ e $\Gamma(\vec{m}) \not\vdash \psi_2$. Pela hipótese da indução $\vec{m} \Vdash \psi_1$ e por $\vec{m} \geq \vec{n}$ e $\vec{n} \Vdash \psi_1 \rightarrow \psi_2$, $\vec{m} \Vdash \psi_2$. Aplicando a hipótese da indução uma vez mais obtemos $\Gamma(\vec{m}) \vdash \psi_2$. Contradição. Donde $\Gamma(\vec{n}) \vdash \psi_1 \rightarrow \psi_2$.
  (b) A recíproca é simples; deixo ao leitor.

- $\psi = \forall x \psi(x)$.
  (a) Seja $\vec{n} \Vdash \forall x \varphi(x)$, então obtemos $\forall \vec{m} \geq \vec{n} \forall c \in C(\vec{m})(\vec{m} \Vdash \varphi(c))$. Suponha que $\Gamma(\vec{n}) \not\Vdash \forall x \varphi(x)$, então para um i apropriado $\Gamma(\vec{n}, i) \not\Vdash \forall x \varphi(x)$ (tome $\top$ por σ_i na construção acima). Seja c uma constante em $L(\vec{n}, i)$ que não ocorre em $\Gamma(\vec{n}, i)$, então $\Gamma(\vec{n}, i) \not\Vdash \varphi(c)$, e pela hipótese da indução $(\vec{n}, i) \not\Vdash \varphi(c)$. Contradição.
  (b) $\Gamma(\vec{n}) \vdash \forall x \varphi(x)$. Suponha que $\vec{n} \not\Vdash \forall x \varphi(x)$, então $\vec{m} \not\Vdash \varphi(c)$ para algum $\vec{m} \geq \vec{n}$ e para algum $c \in L(\vec{m})$, donde $\Gamma(\vec{m}) \not\Vdash \varphi(c)$ e por conseguinte $\Gamma(\vec{m}) \not\Vdash \forall x \varphi(x)$. Contradição.
- $\psi = \exists x \varphi(x)$.
  A implicação da esquerda para a direita é óbvia. Para a recíproca usamos o fato de que $\Gamma(\vec{n})$ é uma teoria prima. Os detalhes deixo ao leitor.

Agora podemos terminar nossa demonstração. O nó raiz força Γ e φ não é forçada.
□

Podemos obter informação extra da demonstração do Lema da Existência de Modelo: (i) o conjunto parcialmente ordenado subjacente é uma *árvore*, (ii) todos os conjuntos $D(\vec{m})$ são enumeráveis.

Do Lema da Existência de Modelo podemos facilmente derivar o seguinte

Teorema 6.3.10 (Teorema da Completude – Kripke) $\Gamma \vdash_i \varphi \Leftrightarrow \Gamma \Vdash \varphi$ *(Γ e φ fechados)*.

Demonstração. Já mostramos $\Rightarrow$. Para a recíproca assumimos que $\Gamma_i \not\vdash \varphi$ e aplicamos 6.3.9, o que dá origem a uma contradição. □

Na verdade demonstramos o seguinte refinamento: a lógica intuicionística é completa para modelos contáveis sobre árvores.

Os resultados acima são completamente gerais (seguros para a restrição de cardinalidade sobre L), portanto podemos também assumir que Γ contém os axiomas da identidade $I_1, \ldots, I_4$ (2.6). Será que podemos também assumir que o predicado da identidade é interpretado pela igualdade real em cada mundo? A resposta é não, essa suposição constitui uma restrição real, como mostra o teorema seguinte.

Teorema 6.3.11 *Se para todo $k \in K$, $k \Vdash \overline{a} = \overline{b} \Rightarrow a = b$ para $a, b \in D(k)$ então $\mathcal{K} \Vdash \forall xy(x = y \lor x \neq y)$.*

Demonstração. Suponha que $a, b \in D(k)$ e $k \not\Vdash \overline{a} = \overline{b}$, então $a \neq b$, não apenas em $D(k)$, mas em todo $D(l)$ para $l \geq k$, donde para todo $l \geq k$, $l \Vdash \overline{a} \neq \overline{b}$, logo $k \Vdash \overline{a} \neq \overline{b}$. □

Para uma espécie de recíproca, cf. Exercício 18.

O fato de que a relação $a \sim_k b$ em $\mathfrak{A}(k)$, dada por $k \Vdash \overline{a} = \overline{b}$, não é a relação de identidade é definitivamente embaraçoso para uma linguagem com símbolos de função. Portanto vamos ver o que podemos fazer nesse caso. Assumimos que um símbolo de função F seja interpretado em cada k por uma função F_k. Exigimos que $k \leq l \Rightarrow F_k \subseteq F_l$. F tem que obedecer a I_4: $\forall \vec{x}\vec{y}(\vec{x} = \vec{y} \to F(\vec{x}) = F(\vec{y}))$. Para mais informações sobre funções veja o Exercício 34.

6.3 Semântica de Kripke

Lema 6.3.12 *A relação $\sim_k$ é uma relação de congruência sobre $\mathfrak{A}(k)$, para cada k.*

Demonstração. Direta, interpretando-se I_1–I_4. □

Podemos omitir o índice k, e isso significa que consideramos uma relação $\sim$ sobre o modelo inteiro, que é interpretada nó-a-nó pelas relações $\sim_k$'s locais.

Podemos agora definir novas estruturas tomando classes de equivalência: $\mathfrak{A}^\star(k) := \mathfrak{A}(k)/\sim_k$, i.e. os elementos de $|\mathfrak{A}^\star(k)|$ são classes de equivalência $a/\sim_k$ de elementos $a \in D(k)$, e as relações são canonicamente determinadas por

$R_k^\star(a/\sim, \ldots) \Leftrightarrow R_k(a, \ldots)$, igualmente para as funções $F_k^\star(a/\sim, \ldots,) = F_k(a, \ldots)/\sim$.

A inclusão $\mathfrak{A}(k) \subseteq \mathfrak{A}(l)$, para $k \leq l$, é agora substituída por uma função $f_{kl} : \mathfrak{A}^\star(k) \to \mathfrak{A}^\star(l)$, onde f_{kl} é definida por $f_{kl}(a) = a^{\mathfrak{A}(l)}$ para $a \in |\mathfrak{A}^\star(k)|$. Para ser preciso:

$a/\sim_k \mapsto a/\sim_l$, logo temos que mostrar que $a \sim_k a' \Rightarrow a \sim_l a'$ para assegurar que f_{kl} esteja bem-definida. Isso, entretanto, é óbvio, pois $k \Vdash \bar{a} = \overline{a'} \Rightarrow l \Vdash \bar{a} = \overline{a'}$.

Afirmação 6.3.13 f_{kl} *é um homomorfismo.*

Demonstração. Vamos olhar para uma relação binária. $R_k^\star(a/\sim, b/\sim) \Leftrightarrow R_k(a,b) \Leftrightarrow k \Vdash R(a,b) \Rightarrow l \Vdash R(a,b) \Leftrightarrow R_l(a,b) \Leftrightarrow R_l^\star(a/\sim, b/\sim)$.

O caso de uma operação é deixado ao leitor. □

A grande jogada é que podemos definir uma noção modificada de modelo de Kripke.

Definição 6.3.14 *Um modelo de Kripke modificado para uma linguagem L é uma tripla $\mathcal{K} = \langle K, \mathfrak{A}, f \rangle$ tal que K é um conjunto parcialmente ordenado, $\mathfrak{A}$ e f são mapeamentos tais que para $k \in K$, $\mathfrak{A}(k)$ é uma estrutura para L e para $k, l \in K$ com $k \leq l$, $f(k, l)$ é um homomorfismo de $\mathfrak{A}(k)$ para $\mathfrak{A}(l)$ e $f(l,m) \circ f(k,l) = f(k,m)$, $f(k,k) = id$.*

Notação. Escrevemos f_{kl} para $f(k,l)$, e $k \Vdash^\star \varphi$ para $\mathfrak{A}(k) \models \varphi$, para φ atômica.

Agora podemos imitar o desenvolvimento apresentado para a noção original de semântica de Kripke.

Em particular, a conexão entre as duas noções é dada por

Lema 6.3.15 *Seja $\mathcal{K}^\star$ o modelo de Kripke modificado obtido a partir de $\mathcal{K}$ através do quociente por $\sim$. Então $k \Vdash \varphi(\bar{a}) \Leftrightarrow k \Vdash^\star \varphi(\bar{a}/\sim)$ para todo $k \in K$.*

Demonstração. Deixo ao leitor. □

Corolário 6.3.16 *A lógica intuicionística (com a identidade) é completa com respeito à semântica de Kripke modificada.*

Demonstração. Aplique 6.3.10 e 6.3.15. □

Trabalharemos usualmente com modelos de Kripke comuns, mas por conveniência substituiremos frequentemente inclusões de estruturas $\mathfrak{A}(k) \subseteq \mathfrak{A}(l)$ por mapeamentos inclusão $\mathfrak{A}(k) \hookrightarrow \mathfrak{A}(l)$.

6.4 Um Pouco de Teoria dos Modelos

Daremos alguns aplicações simples da semântica de Kripke. As primeiras dizem respeito às chamadas *propriedades da disjunção e da existência*.

Definição 6.4.1 *Um conjunto de sentenças Γ tem a*

(i) *propriedade da disjunção (PD) se* $\Gamma \vdash \varphi \vee \psi \Rightarrow \Gamma \vdash \varphi$ *ou* $\Gamma \vdash \psi$.
(ii) *propriedade da existência (PE) se* $\Gamma \vdash \exists x \varphi(x) \Rightarrow \Gamma \vdash \varphi(t)$ *para algum termo fechado t*

(onde $\varphi \vee \psi$ e $\exists x \varphi(x)$ são fechadas).

Em um certo sentido PD e PE refletem o caráter construtivo da teoria Γ (no contexto da lógica intuicionística), pois torna-se explícito a cláusula 'se temos uma prova de $\exists x \varphi(x)$, então temos uma prova de uma instância particular', igualmente para a disjunção.

A lógica clássica não tem PD ou PE, pois considere na lógica proposicional $p_0 \vee \neg p_0$. Claramente $\vdash_c p_0 \vee \neg p_0$, mas nem $\vdash_c p_0$ nem $\vdash_c \neg p_0$!

Teorema 6.4.2 *As lógicas intuicionísticas proposicional e de predicados sem símbolos de função têm PD.*

Demonstração. Suponha que $\vdash \varphi \vee \psi$, e que $\not\vdash \varphi$ e $\not\vdash \psi$, então existem modelos de Kripke $\mathcal{K}_1$ e $\mathcal{K}_2$ com nós raízes k_1 e k_2 tais que $k_1 \not\Vdash \varphi$ e $k_2 \not\Vdash \psi$. Não se trata de restrição se supor que os conjuntos parcialmente ordenados K_1, K_2 de $\mathcal{K}_1$ e $\mathcal{K}_2$ são disjuntos.

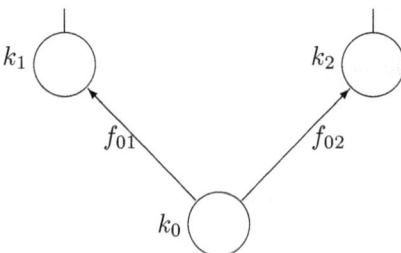

Definimos um novo modelo de Kripke com $K = K_1 \cup K_2 \cup \{k_0\}$ onde $k_0 \notin K_1 \cup K_2$, veja a figura para conhecer a ordenação.

Definimos $\mathfrak{A}(k) = \begin{cases} \mathfrak{A}_1(k) \text{ para } k \in K_1 \\ \mathfrak{A}_2(k) \text{ para } k \in K_2 \\ |\mathfrak{A}| \text{ para } k = k_0. \end{cases}$

onde $|\mathfrak{A}|$ consiste de todas as constantes de L, se é que existe alguma, caso contrário $|\mathfrak{A}|$ contém apenas um elemento a. O mapeamento inclusão para $\mathfrak{A}(k_0) \hookrightarrow \mathfrak{A}(k_i)$ ($i = 1, 2$) é definido por $c \mapsto c^{\mathfrak{A}(k_i)}$ se existem constantes, senão pegue $a_i \in \mathfrak{A}(k_i)$ arbitrariamente e defina $f_{01}(a) = a_1$, $f_{02}(a) = a_2$. $\mathfrak{A}$ satisfaz a definição de um modelo de Kripke.

Os modelos $\mathcal{K}_1$ e $\mathcal{K}_2$ são 'submodelos' do novo modelo no sentido de que o forçamento induzido sobre $\mathcal{K}_i$ por aquele de $\mathcal{K}$ é exatamente seu forçamento original, cf. Exercício 13. Pelo Teorema da Completude $k_0 \vdash \varphi \vee \psi$, logo $k_0 \Vdash \varphi$ ou $k_0 \Vdash \psi$. Se $k_0 \Vdash \varphi$, então $k_1 \Vdash \varphi$. Contradição. Se $k_0 \vdash \psi$, então $k_2 \vdash \psi$. Contradição. Logo $\nvdash \varphi$ e $\nvdash \psi$ não é verdadeiro, donde $\vdash \varphi$ ou $\vdash \psi$. □

Observe que essa demonstração pode ser simplificada consideravelmente para a lógica proposicional; tudo que temos que fazer é acrescentar um nó a mais sob k_1 e k_2 no qual nenhum átomo é forçado (cf. Exercício 19).

Teorema 6.4.3 *Suponha que a linguagem da lógica intuicionística de predicados contém no mínimo uma constante e nenhum símbolo de função, então PE se verifica.*

Demonstração. Suponha que $\vdash \exists x \varphi(x)$ e $\nvdash \varphi(c)$ para todas as contantes c. Então para cada c existe um modelo de Kripke $\mathcal{K}_c$ com nó raiz k_c tal que $k_c \nVdash \varphi(c)$. Agora imite o argumento de 6.4.2 acima, tomando a união disjunta dos $\mathcal{K}_c$'s e adicionando um nó raiz k_0. Use o fato de que $k_0 \Vdash \exists x \varphi(x)$. □

O leitor terá observado que raciocinamos sobre nossa lógica intuicionística e teoria dos modelos em uma meta-teoria clássica. Em particular usamos o princípio do terceiro excluído em nossa meta-linguagem. Isso de fato depõe contra a natureza construtiva de nossas considerações. No momento não nos preocuparemos em fazer com que nossos argumentos seja construtivos, pode ser suficiente chamar a atenção para o fato de que argumentos clássicos podem frequentemente ser contornados, cf. Capítulo 6.

Em matemática construtiva frequentemente se necessita de noções mais fortes que as clássicas. Um paradigma é a noção de *desigualdade*. E.g. no caso dos números reais não basta saber que um número é desigual (i.e. não igual) a 0 de modo a invertê-lo. O procedimento que constrói o inverso para uma dada seqüência de Cauchy requer que exista um número n tal que a distância do número dado para zero seja maior que 2^{-n}. Ao invés de uma noção negativa precisamos de uma positiva, isso foi introduzida por Brouwer e formalizado por Heyting.

Definição 6.4.4 *Uma relação binária $\#$ é chamada de* relação de separação *se*
  (i) $\forall xy(x = y \leftrightarrow \neg x \# y)$
  (ii) $\forall xy(x \# y \leftrightarrow y \# x)$
  (iii) $\forall xyz(x \# y \to x \# z \vee y \# z)$

Exemplos.

1. Para números racionais a desigualdade é uma relação de separação.
2. Se a relação de igualdade sobre um conjunto é decidível (i.e. $\forall xy(x = y \vee x \neq y)$), então $\neq$ é uma relação de separação (Exercício 22).
3. Para números reais a relação $|a-b| > 0$ é uma relação de separação (cf. *Troelstra–van Dalen*).

Chamamos a teoria com axiomas (i), (ii), (iii) de 6.4.4 de **SP**, a teoria da separação (é claro que o axioma óbvio da identidade
$x_1 = x_2 \land y_1 = y_2 \land x_1 \# y_1 \to x_2 \# y_2$ está incluído).

Teorema 6.4.5 $\mathbf{SP} \vdash \forall xy(\neg\neg x = y \to x = y)$.

Demonstração. Observe que $\neg\neg x = y \leftrightarrow \neg\neg\neg x \# y \leftrightarrow \neg x \# y \leftrightarrow x = y$. □

Chamamos uma relação de igualdade que satisfaz a condição $\forall xy(\neg\neg x = y \to x = y)$ de *estável*. Note que *estável* é essencialmente mais fraco que *decidível* (Exercício 23).

Na passagem de teorias intuicionísticas para clássicas pela adição do princípio do terceiro excluído é normal que um bocado de noções sejam reunidas numa só, e.g. $\neg\neg x = y$ e $x = y$. Ou, a recíproca, quando passando de teorias clássicas para intuicionísticas (desprezando o princípio do terceiro excluído) há uma escolha das noções corretas. Usualmente (porém nem sempre) as noções mais fortes se dão melhor. Um exemplo é a noção de *ordem linear*.

A teoria das ordens lineares, **OL**, tem os seguintes axiomas:
(i) $\forall xyz(x < y \land y < z \to x < z)$
(ii) $\forall xyz(x < y \to z < y \lor x < z)$
(iii) $\forall xyz(x = y \leftrightarrow \neg x < y \land \neg y < x)$.

Poder-se-ia perguntar por que não escolhemos o axioma $\forall xyz(x < y \lor x = y \lor y < x)$ ao invés de (ii), pois ele certamente seria mais forte! Há uma razão simples: o axioma é forte *demais*, ele não se verifica, e.g., para os reais.

A seguir investigaremos a relação entre ordem linear e a relação de separação.

Teorema 6.4.6 *A relação* $x < y \lor y < x$ *é uma relação de separação.*

Demonstração. Um exercício em lógica. □

Reciprocamente, Smoryǹski mostrou como introduzir uma relação de ordem em um modelo de Kripke de **AP**: Suponha que $\mathcal{K} \Vdash \mathbf{AP}$, então em cada $D(k)$ a seguinte relação é uma relação de equivalência: $k \not\Vdash a \# b$.

(a) $k \Vdash a = a \leftrightarrow \neg a \# a$, pois $k \Vdash a = a$ obtemos $k \Vdash \neg a \# a$ e portanto $k \not\Vdash a \# a$.
(b) $k \Vdash a \# b \leftrightarrow b \# a$, portanto obviamente $k \not\Vdash a \# b \Leftrightarrow k \not\Vdash b \# a$.
(c) suponha que $k \not\Vdash a \# b$, $k \not\Vdash b \# c$ e suponha que $k \Vdash a \# c$, então pelo axioma (iii) $k \Vdash a \# b$ ou $k \Vdash c \# b$ o que contradiz as hipóteses. Logo $k \not\Vdash a \# c$.

Observe que essa relação de equivalência contém aquela induzida pela identidade; $k \Vdash a = b \Rightarrow k \not\Vdash a \# b$. Os domínios $D(k)$ são portanto divididos em classes de equivalência, que podem ser linearmente ordenadas no sentido clássico. Como objetivamos construir um modelo de Kripke, temos que ser um pouco cuidadosos. Observe que as classes de equivalências podem ser divididas simplesmente passando para um nó mais alto, e.g. se $k < l$ e $k \not\Vdash a \# b$ então $l \Vdash a \# b$ é muito bem possível, mas $l \not\Vdash a \# b \Rightarrow k \not\Vdash a \# b$. Tomamos uma ordenação qualquer das classes de equivalência do nó raiz (usando o axioma da escolha em nossa meta-teoria se necessário). A seguir indicamos como ordenar as classes de equivalência em um sucessor imediato l de k. Os 'novos' elementos de $D(l)$ são indicados pela parte sombreada.

(i) Considere uma classe de equivalência $[a_0]_k$ em $D(k)$, e olhe para o conjunto correspondente $\hat{a}_0 := \bigcup\{[a]_l \mid a \in [a_0]_k\}$.
Esse conjunto divide-se em um número de classes; ordenamos essas linearmente. Denote as classes de equivalência de $\hat{a}_0$ por $a_0 b$ (onde b é um representante). Agora as classes pertencentes aos b's estão ordenadas, e ordenamos todas as classes em $\bigcup\{\hat{a}_0 \mid a_0 \in D(k)\}$ lexicograficamente de acordo com a representação $a_0 b$.

(ii) Finalmente consideramos as novas classes de equivalência, i.e. daqueles que não são equivalentes a qualquer b em $\bigcup\{\hat{a}_0 \mid a_0 \in D(k)\}$. Ordenamos aquelas classes e colocamos tais classes naquela ordem atrás das classes do caso (i).

Sob tal procedimento ordenamos todas as classes de equivalência em todos os nós. Agora definimos uma relação R_k para cada k: $R_k(a,b) := [a]_k < [b]_k$, onde $<$ é a ordenação definida acima. Pela nossa definição $k < l$ e $R_k(a,b) \Rightarrow R_l(a,b)$. Deixamos ao leitor o trabalho de mostrar que I_4 é válido, i.e. em particular $k \Vdash \forall xyz(x = x' \wedge x < y \to x' < y)$, onde $<$ é interpretado por R_k.

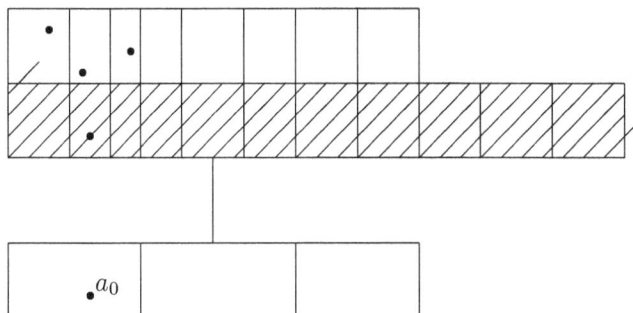

Observe que nesse modelo a seguinte condição se verifica:

$$(\#) \qquad \forall xyz(x \# y \leftrightarrow x < y \vee y < x),$$

pois em todos os nós k, $k \Vdash a \# b \leftrightarrow k \Vdash a < b$ ou $k \Vdash b < a$.

Agora temos que verificar os axiomas da ordem linear.

(i) *transitividade*. $k_0 \Vdash \forall xyz(x < y \wedge y < z \to x < z) \Leftrightarrow$ para todo $k \geq k_0$, para todo $a, b, c \in D(k)$, $k \Vdash a < b \wedge b < c \to a < c \Leftrightarrow$ para todo $k \geq k_0$, para todo $a, b, c \in D(k)$ e para todo $l \geq k$, $l \Vdash a < b$ e $l \Vdash b < c \Rightarrow l \Vdash a < c$.
Portanto temos que mostrar que $R_l(a,b)$ e $R_l(b,c) \Rightarrow R_l(a,c)$, mas isso é de fato o caso pela ordenação linear das classes de equivalência.

(ii) *linearidade (fraca)*. Temos que mostrar que $k_0 \Vdash \forall xyz(x < y \to z < y \lor x < z)$.
Como no nosso modelo $\forall xy(x\#y \leftrightarrow x < y \lor y < x)$ se verifica o problema é reduzido à lógica pura: mostre que:
$\mathbf{SP} + \forall xyz(x < y \land y < z \to x < z) + \forall xy(x\#y \leftrightarrow x < y \lor y < x) \vdash \forall xyz(x < y \to z < y \lor x < z)$.
Deixamos a demonstração ao leitor.

(iii) *anti-simetria*. Temos que mostrar que $k_0 \Vdash \forall xy(x = y \leftrightarrow \neg x < y \land \neg y < x)$.
Como no caso anterior, o problema é reduzido à lógica pura. Mostre que:
$\mathbf{SP} + \forall xy(x\#y \leftrightarrow x < y \lor y < x) \vdash \forall xy(x = y \leftrightarrow \neg x < y \land \neg y < x)$.

Agora terminamos a tarefa – definimos uma ordem linear sobre um modelo com uma relação de separação. Podemos agora tirar algumas conclusões.

Teorema 6.4.7 $\mathbf{SP} + \mathbf{OL} + (\#)$ *é conservativa sobre* $\mathbf{OL}$.

Demonstração. Imediata, pelo Teorema 6.4.6. □

Teorema 6.4.8 (van Dalen–Statman) , $\mathbf{SP} + \mathbf{OL} + (\#)$ *é conservativa sobre* $\mathbf{SP}$.

Demonstração. Suponha que $\mathbf{SP} \not\vdash \varphi$, então pelo Lema da Existência de Modelo existe um modelo em árvore $\mathcal{K}$ de $\mathbf{SP}$ tal que o nó raiz k_0 não força φ.
Agora realizamos a construção de uma ordem linear sobre K, cujo modelo resultante $\mathcal{K}^*$ é um modelo de $\mathbf{SP} + \mathbf{OL} + (\#)$, e, como φ não contém $<$, $k_0 \not\Vdash \varphi$. Donde $\mathbf{SP} + \mathbf{OL} + (\#) \not\vdash \varphi$. Isso demonstra o resultado de extensão conservativa:
$\mathbf{SP} + \mathbf{OL} + (\#) \vdash \varphi \Rightarrow \mathbf{SP} \vdash \varphi$, para φ na linguagem de $\mathbf{SP}$. □

Há uma ferramenta conveniente para se estabelecer a equivalência elementar entre modelos de Kripke:

Definição 6.4.9 *(i) Uma bissimulação entre dois conjuntos parcialmente ordenados A e B é uma relação $R \subseteq A \times B$ tal que para cada a, a', b com $a \leq a'$, aRb existe um b' com $a'Rb'$ e para cada a, b, b' com aRb, $b \leq b'$ existe um a' tal que $a'Rb'$.*
(ii) R é uma bissimulação entre modelos proposicionais de Kripke $\mathcal{A}$ e $\mathcal{B}$ se ela é uma bissimulação entre os conjuntos parcialmente ordenados subjacentes e se $aRb \Rightarrow \Sigma(a) = \Sigma(b)$ (i.e. a e b forçam os mesmos átomos).

Bissimulações são úteis para estabelecer equivalência elementar nó-a-nó.

Lema 6.4.10 *Seja R uma bissimulação entre $\mathcal{A}$ e $\mathcal{B}$, então para todo a, b, φ, $aRb \Rightarrow (a \Vdash \varphi \Leftrightarrow b \Vdash \varphi)$.*

Demonstração. Indução sobre φ. Para átomos e conjunções e disjunções o resultado é óbvio.
Considere $\varphi = \varphi_1 \to \varphi_2$.
Suponha que aRb e $a \Vdash \varphi_1 \to \varphi_2$. Suponha também que $b \not\Vdash \varphi_1 \to \varphi_2$, então para algum $b' \geq b$ $b' \Vdash \varphi_1$ e $b' \not\Vdash \varphi_2$. Por definição, existe um $a' \geq a$ tal que $a'Rb'$. Pela hipótese da indução $a' \Vdash \varphi_1$ e $a' \not\Vdash \varphi_2$. Contradição.
A recíproca é completamente semelhante. □

6.4 Um Pouco de Teoria dos Modelos   183

Corolário 6.4.11 *Se R é uma bissimulação total entre $\mathcal{A}$ e $\mathcal{B}$, i.e. $dom(R) = A$, $im(R) = B$, então $\mathcal{A}$ e $\mathcal{B}$ são elementarmente equivalentes ($\mathcal{A} \Vdash \varphi \Leftrightarrow \mathcal{B} \Vdash \varphi$).*

Concluímos este capítulo dando alguns exemplos de modelos com propriedades inesperadas.

1.
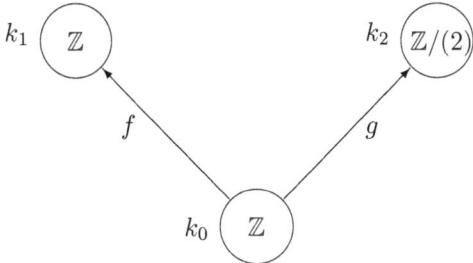

f é a identidade e g é o homomorfismo canônico de anel $\mathbb{Z} \to \mathbb{Z}/(2)$. $\mathcal{K}$ é um modelo dos axiomas de anéis (p. 87).

Note que $k_0 \Vdash 3 \neq 0$, $k_0 \nVdash 2 = 0$, $k_0 \nVdash 2 \neq 0$, e $k_0 \nVdash \forall x(x \neq 0 \to \exists y(xy = 1))$, mas também $k_0 \nVdash \exists x(x \neq 0 \land \forall y(xy \neq 1))$. Vemos que $\mathcal{K}$ é um anel comutativo no qual nem todos os elementos não-zero são inversíveis, mas no qual é impossível exibir um elemento não-inversível, não-zero.

2.
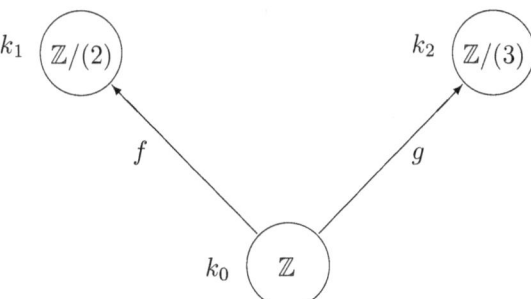

Novamente f e g são homomorfismos canônicos. $\mathcal{K}$ é um anel comutativo intuicionístico, como facilmente se verifica.

$\mathcal{K}$ não tem zero-divisores: $k_0 \Vdash \neg \exists xy(x \neq 0 \land y \neq 0 \land xy = 0) \Leftrightarrow$ para todo i $k_i \nVdash \exists xy(x \neq 0 \land y \neq 0 \land xy = 0)$. (1)

Para $i = 1, 2$ isso é óbvio, portanto vamos considerar $i = 0$. $k_0 \Vdash \exists xy(x \neq 0 \land y \neq 0 \land xy = 0) \Leftrightarrow k_0 \Vdash m \neq 0 \land n \neq 0 \land mn = 0$ para algum m, n. Logo $m \neq 0$, $n \neq 0$, $mn = 0$. Contradição. Isso demonstra (1).

A cardinalidade do modelo é um tanto indeterminada. Sabemos que $k_0 \Vdash \exists xy(x \neq y)$ – tome 0 e 1, e $k_0 \Vdash \neg \exists x_1 x_2 x_3 \bigwedge_{1 \leq i < j \leq 4} x_i \neq x_j$. Mas note que

$k_0 \not\Vdash \exists x_1 x_2 x_3 \bigwedge_{1 \leq i < j \leq 3} x_i \neq x_j,\ k_0 \not\Vdash \forall x_1 x_2 x_3 x_4 \bigvee_{1 \leq i < j \leq 4} x_i = x_j$ e

$k_0 \not\Vdash \neg \exists x_1 x_2 x_3 \bigwedge_{1 \leq i < j \leq 3} x_i \neq x_j$.

Observe que a relação de igualdade em $\mathcal{K}$ não é estável: $k_0 \Vdash \neg\neg 0 = 6$, mas $k_0 \not\Vdash 0 = 6$.

3.

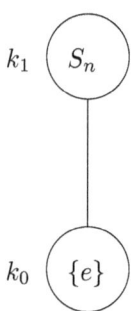

S_n é o grupo simétrico (clássico) sobre n elementos. Escolha $n \geq 3$. k_0 força os axiomas de grupo (p. 85). $k_0 \Vdash \neg \forall xy (xy = yx)$, mas $k_0 \not\Vdash \exists xy (xy \neq yx)$, e $k_0 \not\Vdash \forall xy (xy = yx)$. Portanto esse grupo não é comutativo, mas não se pode indicar elementos não-comutantes.

4.

$k_1\ \mathbb{Z}/(2) \qquad k_2\ \mathbb{Z}/(3)$

Defina uma relação de separação por $k_1 \Vdash a \# b \Leftrightarrow a \neq b$ em $\mathbb{Z}/(2)$, idem para k_2. Então $\mathcal{K} \Vdash \forall x (x \# 0 \rightarrow \exists y (xy = 1))$.

Esse modelo é um corpo intuicionístico, mas não se pode determinar sua característica. $k_1 \Vdash \forall x (x + x = 0)$, $k_2 \Vdash \forall x (x + x + x = 0)$. Tudo o que sabemos é que $\mathcal{K} \Vdash \forall x (6.x = 0)$.

Na breve introdução à lógica intuicionística que acabamos de apresentar fomos capazes apenas de arranhar a superfície. Simplificamos intencionalmente as questões de modo que um leitor possa obter uma impressão superficial dos problemas e métodos sem entrar nos detalhes fundamentais mais finos. Em particular tratamos a lógica intuicionística em uma meta-matemática clássica, e.g. aplicamos livremente a prova por contradição (cf. 6.3.10). Obviamente isso não faz justiça à matemática construtiva como uma matemática alternativa em si própria. Por isso e por questões relacionadas recomenda-se ao leitor que consulte a literatura. Uma abordagem mais construtiva á apresentada no próximo capítulo.

Exercícios

1. (matemática informal). Seja $\varphi(n)$ uma propriedade decidível de números naturais tal que nem $\exists n\varphi(n)$, nem $\forall n\neg\varphi(n)$ tenham sido estabelecidos (e.g. "n é o maior número tal que n e $n+2$ são primos"). Defina um número real a pela seqüência de Cauchy:

$$a_n := \begin{cases} \sum_{i=1}^{n} 2^{-i} \text{ se } \forall k < n \neg\varphi(k) \\ \sum_{i=1}^{k} 2^{-i} \text{ se } k < n \text{ e } \varphi(k) \text{ e } \neg\varphi(i) \text{ para } i < k. \end{cases}$$

Mostre que (a_n) é uma seqüência de Cauchy e que "$\neg\neg(a$ é racional$)$", mas não há evidência para "a é racional".

2. Prove que
$\vdash \neg\neg(\varphi \to \psi) \to (\varphi \to \neg\neg\psi)$, $\vdash \neg\neg(\varphi \vee \neg\varphi)$,
$\vdash \neg(\varphi \wedge \neg\varphi)$, $\vdash \neg\neg(\neg\neg\varphi \to \varphi)$,
$\neg\neg\varphi, \neg\neg(\varphi \to \psi) \vdash \neg\neg\psi$, $\vdash \neg\neg(\varphi \to \psi) \leftrightarrow \neg(\varphi \wedge \neg\psi)$,
$\vdash \neg(\varphi \vee \psi) \leftrightarrow \neg(\neg\varphi \to \psi)$.

3. (a) $\varphi \vee \neg\varphi, \psi \vee \neg\psi \vdash (\varphi \square \psi) \vee \neg(\varphi \square \psi)$, onde $\square \in \{\wedge, \vee, \to\}$.
   (b) Suponha que a proposição φ tenha os átomos $p_0, \ldots, p_n$, mostre que
   $\bigwedge(p_i \vee \neg p_i) \vdash \varphi \vee \neg\varphi$.

4. Defina a tradução da dupla negação $\varphi^{\neg\neg}$ de φ colocando $\neg\neg$ na frente de cada subfórmula. Mostre que $\vdash_i \varphi^\circ \leftrightarrow \varphi^{\neg\neg}$ e que $\vdash_c \varphi \Leftrightarrow \vdash_i \varphi^{\neg\neg}$.

5. Mostre que para a lógica proposicional $\vdash_i \neg\varphi \Leftrightarrow \vdash_c \neg\varphi$.

6. A aritmética intuicionística **AH** (aritmética de Heyting) é a teoria intuicionística de primeira ordem com os axiomas da página 87 como axiomas matemáticos. Mostre que $\mathbf{AH} \vdash \forall xy(x = y \vee x \neq y)$ (use o princípio da indução). Mostre que a tradução de Gödel funciona para aritmética, i.e. $\mathbf{AP} \vdash \varphi \Leftrightarrow \mathbf{AH} \vdash \varphi^\circ$ (onde **AP** é a aritmética (clássica) de Peano). Note que não precisamos negar duplamente os átomos.

7. Mostre que **AP** é conservativa sobre **AH** com respeito a fórmulas que não contêm $\vee$ e $\exists$.

8. Mostre $\mathbf{AH} \vdash \varphi \vee \psi \leftrightarrow \exists x((x = 0 \to \varphi) \wedge (x \neq 0 \to \psi))$.

9. (a) Mostre que:
   $\not\vdash (\varphi \to \psi) \vee (\psi \to \varphi)$;
   $\not\vdash (\neg\neg\varphi \to \varphi) \to (\varphi \vee \neg\varphi)$;
   $\not\vdash \neg\varphi \vee \neg\neg\varphi$;
   $\not\vdash (\neg\varphi \to \psi \vee \sigma) \to ((\neg\varphi \to \psi) \vee (\neg\varphi \to \sigma))$;
   $\not\vdash \neg\varphi \vee \neg\neg\varphi$;
   $\not\vdash \bigvee_{1 \leq i < j \leq n}(\varphi_i \leftrightarrow \varphi_j)$, para todo $n > 2$.
   (b) Use o teorema da completude para estabelecer os seguintes teoremas:
   (i) $\varphi \to (\psi \to \varphi)$
   (ii) $(\varphi \vee \varphi) \to \varphi$

(iii) $\forall xy\varphi(x,y) \to \forall yx\varphi(x,y)$
(iv) $\exists x\forall y\varphi(x,y) \to \forall y\exists x\varphi(x,y)$
(c) Mostre que $k \Vdash \forall xy\varphi(x,y) \Leftrightarrow \forall l \geq k \forall a,b \in D(l)\ l \Vdash \varphi(\bar{a},\bar{b})$.
$k \nVdash \varphi \to \psi \Leftrightarrow \exists l \geq k(l \Vdash \varphi\ \text{e}\ l \nVdash \psi)$.

10. Dê a definição simplificada de um modelo de Kripke para a (linguagem da) lógica proposicional considerando o caso especial da definição 6.3.1 com $\Sigma(k)$ consistindo de apenas átomos proposicionais, e $D(k) = \{0\}$ para todo k.

11. Dê uma definição alternativa de modelo de Kripke baseada no "mapa-estrutura" $k \mapsto \mathfrak{A}(k)$ e mostre a equivalência com a definição 6.3.1 (sem átomos proposicionais).

12. Prove o teorema da corretude usando o lema 6.3.5.

13. Um subconjunto K' de um conjunto parcialmente ordenado K é fechado (em relação a $\leq$) se $k \in K'$, $k \leq l \Rightarrow l \in K'$. Se K' é um subconjunto fechado do conjunto parcialmente ordenado subjacente K de um modelo de Kripke, então K' determina um modelo de Kripke $\mathcal{K}'$ sobre K' com $D'(k) = D(k)$ e $k \Vdash' \varphi \Leftrightarrow k \Vdash \varphi$ para $k \in K'$ e φ atômica. Mostre que $k \Vdash' \varphi \Leftrightarrow k \Vdash \varphi$ para toda φ com parâmetros em $D(k)$, para $k \in K'$ (i.e. é o futuro que importa, não o passado).

14. Dê uma demonstração modificada do lema da existência de modelo tomando como nós do conjunto parcialmente ordenado teorias primas que estendem Γ e que têm uma linguagem com constantes em algum conjunto $C^0 \cup C^1 \cup \ldots \cup C^{k-1}$ (cf. a demonstração de 6.3.9) (note que o conjunto parcialmente ordenado resultante não precisa ser (e na verdade não é) uma árvore, portanto perdemos algo. Compare, entretanto, com o exercício 16).

15. Considere um modelo de Kripke proposicional $\mathcal{K}$, onde a função Σ associa apenas subconjuntos de um conjunto finito Γ de proposições, que seja fechado em relação a subfórmulas. Podemos considerar os conjuntos de proposições forçadas em um nó ao invés do nó: defina $[k] = \{\varphi \in \Gamma \mid k \Vdash \varphi\}$. O conjunto $\{[k] \mid k \in K\}$ é parcialmente ordenado pela inclusão defina $\Sigma_\Gamma([k]) := \Sigma(k) \cap At$, mostre que as condições de um modelo de Kripke são satisfeitas; chame esse modelo de $\mathcal{K}_\Gamma$, e denote o forçamento por $\Vdash_\Gamma$. Dizemos que $\mathcal{K}_\Gamma$ é obtido por *filtragem* de $\mathcal{K}$.
(a) Mostre que $[k] \Vdash_\Gamma \varphi \Leftrightarrow k \Vdash \varphi$, para $\varphi \in \Gamma$.
(b) Mostre que $\mathcal{K}_\Gamma$ tem um conjunto parcialmente ordenado subjacente finito.
(c) Mostre que $\vdash \varphi \Leftrightarrow \varphi$ se verifica em todos os modelos de Kripke finitos.
(d) Mostre que a lógica intuicionística proposicional é *decidível* (i.e. existe um método de decisão para $\vdash \varphi$), aplique 3.3.17.

16. Cada modelo de Kripke com nó raiz k_0 pode ser transformado em um modelo sobre uma árvore da seguinte maneira: K_{tr} consiste de todas as seqüências finitas crescentes $\langle k_0, k_1, \ldots, k_n \rangle$, $k_i < k_{i+1}$ ($0 \leq i < n$), e $\mathfrak{A}_{tr}(\langle k_0, \ldots, k_n \rangle) := \mathfrak{A}(k_n)$. Mostre que $\langle k_0, \ldots, k_n \rangle \Vdash_{tr} \varphi \Leftrightarrow k_n \Vdash \varphi$, onde $\Vdash_{tr}$ é a relação de forçamento no modelo em árvore.

17. (a) Mostre que $(\varphi \to \psi) \lor (\psi \to \varphi)$ se verifica em todos os modelos de Kripke linearmente ordenados para a lógica proposicional.
(b) Mostre que **LC** $\nvdash \sigma \Rightarrow$ existe um modelo de Kripke linear de **LC** no qual σ falha, onde **LC** é a teoria proposicional axiomatizada pelo esquema ($\varphi \to$

6.4 Um Pouco de Teoria dos Modelos 187

$\psi) \vee (\psi \to \varphi)$. (Dica: aplique o Exercício 15). Donde **LC** é completo para modelos de Kripke lineares (Dummett).
18. Considere um modelo de Kripke $\mathcal{K}$ para a igualdade decidível (i.e. $\forall xy(x = y \vee x \neq y)$). Para cada k a relação $k \Vdash \overline{a} = \overline{b}$ é uma relação de equivalência. Defina um novo modelo $\mathcal{K}'$ com o mesmo conjunto parcialmente ordenado que o de $\mathcal{K}$, e $D'(k) = \{[a]_k \mid a \in D(k)\}$, onde $[a]$ é a classe de equivalência de a. Substitua a inclusão de $D(k)$ em $D(l)$, para $k < l$, pela imersão canônica correspondente $[a]_k \mapsto [a]_l$. Defina para φ atômica, $k \Vdash' \varphi := k \Vdash \varphi$ e mostre que $k \Vdash' \varphi \Leftrightarrow k \Vdash \varphi$ para toda φ.
19. Demonstre a PD para a lógica proposicional diretamente simplificando a demonstração de 6.4.2.
20. Mostre que **AH** tem PD e PE, essa última na forma: $\mathbf{AH} \vdash \exists x \varphi(x) \Rightarrow \mathbf{AH} \vdash \varphi(\overline{n})$ para algum $n \in N$. (Dica: mostre que o modelo, construído em 6.4.2 e em 6.4.3, é um modelo de **AH**).
21. Considere a lógica de predicados em uma linguagem sem símbolos de função e sem símbolos de constante. Mostre que $\vdash \exists x \varphi(x) \Rightarrow \vdash \forall x \varphi(x)$, onde $VL(\varphi) \subseteq \{x\}$. (Dica: adicione uma constante auxiliar c, aplique 6.4.3, e substitua-a por uma variável apropriada).
22. Mostre que $\forall xy(x = y \vee x \neq y) \vdash \bigwedge \mathbf{SP}$, onde **SP** consiste dos três axiomas da relação de separação, com $x \# y$ substituída por $\neq$.
23. Mostre que $\forall xy(\neg\neg x = y \to x = y) \nvdash \forall xy(x = y \vee x \neq y)$.
24. Mostre que $k \Vdash \varphi \vee \neg \varphi$ para nós maximais k de um modelo de Kripke, de modo que $\Sigma(k) = \text{Th}(\mathfrak{A}(k))$ (no sentido clássico). Isto é, "a lógica no nó maximal é clássica."
25. Dê uma demonstração alternativa do teorema de Glivenko usando os Exercícios 15 e 24.
26. Considere um modelo de Kripke com dois nós k_0, k_1; $k_0 < k_1$ e $\mathfrak{A}(k_0) = \mathbb{R}$, $\mathfrak{A}(k_1) = \mathbb{C}$. Mostre que $k_0 \nVdash \neg \forall x(x^2 + 1 \neq 0) \to \exists x(x^2 + 1 = 0)$.
27. Seja $\mathbb{D} = \mathbb{R}[X]/X^2$ o anel de números duais. $\mathbb{D}$ tem um ideal maximal único, gerado por X. Considere um modelo de Kripke com dois nós k_0, k_1; $k_0 < k_1$ e $\mathfrak{A}(k_0) = \mathbb{D}$, $\mathfrak{A}(k_1) = \mathbb{R}$, com $f : \mathbb{D} \to \mathbb{R}$ o mapa canônico $f(a + bX) = a$. Mostre que o modelo é um corpo intuicionístico, defina a relação de separação.
28. Mostre que $\forall x(\varphi \vee \psi(x)) \to (\varphi \vee \forall x \psi(x))$ $(x \notin VL(\varphi))$ se verifica em todos os modelos de Kripke com função de domínio constante (i.e. $\forall kl(D(k) = D(l))$).
29. Este exercício estabelecerá a indefinibilidade dos conectivos proposicionais em termos de outros conectivos. Para ser preciso, o conectivo $\square_1$ não é definível em (ou 'por') $\square_2, \ldots, \square_n$ se não existir fórmula φ, contendo apenas os conectivos $\square_2, \ldots, \square_n$ e os átomos p_0, p_1, tais que $\vdash p_0 \square_1 p_1 \leftrightarrow \varphi$.
   (i) $\vee$ não é definível em $\to, \wedge, \bot$. Dica: suponha que φ define $\vee$, aplique a tradução de Gödel.
   (ii) $\wedge$ não é definível em $\to, \vee, \bot$. Considere o modelo de Kripke com três nós k_1, k_2, k_3 e $k_1 < k_3, k_2 < k_3, k_1 \Vdash p, k_2 \Vdash q, k_3 \Vdash p, q$. Mostre que todas as fórmulas livres-de-$\wedge$ são equivalentes a $\bot$ ou são forçadas em k_1 ou k_2.

(iii) $\rightarrow$ não é definível em $\land, \lor, \neg, \bot$. Considere o modelo de Kripke com três nós k_1, k_2, k_3 e $k_1 < k_3$, $k_2 < k_3$, $k_1 \Vdash p$, $k_3 \Vdash p, q$. Mostre que para todas as fórmulas livres-de-$\rightarrow$ $k_2 \Vdash \varphi \Rightarrow k_1 \Vdash \varphi$.

30. Neste exercício consideramos agora apenas proposições com um único átomo p. Defina uma seqüência de fórmulas $\varphi_0 := \bot$, $\varphi_1 := p$, $\varphi_2 := \neg p$, $\varphi_{2n+3} := \varphi_{2n+1} \lor \varphi_{2n+2}$, $\varphi_{2n+4} := \varphi_{2n+2} \rightarrow \varphi_{2n+1}$ e adicione uma fórmula extra $\varphi_\infty := \top$. Existe um conjunto específico de implicações entre as φ_i's, indicado no diagrama à esquerda.

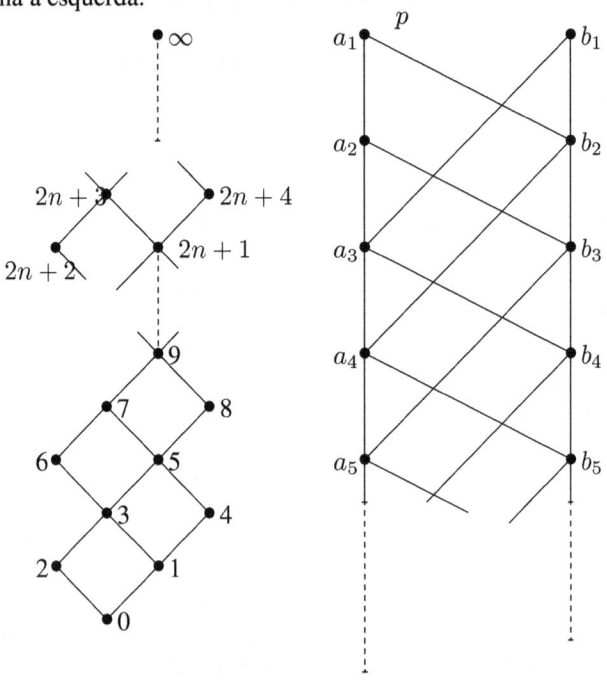

(i) Mostre que as seguintes implicações se verificam:
$\vdash \varphi_{2n+1} \rightarrow \varphi_{2n+3}$, $\vdash \varphi_{2n+1} \rightarrow \varphi_{2n+4}$, $\vdash \varphi_{2n+2} \rightarrow \varphi_{2n+3}$,
$\vdash \varphi_0 \rightarrow \varphi_n$, $\vdash \varphi_n \rightarrow \varphi$.

(ii) Mostre que as seguintes 'identidades' se verificam:
$\vdash (\varphi_{2n+1} \rightarrow \varphi_{2n+2}) \leftrightarrow \varphi_{2n+2}$, $\vdash (\varphi_{2n+2} \rightarrow \varphi_{2n+4}) \leftrightarrow \varphi_{2n+4}$,
$\vdash (\varphi_{2n+3} \rightarrow \varphi_{2n+1}) \leftrightarrow \varphi_{2n+4}$, $\vdash (\varphi_{2n+4} \rightarrow \varphi_{2n+1}) \leftrightarrow \varphi_{2n+6}$,
$\vdash (\varphi_{2n+5} \rightarrow \varphi_{2n+1}) \leftrightarrow \varphi_{2n+1}$, $\vdash (\varphi_{2n+6} \rightarrow \varphi_{2n+1}) \leftrightarrow \varphi_{2n+4}$,
$\vdash (\varphi_k \rightarrow \varphi_{2n+1}) \leftrightarrow \varphi_{2n+1}$ para $k \geq 2n + 7$,
$\vdash (\varphi_k \rightarrow \varphi_{2n+2}) \leftrightarrow \varphi_{2n+2}$ para $k \geq 2n + 3$.
Determine as identidades para as implicações não cobertas acima.

(iii) Determine todas as possíveis identidades para conjunções e disjunções de φ_i's (observe o diagrama).

(iv) Mostre que cada fórmula em p é equivalente a algum φ_i.

(v) De modo a mostrar que não existem quaisquer outras implicações que aquelas indicadas no diagrama (e as composições, é claro) basta mostrar que nenhuma φ_n é derivável. Por que?

(vi) Considere o modelo de Kripke indicado no diagrama à direita. $a_1 \Vdash p$ e nenhum outro nó força p. Mostre que: $\forall a_n \exists \varphi_i \forall k(k \Vdash \varphi_i \Leftrightarrow k \geq a_n)$, $\forall b_n \exists \varphi_j \forall k(k \Vdash \varphi_j \Leftrightarrow k \geq b_n)$.
Claramente a φ_i (φ_j) é univocamente determinada, chame-a de $\varphi(a_n)$, respectivamente $\varphi(b_n)$. Mostre que $\varphi(a_1) = \varphi_1$, $\varphi(b_1) = \varphi_2$, $\varphi(a_2) = \varphi_4$, $\varphi(b_2) = \varphi_6$, $\varphi(a_{n+2}) = ((\varphi(a_{n+1}) \vee \varphi(b_n)) \to (\varphi(a_n) \vee \varphi(b_n))) \to (\varphi(a_{n+1}) \vee \varphi(b_n))$, $\varphi(b_{n+2}) = ((\varphi(a_{n+1}) \vee \varphi(b_{n+1})) \to (\varphi(a_{n+1}) \vee \varphi(b_n))) \to (\varphi(a_{n+1}) \vee \varphi(b_{n+1}))$.

(vii) Mostre que o diagrama à esquerda contém todas as implicações demonstráveis.

Observação. O diagrama das implicações é chamada de *reticulado de Rieger–Nishimura* (na verdade ele é a álgebra livre de Heyting com um gerador).

31. Considere a lógica intuicionística de predicados sem símbolos de função. Prove a seguinte extensão da propriedade da existência: $\vdash \exists y \varphi(x_1, \ldots, x_n, y) \Leftrightarrow \vdash \varphi(x_1, \ldots, x_n, t)$, onde t é uma constante ou uma das variáveis $x_1, \ldots, x_n$. (Dica: substitua $x_1, \ldots, x_n$ por novas constantes $a_1, \ldots, a_n$).

32. Seja $Q_1 x_1 \ldots Q_n x_n \varphi(\vec{x}, \vec{y})$ uma fórmula prenex (sem símbolos de função), então podemos encontrar uma instância de substituição apropriada φ' de φ obtida substituindo-se as variáveis quantificadas existencialmente por certas variáveis quantificadas universalmente ou por constantes, tal que $\vdash Q_1 x_1 \ldots Q_n x_n \varphi(\vec{x}, \vec{y}) \Leftrightarrow \vdash \varphi'$ (use o Exercício 31).

33. Mostre que $\vdash \varphi$ é decidível para φ prenex. (Use 3.3.17 e Exercício 32).

Observação. Combinado com o fato de que a lógica intuicionística de predicados é indecidível, isso mostra que nem toda fórmula é equivalente a uma fórmula na forma normal prenex.

34. Considere uma linguagem com a identidade e com símbolos de função, e interprete o símbolo n-ário F por uma função $F_k : D(k)^n \to D(k)$ para cada k em um dado modelo de Kripke $\mathcal{K}$. Exigimos *monotonicidade*: $k \leq l \Rightarrow F_k \subseteq F_l$, e *preservação de igualdade*: $\vec{a} \sim_k \vec{b} \Rightarrow F_k(\vec{a}) \sim_k F_k(\vec{b})$, onde $a \sim_k b \Leftrightarrow k \Vdash \overline{a} = \overline{b}$.

(i) Mostre que $\mathcal{K} \Vdash \forall \vec{x} \exists! y (F(\vec{x}) = y)$.
(ii) Mostre que $\mathcal{K} \Vdash I_4$.
(iii) Suponha que $\mathcal{K} \Vdash \forall \vec{x} \exists! y \varphi(\vec{x}, y)$, mostre que podemos definir para cada k e F_k satisfazendo as exigências acima tal que $\mathcal{K} \Vdash \forall \vec{x} \varphi(\vec{x}, F(\vec{x}))$.
(iv) Mostre que pode-se adicionar conservativamente funções de Skolem definíveis.

Note que mostramos como introduzir funções em modelos de Kripke, quandos eles são dados por relações "funcionais". Logo, estritamente falando, modelos de Kripke com apenas relações são suficientes.

7
Normalização

7.1 Cortes

Qualquer um com uma experiência razoável na construção de derivações em dedução natural terá observado que de alguma forma se consegue derivações um tanto eficientes. O pior que pode acontecer é um número de passos que terminam com o que já foi derivado ou dado, mas então pode-se obviamente encurtar a derivação.

Aqui está um exemplo:

$$\cfrac{\cfrac{\cfrac{[\sigma \land \varphi]^2}{\varphi} \land E \qquad [\varphi \to \psi]^1}{\psi} \to E \qquad \cfrac{\cfrac{[\sigma \land \varphi]^2}{\sigma} \land E}{\psi \to \sigma} \to I}{\cfrac{\cfrac{\sigma}{(\varphi \to \psi) \to \sigma} \to I_1}{(\sigma \land \varphi) \to ((\varphi \to \psi) \to \sigma)} \to I_2}$$

σ ocorre duas vezes, a primeira vez é uma premissa para uma regra de $\to I$, e a segunda vez o resultado de uma regra de $\to E$. Podemos encurtar a derivação da seguinte maneira:

$$\cfrac{\cfrac{\cfrac{[\sigma \land \varphi]^1}{\sigma} \land E}{(\varphi \to \psi) \to \sigma} \to I}{(\sigma \land \varphi) \to ((\varphi \to \psi) \to \sigma)} \to I_1$$

Aparentemente não é uma boa idéia introduzir algo e eliminar imediatamente em seguida. Isso é de fato a ideia-chave para simplificar derivações: evitar eliminações imediatamente após introduções. Se uma derivação contém uma introdução seguida de uma eliminação, então pode-se, via de regra, facilmente encurtar a derivação; a questão é, pode-se livrar de *todos* esses passos indesejados? A resposta é 'sim', mas a demonstração não é trivial.

7 Normalização

O tópico deste capítulo pertence à teoria da prova; o sistema de dedução natural foi introduzido por Gentzen, que também mostrou que "desvios" nas derivações podem ser eliminados. O assunto foi revitalizado novamente por Prawitz, que estendeu consideravelmente as técnicas e os resultados de Gentzen.

Introduziremos um número de noções de modo a facilitar o tratamento.

Definição 7.1.1 *As fórmulas diretamente acima da linha em uma regra de derivação são chamadas de* premissas, *a fórmula diretamente abaixo da linha, a* conclusão. *Em regras de eliminação uma premissa não contendo o conectivo é chamada de* premissa menor. *Todas as outras premissas são chamadas de* premissas maiores.

Convenção. As premissas maiores, a partir de agora, aparecerão do lado esquerdo.

Definição 7.1.2 *Uma ocorrência de fórmula γ é um corte em uma derivação quando é a conclusão de uma regra de introdução e a premissa maior de uma regra de eliminação (do mesmo conectivo). γ é chamada de fórmula de corte.*

No exemplo acima $\psi \to \sigma$ é uma fórmula de corte.

Adotaremos uma regra $\forall I$ levemente modificada, pois isso nos ajudará a uniformizar o sistema.

$$\forall I \quad \frac{\varphi}{\forall x\, \varphi[x/y]}\, \forall I$$

onde y não ocorre livre em φ ou em uma hipótese da derivação de φ, e x é livre para y em φ.

A versão antiga de $\forall I$ é claramente um caso especial da nova regra. Usaremos as notações familiares, e.g.

$$\forall I \quad \frac{\varphi(y)}{\forall x\, \varphi(x)}\, \forall I$$

Note que com a nova regra obtemos uma derivação mais curta para

$$\begin{array}{c} \mathcal{D} \\ \frac{\varphi(x)}{\forall x \varphi(x)}\, \forall I \\ \frac{\varphi(y)}{\forall y \varphi(y)}\, \forall E \\ \end{array} \quad \text{a saber} \quad \begin{array}{c} \mathcal{D} \\ \frac{\varphi(x)}{\forall y \varphi(y)}\, \forall I \end{array}$$

A adoção da nova regra não é necessária, mas um tanto conveniente.

Olharemos primeiro para o cálculo de predicados com $\land, \to, \bot, \forall$.

Derivações serão sistematicamente convertidas em derivações mais simples por "eliminação de cortes"; aqui está um exemplo:

$$\dfrac{\dfrac{\sigma}{\psi \to \sigma} \to I \quad \dfrac{\mathcal{D}'}{\psi}}{\sigma} \to E \qquad \text{converte para} \qquad \dfrac{\mathcal{D}}{\sigma}$$

Em geral, quando a árvore em consideração é uma subárvore de uma derivação maior, a subárvore inteira que termina com σ é substituída pela segunda. O resto da derivação permanece inalterado. Essa é uma das características de derivações em dedução natural: para uma fórmula σ na derivação apenas a parte acima de σ é relevante para σ. Por conseguinte apenas indicaremos conversões até quando necessário, mas o leitor faria bem em ter em mente que fazemos a substituição dentro de uma dada derivação maior.

Listamos as conversões possíveis:

$$\dfrac{\dfrac{\mathcal{D}_1 \quad \mathcal{D}_2}{\varphi_1 \quad \varphi_2}\wedge I}{\varphi_i}\wedge E \qquad \text{é convertida para} \qquad \dfrac{\mathcal{D}_i}{\varphi_i}$$

$$\dfrac{\dfrac{\mathcal{D}_1}{\psi} \quad \dfrac{[\psi]\; \mathcal{D}_2 \;\; \varphi}{\psi \to \varphi}\to I}{\varphi}\to E \qquad \text{é convertida para} \qquad \dfrac{\dfrac{\mathcal{D}_1}{\psi}\; \mathcal{D}_2}{\varphi}$$

$$\dfrac{\dfrac{\mathcal{D}}{\varphi}\forall I}{\varphi[t/y]}\forall E \qquad \text{é convertida para} \qquad \dfrac{\mathcal{D}[t/y]}{\varphi[t/y]}$$

Não está imediatamente claro que essa conversão é uma operação legítima sobre derivações, e.g. considere a eliminação do corte mais abaixo que converte

7 Normalização

$$\cfrac{\varphi(z,z)}{\cfrac{\forall x \varphi(x,x)}{\cfrac{\varphi(v,v)}{\varphi(v,v)}}} = \cfrac{\cfrac{\forall u \varphi(u,z)}{\cfrac{\varphi(v,z)}{\cfrac{\forall v \varphi(v,z)}{\cfrac{\varphi(z,z)}{\cfrac{\forall x \varphi(x,x)}{\varphi(v,v)} \forall E}} \forall I}}}{} \quad \text{para} \quad \cfrac{\cfrac{\forall u \varphi(u,v)}{\cfrac{\varphi(v,v)}{\cfrac{\forall v \varphi(v,v)}{\varphi(v,v)}}} \forall I}{} = \mathcal{D}[v/z]$$

A substituição impensada de v por z em $\mathcal{D}$ é questionável porque v não é livre para z na terceira linha e vemos que na derivação resultante $\forall I$ viola a condição sobre a variável própria.

De modo a evitar confusão do tipo acima, temos que olhar com um pouco mais de cuidado para a maneira com que manuseamos nossas variáveis em derivações. Existe, é claro, a óbvia distinção entre variáveis livres e variáveis ligadas, mas mesmo as variáveis livres não têm todas o mesmo papel. Algumas delas são "as variáveis" envolvidas em uma $\forall I$. Chamamos essas ocorrências de *variáveis próprias* e estendemos o nome a todas as ocorrências que estão "relacionadas" a elas. A noção de "relacionada" é o fecho transitivo da relação que duas ocorrências da mesma variável têm se uma ocorre em uma conclusão e a outra em uma premissa de uma regra em ocorrências de fórmula "relacionadas". É mais simples definir "relacionada" como o fecho reflexivo, simétrico, transitivo da relação "parente direto" que é dada verificando-se todas as regras de derivação, e.g. em $\cfrac{\varphi(x) \wedge \psi(x,y)}{\psi(x,y)} \wedge E$ a ocorrência superior e a ocorrência inferior de $\psi(x,y)$ estão diretamente relacionadas, assim como as ocorrências correspondentes de x e y. Do mesmo modo a φ superior e a inferior em

$$\cfrac{\cfrac{[\varphi]}{\cfrac{\mathcal{D}}{\psi}}}{\varphi \to \psi} \to I$$

Os detalhes deixo ao leitor.

Conflitos perigosos de variáveis podem sempre ser evitados, e trata-se apenas de renomeação rotineira de variáveis. Como tais questões sintáticas apresentam notórios pontos fracos, exercitaremos algum cuidado. Recordemos que mostramos anteriormente que variáveis ligadas podem ser renomeadas ao mesmo tempo que se retém equivalência lógica. Usaremos esse expediente também em derivações.

Lema 7.1.3 *Em uma derivação as variáveis ligadas podem ser renomeadas de modo que nenhuma variável ocorre livre e ligada ao mesmo tempo.*

Demonstração. Por indução sobre $\mathcal{D}$. Na verdade é melhor fazer um pouco de 'carga de indução', em particular provar que as variáveis ligadas podem ser escolhidas fora de um dado conjunto de variáveis (incluindo as variáveis livres sob consideração). A demonstração é simples, e portanto deixo-a ao leitor. □

Note que a formulação do lema é um tanto complicada, queremos dizer obviamente que a configuração resultante é novamente uma derivação. Trata-se também de um artifício renomear algumas das variáveis livres em uma derivação, em particular queremos manter separadas as variáveis livres próprias e as não-próprias.

Lema 7.1.4 *Em uma derivação as variáveis livres podem ser renomeadas, de modo que variáveis próprias não-relacionadas sejam distintas e cada uma é usada exatamente uma vez em sua regra de inferência. Além do mais, nenhuma variável ocorre como uma variável própria e não-própria.*

Demonstração. Indução sobre $\mathcal{D}$. Escolha sempre uma variável nova para uma variável própria. Note que a renomeação das variáveis próprias não influencia as hipóteses e a conclusão. $\square$

Na prática pode ser necessário continuar renomeando variáveis de modo a satisfazer os resultados dos lemas acima.

A partir de agora assumimos que nossas derivações satisfazem a condição acima, i.e.

(i) variáveis livres e variáveis ligadas são distintas,
(ii) variáveis próprias e variáveis não-próprias são distintas, e cada variável própria é usada em precisamente uma $\forall I$.

Lema 7.1.5 *As conversões para $\to$, $\land$, $\forall$ produzem derivações.*

Demonstração. O único caso difícil é a $\forall$-conversão. Mas de acordo com nossa condição sobre variáveis $\mathcal{D}[t/u]$ é uma derivação quando $\mathcal{D}$ é uma derivação, pois as variáveis em t não atuam como variáveis próprias em $\mathcal{D}$. $\square$

Observação. Existe uma prática alternativa para formulação das regras de lógica, que é de fato útil para propósitos prova-teóricos: faça uma distinção tipográfica entre variáveis livres e ligadas (uma distinção no alfabeto). Variáveis livres são chamadas de *parâmetros* naquela notação. Vimos que o mesmo efeito pode ser obtido por transformações sintáticas descritas acima. É então necessário, obviamente, formular a $\forall$-introdução na forma liberal!

7.2 Normalização para a Lógica Clássica

Definição 7.2.1 *Uma cadeia de conversões é chamada de seqüência de redução. Uma derivação $\mathcal{D}$ é chamada de derivação irredutível se não existe $\mathcal{D}'$ tal que $\mathcal{D} >_1 \mathcal{D}'$.*

Notação. $\mathcal{D} >_1 \mathcal{D}'$ representa "$\mathcal{D}$ é convertida para $\mathcal{D}'$". $\mathcal{D} > \mathcal{D}'$ representa "existe uma seqüência finita de conversões $\mathcal{D} = \mathcal{D}_0 >_1 \mathcal{D}_1 >_1 \ldots >_1 \mathcal{D}_{n-1} = \mathcal{D}'$ e $\mathcal{D} \geq \mathcal{D}'$ representa $\mathcal{D} > \mathcal{D}'$ ou $\mathcal{D} = \mathcal{D}'$. ($\mathcal{D}$ reduz para $\mathcal{D}'$).

A questão básica é obviamente 'toda seqüência de conversões termina em um número finito de passos?', ou equivalentemente '> é bem-fundada?' A resposta vem a ser 'sim', mas primeiro olharemos para uma questão mais simples: 'toda derivação reduz a uma derivação irredutível?'

Definição 7.2.2 *Se não existe $\mathcal{D}'_1$ tal que $\mathcal{D}_1 >_1 \mathcal{D}'_1$ (i.e. se $\mathcal{D}_1$ não contém cortes), então chamamos $\mathcal{D}_1$ de uma derivação normal, ou dizemos que $\mathcal{D}_1$ está na forma normal, e se $\mathcal{D} \geq \mathcal{D}'$ onde $\mathcal{D}'$ é normal, então dizemos que $\mathcal{D}$ normaliza para $\mathcal{D}'$.*

Dizemos que $>$ tem a propriedade de normalização forte se $>$ é bem-fundada, i.e. não existe qualquer seqüência de reduções infinita, e a propriedade da normalização fraca se toda derivação normaliza. if

Falando popularmente, normalização forte diz que não importa como você escolhe suas conversões, você em última análise encontrará uma forma normal; normalização fraca diz que se você escolher suas conversões de uma determinada maneira, você encontrará uma forma normal.

Antes de descer às provas de normalização, chamamos a atenção para o fato de que a regra do $\bot$ pode ser restrita a instâncias onde a conclusão é atômica. Isso é obtido baixando o posto da conclusão passo a passo.

Exemplo.

$$\frac{\begin{array}{c}\mathcal{D}\\ \bot\end{array}}{\varphi \wedge \psi} \quad \text{é substituída por} \quad \frac{\dfrac{\begin{array}{c}\mathcal{D}\\ \bot\end{array}}{\varphi} \quad \dfrac{\begin{array}{c}\mathcal{D}\\ \bot\end{array}}{\psi}}{\varphi \wedge \psi} \wedge I$$

$$\frac{\begin{array}{c}\mathcal{D}\\ \bot\end{array}}{\varphi \to \psi} \quad \text{é substituída por} \quad \frac{\dfrac{\begin{array}{c}\mathcal{D}\\ \bot\end{array}}{\psi}}{\varphi \to \psi} \to I \quad \text{etc.}$$

(Note que na derivação à direita alguma hipótese pode ser descartada, embora isso não seja necessário; se queremos obter uma derivação a partir das mesmas hipóteses, então é mais prudente não descartar a φ naquela $\forall I$ específica). Um fato semelhante se verifica para *RAA*: basta aplicar *RAA* a instâncias atômicas. A demonstração é novamente uma questão de se reduzir a complexidade da fórmula relevante.

$$\frac{[\neg(\varphi \wedge \psi)]\quad \begin{array}{c}\mathcal{D}\\ \bot\end{array}}{\varphi \wedge \psi} \quad \text{é substituída por} \quad \frac{\dfrac{[\neg\varphi]\quad \dfrac{[\varphi \wedge \psi]}{\varphi}}{\dfrac{\bot}{\neg(\varphi \wedge \psi)}}\quad \begin{array}{c}\mathcal{D}\\ \bot\end{array}}{\varphi}\,RAA \quad \dfrac{[\neg\psi]\quad \dfrac{[\varphi \wedge \psi]}{\psi}}{\dfrac{\bot}{\neg(\varphi \wedge \psi)}}\quad \begin{array}{c}\mathcal{D}\\ \bot\end{array}}{\psi}\,RAA}{\varphi \wedge \psi}\wedge I$$

7.2 Normalização para a Lógica Clássica

$$\frac{[\neg(\varphi \to \psi)]\quad \mathcal{D}\quad \bot}{\varphi \to \psi}$$

é substituída por

$$\frac{\dfrac{[\varphi]\quad [\varphi \to \psi]}{\psi}\quad [\neg\psi]}{\dfrac{\bot}{\neg(\varphi \to \psi)}}$$
$$\mathcal{D}$$
$$\dfrac{\bot}{\psi}\, RAA$$
$$\varphi \to \psi$$

$$\frac{[\neg\forall x\,\varphi(x)]\quad \mathcal{D}\quad \bot}{\forall x\,\varphi(x)}$$

é substituída por

$$\frac{[\neg\varphi(x)]\quad \dfrac{[\forall x\,\varphi(x)]}{\varphi(x)}}{\dfrac{\bot}{\neg\forall x\,\varphi(x)}}$$
$$\mathcal{D}$$
$$\dfrac{\bot}{\varphi(x)}\, RAA$$
$$\forall x\,\varphi(x)$$

Algumas definições estão na vez agora:

Definição 7.2.3 *(i) uma fórmula de corte maximal é uma fórmula com posto maximal.*
(ii) $d = \max\{p(\varphi) \mid \varphi \text{ fórmula de corte em } \mathcal{D}\}$ *(observe que* $\max \emptyset = 0$*).*
$n = $ *número de fórmulas de corte maximais e* $pc(\mathcal{D}) = (d, n)$, *o posto de corte de* $\mathcal{D}$.

Se $\mathcal{D}$ não tem cortes, faça $pc(\mathcal{D}) = (0,0)$. Baixaremos sistematicamente o posto de corte de uma derivação até que todos os cortes tenham sido eliminados. A ordenação sobre postos de corte é lexicográfica:
$(d, n) < (d', n') := d < d' \vee (d = d' \wedge n < n')$.

Fato 7.2.4 $<$ *é uma boa-ordenação (na verdade* $\omega \cdot \omega$*) e portanto não tem seqüências descendentes infinitas.*

Lema 7.2.5 *Seja* $\mathcal{D}$ *uma derivação com um corte no final, suponha que tal corte tenha posto* n *enquanto que todos os outros cortes tenham posto* $< n$, *então a conversão de* $\mathcal{D}$ *nesse corte mais inferior produz uma derivação com apenas cortes de posto* $< n$.

Demonstração. Considere todos os possíveis cortes no final e verifique os postos dos cortes após a conversão.

(i) $\rightarrow$-corte

$$\cfrac{\cfrac{[\varphi]}{\mathcal{D}_1} \quad \mathcal{D}_2}{\varphi \rightarrow \psi \quad \varphi} = \mathcal{D}. \quad \text{Então } \mathcal{D} >_1 \mathcal{D}' = \cfrac{\mathcal{D}_2}{\cfrac{\varphi}{\cfrac{\mathcal{D}_1}{\psi}}}$$

Observe que nada aconteceu em $\mathcal{D}_1$ e $\mathcal{D}_2$, logo todos os cortes em $\mathcal{D}'$ têm posto $< n$.

(ii) $\forall$-corte

$$\cfrac{\cfrac{\mathcal{D}}{\varphi(x)}}{\varphi(t)} = \mathcal{D}. \quad \text{Então } \mathcal{D} >_1 \mathcal{D}' = \binom{\mathcal{D}}{\varphi}[t/x]$$

A substituição de um termo não afeta o posto de corte de uma derivação, logo em $\mathcal{D}'$ todos os cortes têm posto $< n$.

(iii) $\wedge$-corte. Semelhante.

□

Observe que na linguagem com $\{\wedge, \rightarrow, \bot, \forall\}$ as reduções são bem simples, i.e. partes de derivações são substituídas por partes próprias (esquecendo os termos por um momento) – as coisas diminuem!

Lema 7.2.6 *Se* $pc(\mathcal{D}) > (0,0)$, *então existe uma* $\mathcal{D}'$ *com* $\mathcal{D} >_1 \mathcal{D}'$ *e* $pc(\mathcal{D}') < pc(\mathcal{D})$.

Demonstração. Selecione uma fórmula de corte maximal em $\mathcal{D}$ tal que todos os cortes acima dela têm posto mais baixo. Aplique a redução apropriada a esse corte maximal, então a parte da derivação $\mathcal{D}$ terminando na conclusão σ do corte é substituída, pelo Lema 7.2.5, por uma (sub)derivação na qual toda fórmula de corte tem posto mais baixo. Se a fórmula de corte maximal era a única, então d é decrementado de 1, caso contrário n é decrementado de 1 e d permanece inalterado. Em ambos os casos $pc(\mathcal{D})$ diminui. Note que no primeiro caso n pode ficar muito maior, mas isso não importa na ordem lexicográfica. □

Observe que a eliminação de um corte (aqui!) é uma coisa local, i.e. ela afeta apenas a parte da árvore de derivação acima da conclusão do corte.

Teorema 7.2.7 (Normalização fraca) *Todas as derivações normalizam.*

Demonstração. Pelo Lema 7.2.6 o posto de corte pode ser baixado para $(0,0)$ em um número finito de passos, portanto a última derivação na seqüência de redução não tem mais cortes. □

7.2 Normalização para a Lógica Clássica

Derivações normais têm um número de propriedades convenientes, que podem ser percebidas de suas estruturas. De modo a formular essas propriedades e a estrutura, introduzimos algo mais de terminologia.

Definição 7.2.8 *(i) Um caminho em uma derivação é uma seqüência de fórmulas $\varphi_0, \ldots, \varphi_n$, tal que φ_0 é uma hipótese, φ_n é a conclusão e φ_i é uma premissa imediatamente acima de φ_{i+1} ($0 \leq i \leq n-1$). (ii) Uma trilha é uma parte inicial de um caminho que para na primeira premissa menor ou na conclusão. Em outras palavras, uma trilha pode apenas passar através das premissas maiores de regras de eliminação.*

Exemplo.

$$\cfrac{\cfrac{[\varphi \to (\psi \to \sigma)] \quad \cfrac{[\varphi \wedge \psi]}{\varphi}}{\psi \to \sigma} \quad \cfrac{[\varphi \wedge \psi]}{\psi}}{\cfrac{\cfrac{\sigma}{\varphi \wedge \psi \to \sigma}}{(\varphi \to (\psi \to \sigma)) \to (\varphi \wedge \psi \to \sigma)}}$$

A árvore subjacente é dada com rótulos numéricos:

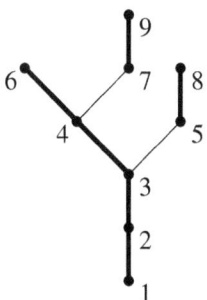

e as trilhas são $(6, 4, 3, 2, 1)$, $(9, 7)$ e $(8, 5)$.

Fato 7.2.9 *Em uma derivação normal nenhuma (aplicação da) regra de introdução pode preceder uma (aplicação da) regra de eliminação em uma trilha.*

Demonstração. Suponha que uma regra de introdução precede uma regra de eliminação em uma trilha, então existe uma última regra de introdução que precede a primeira regra de eliminação. Devido ao fato de que a derivação é normal, uma não pode preceder imediatamente a outra. Logo tem que haver uma regra entre elas, que deve ser a regra $\perp$ ou a *RAA*, mas isso é claramente impossível, pois $\perp$ não pode ser a conclusão de uma regra de introdução. □

Fato 7.2.10 *Uma trilha em uma derivação normal é dividida em (no máximo) três partes: uma parte de eliminação, seguida de uma parte de regras do $\bot$, seguida de uma parte de introdução. Cada uma das partes pode ser vazia.*

Demonstração. Pelo Fato 7.2.9 sabemos que se a primeira regra é uma eliminação, então todas as eliminações vêm primeiro. Olhe para a última eliminação, que resulta (1) na conclusão de $\mathcal{D}$, ou (2) em $\bot$, caso em que a regra $\bot$ ou *RAA* podem ser aplicadas, ou (3) é seguida por uma introdução. No último caso apenas introduções podem se seguir. Se aplicássemos a regra $\bot$ ou *RAA*, então um átomo aparece, que pode apenas ser a premissa de uma regra de introdução (ou a conclusão de $\mathcal{D}$). $\square$

Fato 7.2.11 *Seja $\mathcal{D}$ uma derivação normal. Então $\mathcal{D}$ tem pelo menos uma trilha maximal, terminando na conclusão.*

A árvore subjacente de uma derivação normal tem o seguinte aspecto:

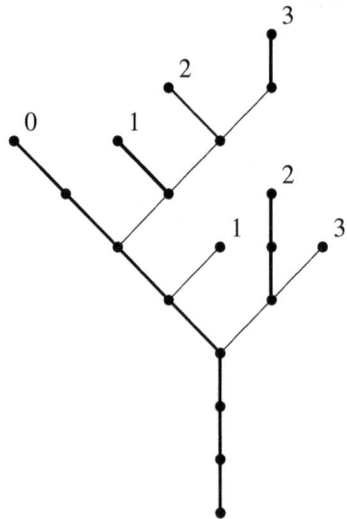

A figura sugere que as trilhas são classificadas de acordo com "quão distante" elas estão da trilha maximal. Formalizamos isso na noção de *ordem*.

Definição 7.2.12 *Seja $\mathcal{D}$ uma derivação normal.*

$o(t_m) = 0$ *para uma trilha maximal t_m.*
$o(t)\ \ = o(t') + 1$ *se a fórmula final de uma trilha t é uma premissa menor pertencente a uma premissa maior em t'.*

As ordens das várias trilhas são indicadas na figura.

Teorema 7.2.13 (Propriedade da Subfórmula) *Seja $\mathcal{D}$ uma derivação normal de $\Gamma \vdash \varphi$, então cada (ocorrência de) fórmula ψ de $\mathcal{D}$ é uma subfórmula de φ ou de uma fórmula de Γ a menos que ψ seja descartada por uma aplicação de* RAA *ou quando ela é o $\bot$ imediatamente após tal hipótese descartada.*

Demonstração. Considere uma fórmula ψ em $\mathcal{D}$, se ela ocorre na parte de eliminação de sua trilha t, então ela é evidentemente uma subfórmula da hipótese no topo de t. Senão, então ela é uma subfórmula da fórmula final ψ_1 de t. Logo ψ_1 é uma subfórmula de uma fórmula ψ_2 de uma trilha t_1 com $o(t_1) < o(t)$. Repetindo o argumento encontramos que ψ é uma subfórmula de uma hipótese ou da conclusão.

Até agora consideramos todas as hipóteses, mas podemos fazer melhor. Se φ é uma subfórmula de uma hipótese descartada, ela deve ser uma subfórmula da fórmula implicacional resultante no caso de uma aplicação de $\to I$, ou da fórmula resultante no caso de uma aplicação de *RAA*, ou (e essas são as únicas exceções) ela própria é descartada por uma aplicação de *RAA* ou é uma $\bot$ imediatamente após tal hipótese. □

Pode-se inferir alguns corolários imediatos de nossos resultados até agora.

Corolário 7.2.14 *A lógica de predicados é consistente.*

Demonstração. Suponha que $\vdash \bot$, então existe uma derivação normal terminando em $\bot$ com todas as hipóteses descartadas. Existe uma trilha através da conclusão; nessa trilha não existem regras de introdução, logo a hipótese mais acima não é descartada. Contradição. □

Note que 7.2.14 não vem como uma surpresa, já sabíamos que a lógica de predicados é consistente com base no Teorema da Corretude. O interessante da demonstração acima é que ela usa apenas argumentos sintáticos.

Corolário 7.2.15 *A lógica de predicados é conservativa sobre a lógica proposicional.*

Demonstração. Seja $\mathcal{D}$ uma derivação normal de $\Gamma \vdash \varphi$, onde Γ e φ não contêm quantificadores, então pela propriedade da subfórmula $\mathcal{D}$ contém apenas fórmulas livres de quantificadores, daí $\mathcal{D}$ é uma derivação na lógica proposicional. □

7.3 Normalização para a Lógica Intuicionística

Quando consideramos a linguagem inteira, incluindo $\vee$ e $\exists$, algumas das noções introduzidas acima têm que ser reconsideradas. Brevemente mencionamos tais noções:

– na regra $\exists E$ $\quad \dfrac{\exists x\, \varphi(x) \quad \begin{array}{c}[\varphi(u)]\\ \mathcal{D}\\ \sigma\end{array}}{\sigma} \quad u$ é chamada de variável própria.

– os lemas sobre variáveis ligadas, variáveis próprias e variáveis livres permanecem corretos.
– cortes e fórmulas de corte são mais complicados, e serão trabalhados adiante.

Assim como anteriormente, assumimos que nossas derivações satisfazem as condições sobre variáveis livres e ligadas e sobre variáveis próprias.

A lógica intuicionística adiciona certas complicações à técnica desenvolvida acima. Podemos ainda definir todas as conversões:

7 Normalização

$$\vee\text{-conversão} \quad \dfrac{\dfrac{\mathcal{D}}{\varphi_1 \vee \varphi_2} \vee I \quad \begin{matrix}[\varphi_1]\\ \mathcal{D}_1 \\ \sigma \end{matrix} \quad \begin{matrix}[\varphi_2]\\ \mathcal{D}_2 \\ \sigma \end{matrix}}{\sigma} \vee E \quad \text{converte para} \quad \begin{matrix}\mathcal{D}\\ \varphi_i \\ \mathcal{D}_i \\ \sigma\end{matrix}$$

$$\exists\text{-conversão} \quad \dfrac{\dfrac{\mathcal{D}}{\exists x\, \varphi(x)} \exists I \quad \begin{matrix}[\varphi(y)]\\ \mathcal{D}'\\ \sigma\end{matrix}}{\sigma} \exists E \quad \text{converte para} \quad \begin{matrix}\mathcal{D}\\ \varphi(t)\\ \mathcal{D}'[t/y]\\ \sigma\end{matrix}$$

Lema 7.3.1 *Para qualquer derivação* $\mathcal{D}'$ *com y não-livre em σ e t livre para y em*

$$\begin{matrix}\varphi(t)\\ \varphi(y),\\ \sigma\end{matrix}$$

$\varphi(y)$, $\mathcal{D}'[t/y]$ *também é uma derivação.*

Demonstração. Indução sobre $\mathcal{D}'$. □

Torna-se um pouco mais difícil definir trilhas; recordemos que trilhas foram introduzidas de modo a formalizar algo como "sucessor essencial". Em $\dfrac{\varphi \to \psi \quad \varphi}{\psi}$ não consideramos φ como sendo um "sucessor essencial" de φ (a premissa menor) pois ψ não tem qualquer relação com φ.

Em $\vee E$ e $\exists E$ as hipóteses descartadas têm algo a ver com a premissa maior, portanto desviamos da ideia geométrica de descer na árvore e fazemos com que uma trilha que termina em $\varphi \vee \psi$ continue através de φ e ψ (descartadas), e da mesma forma uma trilha que chega a $\exists x \varphi(x)$ continua através da $\varphi(y)$ (descartada).

As cláusulas antigas ainda são observadas, exceto que trilhas não podem começar em hipóteses, descartadas por $\vee E$ ou $\exists E$. Além do mais, uma trilha termina (naturalmente) em uma premissa maior de $\vee E$ ou $\exists E$ se nenhuma hipótese for descartada nessas aplicações de regras.

Exemplo.

$$\dfrac{[\exists x(\varphi(x) \vee \psi(x))] \quad \dfrac{[\varphi(y) \vee \psi(y)] \quad \dfrac{[\varphi(y)]}{\exists x \varphi(x) \vee \exists x \psi(x)} \quad \dfrac{[\psi(y)]}{\exists x \varphi(x) \vee \exists x \psi(x)}}{\exists x \varphi(x) \vee \exists x \psi(x)} \exists E}{\dfrac{\exists x \varphi(x) \vee \exists x \psi(x)}{\exists x(\varphi(x) \vee \psi(x)) \to \exists x \varphi(x) \vee \exists x \psi(x)}}$$

Em forma de árvore:

7.3 Normalização para a Lógica Intuicionística

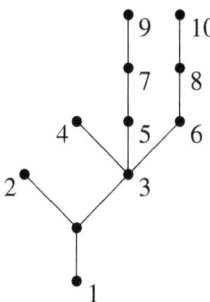

A derivação contém as seguintes trilhas:
$(2,4,9,7,5,3,1), (2,4,10,8,6,3,1)$.

Existem ainda mais problemas a serem enfrentados no caso intuicionístico:

(i) Pode haver aplicações supérfluas de $\vee E$ e $\exists E$ no sentido de que "nada é descartado".

I.e. em
$$\dfrac{\exists x \varphi(x) \quad \begin{array}{c}\mathcal{D}'\\ \sigma\end{array}}{\sigma}$$
nenhuma hipótese $\varphi(y)$ é descartada em $\mathcal{D}'$.

Adicionamos conversões extras para nos livrar daquelas aplicações de regra de eliminação:

$$\dfrac{\begin{array}{ccc}\mathcal{D} & \mathcal{D}_1 & \mathcal{D}_2 \\ \varphi \vee \psi & \sigma & \sigma\end{array}}{\sigma} \quad \text{converte para} \quad \begin{array}{c}\mathcal{D}_i\\ \sigma\end{array}$$

se φ e ψ não são descartadas em $\mathcal{D}_1$ ou $\mathcal{D}_2$ respectivamente.

$$\dfrac{\begin{array}{cc}\mathcal{D} & \mathcal{D}'\\ \exists x \varphi(x) & \sigma\end{array}}{\sigma} \quad \text{converte para} \quad \begin{array}{c}\mathcal{D}'\\ \sigma\end{array}$$

se $\varphi(y)$ não é descartada em $\mathcal{D}'$.

(ii) Uma introdução pode ser seguida por uma eliminação em uma trilha sem dar origem a uma conversão.

Exemplo.

$$\dfrac{\varphi \vee \varphi \quad \dfrac{[\varphi] \quad [\varphi]}{\varphi \wedge \varphi} \wedge I \quad \dfrac{[\varphi] \quad [\varphi]}{\varphi \wedge \varphi} \wedge I}{\dfrac{\varphi \wedge \varphi}{\varphi} \wedge E} \vee E$$

Em cada trilha existe uma ∧-introdução e dois passos adiante uma ∧-eliminação, mas não estamos numa posição de aplicar uma redução.

Ainda não estaríamos dispostos a aceitar essa derivação como 'normal', no mínimo porque nada é deixado à propriedade da subfórmula: $\varphi \wedge \varphi$ não é nem uma subfórmula de seu predecessor na trilha, nem de seu predecessor. O problema é causado pelas repetições que podem ocorrer por causa de $\vee E$ e $\exists E$, e.g. pode-se obter uma cadeia de ocorrências da mesma fórmula:

$$\cfrac{\exists x_3 \varphi_3(x_3) \qquad \cfrac{\exists x_2 \varphi_2(x_2) \qquad \cfrac{\exists x_1 \varphi_1(x_1) \qquad \cfrac{\mathcal{D}_1}{\sigma}}{\sigma}}{\sigma}}{\sigma}$$

$$\vdots$$

$$\cfrac{\exists x_n \varphi_n(x_n) \qquad \sigma}{\sigma}$$

Claramente as fórmulas que teriam que interagir numa redução podem estar bem distantes uma da outra. A solução é modificar a ordem das aplicações das regras, e chamamos isso de *conversão de permutação*.

Nosso exemplo é convertido 'puxando' a $\wedge E$ para cima:

$$\cfrac{\varphi \vee \psi \qquad \cfrac{\cfrac{[\varphi] \quad [\varphi]}{\varphi \wedge \varphi} \wedge I}{\varphi} \wedge E \qquad \cfrac{\cfrac{[\varphi] \quad [\varphi]}{\varphi \wedge \varphi} \wedge I}{\varphi} \wedge E}{\varphi} \vee E$$

Agora podemos aplicar a ∧-conversão:

$$\cfrac{\varphi \vee \psi \qquad [\varphi] \quad [\varphi]}{\varphi} \vee E$$

Em vista das complicações adicionais temos que estender noção de *corte*.

Definição 7.3.2 *Uma cadeia de ocorrências de uma fórmula σ em uma trilha que começa com o resultado de uma introdução e termina com uma eliminação é chamada de um segmento de corte. Um segmento de corte maximal é aquele que tem uma fórmula de corte de posto maximal.*

Vimos que a eliminação no final do segmento de corte pode ser permutada para cima:

Exemplo.

7.3 Normalização para a Lógica Intuicionística

$$
\cfrac{\exists y \varphi_2(y) \quad \cfrac{\cfrac{\exists x \varphi_1(x) \quad \cfrac{[\psi]}{\mathcal{D}} \atop \sigma \quad \psi \to \sigma}{\psi \to \sigma}}{\psi \to \sigma} \quad \psi}{\sigma}
$$

converte para

$$
\cfrac{\exists y \varphi_2(y) \quad \cfrac{\cfrac{\exists x \varphi_1(x) \quad \cfrac{[\psi]}{\mathcal{D}} \atop \sigma \quad \psi \to \sigma}{\psi \to \sigma} \quad \psi}{\sigma}}{\sigma}
$$

e depois para

$$
\cfrac{\exists y \varphi_2(y) \quad \cfrac{\exists x \varphi_1(x) \quad \cfrac{\cfrac{[\psi]}{\mathcal{D}} \atop \sigma}{\psi \to \sigma} \quad \psi}{\sigma}}{\sigma}
$$

Agora podemos eliminar a fórmula de corte $\psi \to \sigma$:

$$
\cfrac{\exists y \varphi_2(y) \quad \cfrac{\exists x \varphi_1(x) \quad \cfrac{\psi}{\mathcal{D}} \atop \sigma}{\sigma}}{\sigma}
$$

Portanto um segmento de corte pode ser eliminado aplicando-se uma série de conversões de permutação seguidas por uma "conversão de conectivo".

Como na linguagem menor, podemos restringir nossa atenção a aplicações da regra $\bot$ para instâncias atômicas.

Temos apenas que considerar os conectivos adicionais:

$$
\cfrac{\cfrac{\mathcal{D}}{\bot}}{\varphi \vee \psi} \quad \text{pode ser substituída por} \quad \cfrac{\cfrac{\cfrac{\mathcal{D}}{\bot}}{\varphi}}{\varphi \vee \psi}
$$

$$
\cfrac{\cfrac{\mathcal{D}}{\bot}}{\exists x \varphi(x)} \quad \text{pode ser substituída por} \quad \cfrac{\cfrac{\cfrac{\mathcal{D}}{\bot}}{\varphi(y)}}{\exists x \varphi(x)}
$$

Mostraremos que na lógica intuicionística derivações podem ser normalizadas. Defina o posto de corte como antes; mas agora para segmentos de corte:

Definição 7.3.3 *(i) O posto de um segmento de corte é o posto de sua fórmula. (ii)* $d = \max\{p(\varphi) \mid \varphi \text{ uma fórmula de corte em } \mathcal{D}\}$, $n = $ *número de segmentos de corte maximais,* $pc(\mathcal{D}) = (d,n)$ *com a mesma ordenação lexicográfica.*

Lema 7.3.4 *Se $\mathcal{D}$ é uma derivação terminando com um segmento de corte de posto maximal tal que todos os segmentos de corte distintos desse segmento têm um posto menor, então um número de conversões de permutação reduzem $\mathcal{D}$ a uma derivação com posto de corte menor.*

Demonstração. (i) Faça as conversões de permutação sobre um segmento maximal, de modo que uma eliminação segue imediatamente uma introdução. E.g.

$$\cfrac{\cfrac{\cdots \quad \cfrac{\cfrac{\varphi \quad \psi}{\varphi \wedge \psi}}{\varphi \wedge \psi}}{\cfrac{\varphi \wedge \psi}{\varphi}}}{\varphi} \quad > \quad \cfrac{\cfrac{\cdots \quad \cfrac{\cfrac{\varphi \quad \psi}{\varphi \wedge \psi}}{\varphi}}{\varphi}}{\varphi}$$

Observe que o posto de corte não aumenta. Aplicamos a conversão do "conectivo" ao corte remanescente. O resultado é uma derivação com um d mais baixo. □

Lema 7.3.5 *Se $pc(\mathcal{D}) > (0,0)$, então existe uma $\mathcal{D}'$ tal que $\mathcal{D} > \mathcal{D}'$ e $pc(\mathcal{D}') < pc(\mathcal{D})$.*

Demonstração. Seja s um segmento maximal tal que na subderivação $\hat{\mathcal{D}}$ terminando com s nenhum outro segmento maximal ocorre. Aplique os passos de redução indicados no Lema 7.3.4, então $\mathcal{D}$ é substituída por $\mathcal{D}'$ e d não é diminuído, mas n é diminuído, ou d é diminuído. Em ambos os casos $pc(\mathcal{D}) < pc(\mathcal{D}')$. □

Teorema 7.3.6 (Normalização fraca) *Cada derivação intuicionística normaliza.*

Demonstração. Aplique o Lema 7.3.5. □

Observe que a derivação pode crescer de tamanho durante as reduções, e.g.

$$\cfrac{\varphi \vee \varphi \quad \cfrac{[\varphi]^1}{\varphi \vee \psi} \quad \cfrac{[\varphi]^1}{\varphi \vee \psi}}{\cfrac{\varphi \vee \psi}{\sigma}\,1 \quad \cfrac{\varphi \to \sigma \quad [\varphi]^2}{\sigma} \quad \cfrac{\psi \to \sigma \quad [\psi]^2}{\sigma}}\,2$$

é reduzida por uma conversão de permutação a

7.3 Normalização para a Lógica Intuicionística

$$\cfrac{\varphi \vee \varphi \quad \cfrac{[\varphi]^1 \quad [\varphi]^2 \quad \varphi \to \sigma \quad [\psi]^2 \quad \psi \to \sigma}{\cfrac{\varphi \vee \psi \quad \sigma \quad \sigma}{\sigma}\,2} \quad \mathcal{D}}{\sigma}\,1$$

onde

$$\mathcal{D} \;=\; \cfrac{[\varphi]^1 \quad [\varphi]^3 \quad \varphi \to \sigma \quad [\psi]^3 \quad \psi \to \sigma}{\cfrac{\varphi \vee \psi \quad \sigma \quad \sigma}{\sigma}\,3}$$

Em geral, partes de derivações podem ser duplicadas.

O teorema de estrutura para derivações normais se verifica para a lógica intuicionística também; note que temos que usar a noção estendida de *trilha* e que *segmentos* podem ocorrer.

Fato 7.3.7 (i) *Em uma derivação normal, nenhuma aplicação de uma regra de introdução pode preceder uma aplicação de uma regra de eliminação.*
(ii) *Uma trilha em uma derivação normal é dividida em (no máximo) três partes: uma parte de eliminação, seguida por uma parte de* $\bot$*, seguida por uma parte de introdução. Essas partes consistem de segmentos, a última fórmula dos quais são, respectivamente, a premissa maior de uma regra de eliminação, a regra do falsum ou (uma regra de introdução ou a conclusão).*
(iii) *Em uma derivação normal a conclusão pertence a no mínimo uma trilha maximal.*

Teorema 7.3.8 (Propriedade da Subfórmula) *Em uma derivação normal de* $\Gamma \vdash \varphi$*, cada fórmula é uma subfórmula de uma hipótese em* Γ*, ou de* φ*.*

Demonstração. Deixo ao leitor. □

Definição 7.3.9 *A relação "*φ *é uma ocorrência estritamente positiva de subfórmula de* ψ*" é indutivamente definida por:*
(1) φ *é uma ocorrência estritamente positiva de subfórmula de* φ*,*
(2) ψ *é uma ocorrência estritamente positiva de subfórmula de* $\varphi \wedge \psi$*,* $\psi \wedge \varphi$*,* $\varphi \vee \psi$*,* $\psi \vee \varphi$*,* $\varphi \to \psi$*,*
(3) ψ *é uma ocorrência estritamente positiva de subfórmula de* $\forall x \psi$*,* $\exists x \psi$*.*

Note que aqui consideramos ocorrências; via de regra isso será tacitamente entendido. Diremos também, para abreviar, que φ é estritamente positiva em ψ, ou que φ ocorre estritamente positiva em ψ. A extensão para conectivos e termos é óbvia, e.g. "$\forall$ é estritamente positiva em ψ".

Lema 7.3.10 (i) *O sucessor imediato da premissa maior de uma regra de eliminação é estritamente positivo nessa premissa (para* $\to E$*,* $\wedge E$*,* $\forall E$ *isso é na verdade a conclusão).* (ii) *Uma parte estritamente positiva de uma parte estritamente positiva de* φ *é uma parte estritamente positiva de* φ*.*

Demonstração. Imediata. □

Agora mostramos algumas aplicações do Teorema da Forma Normal.

Teorema 7.3.11 *Seja $\Gamma \vdash \varphi \vee \psi$, onde Γ não contém $\vee$ em subfórmulas estritamente positivas, então $\Gamma \vdash \varphi$ ou $\Gamma \vdash \psi$.*

Demonstração. Considere uma derivação normal $\mathcal{D}$ de $\varphi \vee \psi$ e uma trilha maximal t. Se a primeira ocorrência $\varphi \vee \psi$ de seu segmento pertence à parte de eliminação de t, então $\varphi \vee \psi$ é uma parte estritamente positiva da hipótese em t, que não foi descartada. Contradição.

Daí $\varphi \vee \psi$ pertence à parte de introdução de t, e por conseguinte $\mathcal{D}$ contém uma subderivação de φ ou de ψ.

$$
\begin{array}{c}
\mathcal{D}' \\
\varphi \\ \hline
\mathcal{D}_1 \quad \varphi \vee \psi \quad \cdots \\ \hline
\mathcal{D}_{k-2} \quad \vdots \quad \cdots \\ \hline
\mathcal{D}_{k-1} \quad \varphi \vee \psi \quad \cdots \\ \hline
\mathcal{D}_k \quad \varphi \vee \psi \quad \cdots \\ \hline
\varphi \vee \psi
\end{array}
$$

Os últimos k passos são $\exists E$ ou $\vee E$. Se quaisquer deles fosse uma $\vee$-eliminação então a disjunção estaria na parte de eliminação de uma trilha e portanto um $\vee$ ocorreria estritamente positivo em alguma hipótese de Γ. Contradição.

Portanto todas as eliminações são $\exists E$. Substitua a derivação agora por:

$$
\begin{array}{c}
\mathcal{D}' \\
\mathcal{D}_1 \quad \varphi \\
\mathcal{D}_2 \quad \varphi \\ \hline
\varphi \\
\vdots \\
\mathcal{D}_k \quad \varphi \\ \hline
\varphi
\end{array}
$$

Nessa derivação exatamente as mesmas hipóteses foram descartadas, logo $\Gamma \vdash \varphi$.
□

Considere uma linguagem sem símbolos de função (i.e. todos os termos são variáveis ou constantes).

Teorema 7.3.12 *Se $\Gamma \vdash \exists x \varphi(x)$, onde Γ não contém uma fórmula existencial como uma parte estritamente positiva, então $\Gamma \vdash \varphi(t_1) \vee \ldots \vee \varphi(t_n)$, onde os termos $t_1, \ldots, t_n$ ocorrem nas hipóteses ou na conclusão.*

7.3 Normalização para a Lógica Intuicionística

Demonstração. Considere um segmento final de uma derivação normal $\mathcal{D}$ de $\exists x \varphi(x)$ a partir de Γ. Segmentos finais atravessam premissas menores de $\vee E$ e $\exists E$. Nesse caso um segmento final não pode resultar de $\exists E$, pois então algum $\exists u \varphi(u)$ ocorreria estritamente positivo em Γ. Daí o segmento atravessa premissas menores de $\vee E$'s. I.e. obtemos:

$$
\begin{array}{cccc}
 & & [\alpha_1] & [\beta_1] \\
 & & \mathcal{D}_1 & \mathcal{D}_2 \\
 & \alpha_1 \vee \beta_1 & \exists x \varphi(x) & \exists x \varphi(x) \\
\cline{2-4}
\alpha_2 \vee \beta_2 & & \exists x \varphi(x) & \exists x \varphi(x) \\
\cline{1-3}
 & \exists x \varphi(x) & & \\
\end{array}
$$

$$\vdots$$

$$\overline{\exists x \varphi(x)}$$

$\exists x \varphi(x)$ no início de um segmento final resulta de uma introdução (do contrário ocorreria estritamente positiva em Γ), digamos de $\varphi(t_i)$. Poderia também resultar de uma regra $\bot$, mas então poderíamos inferir uma instância adequada de $\varphi(x)$.

Agora substituimos as partes de $\mathcal{D}$ produzindo os topos dos segmentos finais por partes produzindo disjunções:

$$
\begin{array}{cccc}
 & & [\alpha_1] & [\beta_1] \\
 & & \mathcal{D}_1 & \mathcal{D}_2 \\
 & & \varphi(t_1) & \varphi(t_2) \\
 & \alpha_1 \vee \beta_1 & \varphi(t_1) \vee \varphi(t_2) & \varphi(t_1) \vee \varphi(t_2) \\
\cline{2-4}
\alpha_2 \vee \beta_2 & & \varphi(t_1) \vee \varphi(t_2) & \varphi(t_3) \\
\end{array}
$$

$$\vdots$$

$$\overline{\varphi(t_1) \vee \varphi(t_2) \vee \ldots \vee \varphi(t_n)}$$

Logo $\Gamma \vdash \bigvee \varphi(t_i)$. Como a derivação era normal os vários t_i's são subtermos de Γ ou $\exists x \varphi(x)$. □

Corolário 7.3.13 *Se, adicionalmente, $\vee$ não ocorre estritamente positivo em Γ, então $\Gamma \vdash \varphi(t)$ para um t apropriado.*

Corolário 7.3.14 *Se a linguagem não contém constantes, então obtemos $\Gamma \vdash \forall x \varphi(x)$.*

Obtivemos aqui provas construtivas das Propriedades da Disjunção e da Existência, que já tinham sido demonstradas por meios não-construtivos no Cap. 5.

Exercícios

1. Mostre que não existe fórmula φ com átomos p e q sem $\vee$ tal que $\vdash \varphi \leftrightarrow p \vee q$ (daí $\vee$ não é definível a partir dos conectivos remanescentes).
2. Se φ não contém $\to$ então $\nvdash_i \varphi$. Use isso para mostrar que $\to$ não é definível através dos conectivos remanescentes.
3. Se $\wedge$ não ocorre em φ e p e q são átomos distintos, então $\varphi \vdash p$ e $\varphi \vdash q \Rightarrow \varphi \vdash \bot$.
4. Elimine o segmento de corte $(\sigma \vee \tau)$ de

$$
\begin{array}{ccccc}
 & & \mathcal{D}_3 & & \\
 & \mathcal{D}_2 & \sigma & & \\
\mathcal{D}_1 & \exists x \varphi_2(x) & \overline{\sigma \vee \tau} & [\sigma] & [\tau] \\
\exists y \varphi_1(y) & \sigma \vee \tau & & \mathcal{D}_4 & \mathcal{D}_5 \\
\hline
\sigma \vee \tau & & & \rho & \rho \\
\hline
 & & \rho & &
\end{array}
$$

5. Mostre que uma fórmula prenex $(Q_1 x_1) \ldots (Q_n x_n)\varphi$ é derivável se e somente se uma fórmula livre de quantificador apropriada, obtida a partir de φ, é derivável. Isso, em combinação com o Exercício 15 da seção 5, produz uma outra prova do Exercício 33 da seção 5.

7.4 Observações Adicionais: Normalização forte e a Propriedade de Church–Rosser

Como já mencionamos, existe um resultado mais forte para a dedução natural: toda seqüência de redução termina (i.e. $<_1$ é bem-fundada). Para ver as demonstrações consulte Girard 1987, Girard et al. 1989. De fato, pode-se também mostrar para $>$ a chamada *propriedade de Church–Rosser* (ou *propriedade da confluência*): se $\mathcal{D} \geq \mathcal{D}_1$, $\mathcal{D} \geq \mathcal{D}_2$ então existe uma $\mathcal{D}_3$ tal que $\mathcal{D}_1 \geq \mathcal{D}_3$ e $\mathcal{D}_2 \geq \mathcal{D}_3$. Como conseqüência cada $\mathcal{D}$ tem uma *forma normal única*. Mostra-se facilmente, entretanto, que uma dada φ pode ter mais que uma derivação normal.

8
Teorema de Gödel

8.1 Funções Recursivas Primitivas

Introduziremos uma classe de funções numéricas que, evidentemente, são efetivamente computáveis. O procedimento pode parecer um tanto ad hoc, mas ele nos dá uma classe surpreendentemente rica de algoritmos. Usamos o método indutivo, ou seja, fixamos um número de funções iniciais que são tão efetivas quanto se pode desejar; depois disso especificamos maneiras de construir novos algoritmos a partir de outros algoritmos.

Os algoritmos iniciais são de fato extremamente simples: a função sucessor, as funções constantes e as funções de projeção. É óbvio que a composição (ou substituição) de algoritmos dá origem a algoritmos. O uso de recursão foi como um dispositivo para se obter novas funções já conhecido de Dedekind; que recursão produz algoritmos a partir de algoritmos dados é também facilmente visto. Em lógica o estudo de funções recursivas primitivas foi iniciado por Skolem, Herbrand, Gödel e outros.

Continuaremos agora com uma definição precisa, que será dada na forma de uma definição indutiva. Primeiro apresentamos uma lista de funções iniciais de uma natureza inequivocamente algorítmica, e então especificamos como obter novos algoritmos de outros algoritmos. Todas as funções têm sua própria aridade, o que significa dizer que elas mapeiam $\mathbb{N}^k$ em $\mathbb{N}$ para um k adequado. Em geral não especificaremos as aridades das funções envolvidas, e assumiremos que elas são escolhidas corretamente. As chamadas *funções iniciais* são

- a *função constante* C_m^k com $C_m^k(n_0, \ldots, n_{k-1}) = m$,
- a *função sucessor* S com $S(n) = n+1$,
- as *funções de projeção* P_i^k com $P_i^k(n_0, \ldots, n_{k-1}) = n_i$ ($i < k$).

Novos algoritmos são obtidos a partir de outros algoritmos por *substituição* ou *composição* e *recursão primitiva*.

- Uma classe $\mathcal{F}$ de funções é *fechada sob substituição* se $g, h_0, \ldots, h_{p-1} \in \mathcal{F} \Rightarrow f \in \mathcal{F}$, onde $f(\vec{n}) = g(h_0(\vec{n}), \ldots, h_{p-1}(\vec{n}))$.

- $\mathcal{F}$ é *fechada sob recursão primitiva* se, $g, h \in \mathcal{F} \Rightarrow f \in \mathcal{F}$, onde

$$\begin{cases} f(0, \vec{n}) = g(\vec{n}) \\ f(m+1, \vec{n}) = h(f(m, \vec{n}), \vec{n}, m). \end{cases}$$

Definição 8.1.1 *A classe das funções recursivas primitivas é a menor classe de funções contendo as funções constantes, a função sucessor, e as funções de projeção, que é fechada sob substituição e recursão primitiva.*

Observação. Substituição foi definida de uma maneira particular: as funções que são substituídas têm todas a mesma cadeia de entradas. De modo a fazer substituições arbitrárias é preciso fazer um pouco de trabalho adicional. Considere por exemplo a função $f(x, y)$ na qual desejamos por $g(z)$ no lugar de x e $f(z, x)$ no lugar de y: $f(g(z), f(z, x))$. Isso é realizado como se segue: faça $h_0(x, z) = g(z) = g(P_1^2(x, z))$ e $h_1(x, z) = f(z, x) = f(P_1^2(x, z), P_0^2(x, z))$. Então o $f(g(z), f(z, x))$ desejado é obtido como $f(h_0(x, z), h_1(x, z))$. Assume-se que o leitor é capaz de lidar com casos de substituição que virão a aparecer mais adiante.

Vamos começar construindo um estoque de funções recursivas primitivas. A técnica não é de forma alguma difícil, e maioria dos leitores a terão usado em diversas ocasiões. O fato surpreendente é que tantas funções possam ser obtidas por esses procedimentos simples. Aqui vai um primeiro exemplo:

$x + y$, definida por

$$\begin{cases} x + 0 = x \\ x + (y+1) = (x+y) + 1. \end{cases}$$

Reformularemos essa definição de modo que o leitor possa ver que ela de fato se encaixa no formato prescrito:

$$\begin{cases} +(0, x) = P_0^1(x) \\ +(y+1, x) = S(P_0^3(+(y, x), P_0^2(x, y); P_1^2(x, y))). \end{cases}$$

Via de regra, continuaremos a usar a notação tradicional, de modo que escreveremos simplesmente $x + y$ no lugar de $+(x, y)$. Também usaremos tacitamente abreviações da matemática, e.g. omitiremos o ponto da multiplicação.

Há dois truques convenientes para adicionar ou remover variáveis. O primeiro é a introdução de variáveis fantasma.

Lema 8.1.2 (variáveis fantasma) *Se f é recursiva primitiva, então g também o é, com $g(x_0, \ldots, x_{n-1}, z_0, \ldots, z_{m-1}) = f(x_0, \ldots, x_{n-1})$.*

Demonstração. Faça

$$g(x_0, \ldots, x_{n-1}, z_0, \ldots, z_{m-1}) = f(P_0^{n+m}(\vec{x}, \vec{z}), \ldots, P_n^{n+m}(\vec{x}, \vec{z})). \qquad \square$$

Lema 8.1.3 (identificação de variáveis) *Se f é recursiva primitiva, então $f(x_0, \ldots, x_{n-1})[x_i/x_j]$ também o é, onde $i, j \leq n$.*

Demonstração. Precisamos considerar apenas o caso em que $i \neq j$. $f(x_0, \ldots, x_{n-1})[x_i/x_j] = f(P_0^n(x_0, \ldots, x_{n-1}), \ldots, P_i^n(x_0, \ldots, x_{n-1}), \ldots, P_i^n(x_0, \ldots, x_{n-1}), \ldots, P_{n-1}^n(x_0, \ldots, x_{n-1}))$, onde o segundo P_i^n está na j-ésima entrada. □

Uma notação mais mundana é $f(x_0, \ldots, x_i, \ldots, x_j, \ldots, x_{n-1})$.

Lema 8.1.4 (permutação de variáveis) *Se f é recursiva primitiva, então g também o é com $g(x_0, \ldots, x_{n-1}) = f(x_0, \ldots, x_{n-1})[x_i, x_j/x_j, x_i]$, onde $i, j \leq n$.*

Demonstração. Use substituição e funções de projeção. □

De agora em diante usaremos as notações informais tradicionais, e.g. $g(x) = f(x, x, x)$, ou $g(x, y) = f(y, x)$. Por conveniência usamos e usaremos, sempre que nenhuma confusão possa surgir, a notação vetorial para cadeias de entradas.

O leitor pode facilmente verificar que os exemplos abaixo podem ser moldados no formato requerido das funções primitivas recursivas.

1. $x + y$

$$\begin{cases} x + 0 = x \\ x + (y+1) = (x+y) + 1 \end{cases}$$

2. $x \cdot y$

$$\begin{cases} x \cdot 0 = 0 \\ x \cdot (y+1) = x \cdot y + x \end{cases} \quad \text{(usamos (1))}$$

3. x^y

$$\begin{cases} x^0 = 1 \\ x^{y+1} = x^y \cdot x \end{cases}$$

4. *função predecessor*

$$p(x) = \begin{cases} x - 1 & \text{se } x > 0 \\ 0 & \text{se } x = 0 \end{cases}$$

Aplique recursão:

$$\begin{cases} p(0) = 0 \\ p(x+1) = x \end{cases}$$

5. *subtração de corte (monus)*

$$x \dot{-} y = \begin{cases} x - y & \text{se } x \geq y \\ 0 & \text{caso contrário} \end{cases}$$

Aplique recursão:

$$\begin{cases} x \dot{-} 0 & x \\ x \dot{-} (y+1) & p(x \dot{-} y) \end{cases}$$

6. *função fatorial*

$$n! = 1 \cdot 2 \cdot 3 \cdots (n-1) \cdot n.$$

7. *função signum*

$$sg(x) = \begin{cases} 0 \text{ se } x = 0 \\ 1 \text{ caso contrário} \end{cases}$$

Aplique recursão:

$$\begin{cases} sg(0) = 0 \\ sg(x+1) = 1 \end{cases}$$

8. $\overline{sg}(x) = 1 \dot{-} sg(x)$.

$$\overline{sg}(x) = \begin{cases} 1 \text{ se } x = 0 \\ 0 \text{ caso contrário} \end{cases}$$

9. $|x - y|$.
   Observe que $|x - y| = (x \dot{-} y) + (y \dot{-} x)$
10. $f(\vec{x}, y) = \sum_{i=0}^{y} g(\vec{x}, i)$, onde g é recursiva primitiva.

$$\begin{cases} \sum_{i=0}^{0} g(\vec{x}, i) = g(\vec{x}, 0) \\ \sum_{i=0}^{y+1} g(\vec{x}, i) = \sum_{i=0}^{y} g(\vec{x}, i) + g(\vec{x}, y+1) \end{cases}$$

11. $\prod_{i=0}^{y} g(\vec{x}, i)$, idem.
12. Se f é recursiva primitiva e π é uma permutação do conjunto $\{0, \ldots, n-1\}$ então g com $g(\vec{x}) = f(x_{\pi 0}, \ldots, x_{\pi(n-1)})$ também é recursiva primitiva.
13. Se $f(\vec{x}, y)$ é recursiva primitiva, então $f(\vec{x}, k)$ também o é.

A definição de funções recursivas primitivas diretamente é um desafio que vale a pena, e o leitor encontrará casos interessantes entre os exercícios. Para um acesso rápido e eficiente a um grande estoque de funções recursivas primitivas existem, no entanto, técnicas que cortam alguns caminhos. Vamos apresentá-las aqui.

Em primeiro lugar podemos relacionar conjuntos e funções por meio de *funções características*. No cenário das funções da teoria dos números, definimos funções características da seguinte forma: para $A \subseteq \mathbb{N}^k$ a função característica $K_A : \mathbb{N}^k \to \{0, 1\}$ de A é dada por $\vec{n} \in A \Leftrightarrow K_A(\vec{n}) = 1$ (e portanto $\vec{n} \notin A \Leftrightarrow K_A(\vec{n}) = 0$). Advertência: em lógica a função característica é às vezes definida com 0 e 1 intercambiados. Para a teoria isso não faz diferença alguma. Note que um subconjunto de $\mathbb{N}^k$ é também chamado de uma *relação k-ária*. Quando lidamos com relações tacitamente assumimos que temos o número correto de argumentos, e.g. quando escrevemos $A \cap B$ supomos que A, B são subconjuntos do mesmo $\mathbb{N}^k$.

Definição 8.1.5 *Uma relação R é recursiva primitiva se sua função característica o é.*

Note que isso corresponde à idéia de usar K_R como um teste de pertinência.

Os seguintes conjuntos (relações) são recursivos primitivos:

1. $\emptyset$: $K_\emptyset(n) = 0$ para todo n.
2. O conjunto P dos números pares:

$$\begin{cases} K_P(0) = 1 \\ K_P(x+1) = \overline{sg}(K_P(x)) \end{cases}$$

3. A relação de igualdade: $K_=(x,y) = \overline{sg}(|x-y|)$.
4. A relação de ordem: $K_<(x,y) = \overline{sg}((x+1) \dot{-} y)$.

Lema 8.1.6 *As relações recursivas primitivas são fechadas sob* $\cup, \cap, \ ^c$ *e quantificação limitada.*

Demonstração. Seja $C = A \cap B$, então $x \in C \Leftrightarrow x \in A \wedge x \in B$, portanto $K_C(x) = 1 \Leftrightarrow K_A(x) = 1 \wedge K_B(x) = 1$. Por conseguinte, fazemos $K_C(x) = K_A(x) \cdot K_B(x)$. Logo, a interseção de conjuntos recursivos primitivos é recursiva primitiva. Para a união, tome $K_{A \cup B}(x) = sg(K_A(x) + K_B(x))$, e para o complemento $K_{A^c}(x) = \overline{sg}(K_A(x))$.

Dizemos que R é obtida por *quantificação limitada* a partir de S se $R(\vec{n}, m) := Qx \leq mS(\vec{n}, x)$, onde Q é um dos quantificadores $\forall, \exists$.

Considere a quantificação existencial limitada: $R(\vec{x}, n) := \exists y \leq nS(\vec{x}, y)$, então $K_R(\vec{x}, n) = sg(\sum_{y \leq n} K_S(\vec{x}, y))$, portanto se S for recursivo primitivo, então R também o é.

O caso do $\forall$ é semelhante; deixo ao leitor. □

Lema 8.1.7 *As relações recursivas primitivas são fechadas sob substituições recursivas primitivas, i.e. se* $f_0, \ldots, f_{n-1}$ *e R forem recursivas primitivas, então $S(\vec{n}) := R(f_0(\vec{x}), \ldots, f_{n-1}(\vec{x}))$ também o é.*

Demonstração. $K_S(\vec{x}) = K_R(f_0(\vec{x}), \ldots, f_{n-1}(\vec{x}))$. □

Lema 8.1.8 (definição por casos) *Sejam $R_1, \ldots, R_p$ predicados recursivos primitivos mutuamente exclusivos, tais que $\forall \vec{x}(R_1(\vec{x}) \vee R_2(\vec{x}) \vee \cdots \vee R_p(\vec{x}))$ e suponha que $g_1, \ldots, g_p$ sejam funções recursivas primitivas, então f com*

$$\begin{cases} g_1(\vec{x}) \text{ se } R_1(\vec{x}) \\ g_2(\vec{x}) \text{ se } R_2(\vec{x}) \\ \vdots \\ g_p(\vec{x}) \text{ se } R_p(\vec{x}) \end{cases}$$

é recursiva primitiva.

Demonstração. Se $K_{R_i}(\vec{x}) = 1$, então todas as outras funções características produzem 0, portanto fazemos $f(\vec{x}) = g_1(\vec{x}) \cdot K_{R_1}(\vec{x}) + \ldots + g_p(\vec{x}) \cdot K_{R_p}(\vec{x})$. □

Os números naturais são bem-ordenados, o que significa dizer que cada subconjunto não-vazio tem um elemento mínimo. Se pudermos testar o subconjunto com relação a pertinência, então podemos sempre encontrar esse elemento mínimo efetivamente. Isso é tornado preciso para conjuntos recursivos primitivos.

Um pouco de notação: $(\mu y)R(\vec{x}, y)$ representa o menor número y tal que $R(\vec{x}, y)$ caso exista pelo menos um. $(\mu y < m)R(\vec{x}, y)$ representa o menor número $y < m$ tal que $R(\vec{x}, y)$ se um tal número existe; senão, simplesmente tomamo-lo como sendo m.

Lema 8.1.9 (minimização limitada) *R é recursiva primitiva $\Rightarrow (\mu y < m)R(\vec{x}, y)$ é recursiva primitiva.*

Demonstração. Considere a seguinte tabela:

R	$R(\vec{x},0)$,	$R(\vec{x},1)$,	$\ldots$,	$R(\vec{x},i)$,	$R(\vec{x},i+1)$,	$\ldots$,	$R(\vec{x},m)$
K_R	0	0	$\ldots$	1	0	$\ldots$	1
g	0	0	$\ldots$	1	1	$\ldots$	1
h	1	1	$\ldots$	0	0	$\ldots$	0
f	1	2	$\ldots$	i	i	$\ldots$	i

Na primeira linha escrevemos os valores de $K_R(\vec{x},i)$ para $0 \leq i \leq m$; na segunda linha tornamos a seqüência monotônica, e.g. tome $g(\vec{x},i) = sg(\sum_{j=0}^{i} K_R(\vec{x},j))$. A seguir trocamos 0 por 1 e vice-versa: $h(\vec{x},i) = \overline{sg}(g(\vec{x},i))$ e finalmente somamos o $h: f(\vec{x},i) = \sum_{j=0}^{i} h(\vec{x},j)$. Se $R(\vec{x},j)$ se dá pela primeira vez em i, então $f(\vec{x},m-1) = i$, e se $R(\vec{x},j)$ não se verifica para nenhum $j < m$, então $f(\vec{x},m-1) = m$. Logo, $(\mu y < m)R(\vec{x},y) = f(\vec{x},m-1)$, e portanto *minimização limitada* produz uma função recursiva primitiva. □

Fazemos $(\mu y \leq m)R(\vec{x},y) := (\mu y < m+1)R(\vec{x},y)$.

Agora é hora de aplicar nosso arsenal de técnicas para obter uma grande variedade de relações e funções recursivas primitivas.

Teorema 8.1.10 *São recursivas primitivas as seguintes:*

1. *O conjunto de primos:*
   $Primo(x) \Leftrightarrow x$ é um primo $\Leftrightarrow x \neq 1 \wedge \forall yz \leq x(x = yz \rightarrow y = 1 \vee z = 1)$.
2. *A relação de divisibilidade:*
   $x|y \Leftrightarrow \exists z \leq y(x \cdot z = y)$
3. *O expoente do primo p na fatoração de x:*
   $(\mu y \leq x)(p^y|x \wedge \neg p^{y+1}|x)$
4. *A função 'n-ésimo primo':*

$$\begin{cases} p(0) = 2 \\ p(n+1) = (\mu x \leq p(n)^{n+2})(x \text{ é primo } \wedge x > p(n)). \end{cases}$$

Note que começamos a contar os números primos a partir de zero, e usamos a notação $p_n = p(n)$. Portanto $p_0 = 2$, $p_1 = 3$, $p_2 = 5$, $\ldots$. O primeiro primo é p_0, e o i-ésimo primo é p_{i-1}.

Demonstração. Verifica-se facilmente que os predicados definidores são recursivos primitivos aplicando-se os teoremas acima. □

Codificação de seqüências finitas

Uma das características interessantes do sistema de números naturais é que ele permite uma codificação razoavelmente simples de pares de números, triplas de números, $\ldots$, e n-uplas em geral. Existe um bom número dessas codificações por aí, cada uma tendo seus próprios pontos fortes. As duas mais conhecidas são aquelas de Cantor e de Gödel. A codificação de Cantor é dada no exercício 6, e a codificação de Gödel

8.1 Funções Recursivas Primitivas 217

será usada aqui. Ela é baseada no fato bem-conhecido de que números têm uma única fatoração em primos (a menos da ordem).

A ideia é associar a uma seqüência $(n_0, \ldots, n_{k-1})$ o número $2^{n_0+1} \cdot 3^{n_1+1} \cdot \ldots \cdot p_i^{n_i+1} \cdot \ldots \cdot p_{k-1}^{n_{k-1}+1}$. O $+1$ extra nos expoentes é para levar em conta que a codificação tem que mostrar os zeros que ocorrem numa seqüência. Da fatoração prima de uma seqüência codificada podemos efetivamente extrair a seqüência original. A forma como introduzimos esses códigos faz com que a codificação infelizmente não seja uma bijeção; por exemplo, 10 não é uma seqüência codificada, enquanto que 6 é. Isso não é uma limitação terrível; há remédios, que não consideraremos aqui.

Lembremos que, no arcabouço da teoria dos conjuntos uma seqüência de comprimento n é um mapeamento de $\{0, \ldots, n-1\}$ para $\mathbb{N}$, portanto definimos a *seqüência vazia* como a única seqüência de comprimento 0, i.e. o único mapa de $\emptyset$ para $\mathbb{N}$, que é a função (i.e. conjunto) vazia. Fazemos com que o código da seqüência vazia seja 1.

Definição 8.1.11   *1.* $Seq(n) := \forall p, q \le n (Primo(p) \land Primo(q) \land q < p \land p | n \to q | n) \land n \ne 0$. (**número de seqüência**)
Em palavras: n é um número de seqüência se ele é o produto de potências primas positivas consecutivas.

2. $comp(n) := (\mu x \le n + 1)(\neg p_x | n)$ (**comprimento**)

3. $(n)_i = (\mu x < n)(p_i^x | n \land \neg(p_i^{x+1} | n)) \dot{-} 1$ (**decodificação** ou **projeção**)
Em palavras: o expoente do i-ésimo primo na fatoração de n, menos 1. $(n)_i$ extrai o i-ésimo elemento da seqüência.

4. $n * m = n \cdot \prod_{i=0}^{comp(m)-1} p_{comp(n)+i}^{(m)_i+1}$ (**concatenação**)
Em palavras: se m, n forem os códigos de duas seqüências $\vec{m}, \vec{n}$, então o código da concatenação de $\vec{m}$ e $\vec{n}$ é obtido pelo produto de n e as potências primas que se obtém 'empurrando para cima' todos os primos na fatoração de m pelo fator correspondente ao comprimento de n.

Observação: 1 é trivialmente um número de seqüência. A função comprimento só produz a saída correta para números de seqüência, e.g. $comp(10) = 1$. Além do mais, o comprimento de 1 é de fato 0, e o comprimento de uma 1-upla é 1.

Notação. Usaremos abreviações para as funções de decodificação iteradas: $(n)_{i,j} = ((n)_i)_j$, etc.
Números de seqüência são, de agora em diante, escritos como $\langle n_0, \ldots, n_{k-1} \rangle$. Daí, por exemplo, $\langle 5, 0 \rangle = 2^6 \cdot 3^1$. Escrevemos $\langle\,\rangle$ para representar o código da seqüência vazia. A codificação binária, $\langle x, y \rangle$, é usualmente chamada de uma *função de emparelhamento*.

Até agora usamos uma forma imediata de recursão, cada saída seguinte depende dos parâmetros e da saída anterior. Mas já a *seqüência de Fibonacci* nos mostra que existem mais formas de recursão que ocorrem na prática:

$$\begin{cases} F(0) = 1 \\ F(1) = 1 \\ F(n+2) = F(n) + F(n+1) \end{cases}$$

8 Teorema de Gödel

A generalização óbvia é uma função, onde cada saída depende dos parâmetros e de todas as saídas anteriores. Isso é chamado de *recursão por curso de valores*.

Definição 8.1.12 *Para uma dada função $f(y, \vec{x})$ sua função 'curso de valores' $\bar{f}(y, \vec{x})$ é dada por*
$$\begin{cases} \bar{f}(0, \vec{x}) = 1 \\ \bar{f}(y+1, \vec{x}) = \bar{f}(y, \vec{x}) \cdot p_y^{f(y,\vec{x})+1} \end{cases}$$

Exemplo: Se $f(0) = 1$, $f(1) = 0$, $f(2) = 7$, então $\bar{f}(0) = 1$, $\bar{f}(1) = 2^{1+1}$, $\bar{f}(2) = 2^{1+1} \cdot 3^1$, $\bar{f}(3) = 2^2 \cdot 3 \cdot 5^8 = \langle 1, 0, 7 \rangle$.

Lema 8.1.13 *Se f é recursiva primitiva, então $\bar{f}$ também o é.*

Demonstração. Óbvia. □

Como $\bar{f}(n+1)$ 'codifica', por assim dizer, toda a informação sobre f até o n-ésimo valor, podemos usar $\bar{f}$ para formular a recursão por curso-de-valor.

Teorema 8.1.14 *Se g é recursiva primitiva e $f(y, \vec{x}) = g(\bar{f}(y, \vec{x}), y, \vec{x})$, então f é recursiva primitiva.*

Demonstração. Primeiro definimos $\bar{f}$.
$$\begin{cases} \bar{f}(0, \vec{x}) = 1 \\ \bar{f}(y+1, \vec{x}) = \bar{f}(y, \vec{x}) * \langle g(\bar{f}(y, \vec{x}), y, \vec{x}) \rangle. \end{cases}$$

$\bar{f}$ é obviamente recursiva primitiva. Como $f(y, \vec{x}) = (\bar{f}(y+1, \vec{x}))_y$ vemos que f é recursiva primitiva. □

Nesse ponto coletamos fatos suficientes para uso futuro sobre as funções recursivas primitivas. Poderíamos perguntar se existem mais algoritmos que apenas as funções recursivas primitivas. A resposta vem a ser sim. Considere a seguinte construção: cada função recursiva primitiva f é determinada por sua definição, que consiste de uma cadeia de funções $f_0, f_1, \ldots, f_{n-1} = f$ tal que cada função é uma função inicial, ou é obtida de funções anteriores por meio de substituição ou recursão primitiva.

É uma questão de rotina codificar toda a definição num número natural tal que toda a informação pode ser efetivamente extraída do código (veja [Hinman], p.34). A construção mostra que podemos definir uma função F tal que $F(x, y) = f_x(y)$, onde f_x é a função recursiva primitiva com código x. Agora considere $D(x) = F(x, x) + 1$. Suponha que D seja recursiva primitiva, portanto $D = f_n$ para um certo n, mas então $D(n) = F(n, n) + 1 = f_n(n) + 1 \neq f_n(n)$. Contradição. Está claro, entretanto, da definição de D que ela é efetiva, portanto indicamos como obter uma função efetiva que não é recursiva primitiva. Ao resultado acima pode também ser dada a seguinte formulação: não existe função recursiva primitiva binária $F(x, y)$ tal que cada função recursiva primitiva unária é $F(n, y)$ para algum n. Em outras palavras, as funções recursivas primitivas não podem ser recursivo-primitivamente enumeradas.

O argumento é, na verdade, completamente geral; suponha que tenhamos uma classe de funções efetivas que pode se enumerar a si própria da maneira considerada acima; então podemos sempre "diagonalizar para fora da classe" pela função D. Chamamos isso '*diagonalização*'. O moral dessa observação é que temos pouca esperança de obter *todas* as funções efetivas de uma maneira efetiva. A técnica da diagonalização vai lá atrás para Cantor, que a introduziu para mostrar que os reais não são enumeráveis. Em geral ele usou diagonalização para mostrar que a cardinalidade de um conjunto é menor que a cardinalidade de seu conjunto das partes.

Exercícios

1. Se h_1 e h_2 forem recursivas primitivas, então o mesmo acontece com f e g, onde
$$\begin{cases} f(0) = a_1 \\ g(0) = a_2 \\ f(x+1) = h_1(f(x), g(x), x) \\ g(x+1) = h_2(f(x), g(x), x) \end{cases}$$

2. Mostre que a série de Fibonacci é recursiva primitiva, onde
$$\begin{cases} f(0) = f(1) = 1 \\ f(x+2) = f(x) + f(x+1) \end{cases}$$

3. Suponha que $[a]$ denote a parte inteira do número real a (i.e. o maior inteiro $\leq a$). Mostre que $\left[\frac{x}{y+1}\right]$, para números naturais x e y, é recursiva primitiva.

4. Mostre que $\max(x, y)$ e $\min(x, y)$ são recursivas primitivas.

5. Mostre que mdc (máximo divisor comum) e mmc (mínimo múltiplo comum) são recursivas primitivas.

6. A função de emparelhamento de Cantor é dada por $P(x, y) = \frac{1}{2}((x+y)^2 + 3x + 2y)$. Mostre que P é recursiva primitiva, e que P é uma bijeção de $\mathbb{N}^2$ sobre $\mathbb{N}$. (Sugestão: Considere no plano uma caminhada sobre todos os pontos de um reticulado da seguinte forma: $(0,0) \to (0,1) \to (1,0) \to (0,2) \to (1,1) \to (2,0) \to (0,3) \to (1,2) \to \ldots$). Defina as 'inversas' E e D tais que $P(E(z), D(z)) = z$ e mostre que elas são recursivas primitivas.

7. Mostre que $p_n \leq 2^{2^n}$. Para mais informações sobre limitantes sobre p_n veja *Smoryński 1980*.

8.2 Funções Recursivas Parciais

Dado o fato de que as funções recursivas primitivas não esgotam os algoritmos numéricos, estendemos de uma maneira natural a classe das funções efetivas. Como vimos que uma geração efetiva de todos os algoritmos invariavelmente nos traz para um conflito com a diagonalização, alargaremos nosso escopo permitindo funções parciais. Dessa maneira a situação conflitante $D(n) = D(n) + 1$ para um certo n nos diz que D não é definida para n.

8 Teorema de Gödel

No contexto presente funções têm domínios naturais, i.e. conjuntos da forma $\mathbb{N}^n$ ($= \{(m_0, \ldots, m_{n-1}) \mid m_i \in \mathbb{N}\}$, assim-chamados produtos cartesianos), uma função parcial tem um domínio que é um subconjunto de $\mathbb{N}^n$. Se o domínio é todo o conjunto $\mathbb{N}^n$, então chamamos a função de *total*.

Exemplo: $f(x) = x^2$ é total, $g(x) = \mu y (y^2 = x)$ é parcial e não total, ($g(x)$ é a raiz quadrada de x se ela existe).

Os algoritmos que vamos introduzir são chamados *funções recursivas parciais*; talvez funções parciais recursivas teria sido uma melhor denominação. Entretanto, o nome veio a ser geralmente aceito. A técnica específica para definir funções recursivas parciais que empregamos aqui vai lá atrás até Kleene.Kleene Tal qual antes, usamos uma definição indutiva; exceto a cláusula R7 adiante, poderíamos ter usado uma formulação quase idêntica àquela da definição das funções recursivas primitivas. Como desejamos uma função universal 'interna', ou seja, uma função que efetivamente enumera as funções, temos que empregar uma técnica mais refinada que permite referência explícita a vários algoritmos. O truque não é de forma alguma esotérico, simplesmente atribuímos um código numérico a cada algoritmo, que chamamos seu *índice*. Fixamos tais índices antecipadamente de modo que podemos falar do 'algoritmo com índice e produz como saída y quando recebe como entrada $(x_0, \ldots, x_{n-1})$', simbolicamente representado como $\{e\}(x_0, \ldots, x_{n-1}) \simeq y$.

A heurística desse 'índice aplicado à entrada' é que um índice é visto com uma descrição de uma máquina abstrata que opera sobre entradas de uma aridade fixa. Portanto $\{e\}(\vec{n}) \simeq m$ deve ser lido como 'a máquina com índice e opera sobre $\vec{n}$ e produz como saída m'. Pode muito bem ser o caso que a máquina não produz uma saída, e nesse caso dizemos que $\{e\}(\vec{n})$ diverge. Se existe uma saída, dizemos que $\{e\}(\vec{n})$ converge. Que a máquina abstrata é um algoritmo vai se tornar aparente da especificação na definição abaixo.

Note que não sabemos antecipadamente que o resultado é uma função, i.e. que para cada entrada existe no máximo uma saída. Independentemente do quão plausível isso seja, tem que haver uma demonstração. Kleene introduziu o símbolo $\simeq$ para 'igualdade' em contextos onde termos podem resultar em valores indefinidos. Isso acontece de ser útil no estudo de algoritmos que não necessariamente precisam produzir uma saída. As máquinas abstratas acima podem, por exemplo, entrar numa computação que executa para sempre. Por exemplo, poderia haver uma instrução da forma 'a saída em n é o sucessor da saída em $n+1$'. É fácil ver que para nenhum n uma saída pode ser obtida. Nesse contexto o uso do predicado de existência seria útil, e $\simeq$ seria o $\equiv$ da teoria de objetos parciais (cf. *Troelstra–van Dalen*, 2.2). A convenção regulando $\simeq$ é: se $t \simeq s$ então t e s têm valores simultaneamente definidos e são idênticos, ou eles têm valores simultaneamente indefinidos.

Definição 8.2.1 *A relação* $\{e\}(\vec{x}) \simeq y$ *é indutivamente definida por*

R1 $\{\langle 0, n, q \rangle\}(m_0, \ldots, m_{n-1}) \simeq q$
R2 $\{\langle 1, n, i \rangle\}(m_0, \ldots, m_{n-1}) \simeq m_i$, *para* $0 \leq i < n$
R3 $\{\langle 2, n, i \rangle\}(m_0, \ldots, m_{n-1}) \simeq m_i + 1$, *para* $0 \leq i < n$

R4 $\{\langle 3, n+4\rangle\}(p, q, r, s, m_0, \ldots, m_{n-1}) \simeq p$, se $r = s$
  $\{\langle 3, n+4\rangle\}(p, q, r, s, m_0, \ldots, m_{n-1}) \simeq q$, se $r \neq s$
R5 $\{\langle 4, n, b, c_0, \ldots, c_{k-1}\rangle\}(m_0, \ldots, m_{n-1}) \simeq p$, se existem $q_0, \ldots, q_{k-1}$ tais que $\{c_i\}(m_0, \ldots, m_{n-1}) \simeq q_i$ $(0 \leq i < k)$ e $\{b\}(q_0, \ldots, q_{k-1}) \simeq p$
R6 $\{\langle 5, n+2\rangle\}(p, q, m_0, \ldots, m_{n-1}) \simeq S_n^1(p, q)$
R7 $\{\langle 6, n+1\rangle\}(b, m_0, \ldots, m_{n-1}) \simeq p$ se $\{b\}(m_0, \ldots, m_{n-1}) \simeq p$.

A função S_n^1 em R6 será especificada no teorema S_n^m adiante.

Mantendo em mente a leitura acima de $\{e\}(\vec{x})$, podemos parafrasear o esquema da seguinte forma:

R1 a máquina com índice $\langle 0, n, q\rangle$ produz para a entrada $(m_0, \ldots, m_{n-1})$ a saída q (a *função constante*),

R2 a máquina com índice $\langle 1, n, i\rangle$ produz para a entrada $\vec{m}$ a saída m_i (a *função de projeção* P_i^n),

R3 a máquina com índice $\langle 2, n, i\rangle$ produz para a entrada $\vec{m}$ a saída $m_i + 1$ (a *função sucessor* sobre o i-ésimo argumento),

R4 a máquina com índice $\langle 3, n+4\rangle$ testa a igualdade do terceiro e do quarto argumento da entrada e produz o primeiro argumento no caso da igualdade, e o segundo argumento caso contrário (a *função discriminadora*),

R5 a máquina com índice $\langle 4, n, b, c_0, \ldots, c_{k-1}\rangle$ primeiro simula as máquinas com índices $c_0, \ldots, c_{k-1}$ com entrada $\vec{m}$, e então usa a seqüência de saída $(q_0, \ldots, q_{k-1})$ como entrada e simula as máquinas com índice b (*substituição*),

R7 a máquina com índice $\langle 6, n+1\rangle$ simula para uma dada entrada $b, m_0, \ldots, m_{n-1}$, a máquina com índice b e entrada $m_0, \ldots, m_{n-1}$ (*reflexão*).

Uma outra maneira de ver R7 é que ela provê uma *máquina universal* para todas as máquinas com entradas de n-argumentos, o que quer dizer que ela aceita como uma entrada os índices de máquinas, e aí as simula. Isso é o tipo de máquina requerida para o processo de diagonalização. Se se pensa em máquinas abstratas idealizadas, então R7 é bastante razoável. Esperar-se-ia que se os índices podem ser 'decifrados', uma máquina universal pode ser construída. Isso foi de fato realizado por Alan Turing, que construiu (abstratamente) uma assim-chamada máquina de Turing universal.

O leitor escrupuloso poderia chamar R7 de um caso de trapaça, pois ela se livra de todo o trabalho árduo que se tem que fazer de modo a obter uma máquina universal, por exemplo, no caso das máquinas de Turing.

Como $\{e\}(\vec{x}) \simeq y$ é indutivamente definido, tudo que provamos sobre conjuntos indutivamente definidos se aplica aqui. Por exemplo, se $\{e\}(\vec{x}) \simeq y$ for o caso, então sabemos que existe uma seqüência de formação (ver página 9) para ele. Essa seqüência especifica como $\{e\}$ é construída a partir de funções recursivas parciais mais simples. Note que poderíamos também ter visto a definição acima como uma definição indutiva do conjunto de índices (de funções recursivas parciais).

Lema 8.2.2 *A relação* $\{e\}(\vec{x}) \simeq y$ *é funcional.*

Demonstração. Temos que mostrar que $\{e\}$ se comporta como uma função, ou seja, $\{e\}(\vec{x}) \simeq y, \{e\}(\vec{x}) \simeq z \Rightarrow y = z$. Isso é feito por indução sobre a definição de $\{e\}$. Deixamos a prova ao leitor. □

A definição de $\{e\}(\vec{n}) \simeq m$ tem um conteúdo computacional, pois nos diz o que fazer. Quando apresentados com $\{e\}(\vec{n})$, primeiro olhamos para e; se a primeira 'entrada' de e for 0, 1 ou 2, computamos a saída via a função inicial correspondente. Se a primeira 'entrada' for 3, determinamos a saída 'por casos'. Se a primeira entrada for 4, primeiro realizamos as subcomputações indicadas por $\{c_i\}(\vec{m})$, e então usamos as saídas para conduzir as subcomputações para $\{b\}(\vec{n})$. E assim por diante.

Se R7 for usada em tal composição, não temos mais garantia de que a computação vai parar; de fato, podemos cair num laço, como mostra o exemplo a seguir.

De R7 segue, como veremos adiante, que existe um índice e tal que $\{e\}(x) \simeq \{x\}(x)$. Para computar $\{e\}$ para o argumento e passamos, conforme R7, para o lado direito, i.e. temos que computar $\{e\}(e)$, e como e foi introduzido por R7, temos que repetir as transições para o lado direito, etc. Evidentemente que nosso procedimento não nos leva a lugar algum!

Convenções. A relação $\{e\}(\vec{x}) \simeq y$ define uma função sobre um domínio, que é um subconjunto do 'domínio natural', i.e. um conjunto da forma $\mathbb{N}^n$. Tais funções são chamadas *funções recursivas parciais*; elas são tradicionalmente denotadas por símbolos do alfabeto grego, φ, ψ, σ, etc. Se tal função é total sobre seu domínio natural, ela é chamada de *recursiva*, e denotada por um símbolo romano, f, g, h, etc. O uso do símbolo de igualdade '=' é próprio no contexto de funções totais. Na prática, no entanto, quando não houver confusão, usá-la-emos freqüentemente ao invés de '$\simeq$'. O leitor deve tomar cuidado para não confundir fórmulas e funções recursivas parciais; ficará sempre claro do contexto o que o símbolo representa. Conjuntos e relações serão denotados por letras romanas maiúsculas. Quando nenhuma confusão pode ocorrer, às vezes omitiremos parênteses, como em $\{e\}x$ para $\{e\}(x)$. Alguns autores usam uma notação tipo 'bolinha preta' para funções recursivas parciais: $e \bullet \vec{x}$. Insistiremos nos 'parênteses de Kleene': $\{e\}(\vec{x})$.

A terminologia abaixo é tradicionalmente usada em teoria da recursão:

Definição 8.2.3 *1. Se para uma função parcial φ $\exists y(\varphi(\vec{x}) = y)$, então dizemos que φ converge em $\vec{x}$, caso contrário φ diverge em $\vec{x}$.*

2. Se uma função parcial converge para todas as entradas (próprias), ela é chamada de total.

3. Uma função recursiva parcial total (sic!) será chamada de função recursiva.

4. Um conjunto (relação) é chamado de recursivo se sua função característica (que, por definição, é total) é recursiva.

Observe que é uma importante característica de computações conforme definidas na Definição 8.2.1, que $\{e\}(\psi_0(\vec{n}), \psi_1(\vec{n}), \ldots, \psi_{k-1}(\vec{n}))$ diverge se um de seus argumentos $\psi_i(\vec{n})$ diverge. Daí, por exemplo, a função recursiva parcial $\{e\}(x) - \{e\}(x)$ pode não convergir para todo e e x, pois primeiro temos que saber que $\{e\}(x)$ converge!

Essa característica é às vezes inconveniente e levemente paradoxal, e.g. em aplicações diretas do esquema discriminador R4, $\{\langle 3, 4\rangle\}(\varphi(x), \psi(x), 0, 0)$ tem valor indefinido quando a função (aparentemente irrelevante) $\psi(x)$ tem valor indefinido.

Com um pouco de trabalho extra, podemos obter um índice para uma função recursiva parcial que faz *definição por casos* sobre funções recursivas parciais:

$$\{e\}(\vec{x}) = \begin{cases} \{e_1\}(\vec{x}) \text{ se } g_1(\vec{x}) = g_2(\vec{x}) \\ \{e_2\}(\vec{x}) \text{ se } g_1(\vec{x}) \neq g_2(\vec{x}) \end{cases} \text{ para } g_1, g_2 \text{ recursivas.}$$

Defina
$$\varphi(\vec{x}) = \begin{cases} e_1 \text{ se } g_1(\vec{x}) = g_2(\vec{x}) \\ e_2 \text{ se } g_1(\vec{x}) \neq g_2(\vec{x}) \end{cases}$$

por $\varphi(\vec{x}) = \{\langle 3, 4\rangle\}(e_1, e_2, g_1(\vec{x}), g_2(\vec{x}))$. Portanto $\{e\}(\vec{x}) = \{\psi(\vec{x})\}(\vec{x}) =$ [por R7] $\{\langle 6, n+1\rangle\}(\psi(\vec{x}), \vec{x})$. Agora use R5 (substituição) para obter o índice requerido.

Como as funções recursivas primitivas formam tal classe natural de algoritmos, nosso primeiro objetivo será mostrar que elas estão contidas na classe das funções recursivas.

O importante teorema que vem a seguir tem uma bela motivação de máquina. Considere uma máquina com índice e operando sobre dois argumentos x e y. Mantendo x fixo, temos uma máquina operando sobre y. Portanto obtemos uma seqüência de máquinas, uma para cada x. O índice de cada máquina dessas depende, de uma maneira decente, de x? A resposta plausível parecer ser 'sim'. O teorema a seguir confirma isso.

Teorema 8.2.4 (O Teorema S_n^m) *Para todo m, n com $0 < m < n$ existe uma função recursiva primitiva S_n^m tal que*

$$\{S_n^m(e, x_0, \ldots, x_{m-1})\}(x_m, \ldots, x_{n-1}) = \{e\}(\vec{x}).$$

Demonstração. A primeira função, S_n^1, ocorre em R6, e havíamos adiado sua definição precisa, que aqui está:

$$S_n^1(e, y) = \langle 4, (e)_1 \dotminus 1, e, \langle 0, (e)_1 \dotminus 1, y\rangle, \langle 1, (e)_1 \dotminus 1, 0\rangle, \ldots, \langle 1, (e)_1 \dotminus 1, n \dotminus 2\rangle \rangle.$$

Note que as aridades estão corretas, $\{e\}$ tem um argumento a mais que a função constante e as funções de projeção envolvidas.

Agora, $\{S_n^1(e, y)\}(\vec{x}) = z \Leftrightarrow$ existem $q_0, \ldots, q_{n-1}$ tais que

$\{\langle 0, (e)_1 \dotminus 1, y\rangle\}(\vec{x}) = q_0$
$\{\langle 1, (e)_1 \dotminus 1, 0\rangle\}(\vec{x}) = q_1$
$\ldots$
$\{\langle 1, (e)_1 \dotminus 1, n \dotminus 2\rangle\}(\vec{x}) = q_{n-1}$
$\{e\}(q_0, \ldots, q_{n-1}) = z.$

Pelas cláusulas R1 e R2 obtemos $q_0 = y$ e $q_{i+1} = x_i$ ($0 \leq i \leq n-1$), portanto $\{S_n^1(e, y)\}(\vec{x}) = \{e\}(y, \vec{x})$. Claramente, S_n^1 é recursiva primitiva.

A função recursiva primitiva S_n^m é obtida aplicando-se S_n^1 m vezes. Da nossa definição segue que S_n^m é também recursiva. □

A função S_n^m nos permite considerar algumas entradas como parâmetros, e o restante como entradas própriamente ditas. Essa é uma consideração de rotina no cotidiano da matemática: 'considere $f(x, y)$ como uma função de y'. A notação lógica para essa especificação de entradas faz uso do *operador lambda*. Digamos que $t(x, y, z)$

seja um termo (em alguma linguagem), então $\lambda x \cdot t(x,y,z)$ é para cada escolha de y, z a função $x \mapsto t(x,y,z)$. Dizemos que y e z são parâmetros nessa função. O cálculo do valor desses termos lambda é simples: $\lambda x \cdot t(x,y,z)(n) = t(n,y,z)$. Esse tópico pertence ao chamado *lambda-cálculo*, e para nós a notação é apenas uma ferramenta conveniente para nos expressarmos sucintamente.

O teorema S_n^m expressa uma propriedade de *uniformidade* das funções recursivas parciais. É de fato óbvio que, digamos que para uma função recursiva parcial $\varphi(x,y)$, cada indivíduo $\varphi(n,y)$ seja recursivo parcial (substitua x pela função constante n), mas isso ainda não nos mostra que o índice de $\lambda y \cdot \varphi(x,y)$ seja, de uma forma sistemática, uniforme, computável a partir do índice de φ e x. Pelo teorema S_n^m, sabemos que o índice de $\{e\}(x,y,z)$, considerado como uma função de, digamos, z depende primitiva-recursivamente de x e y: $\{h(x,y)\}(z) = \{e\}(x,y,z)$. Veremos um número de aplicações do teorema S_n^m.

A seguir provaremos um poderoso teorema sobre funções recursivas parciais, que nos permite introduzir funções recursivas parciais por definições indutivas, ou por definições implícitas. Funções recursivas parciais podem, por esse teorema, ser dadas como soluções de certas equações.

Exemplo.

$$\varphi(n) = \begin{cases} 0 & \text{se } n \text{ é um primo, ou 0, ou 1} \\ \varphi(2n+1) + 1 & \text{caso contrário.} \end{cases}$$

Então $\varphi(0) = \varphi(1) = \varphi(2) = \varphi(3) = 0$, $\varphi(4) = \varphi(9) + 1 = \varphi(19) + 2 = 2$, $\varphi(5) = 0$, e, e.g. $\varphi(85) = 6$. À primeira vista, não podemos dizer muita coisa sobre tal seqüência. O teorema a seguir (de Kleene) mostra que podemos sempre encontrar uma solução recursiva parcial para uma tal equação para φ.

Teorema 8.2.5 (O Teorema da Recursão) *Existe uma função recursiva primitiva* rc *tal que para cada e e $\vec{x}$, $\{rc(e)\}(\vec{x}) = \{e\}(rc(e), \vec{x})$.*

Vamos notar primeiro que o teorema de fato dá a solução r da seguinte equação: $\{r\}(\vec{x}) = \{e\}(r, \vec{x})$. De fato, a solução depende primitiva-recursivamente do índice dado e: $\{f(e)\}(x) = \{e\}(f(e), x)$. Se não estivermos interessados na dependência (recursiva primitiva) do índice da solução em relação ao índice antigo, podemos até nos contentar com a solução de $\{f\}(x) = \{e\}(f, x)$.

Demonstração. Seja $\varphi(m, e, \vec{x}) = \{e\}(S_{n+2}^2(m,m,e), \vec{x})$ e suponha que p seja um índice de φ. Faça $rc(e) = S_{n+2}^2(p,p,e)$, então

$$\{rc(e)\}(\vec{x}) = \{S_{n+2}^2(p,p,e)\}(\vec{x}) = \{p\}(p,e,\vec{x}) = \varphi(p,e,\vec{x})$$
$$= \{e\}(S_{n+2}^2(p,p,e), \vec{x}) = \{e\}(rc(e), \vec{x}).$$

□

Como um caso especial obtemos

Corolário 8.2.6 *Para cada e existe um n tal que $\{n\}(\vec{x}) = \{e\}(n, \vec{x})$.*

Corolário 8.2.7 *Se $\{e\}$ for recursiva primitiva, então a solução da equação $\{f(e)\}(\vec{x}) = \{e\}(f(e), \vec{x})$ dada pelo teorema da recursão também é recursiva primitiva.*

Demonstração. Imediata da definição explícita da função rc. □

Daremos um número de exemplos assim que tivermos mostrado que podemos obter todas as funções recursivas primitivas. Por agora temos um amplo estoque de funções com as quais experimentar. Primeiro temos que provar alguns teoremas a mais.

As funções recursivas parciais são fechadas sob uma forma geral de minimização, às vezes chamada de *busca ilimitada*, que para uma dada função recursiva $f(y, \vec{x})$ e argumentos $\vec{x}$ percorre todos os valores de y e procura pelo primeiro que faz com que $f(y, \vec{x})$ seja igual a zero.

Teorema 8.2.8 *Seja f uma função recursiva, então $\varphi(\vec{x}) = \mu y[f(y, \vec{x}) = 0]$ é recursiva parcial.*

Demonstração. A idéia é computar consecutivamente $f(0, \vec{x})$, $f(1, \vec{x})$, $f(2, \vec{x})$, ... até que encontremos um valor 0. Isso não precisa forçosamente acontecer, mas se acontece, chegaremos a ele. Enquanto estamos computando esses valores, contamos o número de passos. Quem cuida disso é uma função recursiva. Portanto desejamos uma função ψ com índice e, operando sobre y e $\vec{x}$, que faz o trabalho para nós, i.e. uma ψ que após computar um valor positivo para $f(y, \vec{x})$ vai para o próximo valor de entrada y e adiciona 1 ao contador. Como quase não temos ferramentas aritméticas no momento, a construção é um tanto enrolada e artificial.

Na tabela a seguir computamos $f(y, \vec{x})$ passo a passo (as saídas estão na terceira linha), e na última linha computamos $\psi(y, \vec{x})$ de trás para frente, como se fosse.

y	0	1	2	3	...	$k-1$	k
$f(y, \vec{x})$	$f(0, \vec{x})$	$f(1, \vec{x})$	$f(2, \vec{x})$	$f(3, \vec{x})$	...	$f(k-1, \vec{x})$	$f(k, \vec{x})$
	2	7	6	12	...	3	0
$\psi(y, \vec{x})$	k	$k-1$	$k-2$	$k-3$	...	1	0

$\psi(0, \vec{x})$ é o k requerido. A instrução para ψ é simples:

$$\psi(y, \vec{x}) = \begin{cases} 0 & \text{se } f(y, \vec{x}) = 0 \\ \psi(y+1, \vec{x}) + 1 & \text{caso contrário} \end{cases}$$

De modo a encontrar um índice para ψ, faça $\psi(y, \vec{x}) = \{e\}(y, \vec{x})$ e procure por um valor para e. Introduzimos duas funções auxiliares ψ_1 e ψ_2 com índices b e c tais que $\psi_1(e, y, \vec{x}) = 0$ e $\psi_2(e, y, \vec{x}) = \psi(y+1, \vec{x})+1$. O índice c segue facilmente aplicando-se R3, R7 e o teorema S_n^m. Se $f(y, \vec{x}) = 0$ então consideramos ψ_1, senão ψ_2. Agora introduzimos, pela cláusula R4, uma nova função χ_0 que computa um índice:

$$\chi_0(e, y, \vec{x}) = \begin{cases} b \text{ se } f(y, \vec{x}) = 0 \\ c \text{ caso contrário} \end{cases}$$

e fazemos $\chi(e, y, \vec{x}) = \{\chi_0(e, y, \vec{x})\}(e, y, \vec{x})$. O teorema da recursão nos fornece um índice e_0 tal que $\chi(e_0, y, \vec{x}) = \{e_0\}(y, \vec{x})$.

Afirmamos que $\{e_0\}(0,\vec{x})$ produz o valor desejado k, se por acaso ele existe, i.e. e_0 é o índice da ψ pelo qual estávamos procurando, e $\varphi(\vec{x}) = \{e\}(0,\vec{x})$.

Se $f(y,\vec{x}) \neq 0$ então $\chi(e,y,\vec{x}) = \{c\}(e_0,y,\vec{x}) = \psi_2(e_0,y,\vec{x}) = \psi(y+1,\vec{x})+1$, e se $f(y,\vec{x}) = 0$ então $\chi(e_0,y,\vec{x}) = \{b\}(e_0,y,\vec{x}) = 0$.

Se, por outro lado, k for o primeiro valor y tal que $f(y,\vec{x}) = 0$, então $\psi(0,\vec{x}) = \psi(1,\vec{x}) + 1 = \psi(2,\vec{x}) + 2 = \cdots = \psi(y_0,\vec{x}) + y_0 = k$. □

Note que a função dada não precisa ser recursiva, e que o argumento acima também funciona para f recursiva parcial. Temos então que reformular $\mu y[f(x,\vec{y}) = 0]$ como o y tal que $f(y,\vec{x}) = 0$ e para todo $z < y$ o valor de $f(z,\vec{x})$ está definido e é positivo.

Lema 8.2.9 *A função predecessor é recursiva.*

Demonstração. Defina

$$x \dotdiv 1 = \begin{cases} 0 & \text{se } x = 0 \\ \mu y[y+1 = x] & \text{caso contrário} \end{cases}$$

onde $\mu y[y+1 = x] = \mu y[f(y,x) = 0]$ com

$$f(y,x) = \begin{cases} 0 \text{ se } y+1 = x \\ 1 \text{ caso contrário} \end{cases}$$

□

Teorema 8.2.10 *As funções recursivas são fechadas sob recursão primitiva.*

Demonstração. Sejam g e h recursivas, e suponha que f seja dada por

$$\begin{cases} f(0,\vec{x}) = g(\vec{x}) \\ f(y+1,\vec{x}) = h(f(y,\vec{x}),\vec{x},y) \end{cases}$$

Reescrevemos o esquema como

$$f(y,\vec{x}) = \begin{cases} g(\vec{x}) & \text{se } y = 0 \\ h(f(y \dotdiv 1,\vec{x}),\vec{x},y \dotdiv 1) & \text{caso contrário} \end{cases}$$

No lado direito temos uma definição por casos. Portanto, ela define uma função recursiva parcial com índice, digamos, a de $y, \vec{x}$ e o índice e da função f que estamos procurando. Isso leva a uma equação $\{e\}(y,\vec{x}) = \{a\}(y,\vec{x},e)$. Pelo teorema da recursão a equação tem uma solução e_0. Uma indução fácil sobre y mostra que $\{e_0\}$ é total, portanto f é uma função recursiva. □

Obtemos agora o obrigatório

Corolário 8.2.11 *Todas as funções recursivas primitivas são recursivas.*

Agora que recuperamos as funções recursivas primitivas, podemos obter muitas funções recursivas parciais.

Exemplos.

8.2 Funções Recursivas Parciais

1. Defina $\varphi(x) = \{e\}(x) + \{f\}(x)$, então, por 8.2.11 e R5, φ é recursiva parcial e gostaríamos de expressar o índice de φ como uma função de e e f. Considere $\psi(e, f, x) = \{e\}(x) + \{f\}(x)$. ψ é recursiva parcial, portanto ela tem um índice n, i.e. $\{n\}(e, f, x) = \{e\}(x) + \{f\}(x)$. Pelo teorema S_n^m existe uma função recursiva primitiva h tal que $\{n\}(e, f, x) = \{h(n, e, f)\}(x)$. Por conseguinte, $g(e, f) = h(n, e, f)$ é a função requerida.

2. Existe uma função recursiva parcial φ tal que $\varphi(n) = (\varphi(n+1)+1)^2$: Considere $\{z\}(n) = \{e\}(z, n) = (\{z\}(n+1)+1)^2$. Pelo teorema da recursão existe uma solução rc(e) para z, logo φ existe. Um argumento simples mostra que φ não pode estar definida para nenhum n, portanto a solução é a função vazia (a máquina que nunca dá uma saída).

3. A *função de Ackermann*, ver [Smorynski 1991], p.70. Considere a seguinte seqüência de funções:

$$\varphi_0(m, n) = n + m$$
$$\varphi_1(m, n) = n \cdot m$$
$$\varphi_2(m, n) = n^m$$
$$\vdots$$

$$\begin{cases} \varphi_{k+1}(0, n) = n \\ \varphi_{k+1}(m+1, n) = \varphi_k(\varphi_{k+1}(m, n), n) \end{cases} \quad (k \geq 2)$$

Essa seqüência consiste de funções mais e mais rapidamente crescentes. Podemos juntar todas essas funções numa função:

$$\varphi(k, m, n) = \varphi_k(m.n).$$

As equações acima podem ser resumidas:

$$\begin{cases} \varphi(0, m, n) = n + m \\ \varphi(k+1, 0, n) = \begin{cases} 0 \text{ se } k = 0 \\ 1 \text{ se } k = 1 \\ n \text{ caso contrário} \end{cases} \\ \varphi(k+1, m+1, n) = \varphi(k, \varphi(k+1), m, n), n). \end{cases}$$

Note que a segunda equação tem que distinguir casos de acordo com φ_{k+1} ser a multiplicação, a exponenciação, ou o caso geral ($k \geq 2$). Usando o fato de que todas as funções recursivas primitivas são recursivas, reescrevemos os três casos numa equação da forma $\{e\}(k, m, n) = f(e, k, m, n)$ para uma f recursiva adequada (exercício 3). Daí, pelo teorema da recursão, existe uma função recursiva com índice e que satisfaz as equações acima. Ackermann mostrou que a função $\varphi(n, n, n)$ cresce, a partir de um certo momento, mais rapidamente que qualquer função recursiva primitiva.

4. O teorema da recursão pode também ser usado para definições indutivas de conjuntos ou relações; isso é visto mudando para funções características, e.g. suponha que desejemos uma relação $R(x, y)$ tal que

$$R(x, y) \Leftrightarrow (x = 0 \wedge y \neq 0) \vee ((x \neq 0 \wedge y \neq 0) \wedge R(x \dotminus 1, y \dotminus 1)).$$

Então escrevemos

$$K_R(x,y) = sg(\overline{sg}(x)) \cdot sg(y) + sg(x) \cdot sg(y) \cdot K_R(x \dotdiv 1, y \dotdiv 1)),$$

de modo que existe um e tal que

$$K_R(x,y) = \{e\}(K_R(x \dotdiv 1, y \dotdiv 1), x, y).$$

Agora suponha que K_R tenha índice z, então temos

$$\{z\}(x,y) = \{e'\}(z,x,y).$$

A solução $\{n\}$ como é dada pelo teorema da recursão é a função característica requerida. Vê-se imediatamente que R é a relação 'menor que'. Por conseguinte, $\{n\}$ é total, e portanto recursiva; isso mostra que R é também recursiva. Note que pela observação seguinte ao teorema da recursão, obtemos até mesmo a recursividade primitiva de R.

O teorema fundamental a seguir é extremamente útil para muitas aplicações. Sua importância teórica é que ele mostra que todas as funções recursivas parciais podem ser obtidas a partir de uma relação recursiva primitiva por *uma* minimização.

Portanto minimização é a ligação que faltava entre recursiva primitiva e recursiva (parcial).

Teorema 8.2.12 (Teorema da Forma Normal) *Existe um predicado recursivo primitivo T tal que* $\{e\}(\vec{x}) = ((\mu z)T(e, \langle \vec{x} \rangle, z))_1$.

Demonstração. Nossa heurística para funções recursivas parciais foi baseada na metáfora da máquina: pense numa máquina abstrata com ações prescritas pelas cláusulas R1 a R7. Ao reconstituir o índice e de uma dessas máquinas, damos por assim dizer um procedimento de computação. Agora é um trabalho braçal especificar todos os passos envolvidos em tal 'computação'. Uma vez que tivermos chegado a isso, teremos tornado nossa noção de 'computação' precisa, e da forma da especificação, podemos imediatamente concluir que "c é o código de uma computação" é de fato um predicado recursivo primitivo. Buscamos por um predicado $T(e, u, z)$ que formaliza o enunciado heurístico 'z é uma computação (codificada) que é realizada por uma função recursiva parcial com índice e sobre a entrada u' (i.e. $\langle \vec{x} \rangle$). A 'computação' foi arranjada de tal maneira que a primeira projeção de z é sua saída.

A prova é uma questão de perseverança burocrática—não difícil, mas também não empolgante. Para o leitor é melhor destrinchar alguns poucos casos por si só e deixar o restante, do que explicitar todos os detalhes seguintes.

Primeiro, dois exemplos.

1. A função sucessor aplicada a $(1,2,3)$:
   $S_1^3(1,2,3) = 2+1 = 3$. Uma advertência: aqui S_1^3 é usada para a função sucessor operando sobre o segundo item da cadeia de entrada de comprimento 3. A notação é usada somente aqui.
   O índice é $e = \langle 2, 3, 1 \rangle$, a entrada é $u = \langle 1, 2, 3 \rangle$, e o passo é a computação direta $z = \langle 3, \langle 1, 2, 3 \rangle, \langle 2, 3, 1 \rangle \rangle = \langle 3, u, e \rangle$.

8.2 Funções Recursivas Parciais

2. A composição da função constante com a função de projeção.
$P_2^3(C_0^2(7,0), 5, 1) = 1$.
Pela cláusula R5, a entrada dessa função tem que ser uma cadeia de números, portanto temos que introduzir uma entrada apropriada. A solução mais simples é usar $(7, 0)$ como entrada e 'fabricar' os argumentos remanescentes 5 e 1 a partir deles. Daí, vamos fazer
$P_2^3(C_0^2(7,0), 5, 1) = P_2^3(C_0^2(7,0), C_5^2(7,0), C_1^2(7,0))$.
De modo a manter a notação legível, usaremos variáveis ao invés das entradas numéricas.
$\varphi(y_0, y_1) = P_2^3(C_0^2(y_0, y_1), C_5^2(y_0, y_1), C_1^2(y_0, y_1)) = P_2^3(C_0^2(y_0, y_1), x_1, x_2)$.
Vamos primeiro escrever os dados para as funções componentes:

	índice	entrada	passo
C_0^2	$\langle 0, 2, 0 \rangle = e_0$	$\langle y_0, y_1 \rangle = u$	$\langle 0, u, e_0 \rangle = z_0$
$C_{x_1}^2$	$\langle 0, 2, x_1 \rangle = e_1$	$\langle y_0, y_1 \rangle = u$	$\langle x_1, u, e_1 \rangle = z_1$
$C_{x_2}^2$	$\langle 0, 2, x_2 \rangle = e_2$	$\langle y_0, y_1 \rangle = u$	$\langle x_2, u, e_2 \rangle = z_2$
P_2^3	$\langle 1, 3, 2 \rangle = e_3$	$\langle 0, x_1, x_2 \rangle = u'$	$\langle x_2, u', e_3 \rangle = z_3$

Agora a composição:

	índice	entrada	passo
$f(y_0, y_1)$	$\langle 4, 2, e_3, e_0, e_1, e_2 \rangle = e$	$\langle y_0, y_1 \rangle = u$	$\langle x_2, \langle y_0, y_1 \rangle, e, z_3, \langle z_0, z_1, z_2 \rangle \rangle = z$

Como vemos nesse exemplo, 'passo' significa o último passo na cadeia de passos que leva à saída. Agora para uma computação real sobre entradas numéricas, tudo o que se tem que fazer é substituir y_0, y_1, x_1, x_2 por números e escrever os dados para $\varphi(y_0, y_1)$.

Tentamos organizar a prova de uma forma legível acrescentando sempre um comentário auxiliar.

Os ingredientes para, e as condições sobre, computações são listadas abaixo. O índice contém a informação dada nas cláusulas Ri. A computação codifica os seguintes itens:

(1) a saída]$qquad$ (3) o índice
(2) a entrada (4) subcomputações

Note que z na tabela abaixo é o 'número mestre', i.e. podemos obter os dados remanescentes a partir de z, e.g. $e = (z)_2$, $comp(u) = (e)_1 = (z)_{2,1}$, e a saída (se houver alguma) da computação, $(z)_0$. Em particular, podemos extrair os 'números mestre' das subcomputações. Portanto, ao decodificar o código para uma computação, podemos efetivamente encontrar os códigos para as subcomputações, etc. Isso sugere um algoritmo recursivo primitivo para a extração da 'história' total de uma computação a partir do seu código. Na realidade, isso é essencialmente o conteúdo do teorema da forma normal.

8 Teorema de Gödel

	Índice	Entrada	Passo	Condições sobre Subcomputações
	e	u	z	
R1	$\langle 0, n, q \rangle$	$\langle \vec{x} \rangle$	$\langle q, u, e \rangle$	
R2	$\langle 1, n, i \rangle$	$\langle \vec{x} \rangle$	$\langle x_i, u, e \rangle$	
R3	$\langle 2, n, i \rangle$	$\langle \vec{x} \rangle$	$\langle x_i + 1, u, e \rangle$	
R4	$\langle 3, n+4 \rangle$	$\langle p, q, r, s, \vec{x} \rangle$	$\langle p, u, e \rangle$ se $r = s$ $\langle q, u, e \rangle$ se $r \neq s$	
R5	$\langle 4, n, b, c_0, \ldots, c_{k-1} \rangle$	$\langle \vec{x} \rangle$	$\langle (z')_0, u, e, z', \langle z_0'', \ldots, z_{k-1}'' \rangle \rangle$	$z', z_0'', \ldots, z_{k-1}''$ são computações com índices $b, c_0, \ldots, c_{k-1}$. z' tem entrada $\langle (z_0'')_0, \ldots, (z_{k-1}'')_0 \rangle$.
R6	$\langle 5, n+2 \rangle$	$\langle p, q, \vec{x} \rangle$	$\langle s, u, e \rangle$	(cf. 8.2.4)
R7	$\langle 6, n+1 \rangle$	$\langle b, \vec{x} \rangle$	$\langle (z')_0, u, e, z' \rangle$	z' é uma computação com entrada $\langle \vec{x} \rangle$ e índice b.

Prosseguiremos agora de uma maneira (levemente) mais formal, definindo um predicado $C(z)$ (para z uma computação), usando a informação da tabela anterior. Por conveniência, assumimos que nas cláusulas abaixo, as seqüências u (em $Seq(u)$) têm comprimento positivo.

$C(z)$ é definido por casos da seguinte forma:

$$C(z) := \begin{cases} \exists q, u, e < z(z = \langle q, u, e \rangle \wedge Seq(u) \wedge e = \langle 0, comp(u), q \rangle) & (1) \\ \text{ou} \\ \exists u, e, i < z(z = \langle (u)_i, u, e \rangle \wedge Seq(u) \wedge e = \langle 1, comp(u), i \rangle) & (2) \\ \text{ou} \\ \exists u, e, i < z(z = \langle (u)_i + 1, u, e \rangle \wedge Seq(u) \wedge e = \langle 2, comp(u), i \rangle) & (3) \\ \text{ou} \\ \exists u, e < z(Seq(u) \wedge e = \langle 3, comp(u) \rangle \wedge comp(u) > 4 \wedge ((z = \langle (u)_0, u, e \rangle \\ \wedge (u)_2 = (u)_3) \vee (z = \langle (u)_1, u, e \rangle \wedge (u)_2 \neq (u)_3))) & (4) \\ \text{ou} \\ Seq(z) \wedge comp(z) = 5 \wedge Seq((z)_2) \wedge Seq((z)_4) \wedge comp((z)_2) = \\ = 3 + comp((z)_4) \wedge (z)_{2,0} = 4 \wedge C((z)_3) \wedge (z)_{3,0} = (z)_0 \wedge (z)_{3,1} = \\ = \langle (z)_{4,0,0}, \ldots, (z)_{4,comp((z)_4),0} \rangle \wedge (z)_{3,2} = (z)_{2,2} \wedge \\ \wedge \bigwedge_{i=0}^{comp((z)_4)-1} (C((z)_{4,i}) \wedge (z)_{4,i,2} = (z)_{0,2+i} \wedge (z)_{4,i,1} = (z)_1) & (5) \\ \text{ou} \\ \exists s, u, e < z(z = \langle s, u, e \rangle \wedge Seq(u) \wedge e = \langle 5, comp(u) \rangle \wedge \\ s = \langle 4, (u)_{0,1} \dot{-} 1, (u)_0, \langle 0, (u)_{0,1} \dot{-} 1, (u)_1 \rangle, \langle 1, (u)_{0,1} \dot{-} 1, 0 \rangle, \ldots \\ \ldots, \langle 1, (u)_{0,1} \dot{-} 1, (e)_1 \dot{-} 2 \rangle \rangle), & (6) \\ \text{ou} \\ \exists u, e, w < z(Seq(u) \wedge e = \langle 6, comp(y) \rangle \wedge z = \langle (w)_0, u, e, w \rangle \wedge C(w) \wedge \\ \wedge (w)_2 = (u)_0 \wedge (w)_1 = \langle (u)_1, \ldots, (u)_{comp(u)-1} \rangle) & (7) \end{cases}$$

Observamos que o predicado C ocorre no lado direito apenas para argumentos menores; além do mais, todas as operações envolvidas nessa definição de $C(z)$ são recursivas primitivas. Agora aplicamos o teorema da recursão, como no exemplo 4 após o corolário 8.2.11, e concluímos que $C(z)$ é recursivo primitivo.

Agora fazemos $T(e, \vec{x}, z) := C(z) \wedge e = (z)_2 \wedge \langle \vec{x} \rangle = (z)_1$. Portanto, o predicado $T(e, \vec{x}, z)$ formaliza o enunciado 'z é a computação da função recursiva parcial (máquina) com índice e operando sobre a entrada $\vec{x}$'. A saída da computação, se ela existe, é $U(z) = (z)_0$; logo, temos que $\{e\}(\vec{x}) = (\mu z T(e, \vec{x}, z))_0$.

Para aplicações a estrutura precisa de T não é importante, é suficiente saber que ele é recursivo primitivo. □

Exercícios

1. Mostre que a função vazia (isto é, a função que diverge para todas as entradas) é recursiva parcial. Indique um índice para a função vazia.
2. Mostre que cada função recursiva parcial tem uma quantidade infinita de índices.
3. Faça a conversão das três equações da função de Ackermann numa função, veja o exemplo 3 após o corolário 8.2.11.

8.3 Conjuntos Recursivamente Enumeráveis

Se um conjunto A tem uma função característica, então essa função age como um teste efetivo de pertinência. Podemos decidir quais elementos estão em A e quais não estão. Conjuntos decidíveis, embora convenientes, demandam demais; usualmente não é necessário decidir o que está num conjunto, desde que possamos gerá-lo efetivamente. Equivalentemente, como veremos, é suficiente se ter uma máquina abstrata que apenas aceite elementos, e não os rejeite. Se você a alimenta com um elemento, ela pode eventualmente mostrar uma luz verde de aceitação, mas não existe luz vermelha para a rejeição.

Definição 8.3.1 *1. Um conjunto (relação) é (recursivamente) decidível se ele for recursivo.*
2. Um conjunto é recursivamente enumerável (RE) se ele for o domínio de uma função recursiva parcial.
3. $W_e^k = \{\vec{x} \in \mathbb{N}^k \mid \exists y(\{e\}(\vec{x}) = y)\}$, i.e. o domínio da função recursiva parcial $\{e\}$. Chamamos e de 'o índice RE de W_e^k'. Se nenhuma confusão surge omitiremos o expoente.

Notação: escrevemos $\varphi(\vec{x}) \downarrow$ (respectivamente, $\varphi(\vec{x}) \uparrow$) para $\varphi(\vec{x})$ converge (resp. $\varphi(\vec{x})$ diverge).

É uma boa heurística pensar em conjuntos RE como sendo aceitos por máquinas, e.g. se A_i for aceito pela máquina M_i ($i = 0, 1$), então construimos uma nova máquina que simula M_0 e M_1 simultaneamente, e.g. você alimenta M_0 e M_1 com uma entrada, e realiza a computação alternantemente – um passo para M_0 e depois um passo para M_1, e assim n é aceito por M se for aceito por M_0 ou M_1. Daí, a união de dois conjuntos RE também é RE.

8 Teorema de Gödel

Exemplo 8.3.2 1. $\mathbb{N} = $ o domínio da função constante 1.
2. $\emptyset = $ o domínio da função vazia. Essa função é recursiva parcial, como já vimos.
3. Todo conjunto recursivo é RE. Seja A recursivo, faça

$$\psi(\vec{x}) = \mu y(K_A(\vec{x}) = y \land y \neq 0)$$

Então $Dom(\psi) = A$.

Os conjuntos recursivamente enumeráveis derivam sua importância do fato de que eles são efetivamente dados, no sentido preciso do teorema que vem a seguir. Além do mais, verifica-se que a maioria das relações importantes em lógica são RE. Por exemplo, o conjunto de (códigos de) sentenças demonstráveis da aritmética ou da lógica de predicados é RE. Os conjuntos RE representam o primeiro passo além dos conjuntos decidíveis, como mostraremos adiante.

Teorema 8.3.3 *Os seguintes enunciados são equivalentes, ($A \subseteq \mathbb{N}$):*

1. $A = Dom(\varphi)$ para alguma φ recursiva parcial,
2. $A = Ran(\varphi)$ para alguma φ recursiva parcial,
3. $A = \{x \mid \exists y R(x,y)\}$ para alguma R recursiva.

Demonstração. (1) $\Rightarrow$ (2). Defina $\psi(x) = x \cdot sg(\varphi(x) + 1)$. Se $x \in Dom(\varphi)$, então $\psi(x) = x$, portanto $x \in Ran(\psi)$, e se $x \in Ran(\psi)$, então $\varphi(x) \downarrow$, logo $x \in Dom(\varphi)$.
(2) $\Rightarrow$ (3). Seja $A = Ran(\varphi)$, com $\{g\} = \varphi$, então

$$x \in A \Leftrightarrow \exists w(T(g, (w)_0, (w)_1) \land x = (w)_{1,0}).$$

A relação no escopo do quantificador é recursiva.
Note que w 'simula' um par: primeira coordenada—entrada, segunda coordenada—computação, tudo no sentido do teorema da forma normal.
(3) $\Rightarrow$ (1). Defina $\varphi(x) = \mu y R(x,y)$. φ é recursiva parcial e $Dom(\varphi) = A$. Observe que (1) $\Rightarrow$ (3) também se verifica para $A \subseteq \mathbb{N}^k$.
□

Como definimos conjuntos recursivos por meio de funções características, e, dado que estabelecemos o fecho sob recursão primitiva, podemos copiar todas as propriedades de fechamento dos conjuntos (e relações) recursivos primitivos para conjuntos (e relações) recursivos.

A seguir listamos um número de propriedades de fechamento de conjuntos RE. Escreveremos conjuntos e relações também como predicados, quando isso acontece de ser conveniente.

Teorema 8.3.4 1. Se A e B forem RE, então o mesmo acontece com $A \cup B$ e $A \cap B$.
2. Se $R(x, \vec{y})$ for RE, então $\exists x R(x, \vec{y})$ também o é.
3. Se $R(x, \vec{y})$ for RE e φ for recursiva parcial, então $R(\varphi(\vec{y}, \vec{z}), \vec{y})$ é RE.
4. Se $R(x, \vec{y})$ for RE, então o mesmo acontece com $\forall x < z R(x, \vec{y})$ e $\exists x < z R(x, \vec{y})$.

8.3 Conjuntos Recursivamente Enumeráveis

Demonstração. 1. Existem R e S recursivas tais que

$$A\vec{y} \Leftrightarrow \exists x R(x, \vec{y}),$$
$$B\vec{y} \Leftrightarrow \exists x S(x, \vec{y}).$$

Então $A\vec{y} \wedge B\vec{y} \Leftrightarrow \exists x_1 x_2 (R(x_1, \vec{y}) \wedge S(x_2, \vec{y}))$
$\Leftrightarrow \exists z (R((z)_0, \vec{y}) \wedge S((z)_1, \vec{y}))$

A relação no escopo do quantificador é recursiva, portanto $A \cap B$ é RE. Um argumento semelhante estabelece a enumerabilidade recursiva de $A \cup B$. O truque de substituir x_1 e x_2 por $(z)_0$ e $(z)_1$, e $\exists x_1 x_2$ por $\exists z$ é chamado de *contração de quantificadores*.

2. Seja $R(x, \vec{y}) \Leftrightarrow \exists z S(z, x, \vec{y})$ para uma S recursiva, então $\exists x R(x, \vec{y}) \Leftrightarrow \exists x \exists z S(z, x, \vec{y}) \Leftrightarrow \exists u S((u)_0, (u)_1, \vec{y})$. Portanto, a *projeção* $\exists x R(x, \vec{y})$ de R é RE. Geometricamente falando, $\exists x R(x, \vec{y})$ é de fato uma projeção. Considere o caso bidimensional,

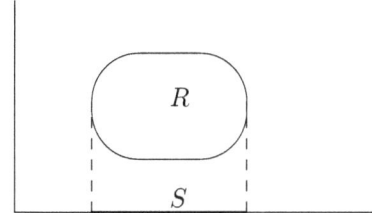

A projeção vertical S de R é dada por $Sx \Leftrightarrow \exists y R(x, y)$.

3. Seja R o domínio de uma ψ recursiva parcial, então $R(\varphi(\vec{y}, \vec{z}), \vec{y})$ é o domínio de $\psi(\varphi(\vec{y}, \vec{z}), \vec{y})$.

4. Deixo ao leitor.

□

Teorema 8.3.5 *O grafo de uma função parcial é RE sse a função é recursiva parcial.*

Demonstração. $G = \{(\vec{x}, y) \mid y = \{e\}(\vec{x})\}$ é o grafo de $\{e\}$. Agora $(\vec{x}, y) \in G \Leftrightarrow \exists z (T(e, \langle \vec{x} \rangle, z) \wedge y = (z)_0)$, portanto G é RE.

Para a recíproca, se G for RE, então $G(\vec{x}, y) \Leftrightarrow \exists z R(\vec{x}, y, z)$ para alguma R recursiva. Daí, $\varphi(\vec{x}) = (\mu w R(\vec{x}, (w)_0, (w)_1))_0$, portanto φ é recursiva parcial. □

Podemos também caracterizar conjuntos recursivos em termos de conjuntos RE. Suponha que tanto A quanto seu complemento A^c sejam RE, então (heuristicamente) temos duas máquinas enumerando A e A^c. Agora, o teste de pertinência de A é simples: ligue ambas as máquinas e espere até n aparecer como saída da primeira ou da segunda máquina. Isso tem necessariamente que ocorrer em um número finito de passos, pois $n \in A$ ou $n \in A^c$ (princípio do terceiro excluído!). Logo, temos um teste efetivo. Formalizamos isso da seguinte forma:

Teorema 8.3.6 A *é recursivo* $\Leftrightarrow A$ *e* A^c *forem RE.*

Demonstração. ⇒ Trivial: $A(\vec{x}) \Leftrightarrow \exists y A(\vec{x})$, onde y é uma variável *dummy*. Igualmente para A^c.

⇐ Seja $A(\vec{x}) \Leftrightarrow \exists y A(\vec{x}, y)$, $\neg A(\vec{x}) \Leftrightarrow \exists z S(v, z)$. Como $\forall \vec{x}(A(\vec{x}) \vee \neg A(\vec{x}))$, temos $\forall \vec{x} \exists y (R(\vec{x}, y) \vee S(\vec{x}, y))$, portanto $f(\vec{x}) = \mu y[R(\vec{x}, y) \vee S(\vec{x}, y)]$ é recursiva e se inserirmos o y que encontramos em $R(\vec{x}, y)$, então sabemos que se $R(\vec{x}, f(\vec{x}))$ for verdadeira, o $\vec{x}$ pertence a A. Portanto, $A(\vec{x}) \Leftrightarrow R(\vec{x}, f(\vec{x}))$, i.e. A é recursivo. □

Para funções recursivas parciais temos uma forma forte de definição por casos:

Teorema 8.3.7 *Suponha que $\psi_0, \ldots, \psi_{k-1}$ sejam recursivas parciais, $R_0, \ldots, R_{k-1}$ relações RE mutuamente disjuntas, então a seguinte função é recursiva parcial:*

$$\varphi(\vec{x}) = \begin{cases} \psi_0(\vec{x}) & se\ R_0(\vec{x}) \\ \psi_1(\vec{x}) & se\ R_1(\vec{x}) \\ \vdots & \vdots \\ \psi_{k-1}(\vec{x}) & se\ R_{k-1}(\vec{x}) \\ \uparrow & caso\ contrário \end{cases}$$

Demonstração. Consideramos o grafo da função φ.

$$G(\vec{x}, y) \Leftrightarrow (R_0(\vec{x}) \wedge y = \psi_1(\vec{x})) \vee \cdots \vee (R_{k-1}(\vec{x}) \wedge y = \psi_{k-1}(\vec{x})).$$

Pelas propriedades de conjuntos RE, $G(\vec{x}, y)$ é RE e, por conseguinte, $\varphi(\vec{x})$ é recursiva parcial. (Note que o último caso na definição de φ é apenas um pouco de decoração.) □

Agora podemos mostrar a existência de conjuntos RE indecidíveis.

Exemplos.
(1) (**O Problema da Parada (Turing)**)
Considere $K = \{x \mid \exists z T(x, x, z)\}$. K é a projeção de uma relação recursiva, portanto é RE. Suponha que K^c também seja RE, então $x \in K^c \Leftrightarrow \exists z T(e, x, z)$ para algum índice e. Agora $e \in K \Leftrightarrow \exists z T(e, e, z) \Leftrightarrow e \in K^c$. Contradição. Daí, K não é recursivo pelo teorema 8.3.6. Isso nos diz que existem conjuntos recursivamente enumeráveis que não são recursivos. Em outras palavras, o fato de que se pode efetivamente enumerar um conjunto não garante que ele seja decidível.

O problema da decisão para K é chamado *problema da parada*, porque ele pode ser parafraseado como 'decida se a máquina com índice x realiza uma computação que pára após um número finito de passos quando apresentada com x como entrada. Note que é *ipso facto* indecidível se 'a máquina com índice x no final das contas pára quando executa sobre a entrada y'.

Trata-se de uma característica específica de problemas de decisão em teoria da recursão, que eles concernem testes para entradas tomadas de algum domínio. Não faz sentido pedir por um procedimento de decisão para, digamos, a hipótese de Riemann, pois existe trivialmente uma função recursiva f que testa o problema no sentido de que $f(0) = 0$ se a hipótese de Riemann se verifica e $f(0) = 1$ se a hipótese de Riemann for falsa. A saber, considere as funções f_0 e f_1, que são as funções constantes 0 e 1 respectivamente. Agora, lógica nos diz que uma das duas é a função requerida (essa é

8.3 Conjuntos Recursivamente Enumeráveis

a lei do terceiro excluído), infelizmente não sabemos qual função ela é. Portanto, para problemas sem parâmetros, não faz sentido, no arcabouço da teoria da recursão, discutir decidibilidade. Como vimos, lógica intuicionística vê esse 'exemplo patológico' sob uma luz diferente.

(2) Não é decidível se $\{x\}$ é uma função total.

Suponha que fosse decidível, então teríamos uma função recursiva f tal que $f(x) = 0 \Leftrightarrow \{x\}$ é total. Agora considere

$$\varphi(x,y) := \begin{cases} 0 \text{ se } x \in K \\ \uparrow \text{ caso contrário} \end{cases}$$

Pelo teorema S_n^m existe uma função recursiva h tal que $\{h(x)\}(y) = \varphi(x,y)$. Agora, $\{h(x)\}$ é total $\Leftrightarrow x \in K$, portanto $f(h(x)) = 0 \Leftrightarrow x \in K$, i.e. temos uma função característica recursiva $\overline{sg}(f(h(x)))$ para K. Contradição. Daí, tal f não existe, ou seja, $\{x \mid \{x\}$ é total$\}$ não é recursivo.

(3) O problema 'W_e é finito' não é recursivamente solúvel.

Em palavras, 'não é decidível se um conjunto recursivamente enumerável é finito'. Suponha que existisse uma função recursiva f tal que $f(e) = 0 \Leftrightarrow W_e$ é finito. Considere a $h(x)$ definida no exemplo (2). Claramente, $W_{h(x)} = Dom\{h(x)\} = \emptyset$ $\Leftrightarrow x \notin K$, e $W_{h(x)}$ é infinito para $x \in K$. $f(h(x)) = 0 \Leftrightarrow x \notin K$, e portanto $sg(f(h(x)))$ é uma função característica recursiva para K. Contradição.

Note que $x \in K \Leftrightarrow \{x\}x \downarrow$, portanto podemos reformular as soluções acima da seguinte forma: em (2) tome $\varphi(x,y) = 0 \cdot \{x\}(x)$ e em (3) $\varphi(x,y) = \{x\}(x)$.

(4) A igualdade de conjuntos RE é indecidível.

Ou seja, $\{(x,y) \mid W_x = W_y\}$ não é recursivo. Reduzimos o problema à solução de (3) escolhendo $W_y = \emptyset$.

(5) Não é decidível se W_e é recursivo.

Faça $\varphi(x,y) = \{x\}(x) \cdot \{y\}(y)$, então $\varphi(x,y) = \{h(x)\}(y)$ para uma certa h recursiva, e

$$Dom\{h(x)\} = \begin{cases} K \text{ se } x \in K \\ \emptyset \text{ caso contrário} \end{cases}$$

Suponha que houvesse uma função recursiva f tal que $f(x) = 0 \Leftrightarrow W_x$ é recursivo, então $f(h(x)) = 0 \Leftrightarrow x \notin K$ e, portanto, K seria recursivo. Contradição.

Além dessas, existem diversas técnicas para se estabelecer indecidibilidade. Trataremos aqui o método da inseparabilidade.

Definição 8.3.8 *Dois conjuntos RE disjuntos W_m e W_n são* recursivamente separáveis *se existe um conjunto recursivo A tal que $W_n \subseteq A$ e $W_m \subseteq A^c$. Conjuntos disjuntos A e B são* efetivamente inseparáveis *se existe uma função recursiva parcial φ tal que para todos m, n com $A \subseteq W_m$, $B \subseteq W_n$, $W_m \cap W_n = \emptyset$, temos $\varphi(m,n) \downarrow$ e $\varphi(m,n) \notin W_m \cup W_n$.*

236   8 Teorema de Gödel

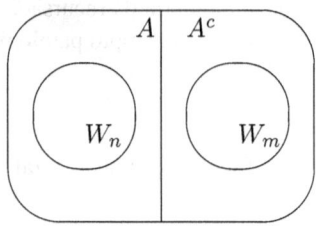
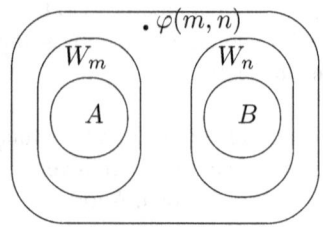

Imediatamente vemos que conjuntos RE efetivamente inseparáveis são recursivamente inseparáveis, i.e. não recursivamente separáveis.

Teorema 8.3.9 *Existem conjuntos RE efetivamente inseparáveis.*

Demonstração. Defina $A = \{x \mid \{x\}(x) = 0\}$, $B = \{x \mid \{x\}(x) = 1\}$. Claramente $A \cap B = \emptyset$ e ambos os conjuntos são RE.

Suponha que $W_m \cap W_n = \emptyset$ e $A \subseteq W_m$, $B \subset W_n$. Para definir φ começamos testando $x \in W_m$ ou $x \in W_n$; se primeiro encontrarmos $x \in W_m$, fazemos com que uma função auxiliar $\sigma(x)$ seja igual a 1, e se x aparece primeiro em W_n colocamos $\sigma(x) = 0$.

Formalmente

$$\sigma(m,n,x) = \begin{cases} 1 \text{ se } \exists z(T(m,x,z) \text{ e } \forall y < z \neg T(n,x,y)) \\ 0 \text{ se } \exists z(T(n,x,z) \text{ e } \forall y \leq z \neg T(m,x,y)) \\ \uparrow \text{ caso contrário.} \end{cases}$$

Pelo teorema S_n^m, $\{h(m,n)\}(x) = \sigma(m,n,x)$ para alguma h recursiva.

$h(m,n) \in W_m \Rightarrow h(m,n) \notin W_n$. Portanto $\exists z(T(m,h(m,n),z) \wedge$
$\forall y < z \neg T(n,h(m,n),y))$
$\Rightarrow \sigma(m,n,h(m,n)) = 1 \Rightarrow \{h(m,n)\}(h(m,n)) = 1$
$\Rightarrow h(m,n) \in B \Rightarrow h(m,n) \in W_n$.

Contradição. Daí, $h(m,n) \notin W_m$. Igualmente, $h(m,n) \notin W_n$. Por conseguinte, h é a φ requerida. □

Definição 8.3.10 *Um subconjunto A de $\mathbb{N}$ é* produtivo *se existe uma função recursiva parcial φ, tal que para cada $W_n \subseteq A$, $\varphi(n) \downarrow$ e $\varphi(n) \in A - W_n$.*

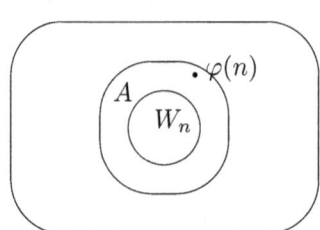

O teorema acima nos dá o seguinte:

Corolário 8.3.11 *Existem conjuntos produtivos.*

Demonstração. O conjunto A^c definido na demonstração acima é *produtivo*. Seja $W_k \subseteq A^c$. Faça $W_\ell = B \cup W_k = W_n \cup W_k = W_{h(n,k)}$ para uma função recursiva apropriada h. Agora aplique a função de separação da demonstração do teorema precedente a $A = W_m$ e $W_{h(n,k)}$: $\varphi(m, h(n,k)) \in A^c - W_m$. □

Conjuntos produtivos são, num sentido forte, não RE: independentemente de como se tenta encaixar um conjunto RE neles, pode-se uniformemente e efetivamente indicar um ponto que não é levado em conta por esse conjunto RE.

Exercícios

1. A projeção de um conjunto RE é RE, i.e. se $R(\vec{x}, y)$ for RE então o mesmo acontece com $\exists y R(\vec{x}, y)$.
2. (i) Se A for enumerado por uma função estritamente crescente, então A é recursivo.
   (ii) Se A é infinito e recursivo, então A é enumerado por uma função recursiva estritamente crescente.
   (iii) Um conjunto RE infinito contém um subconjunto recursivo infinito.
3. Todo conjunto RE não-vazio é enumerado por uma função recursiva total.
4. Se A for um conjunto RE e f uma função parcialmente recursiva, então $f^{-1}(A)$ ($= \{x \mid f(x) \in A\}$) e $f(A)$ são RE.
5. Mostre que os seguintes conjuntos não são recursivos:
   (i) $\{(x, y) \mid W_x = W_y\}$
   (ii) $\{x \mid W_x$ é recursivo$\}$
   (iii) $\{x \mid 0 \in W_x\}$

8.4 Um Pouco de Aritmética

Na seção sobre funções recursivas estivemos trabalhando no modelo padrão da aritmética; como estamos agora lidando com demonstrabilidade *na* aritmética temos que evitar argumentos semânticos, e nos basearmos exclusivamente em derivações dentro do sistema formal da aritmética. A teoria geralmente aceita para a aritmética vai lá atrás a Peano, e portanto falamos da *aritmética de Peano*, **PA** (cf. 2.7).

Uma grande questão no final dos anos 1920s era a completude de **PA**. Gödel pôs um fim às grandes esperanças prevalentes da época mostrando que **PA** é incompleta (1931). De forma a realizar os passos necessários para a prova de Gödel, temos que provar um número de teoremas em **PA**. A maioria desses fatos podem ser encontrados nos textos sobre teoria dos números, ou sobre os fundamentos da aritmética. Deixaremos um número considerável de provas ao leitor. A maior parte do tempo tem-se que aplicar uma forma apropriada de indução. Por mais importante que essas reais demonstrações sejam, o coração do argumento de Gödel reside na sua engenhosa incorporação de argumentos recursão-teóricos dentro de **PA**.

Uma das óbvias pedras-no-caminho para uma imitação imediata da 'auto-referência' é a aparente pobreza da linguagem de **PA**. Ela não nos permite falar de, e.g., uma cadeia finita de números. Uma vez que temos exponenciação podemos simplesmente codificar seqüências finitas de números. Gödel mostrou que pode-se de fato definir a exponencial (e muito mais) ao custo de um pouco de aritmética adicional, levando à sua famosa β-função. Em 1971 Matiyashevich mostrou por outros meios que a exponencial é definível em **PA**, portanto nos permitindo manusear codificação de seqüências em **PA** diretamente. A aritmética de Peano mais exponenciação é *prima facie* mais forte que **PA**, mas os resultados supracitados mostram que a exponenciação pode ser eliminada. Vamos chamar o sistema estendido de **PA**; nenhuma confusão surgirá.

Repetimos os axiomas:

- $\forall x(S(x) \neq 0)$,
- $\forall xy(S(x) = S(y) \to x = y)$,
- $\forall x(x + 0 = x)$,
- $\forall xy(x + S(y)) = S(x+y))$,
- $\forall x(x \cdot 0 = 0)$,
- $\forall xy(x \cdot S(y) = x \cdot y + x)$,
- $\forall x(x^0 = 1)$,
- $\forall xy(x^{S(y)} = x^y \cdot x)$,
- $\varphi(0) \land \forall x(\varphi(x) \to \varphi(S(x))) \to \forall x \varphi(x)$.

Como $\vdash \overline{1} = S(0)$, usaremos ambos $S(x)$ e $x + \overline{1}$, o que quer que seja mais conveniente. Usaremos também as abreviações usuais. De modo a simplificar a notação, omitiremos tacitamente o '**PA**' em frente de '$\vdash$' sempre que possível. Como uma outra simplificação inofensiva da notação, freqüentemente escreveremos simplesmente n para $\overline{n}$ quando nenhuma confusão possa surgir.

No que se segue daremos um número de teoremas de **PA**; de forma a melhorar a legibilidade, omitiremos os quantificadores universais precedendo as fórmulas. O leitor deve sempre pensar no 'fecho universal de ...'.

Além do mais, usaremos as abreviações padrão da álgebra, i.e. deixando de fora o ponto da multiplicação, os parênteses supérfluos, etc., quando nenhuma confusão surge. Escreveremos também 'n' ao invés de '$\overline{n}$'.

As operações básicas satisfazem as leis bem-conhecidas:

Lema 8.4.1 *Adição e multiplicação são associativas e comutativas, e $\cdot$ distribui sobre $+$.*

(i) $\vdash (x + y) + z = x + (y + z)$
(ii) $\vdash x + y = y + x$
(iii) $\vdash x(yz) = (xy)z$
(iv) $\vdash xy = yx$
(v) $\vdash x(y + z) = xy + xz$
(vi) $\vdash x^{y+z} = x^y x^z$
(vii) $\vdash (x^y)^z = x^{yz}$

Demonstração. Rotina. □

Lema 8.4.2
(i) $\vdash x = 0 \lor \exists y(x = Sy)$
(ii) $\vdash x + z = y + z \to x = y$
(iii) $\vdash z \neq 0 \to (xz = yz \to x = y)$
(iv) $\vdash x \neq 0 \to (x^y = x^z \to y = z)$
(v) $\vdash y \neq 0 \to (x^y = z^y \to x = z)$

Demonstração. Rotina. □

Um número de fatos úteis são listados nos exercícios.

Embora a linguagem de **PA** seja modesta, muitas das relações e funções usuais podem ser definidas. A ordenação é um exemplo importante.

Definição 8.4.3 $x < y := \exists z(x + Sz = y)$.

Usaremos as seguintes abreviações:

$$x < y < z \quad \text{significa } x < y \land y < z$$
$$\forall x < y\varphi(x) \text{ significa } \forall x(x < y \to \varphi(x))$$
$$\exists x < y\varphi(x) \text{ significa } \exists x(x < y \land \varphi(x))$$
$$x > y \quad \text{significa } y < x$$
$$x \leq y \quad \text{significa } x < y \lor x = y.$$

Teorema 8.4.4
(i) $\vdash \neg x < x$
(ii) $\vdash x < y \land y < z \to x < z$
(iii) $\vdash x < y \lor x = y \lor y < x$
(iv) $\vdash 0 = x \lor 0 < x$
(v) $\vdash x < y \to Sx = y \lor Sx < y$
(vi) $\vdash x < Sx$
(vii) $\vdash \neg x < y \land y < Sx$
(viii) $\vdash x < Sy \leftrightarrow (x = y \lor x < y)$
(ix) $\vdash x < y \leftrightarrow x + z < y + z$
(x) $\vdash z \neq 0 \to (x < y \leftrightarrow xz < yz)$
(xi) $\vdash x \neq 0 \to (0 < y < z \to x^y < x^z)$
(xii) $\vdash z \neq 0 \to (x < y \to x^z < y^z)$
(xiii) $\vdash x < y \leftrightarrow Sx < Sy$

Demonstração. Rotina. □

Quantificação com um limitante explícito pode ser substituída por uma disjunção (ou conjunção) repetida.

Teorema 8.4.5
$\vdash \forall x < \overline{n}\varphi(x) \leftrightarrow \varphi(0) \land \ldots \land \varphi(\overline{n-1}), (n > 0)$,
$\vdash \exists x < \overline{n}\varphi(x) \leftrightarrow \varphi(0) \lor \ldots \lor \varphi(\overline{n-1}), (n > 0)$.

Demonstração. Indução sobre n. □

Teorema 8.4.6 *(i) indução bem-fundada*
$\vdash \forall x(\forall y < x\ \varphi(y) \to \varphi(x)) \to \forall x \varphi(x)$
(ii) princípio do menor número (PMN)
$\vdash \exists x \varphi(x) \to \exists x(\varphi(x) \land \forall y < x \neg \varphi(x))$

Demonstração. (i) Vamos fazer $\psi(x) := \forall y < x \varphi(y)$. Assumimos que $\forall x(\psi(x) \to \varphi(x))$ e procedemos para aplicar indução sobre $\psi(x)$.
Claramente $\vdash \psi(0)$.
Assim, assuma, pela hipótese da indução, $\psi(x)$.
Agora, $\psi(Sx) \leftrightarrow (\forall y < Sx \varphi(y)) \leftrightarrow (\forall y((y = x \lor y < x) \to \varphi(y))) \leftrightarrow (\forall y((y = x \to \varphi(y)) \land (y < x \to \varphi(y)))) \leftrightarrow (\forall y(\varphi(x) \land (y < x \to \varphi(y)))) \leftrightarrow (\varphi(x) \land \forall y < x \varphi(y)) \leftrightarrow (\varphi(x) \land \psi(x))$.
Agora, $\psi(x)$ foi dada em $\psi(x) \to \varphi(x)$. Logo, obtemos $\psi(Sx)$. Isso mostra $\forall x \psi(x)$, e, por conseguinte, derivamos $\forall x \varphi(x)$.
(ii) Considere a contraposição e reduza-a a (i). $\square$

Em nossas considerações adicionais as seguintes noções terão seu papel a desempenhar.

Definição 8.4.7 *(i) Divisibilidade*
$x|y := \exists z(xz = y)$
(ii) Subtração com ponto de corte
$z = y \dot{-} x := (x < y \land x + z = y) \lor (y \leq x \land z = 0)$
(iii) Resto após a divisão
$z = resto(x, y) := (x \neq 0 \land \exists u(y = ux + z) \land z < x) \lor (x = 0 \land z = y)$
(iv) x é primo
$Primo(x) := x > 1 \land \forall yz(x = yz \to y = x \lor y = 1)$

Os lados direitos de (ii) e (iii) de fato determinam funções, como mostrado em

Lema 8.4.8 *(i)* $\vdash \forall xy \exists!z((x < y \land z + x = y) \lor (y \leq x \land z = 0))$
(ii) $\vdash \forall xy \exists!z((x \neq 0 \land \exists u(y = ux + z) \land z < y) \lor (x = 0 \land z = 0))$.

Demonstração. Em ambos os casos, indução sobre y. $\square$

Existe uma outra caracterização dos números primos.

Lema 8.4.9 *(i)* $\vdash Primo(x) \leftrightarrow x > 1 \land \forall y(y|x \to y = 1 \lor y = x)$
(ii) $\vdash Primo(x) \leftrightarrow x > 1 \land \forall yz(x|yz \to x|y \lor x|z)$

Demonstração. (i) é uma mera reformulação da definição.
(ii) $\to$ é um pouco complicado. Introduzimos um limitante no produto yz, e fazemos uma indução bem-fundada sobre o limitante. Faça $\varphi(w) = \forall yz \leq w(x|yz \to x|y \lor x|z)$. Agora mostramos $\forall w(\forall v < w \varphi(v) \to \varphi(w))$.
Suponha que $\forall v < w \varphi(v)$ e assuma que $\neg \varphi(w)$, i.e. existem $y, z \leq w$ tais que $x|yz$, $\neg x|y$, $\neg x|z$. Vamos 'diminuir' o y tal que o w é também diminuído. Como $\neg x|y$, $\neg x|z$, temos $z \neq 0$. Se $y \geq z$, então podemos substituí-lo por

$y = resto(x,y)$ e prosseguir com o argumento. Portanto, suponha que $y < x$. Agora uma vez mais obtemos o resto, $x = ay + b$ com $b < y$. Consideramos $b = 0$ e $b > 0$.
Se $b = 0$, então $x = ay$; logo, $y = 1 \lor y = x$. Se $y = 1$, então $x|z$. Contradição. Se $y = x$ então $x|y$. Contradição.
Agora, se $b > 0$, então $bz = (x - ay)z = xz - ayz$. Como $x|yz$, obtemos $x|bz$. Observe que $bz < yz < w$, portanto temos uma contradição com $\forall v < w\varphi(v)$.
Daí, por *RAA*, estabelecemos o enunciado requerido.
Para a recíproca ($\leftarrow$), temos somente que aplicar os fatos estabelecidos sobre divisibilidade.

□

Podemos provar na aritmética de Peano que existe algum primo? Sim, por exemplo, **PA** $\vdash \forall x(x > 1 \to \exists y(Primo(y) \land y|x)$.

Demonstração. Observe que $\exists y(y > 1 \land y|x)$. Pelo princípio PML existe um desses menores y: $\exists y(y > 1 \land y|x \land \forall z < y(z > 1 \to \neg z|y))$. Agora é fácil mostrar que esse mínimo y é um primo. □

Primos e e expoentes são muito úteis para codificar seqüências finitas de números naturais, e, portanto, para codificação em geral. Existem muito mais codificações, e algumas delas são mais realistas no sentido de que elas têm uma complexidade menor. Para nosso propósito, entretanto, primos e expoentes bastarão.

Como vimos, podemos codificar uma seqüência finita $(n_0, \ldots, n_{k-1})$ como o número $2^{n_0+1} \cdot 3^{n_1+1} \cdot \ldots \cdot p_{k-1}^{n_{k-1}+1}$.

Introduziremos alguns predicados auxiliares.

Definição 8.4.10 (Primos sucessivos) $Primossuc(x,y) := x < y \land Primo(x) \land Primo(y) \land \forall z(x < z < y \to \neg Primo(z))$.

O próximo passo é definir a seqüência de números primos 2, 3, 5, ..., p_n, ... O truque básico aqui é que consideramos todos os primos sucessivos com expoentes em ascensão: $2^0, 3^1, 5^2, 7^3, \ldots, p_x^x$. Formamos o produto e aí pegamos o último fator.

Definição 8.4.11 (O x-ésimo número primo, p_x) $p_x = y := \exists z(\neg 2|z \land \forall v < y \forall u \leq y(Primossuc(v,u) \to \forall w < z(v^w|z \to u^{w+1}|z)) \land y^x|z \land \neg y^{x+1}|z)$.

Observe que, como a definição dá origem a uma função, temos que mostrar que

Lema 8.4.12 $\vdash \exists z(\neg 2|z \land \forall v < y_0 \forall u(Primossuc(v,u) \to \forall w < z(v^w|z \to u^{w+1}|z)) \land y_0^x|z \land \neg y_0^{x+1}|z) \land \exists z(\neg 2|z \land \forall v < y_1 \forall u \leq y_1(Primossuc(v,u) \to \forall w < z(v^w|z \to u^{w+1}|z)) \land y_1^x|z \land \neg y_1^{x+1}|z) \to y_0 = y_1$.

A definição acima simplesmente imita a descrição informal. Note que podemos limitar o quantificador existencial como $\exists z < y^{x^2}$. Agora acabamos de justificar a notação de números de seqüências como produtos da forma

$$p_0^{n_0+1} \cdot p_1^{n_1+1} \cdot \ldots \cdot p_{k-1}^{n_{k-1}+1}$$

O leitor deve verificar isso de acordo com a definição $p_0 = 2$. A decodificação também pode ser definida. Em geral pode-se definir a potência de um fator primo.

Definição 8.4.13 (decodificação) $(z)_k = v := p_k^{v+1} | z \wedge \neg p_k^{v+2} | z$.

O comprimento de uma seqüência codificada pode também ser extraída do código:

Definição 8.4.14 (comprimento) $comp(z) = x := p_x | z \wedge \forall y < z(p_y | z \to y < x)$.

Lema 8.4.15 $\vdash Seq(z) \to (comp(z) = x \leftrightarrow (p_x | z \wedge \neg p_{x+1} | z))$.

Definimos separadamente a codificação da seqüência vazia: $\langle \, \rangle := 1$.
A codificação da seqüência $(x_0, \ldots, x_{n-1})$ é denotada por $\langle x_0, \ldots, x_{n-1} \rangle$.
Operações como concatenação e restrição de seqüências codificadas podem ser definidas tais que
$$\langle x_0, \ldots, x_{n-1} \rangle * \langle y_0, \ldots, y_{m-1} \rangle = \langle x_0, \ldots, x_{n-1}, y_0, \ldots, y_{m-1} \rangle$$
$\langle x_0, \ldots, x_{n-1} \rangle | m = \langle x_0, \ldots, x_{m-1} \rangle$, onde $m \leq n$ (atenção: aqui | é usado para a relação de restrição, não confunda com divisibilidade).
A cauda de uma seqüência é definida da seguinte forma:

$$cauda(y) = z \leftrightarrow (\exists x (y = \langle x \rangle * z) \vee (comp(y) = 0 \wedge z = 0)).$$

Termos fechados da **PA** podem ser calculados em **PA**:

Lema 8.4.16 *Para qualquer termo fechado t existe um número n tal que $\vdash t = \overline{n}$.*

Demonstração. Indução externa sobre t, cf. lema 2.3.3. Observe que n é univocamente determinado. □

Corolário 8.4.17 $\mathbb{N} \models t_1 = t_2 \Rightarrow \vdash t_1 = t_2$ *para t_1, t_2 ambos fechados.*

O teorema de Gödel mostrará que em geral 'verdadeiro no modelo padrão' (de agora em diante simplesmente diremos 'verdadeiro') e demonstrável em **PA** não são o mesmo. Entretanto, para uma classe de sentenças simples, isso está correto.

Definição 8.4.18
(i) A classe Δ_0 de fórmulas é indutivamente definida por

$\varphi \in \Delta_0$ para φ atômica
$\varphi, \psi \in \Delta_0 \Rightarrow \neg \varphi, \varphi \wedge \psi, \varphi \vee \psi, \varphi \to \psi \in \Delta_0$
$\varphi \in \Delta_0 \Rightarrow \forall x < y \, \varphi, \exists x < y \, \varphi \, \exists x \, \varphi \in \Delta_0$

(ii) A classe Σ_1 é dada por

$\varphi, \neg \varphi \in \Sigma_1$ para φ atômica
$\varphi, \psi \in \Sigma_1 \Rightarrow \varphi \vee \psi, \varphi \wedge \psi \in \Sigma_1$
$\varphi \in \Sigma_1 \Rightarrow \forall x < y \, \varphi, \exists x < y \, \varphi \in \Sigma_1$

Uma fórmula é chamada Σ_1-estrita se ela for da forma $\exists \vec{x} \varphi(\vec{x})$, onde φ é Δ_0.

Chamaremos fórmulas nas classes Δ_0 e Σ_1 de Δ_0-fórmulas e Σ_1-fórmulas, respectivamente. Fórmulas demonstravelmente equivalentes a Σ_1-fórmulas também serão chamadas de Σ_1-fórmulas.
Para Σ_1-fórmulas temos que 'verdadeiro = demonstrável'.

Lema 8.4.19 $\vdash \varphi$ ou $\vdash \neg\varphi$, para Δ_0-sentenças φ.

Demonstração. Indução sobre φ.

(i) φ atômica. Se $\varphi \equiv t_1 = t_2$ e $t_1 = t_2$ for verdadeira, veja o corolário 8.4.17. Se $t_1 = t_2$ for falsa, então $t_1 = n$ e $t_2 = m$, onde, digamos $n = m + k$ com $k > 0$. Agora assuma (em **PA**) $t_1 = t_2$, então $\overline{m} = \overline{m} + \overline{k}$. Pelo lema 8.4.2, obtemos $0 = \overline{k}$. Mas como $k = S(l)$ para algum l, obtemos uma contradição. Daí, $\vdash \neg t_1 = t_2$.
(ii) Os casos de indução são óbvios. Para $\forall x < t\ \varphi(x)$, onde t é um termo fechado, use a identidade $\forall x < \overline{n}\ \varphi(x) \leftrightarrow \varphi(0) \wedge \ldots \wedge \varphi(\overline{n-1})$. Igualmente para $\exists x < t\ \varphi(x)$.

$\square$

Teorema 8.4.20 (Σ_1-**completude**) $\models \varphi \Leftrightarrow \mathbf{PA} \vdash \varphi$, para Σ_1-sentenças φ.

Demonstração. Como a veracidade de $\exists x \varphi(x)$ remete à veracidade de $\varphi(\overline{n})$ para algum n, podemos aplicar o lema acima. $\square$

8.5 Representabilidade

Nesta seção daremos a formalização de tudo isso em **PA**, i.e. mostraremos que predicados definíveis existem correspondendo com os predicados introduzidos acima (no modelo padrão) – e que suas propriedades são demonstráveis.

Definição 8.5.1 (representabilidade)

- Uma fórmula $\varphi(x_0, \ldots, x_{n-1}, y)$ representa uma função n-ária f se para todos $k_0, \ldots, k_{n-1}$

$$f(k_0, \ldots, k_{n-1}) = p \quad \Rightarrow \quad \vdash \forall y(\varphi(\overline{k_0}, \ldots, \overline{k_{n-1}}, y) \leftrightarrow y = \overline{p})$$

- Uma fórmula $\varphi(x_0, \ldots, x_{n-1})$ representa um predicado P se para todos $k_0, \ldots, k_{n-1}$

$$P(k_0, \ldots, k_{n-1}) \quad \Rightarrow \quad \vdash \varphi(\overline{k_0}, \ldots, \overline{k_{n-1}})$$

e

$$\neg P(k_0, \ldots, k_{n-1}) \quad \Rightarrow \quad \vdash \neg\varphi(\overline{k_0}, \ldots, \overline{k_{n-1}})$$

- Um termo $t(k_0, \ldots, k_{n-1})$ representa f se para todos $k_0, \ldots, k_{n-1}$

$$f(k_0, \ldots, k_{n-1}) = p \quad \Rightarrow \quad \vdash t(\overline{k_0}, \ldots, \overline{k_{n-1}}) = \overline{p}$$

8 Teorema de Gödel

Lema 8.5.2 *Se f for representável por um termo, então f é representável por uma fórmula.*

Demonstração. Suponha que f seja representável por t. Faça $f(\mathbf{k}) = p$. Então $\vdash t(\overline{\mathbf{k}}) = \overline{p}$. Agora defina a fórmula $\varphi(\vec{x}, y) := t(\vec{x}) = y$. Então temos $\vdash \varphi(\overline{\mathbf{k}}, \overline{p})$. E, portanto, $\overline{p} = y \to \varphi(\overline{\mathbf{k}}, \overline{p})$. Isso prova $\vdash \varphi(\overline{\mathbf{k}}, \overline{p}) \leftrightarrow \overline{p} = y$. □

Às vezes é conveniente dividir a representabilidade de funções em duas cláusulas.

Lema 8.5.3 *Uma função k-ária é representável por φ sse*

$$f(n_0, \ldots, n_{k-1}) = m \implies \vdash \varphi(\overline{n_0}, \ldots, \overline{n_{k-1}}, \overline{m}) \quad e \quad \vdash \exists!z\varphi(\overline{n_0}, \ldots, \overline{n_{k-1}}, z).$$

Demonstração. Imediata. Note que a última cláusula pode ser substituída por

$$\vdash \varphi(\overline{n_0}, \ldots, \overline{n_{k-1}}, z) \to z = \overline{m}.$$
□

As funções básicas da aritmética têm seus termos representantes óbvios. Funções bastante simples podem, no entanto, não ser representadas por termos. E.g., a função *signum* é representada por $\varphi(x, y) := (x = 0 \land y = 0) \lor (\neg x = 0 \land y = 1)$, mas não por um termo. Entretanto podemos facilmente mostrar $\vdash \forall x \exists! y \varphi(x, y)$, e por conseguinte poderíamos conservativamente adicionar a função sg a **PA** (cf. teorema 4.4.6). Note que um bom número de predicados e funções úteis têm fórmulas Δ_0 como uma representação.

Lema 8.5.4 *P é representável $\Leftrightarrow K_P$ é representável.*

Demonstração. Suponha que $\varphi(\vec{x})$ represente P. Defina $\psi(\vec{x}, y) = (\varphi(\vec{x}) \land (y = 1)) \lor (\neg \varphi(\vec{x}) \land (y = 0))$. Então ψ representa K_P, pois se $K_P(\mathbf{k}) = 1$, então $P(\mathbf{k})$, portanto $\vdash \varphi(\overline{\mathbf{k}})$ e $\vdash \psi(\overline{\mathbf{k}}, y) \leftrightarrow (y = 1)$, e se $K_P(\mathbf{k}) = 0$, então $\neg P(\mathbf{k})$, portanto $\vdash \neg\varphi(\overline{\mathbf{k}})$ e $\vdash \psi(\overline{\mathbf{k}}, y) \leftrightarrow (y = 0)$. Reciprocamente, suponha que $\psi(\vec{x}, y)$ represente K_P. Defina $\varphi(\vec{x}) := \psi(\vec{x}, 1)$. Então φ representa P. □

Existe uma classe grande de funções representáveis, que inclui as funções recursivas primitivas.

Teorema 8.5.5 *As funções recursivas primitivas são representáveis.*

Demonstração. Indução sobre a definição de função recursiva primitiva. É simples mostrar que funções iniciais são representáveis. A função constante C_m^k é representada pelo termo $\overline{m}$, a função sucessor S é representada por $x + 1$, e a função de projeção P_i^k é representada por x_i.

As funções representáveis são fechadas sob substituição e recursão primitiva. Indicaremos a prova para o fecho sob recursão primitiva.
Considere
$$\begin{cases} f(\vec{x}, 0) = g(\vec{x}) \\ f(\vec{x}, y+1) = h(f(\vec{x}, y), \vec{x}, y) \end{cases}$$

g é representada por φ, h é representada por ψ:

$$g(\vec{n}) = m \implies \begin{cases} \vdash \varphi(\vec{\overline{n}}, \overline{m}) \\ \vdash \varphi(\vec{\overline{n}}, y) \to y = \overline{m} \end{cases} e$$

8.5 Representabilidade

$$h(p,\vec{n},q) = m \Rightarrow \begin{cases} \vdash \psi(p,\vec{n},q,m) \\ \vdash \psi(p,\vec{n},q,y) \to y = m \end{cases} \text{ e}$$

Afirmação: f é representada por $\sigma(\vec{x}, y, z)$, que está imitando $\exists w \in Seq(comp(w) = y+1 \wedge ((w)_0 = g(\vec{x}) \wedge \forall i \leq y((w)_{i+1} = h((w)_i, \vec{x}, i) \wedge z = (w)_y)$

$$\sigma(\vec{x}, y, z) := \exists w \in Seq(comp(w) = y+1 \wedge \varphi(\vec{x}, (w)_0) \wedge \\ \forall i \leq y(\psi((w)_i, \vec{x}, i(w)_{i+1}) \wedge z = (w)_y)$$

Agora faça $f(\vec{n}, p) = m$, então

$$\begin{cases} f(\vec{n}, 0) = g(\vec{n}) & = a_0 \\ f(\vec{n}, 1) = h(f(\vec{n}, 0), \vec{n}, 0) & = a_1 \\ f(\vec{n}, 2) = h(f(\vec{n}, 1), \vec{n}, 1) & = a_2 \\ \vdots \\ f(\vec{n}, p) = h(f(\vec{n}, p-1), \vec{n}, p-1) = a_p = m \end{cases}$$

Faça $w = \langle a_0, \ldots, a_p \rangle$; note que $comp(w) = p + 1$.

$$g(\vec{n}) = f(\vec{n}, 0) = a_0 \Rightarrow \vdash \varphi(\vec{n}, a_0) \\ f(\vec{n}, 1) = a_1 \Rightarrow \vdash \psi(a_0, \vec{n}, 0, a_1) \\ \vdots \\ f(\vec{n}, p) = a_p \Rightarrow \vdash \psi(a_{p-1}, \vec{n}, p-1, a_p)$$

Por conseguinte, temos $\vdash comp(w) = p+1 \wedge \varphi(\vec{n}, a_0) \wedge \psi(a_0, \vec{n}, 0, a_1) \wedge \ldots \wedge \psi(a_{p-1}, \vec{n}, p-1, a_p) \wedge (w)_p = m$ e portanto $\vdash \sigma(\vec{n}, p, m)$.

Agora temos que provar a segunda parte: $\vdash \sigma(\vec{n}, p, z) \to z = m$. Provamos isso por indução sobre p.

(1) $p = 0$. Observe que $\vdash \sigma(\vec{n}, 0, z) \leftrightarrow \varphi(\vec{n}, z)$, e como φ representa g, obtemos $\vdash \varphi(\vec{n}, z) \to z = \overline{m}$.

(2) $p = q + 1$. Hipótese da indução: $\vdash \sigma(\vec{n}, q, z) \to z = \overline{f(\vec{n}, q)}(= \overline{m})$.

$$\sigma(\vec{n}, q+1, z) := \exists w \in Seq(comp(w) = q+2 \wedge \varphi(\vec{n}, (w)_0) \wedge \\ \forall i \leq y(\psi((w)_i, \vec{n}, i(w)_{i+1}) \wedge z = (w)_{q+1})$$

Agora vemos que

$$\vdash \sigma(\vec{n}, q+1, z) \to \exists u(\sigma(\vec{n}, q, u) \wedge \psi(u, \vec{n}, q, z)).$$

Usando a hipótese da indução obtemos

$$\vdash \sigma(\vec{n}, q+1, z) \to \exists u(u = f(\vec{n}, q) \wedge \psi(u, \vec{n}, q, z)).$$

E portanto $\vdash \sigma(\vec{n}, q+1, z) \to \psi(f(\vec{n}, q), \vec{n}, q, z)$.
Logo, pela propriedade de ψ: $\vdash \sigma(\vec{n}, q+1, z) \to z = f(\vec{n}, q+1)$.

□

Agora é mais um passo para mostrar que todas as funções recursivas são representáveis, pois vimos que todas as funções recursivas podem ser obtidas por uma única minimização a partir de um predicado recursivo primitivo.

Teorema 8.5.6 *Todas as funções recursivas são representáveis.*

Demonstração. Mostramos que as funções representáveis são fechadas sob minimização. Como representabilidade para predicados é equivalente a representabilidade para funções, consideramos o caso $f(\vec{x}) = \mu y(\vec{x}, y)$ para um predicado P representado por φ, onde $\forall \vec{x} \exists y P(\vec{x}, y)$.

Afirmação. $\psi(\vec{x}, y) := \varphi(\vec{x}, y) \land \forall z < y \neg \varphi(\vec{x}, y)$ representa $\mu y P(\vec{x}, y)$.

$$m = \mu y P(\vec{n}, y) \Rightarrow P(\vec{n}, m) \land \neg P(\vec{n}, 0) \land \ldots \land \neg P(\vec{n}, m-1)$$
$$\Rightarrow \vdash \varphi(\vec{n}, m) \land \neg \varphi(\vec{n}, 0) \land \ldots \land \neg \varphi(\vec{n}, m-1)$$
$$\Rightarrow \vdash \varphi(\vec{n}, m) \land \forall z < m \neg \varphi(\vec{n}, z)$$
$$\Rightarrow \vdash \psi(\vec{n}, m)$$

Agora, suponha que $\varphi(\vec{n}, y)$ seja dada, então temos $\varphi(\vec{n}, y) \land \forall z < y \neg \varphi(\vec{n}, z)$. Isso imediatamente leva a $m \geq y$. Reciprocamente, como $\varphi(\vec{n}, m)$, vemos que $m \leq y$. Logo, $y = m$. Esse argumento informal é facilmente formalizado como $\vdash \varphi(\vec{n}, y) \to y = m$. □

Estabelecemos que conjuntos recursivos são representáveis. Poder-se-ia talvez esperar que isso pode ser estendido a conjuntos recursivamente enumeráveis. Acontece que isso não é o caso. Consideraremos os conjuntos RE agora.

Definição 8.5.7 $R(\vec{x})$ *é semi-representável em* T *se* $R(\vec{n}) \Leftrightarrow T \vdash \varphi(\vec{n})$ *para uma* $\varphi(\vec{x})$.

Teorema 8.5.8 R *é semi-representável* $\Leftrightarrow R$ *é recursivamente enumerável.*

Corolário 8.5.9 R *é representável* $\Leftrightarrow R$ *é recursiva.*

Exercícios

1. Mostre
   $\vdash x + y = 0 \to x = 0 \land y = 0$
   $\vdash xy = 0 \to x = 0 \lor y = 0$
   $\vdash xy = 1 \to x = 1 \land y = 1$
   $\vdash x^y = 1 \to y = 0 \lor x = 1$
   $\vdash x^y = 0 \to x = 0 \land y \neq 0$
   $\vdash x + y = 1 \to (x = 0 \land y = 1) \lor (x = 1 \land y = 0)$
2. Mostre que todas as Σ_1-fórmulas são equivalentes a fórmulas prenex com quantificadores existenciais precedendo os universais limitados. (Dica: Considere a combinação $\forall x < t \exists y \varphi(x, y)$, isso leva a uma seqüência codificada z tal que $\forall x < t \varphi(x, (z)_x)$). I.e., em **PA** fórmulas Σ_1 são equivalentes a fórmulas Σ_1 estritas.)
3. Mostre que se pode contrair quantificadores similares. E.g., $\forall x \forall y \varphi(x, y) \leftrightarrow \forall z \varphi((z)_0, (z)_1)$.

8.6 Derivabilidade

Nesta seção definimos uma codificação para um predicado recursivamente enumerável $Teo(x)$, que diz que "x é um teorema". Devido à minimização e aos limitantes superiores sobre quantificadores, todos os predicados e funções definidos ao longo do caminho são recursivos primitivos. Observe que estamos de volta à teoria da recursão, isto é, à aritmética informal.

Codificação da sintaxe

A função $\ulcorner - \urcorner$ codifica a sintaxe. Para o alfabeto, é dada por

$\wedge$	$\rightarrow$	$\forall$	0	S	$+$	$\cdot$	exp	$=$	$($	$)$	x_i
2	3	5	7	11	13	17	19	23	29	31	p_{11+i}

A seguir codificamos os termos.

$$\ulcorner f(t_1, \ldots, t_n) \urcorner := \langle \ulcorner f \urcorner, \ulcorner (\urcorner, \ulcorner t_1 \urcorner, \ldots, \ulcorner t_n \urcorner, \ulcorner) \urcorner \rangle$$

Finalmente codificamos as fórmulas. Note que $\{\wedge, \rightarrow, \forall\}$ é um conjunto funcionalmente completo, portanto os conectivos remanescentes podem ser definidos.

$$\ulcorner (t = s) \urcorner := \langle \ulcorner (\urcorner, \ulcorner t \urcorner, \ulcorner = \urcorner, \ulcorner s \urcorner, \ulcorner) \urcorner \rangle$$
$$\ulcorner (\varphi \wedge \psi) \urcorner := \langle \ulcorner (\urcorner, \ulcorner \varphi \urcorner, \ulcorner \wedge \urcorner, \ulcorner \psi \urcorner, \ulcorner) \urcorner \rangle$$
$$\ulcorner (\varphi \rightarrow \psi) \urcorner := \langle \ulcorner (\urcorner, \ulcorner \varphi \urcorner, \ulcorner \rightarrow \urcorner, \ulcorner \psi \urcorner, \ulcorner) \urcorner \rangle$$
$$\ulcorner (\forall x_i \varphi) \urcorner := \langle \ulcorner (\urcorner, \ulcorner \forall \urcorner, \ulcorner x_i \urcorner, \ulcorner \varphi \urcorner, \ulcorner) \urcorner \rangle$$

$Const(x)$ e $Var(x)$ caracterizam os códigos de constantes e variáveis, respectivamente:

$$Const(x) := x = \ulcorner 0 \urcorner$$
$$Var(x) := \exists i \leq x (p_{11+i} = x)$$
$$Fnc1(x) := x = \ulcorner S \urcorner$$
$$Fnc2(x) := x = \ulcorner + \urcorner \vee x = \ulcorner \cdot \urcorner \vee x = \ulcorner exp \urcorner$$

$Term(x)$ – x é um termo – e $Form(x)$ – x é uma fórmula – são predicados recursivos primitivos conforme a versão recursiva primitiva do teorema da recursão. Note que codificaremos conforme a notação padrão de função, e.g. $+(x, y)$ ao invés de $x + y$.

$$\begin{aligned}
Term(x) := &\; Const(x) \vee Var(x) \vee \\
&\big(Seq(x) \wedge comp(x) = 4 \wedge Fnc1((x)_0) \wedge \\
&(x)_1 = \ulcorner (\urcorner \wedge Term((x)_2) \wedge (x)_3 = \ulcorner) \urcorner\big) \vee \\
&\big(Seq(x) \wedge comp(x) = 5 \wedge Fnc2((x)_0) \wedge \\
&(x)_1 = \ulcorner (\urcorner \wedge Term((x)_2) \wedge Term((x)_3) \wedge (x)_4 = \ulcorner) \urcorner\big)
\end{aligned}$$

$$Form(x) := \begin{cases} Seq(x) \wedge comp(x) = 5 \wedge (x)_0 = \ulcorner (\urcorner \wedge (x)_4 = \ulcorner) \urcorner \wedge \\ \big((Term((x)_1)) \wedge (x)_2 = \ulcorner = \urcorner \wedge Term((x)_3)\big) \vee \\ \big(Form((x)_1) \wedge (x)_2 = \ulcorner \wedge \urcorner \wedge Form((x)_3)\big) \vee \\ \big(Form((x)_1) \wedge (x)_2 = \ulcorner \rightarrow \urcorner \wedge Form((x)_3)\big) \vee \\ \big((x)_1 = \ulcorner \forall \urcorner \wedge Var((x)_2) \wedge Form((x)_3)\big) \end{cases}$$

8 Teorema de Gödel

Todos os tipos de noções sintáticas podem ser codificadas em predicados recursivos primitivos, por exemplo, $Livre(x, y)$ – x é uma variável livre em y, e $LivrePara(x, y, z)$ – x é livre para y em z.

$$Livre(x,y) := \begin{cases} \big(Var(x) \land Term(y) \land \neg Const(y) \land \\ (Var(y) \to x = y) \land \\ (Fnc1((y)_0) \to Livre(x, (y)_2)) \land \\ (Fnc2((y)_0) \to (Livre(x, (y)_2) \lor Livre(x, (y)_3)))\big) \\ \text{ou} \\ \big(Var(x) \land Form(y) \land \\ ((y)_1 \neq \ulcorner\forall\urcorner \to (Livre(x, (y)_1) \lor Livre(x, (y)_3)))\land \\ ((y)_1 = \ulcorner\forall\urcorner \to (x \neq (y)_2 \land Livre(x, (y)_4)))\big) \end{cases}$$

$$LivrePara(x,y,z) := \begin{cases} Term(x) \land Var(y) \land Form(z) \land \\ \big(((z)_2 = \ulcorner=\urcorner) \lor \\ ((z)_1 \neq \ulcorner\forall\urcorner \land LivrePara(x, y, (z)_1) \land LivrePara(x, \\ \qquad\qquad\qquad\qquad\qquad\qquad\qquad\qquad y, (z)_3)) \lor \\ ((z)_1 = \ulcorner\forall\urcorner \land \neg Livre((z)_2, x) \land \\ (Livre(y, z) \to (Livre((z)_2, x) \land Livre(x, y, (z)_3))))\big) \end{cases}$$

Tendo codificado esses predicados, podemos definir um operador de substituição Sub tal que $Sub(\ulcorner\varphi\urcorner, \ulcorner x\urcorner, \ulcorner t\urcorner) = \ulcorner\varphi[t/x]\urcorner$.

$$Sub(x,y,z) := \begin{cases} x & \text{se } Const(x) \\ x & \text{se } Var(x) \land \\ & x \neq y \\ z & \text{se } Var(x) \land \\ & x = y \\ \langle (x)_0, \ulcorner(\urcorner, Sub((x)_2, y, z), \ulcorner)\urcorner\rangle & \text{se } Term(x) \land \\ & Fnc1((x)_0) \\ \langle (x)_0, \ulcorner(\urcorner, Sub((x)_2, y, z), Sub((x)_3, y, z), \ulcorner)\urcorner\rangle & \text{se } Term(x) \land \\ & Fnc2((x)_0) \\ \langle \ulcorner(\urcorner, Sub((x)_1, y, z), (x)_2, Sub((x)_3, y, z), \ulcorner)\urcorner\rangle & \text{se } Form(x) \land \\ & LivrePara(x, \\ & y, z) \land \\ & (x)_0 \neq \ulcorner\forall\urcorner \\ \langle \ulcorner(\urcorner, (x)_1, Sub((x)_3, y, z), \ulcorner)\urcorner\rangle & \text{se } Form(x) \land \\ & LivrePara(z, \\ & y, x) \land \\ & (x)_0 = \ulcorner\forall\urcorner \\ & \text{caso contrário} \end{cases}$$

Claramente Sub é recursiva primitiva (recursão por curso de valores).

Codificação da derivabilidade

Nosso próximo passo é obter um predicado recursivo primitivo Der que diz que x é derivável com hipóteses $y_0, \ldots, y_{comp(y)-1}$ e conclusão z. Antes disso damos uma codificação de derivações.

derivação inicial
$$[\varphi] = \langle 0, \varphi \rangle$$

$\wedge$ I
$$\begin{bmatrix} D_1 & D_2 \\ \varphi & \psi \\ \hline (\varphi \wedge \psi) \end{bmatrix} = \langle \langle 0, \ulcorner \wedge \urcorner \rangle, \begin{bmatrix} D_1 \\ \varphi \end{bmatrix}, \begin{bmatrix} D_2 \\ \psi \end{bmatrix}, \ulcorner(\varphi \wedge \psi)\urcorner \rangle$$

$\wedge$ E
$$\begin{bmatrix} D \\ (\varphi \wedge \psi) \\ \hline \varphi \end{bmatrix} = \langle \langle 1, \ulcorner \wedge \urcorner \rangle, \begin{bmatrix} D \\ (\varphi \wedge \psi) \end{bmatrix}, \ulcorner\varphi\urcorner \rangle$$

$\rightarrow$ I
$$\begin{bmatrix} \varphi \\ D \\ \psi \\ \hline (\varphi \rightarrow \psi) \end{bmatrix} = \langle \langle 0, \ulcorner \rightarrow \urcorner \rangle, \begin{bmatrix} D \\ \psi \end{bmatrix}, \ulcorner(\varphi \rightarrow \psi)\urcorner \rangle$$

$\rightarrow$ E
$$\begin{bmatrix} D_1 & D_2 \\ \varphi & (\varphi \rightarrow \psi) \\ \hline \psi \end{bmatrix} = \langle \langle 1, \ulcorner \rightarrow \urcorner \rangle, \begin{bmatrix} D_1 \\ \varphi \end{bmatrix}, \begin{bmatrix} D_2 \\ (\varphi \rightarrow \psi) \end{bmatrix}, \ulcorner\psi\urcorner \rangle$$

RAA
$$\begin{bmatrix} (\varphi \rightarrow \bot) \\ D \\ \bot \\ \hline \varphi \end{bmatrix} = \langle \langle 1, \ulcorner \bot \urcorner \rangle, \begin{bmatrix} D \\ \bot \end{bmatrix}, \ulcorner\varphi\urcorner \rangle$$

$\forall$ I
$$\begin{bmatrix} D \\ \varphi \\ \hline (\forall x \varphi) \end{bmatrix} = \langle \langle 0, \ulcorner \forall \urcorner \rangle, \begin{bmatrix} D \\ \varphi \end{bmatrix}, \ulcorner(\forall x \varphi)\urcorner \rangle$$

$\forall$ E
$$\begin{bmatrix} D \\ (\forall x \varphi) \\ \hline \varphi[t/x] \end{bmatrix} = \langle \langle 1, \ulcorner \forall \urcorner \rangle, \begin{bmatrix} D \\ (\forall x \varphi) \end{bmatrix}, \ulcorner\varphi[t/x]\urcorner \rangle$$

8 Teorema de Gödel

Para Der precisamos de um dispositivo para descartar hipóteses de uma derivação. Consideramos uma seqüência y de (códigos de) hipóteses e sucessivamente remover os itens u.

$$Descarta(u,y) := \begin{cases} y & \text{se } comp(y) = 0 \\ Descarta(u, cauda(y)) & \text{se } (y)_0 = u \\ \langle (y)_0, Descarta(u, cauda(y)) \rangle & \text{se } (y)_0 \neq u \end{cases}$$

Aqui $cauda(y) = z \Leftrightarrow (comp(y) > 0 \land \exists x (y = \langle x \rangle * z)) \lor (comp(y) = 0 \land z = 0)$.

Agora podemos codificar Der, onde $Der(x,y,z)$ significa 'x é o código de uma derivação de uma fórmula com código z de uma seqüência codificada de hipóteses y'. Na definição de Der, $\bot$ é definida como $(0 = 1)$.

$Der(x,y,z) := Form(z) \land \bigwedge_{i=0}^{comp(y)-1} Form((i)_v) \land$
$\quad \big((\exists i < comp(y)(z = (y)_i \land x = \langle 0, z \rangle)\big)$
$\quad$ ou
$\quad \big(\exists x_1 x_2 \leq x \exists y_1 y_2 \leq x \exists z_1 z_2 \leq x \; y = y_1 * y_2 \land$
$\quad Der(x_1, y_1, z_1) \land Der(x_2, y_2, z_2) \land$
$\quad z = \langle \ulcorner (\urcorner, z, \ulcorner \land \urcorner, z_2, \ulcorner) \urcorner \rangle \land x = \langle \langle 0, \ulcorner \land \urcorner \rangle, x_1, x_2, z \rangle \big)$
$\quad$ ou
$\quad \big(\exists u \leq x \exists x_1 \leq x \exists z_1 \leq x \; Der(x_1, y, z_1) \land$
$\quad (z_1 = \langle \ulcorner (\urcorner, z, \ulcorner \land \urcorner, u, \ulcorner) \urcorner \rangle \lor z_1 = \langle \ulcorner (\urcorner, u, \ulcorner \land \urcorner, z, \ulcorner) \urcorner \rangle) \land$
$\quad x = \langle \langle 1, \ulcorner \land \urcorner \rangle, x_1, z \rangle \big)$
$\quad$ ou
$\quad \big(\exists x_1 \leq x \exists y_1 \leq x \exists u \leq x \exists z_1 \leq x (y = Descarta(u, y_1) \lor$
$\quad y = y_1) \land Der(x_1, y_1, z_1) \land z = \langle \ulcorner (\urcorner, u, \ulcorner \to \urcorner, z_1, \ulcorner) \urcorner \rangle \land$
$\quad x = \langle \langle 0, \ulcorner \to \urcorner \rangle, x_1, z_1 \rangle \big)$
$\quad$ ou
$\quad \big(\exists x_1 x_2 \leq x \exists y_1 y_2 \leq x \exists z_1 z_2 \leq x (y = y_1 * y_2 \land$
$\quad Der(x_1, y_1, z_1) \land Der(x_2, y_2, z_2) \land$
$\quad z_2 = \langle \ulcorner (\urcorner, z_1, \ulcorner \to \urcorner, z, \ulcorner) \urcorner \rangle \land x = \langle \langle 1, \ulcorner \to \urcorner \rangle, x_1, x_2, z \rangle) \big)$
$\quad$ ou
$\quad \big(\exists x_1 \leq x \exists z_1 \leq x \exists v \leq x (Der(x_1, y, z_1) \land Var(v) \land$
$\quad \bigwedge_{i=0}^{comp(y)-1} \neg Livre(v, (y)_i)) \land z = \langle \ulcorner \forall \urcorner, v, \ulcorner (\urcorner, z_1, \ulcorner) \urcorner \rangle \land$
$\quad x = \langle \langle 0, \ulcorner \forall \urcorner \rangle, x_1, z_1 \rangle) \big)$
$\quad$ ou
$\quad \big(\exists t \leq x \exists v \leq x \exists x_1 \leq x \exists z_1 \leq x (Var(v) \land Term(t) \land$
$\quad LivrePara(t, v, z_1) \land z = Sub(z_1, v, t) \land$
$\quad Der(x_1, y, \langle \ulcorner \forall \urcorner, v, \ulcorner (\urcorner, z_1, \ulcorner) \urcorner \rangle) \land x = \langle \langle 1, \ulcorner \forall \urcorner \rangle, y, z \rangle) \big)$
$\quad$ ou
$\quad \big(\exists x_1 \leq x \exists y_1 \leq x \exists z_1 \leq x (Der(x_1, y_1, \langle \ulcorner \bot \urcorner \rangle) \land$
$\quad y = Descarta(\langle z, \ulcorner \to \urcorner, \ulcorner \bot \urcorner \rangle, y_1) \land x = \langle \langle 1, \ulcorner \bot \urcorner, x_1, z_1 \rangle \rangle) \big)$

Codificação da demonstrabilidade

Os axiomas da aritmética de Peano são listados no início da seção 8.4. Entretanto, para o propósito de se codificar derivabilidade temos que ser precisos; devemos incluir os axiomas para identidade. Eles são os usuais (veja 2.6 e 2.10.2), incluindo os 'axiomas de congruência' para as operações:

$$(x_1 = y_1 \land x_2 = y_2) \to \big(S(x_1) = S(y_1) \land x_1 + x_2 = y_1 + y_2 \land \\ x_1 \cdot x_2 = y_1 \cdot y_2 \land x_1^{x_2} = y_1^{y_2}\big)$$

Esses axiomas podem ser facilmente codificados e reunidos num predicado recursivo $Ax(x)$ – x é um axioma. O predicado de demonstrabilidade $Prova(x, z)$ – x é uma derivação de z a partir dos axiomas de **PA** – segue imediatamente.

$$Prova(x, z) \quad := \quad \exists y \leq x \big(Der(x, y, z) \land \bigwedge_{i=0}^{comp(y)-1} Ax((y)_i)\big)$$

Finalmente, podemos definir $Teo(x)$ – x é um teorema. Teo é recursivamente enumerável.

$$Teo(z) \quad := \quad \exists x Prova(x, z)$$

Tendo à nossa disposição o predicado da demonstrabilidade, que é Σ_1^0, podemos concluir a prova de 'semi-representável = RE' (Teorema 8.4.9).

Demonstração. Por conveniência, suponha que R seja unária, i.e. um conjunto, e recursivamente enumerável.

$\Rightarrow$ R é semi-representável por φ. $R(n) \Leftrightarrow \vdash \varphi(\overline{n}) \Leftrightarrow \exists y Prova(\ulcorner \varphi(\overline{n}) \urcorner, y)$. Note que $\ulcorner \varphi(\overline{n}) \urcorner$ é uma função recursiva de n. $Prova$ é recursivo primitivo, portanto R é recursivamente entumerável.

$\Leftarrow$ R é recursivamente enumerável $\Rightarrow R(n) = \exists x P(n, x)$ para um P recursivo primitivo. $P(n, m) \Leftrightarrow \vdash \varphi(\overline{n}, \overline{m})$ para algum φ. $R(n) \Leftrightarrow P(n, m)$ para algum $m \Leftrightarrow \vdash \varphi(\overline{n}, \overline{m})$ para algum $m \Rightarrow \vdash \exists y \varphi(\overline{n}, y)$. Por conseguinte, temos também que $\vdash \exists y \varphi(\overline{n}, y) \Rightarrow R(n)$. Portanto $\exists y \varphi(\overline{n}, y)$ semi-representa R.

□

8.7 Incompletude

Teorema 8.7.1 (Teorema do ponto fixo) *Para cada fórmula $\varphi(x)$ (com $VL(\varphi) = \{x\}$) existe uma sentença ψ tal que $\vdash \varphi(\ulcorner \psi \urcorner) \leftrightarrow \psi$.*

Demonstração. Versão popular: considere uma função de substituição simplificada $s(x, y)$ que é a velha função de substituição para uma variável fixada: $s(x, y) = Sub(x, \ulcorner x_0 \urcorner, y)$. Então defina $\theta(x) := \varphi(s(x, x))$. Seja $m := \ulcorner \theta(x) \urcorner$, então faça $\psi := \theta(\overline{m})$. Note que $\psi \leftrightarrow \theta(\overline{m}) \leftrightarrow \varphi(\overline{s(\overline{m}, \overline{m})}) \leftrightarrow \varphi(\overline{s(\ulcorner \theta(x) \urcorner, \overline{m})}) \leftrightarrow \varphi(\ulcorner \theta(\overline{m}) \urcorner) \leftrightarrow \varphi(\ulcorner \psi \urcorner)$.

252   8 Teorema de Gödel

Esse argumento funcionaria se houvesse uma função (ou termo) para s na linguagem. Isso poderia ser feito estendendo-se a linguagem com uma quantidade suficiente de funções ("todas as funções recursivas primitivas" certamente bastará). Agora temos que usar fórmulas representantes.

Versão formal: suponha que $\sigma(x, y, z)$ represente a funcção recursiva primitiva $s(x, y)$. Agora, suponha que $\theta(x) := \exists y(\varphi(y) \wedge \sigma(x, x, y))$, $m = \ulcorner \theta(x) \urcorner$ e $\psi = \theta(\overline{m})$. Então

$$\psi \leftrightarrow \theta(\overline{m}) \leftrightarrow \exists y(\varphi(y) \wedge \underline{\sigma(\overline{m}, \overline{m}, y)}) \tag{8.1}$$
$$\vdash \forall y(\sigma(\overline{m}, \overline{m}, y) \leftrightarrow y = \underline{s(m, m)}$$
$$\vdash \forall y(\sigma(\overline{m}, \overline{m}, y) \leftrightarrow y = \overline{\ulcorner \theta(\overline{m}) \urcorner}) \tag{8.2}$$

Por lógica (8.1) e (8.2) dão $\psi \leftrightarrow \exists y(\varphi(y) \wedge y = \overline{\ulcorner \theta(\overline{m}) \urcorner})$ portanto $\psi \leftrightarrow \varphi(\ulcorner \theta(\overline{m}) \urcorner) \leftrightarrow \varphi(\ulcorner \psi \urcorner)$. □

Definição 8.7.2 *(i)* **PA** *(ou qualquer outra teoria T da aritmética) é chamada de ω-completa se* $\vdash \exists x \varphi(x) \Rightarrow \vdash \varphi(\overline{n})$ *para algum $n \in \mathbb{N}$.*
(ii) T é ω-consistente se não existe φ tal que ($\vdash \exists x \varphi(x)$ e $\vdash \neg \varphi(\overline{n})$ para todo n) para todo φ.

Teorema 8.7.3 (Primeiro teorema da incompletude de Gödel) *Se* **PA** *for ω-consistente então* **PA** *é incompleta.*

Demonstração. Considere o predicado $Prova(x, y)$ representado pela fórmula $\overline{Prova}(x, y)$. Seja $\overline{Teo}(x) := \exists y \overline{Prova}(x, y)$. Aplique o teorema do ponto fixo a $\neg \overline{Teo}(x)$: existe uma φ tal que $\vdash \varphi \leftrightarrow \neg \overline{Teo}(\ulcorner \varphi \urcorner)$. φ, a chamada *sentença de Gödel*, diz em **PA**: "Eu não sou demonstrável."

Afirmação 1: Se $\vdash \varphi$ então **PA** é inconsistente.

Demonstração. $\vdash \varphi \Rightarrow$ existe um n tal que $Prova(\ulcorner \varphi \urcorner, n)$, daí $\vdash \overline{Prova}(\ulcorner \varphi \urcorner, \overline{n}) \Rightarrow$ $\vdash \exists y \overline{Prova}(\ulcorner \varphi \urcorner, y) \Rightarrow \vdash \overline{Teo}(\ulcorner \varphi \urcorner) \Rightarrow \vdash \neg \varphi$. Logo, **PA** é inconsistente. □

Afirmação 2: Se $\vdash \neg \varphi$ então **PA** é ω-inconsistente.

Demonstração. $\vdash \neg \varphi \Rightarrow \vdash \overline{Teo}(\ulcorner \varphi \urcorner) \Rightarrow \vdash \exists x \overline{Prova}(\ulcorner \varphi \urcorner, x)$. Suponha que **PA** seja ω-consistente; como ω-consistência implica consistência, temos que $\not\vdash \varphi$ e, por conseguinte, $\neg Prova(\ulcorner \varphi \urcorner, n)$ para todo n. Logo, $\vdash \neg \overline{Prova}(\ulcorner \varphi \urcorner, \overline{n})$ para todo n. Contradição. □

□

Observações. Na demonstração acima fizemos uso da representabilidade do predicado de demonstrabilidade, que por sua vez dependeu da representabilidade de todas as funções e predicados recursivos.

Para a representabilidade de $Prova(x, y)$, o conjunto de axiomas tem que ser recursivamente enumerável. Portanto o primeiro teorema da incompletude de Gödel se

8.7 Incompletude

verifica para todas as teorias recursivamente enumeráveis nas quais as funções recursivas são representáveis. Assim, não se pode tornar **PA** completa adicionando-se a sentença de Gödel, pois a teoria resultante seria novamente incompleta.

No modelo padrão $\mathbb{N}$, uma das duas, ou φ, ou $\neg\varphi$ é verdadeira. A definição nos habilita a determinar qual delas. Note que os axiomas de **PA** são verdadeiros em $\mathbb{N}$, portanto $\models \varphi \leftrightarrow \neg\overline{Teo}(\ulcorner\varphi\urcorner)$. Suponha que $\mathbb{N} \models \overline{Teo}(\ulcorner\varphi\urcorner)$, então $\mathbb{N} \models \exists x \overline{Prova}(\ulcorner\varphi\urcorner, x) \Leftrightarrow \vdash \overline{Prova}(\ulcorner\varphi\urcorner, \overline{n})$ para algum $n \Leftrightarrow \vdash \varphi \Rightarrow \vdash \neg\overline{Teo}(\ulcorner\varphi\urcorner)$ $\Rightarrow \mathbb{N} \models \neg\overline{Teo}(\ulcorner\varphi\urcorner)$. Contradição. Logo, φ é verdadeira em $\mathbb{N}$. Isso é usualmente expresso da forma 'existe um enunciado verdadeiro da aritmética que não é demonstrável'.

Observações. É geralmente aceito que **PA** é uma teoria *verdadeira*, ou seja, $\mathbb{N}$ é um modelo de **PA**, e portanto as condições sobre o teorema de Gödel parecem ser supérfluas. Entretanto, o fato de que **PA** é uma teoria verdadeira é baseado num argumento semântico. O refinamento consiste em se considerar teorias arbitrárias, sem o uso de semântica.

O teorema da incompletude pode ser liberado da condição de ω-consistência. Introduzimos para esse propósito o predicado de Rosser:

$$Ros(x) := \exists y (Prova(neg(x), y) \wedge \forall z < y \neg Prova(x, z)),$$

com $neg(\ulcorner\varphi\urcorner) = \ulcorner\neg\varphi\urcorner$. O predicado após o quantificador é representado por $\overline{Prova}(\overline{neg}(x), y) \wedge \forall z < y \neg \overline{Prova}(x, z)$. Uma aplicação do teorema do ponto fixo produz um ψ tal que

$$\vdash \psi \leftrightarrow \exists y (\overline{Prova}(\ulcorner\neg\psi\urcorner, y) \wedge \forall z < y \neg \overline{Prova}((\ulcorner\psi\urcorner, z))) \tag{1}$$

Afirmação: **PA** é consistente $\Rightarrow \nvdash \psi$ e $\nvdash \neg\psi$.

Demonstração.

(i) Suponha que $\vdash \psi$. Então existe um n tal que $Prova(\ulcorner\psi\urcorner, n)$, portanto $\vdash \overline{Prova}(\ulcorner\psi\urcorner, \overline{n})$ (2)
De (1) e (2) segue que $\vdash \exists y < \overline{n} \overline{Prova}(\ulcorner\neg\psi\urcorner, y)$, i.e. $\vdash \overline{Prova}(\ulcorner\neg\psi\urcorner, \overline{0}) \vee \ldots \vee \overline{Prova}(\ulcorner\neg\psi\urcorner, \overline{n-1})$. Note que $\overline{Prova}$ é Δ_0, daí o seguinte se verifica: $\vdash \sigma \vee \tau$ $\Leftrightarrow \vdash \sigma$ ou $\vdash \tau$, portanto $\vdash \overline{Prova}(\ulcorner\neg\psi\urcorner, \overline{0})$ ou ... ou $\vdash \overline{Prova}(\ulcorner\neg\psi\urcorner, \overline{n-1})$. Logo, $Prova(\ulcorner\neg\psi\urcorner, i)$ para algum $i < n \Rightarrow \vdash \neg\psi \Rightarrow$ **PA** é inconsistente.

(ii) Suponha que $\vdash \neg\psi$. Então $\vdash \forall y (\overline{Prova}(\ulcorner\neg\psi\urcorner, y) \to \exists z < y \overline{Prova}(\ulcorner\psi\urcorner, z))$. Também, $\vdash \neg\psi \Rightarrow Prova(\ulcorner\neg\urcorner, n)$ para algum $n \Rightarrow \vdash \overline{Prova}(\ulcorner\neg\psi\urcorner, \overline{n})$ para algum $n \Rightarrow \vdash \exists z < \overline{n} \overline{Prova}(\ulcorner\psi\urcorner, z) \Rightarrow$ (como acima) $Prova(\ulcorner\psi\urcorner, k)$ para algum $k < n$, portanto $\vdash \psi \Rightarrow$ **PA** é inconsistente.

$\square$

Vimos que verdade em $\mathbb{N}$ não necessariamente implica demonstrabilidade em **PA** (ou qualquer outra extensão axiomatizável (recursivamente enumerável)). Entretanto, vimos que **PA** É Σ_1^0-completa, portanto verdade e demonstrabilidade ainda coincidem para enunciados simples.

254   8 Teorema de Gödel

Definição 8.7.4 *Uma teoria T (na linguagem de* **PA***) é chamada de Σ_1^0-correta se $T \vdash \varphi \Rightarrow \mathbb{N} \models \varphi$ para Σ_1^0-sentenças φ.*

Não entraremos nas questões intrigantes dos fundamentos ou da filosofia da matemática e da lógica. Aceitando o fato de que o modelo padrão $\mathbb{N}$ é um modelo de **PA**, obtemos consistência, corretude e Σ_1^0-corretude de graça. É uma velha tradição em teoria da prova enfraquecer suposições tanto quanto possível, de forma que faça sentido ver o que se pode fazer sem quaisquer noções semânticas. O leitor interessado é remetido à literatura.

Agora apresentamos uma prova alternativa do teorema da incompletude. Aqui usamos o fato de que **PA** é Σ_1^0-correta.

Teorema 8.7.5 **PA** *é incompleta.*

Demonstração. Considere um conjunto RE X que não é recursivo. Ele é semi-representado por uma Σ_1^0-fórmula φ. Seja $Y = \{n \mid \mathbf{PA} \vdash \varphi(\overline{n})\}$.

Pela Σ_1^0-completude obtemos $n \in X \Rightarrow \mathbf{PA} \vdash \varphi(\overline{n})$. Como Σ_1^0-corretude implica consistência, obtemos também $\mathbf{PA} \vdash \neg\varphi(\overline{n}) \Rightarrow n \notin X$, logo, $Y \subseteq X^c$. O predicado de demonstrabilidade nos diz que Y é RE. Agora, X^c não é RE, portanto existe um número k com $k \in (X \cup Y)^c$. Para esse número k sabemos que $\mathbf{PA} \not\vdash \neg\varphi(\overline{k})$ e também $\mathbf{PA} \not\vdash \varphi(\overline{k})$, pois $\mathbf{PA} \vdash \varphi(\overline{k})$ implicaria, pela Σ_1^0-corretude, que $k \in X$. Como resultado, estabelecemos que $\neg\varphi(\overline{k})$ é verdadeira mas não demonstrável em **PA**, i.e. **PA** é incompleta. □

Quase que imediatamente obtemos a indecidibilidade de **PA**.

Teorema 8.7.6 **PA** *é indecidível.*

Demonstração. Considere o mesmo conjunto $X = \{n \mid \mathbf{PA} \vdash \varphi(\overline{n})\}$ como acima. Se **PA** fosse decidível, o conjunto X seria recursivo. Logo, **PA** é indecidível. □

Note que obtemos o mesmo resultado para qualquer extensão Σ_1^0-correta axiomatizável de **PA**. Para resultados mais fortes veja no livro de Smorynski *Logical Number Theory*.

que f com $f(n) = \ulcorner \varphi(\overline{n}) \urcorner$ é recursiva primitiva.

Observações. A sentença de Gödel γ "Eu não sou demonstrável" é a negação de uma Σ_1^0-sentença estrita (uma assim-chamada Π_1^0-sentença). Sua negação não pode ser verdadeira (por que?). Portanto $\mathbf{PA} + \neg\gamma$ não é Σ_1^0-correta.

Agora apresentaremos uma outra abordagem à indecidibilidade da aritmética, baseada em conjuntos efetivamente inseparáveis.

Definição 8.7.7 *Sejam φ e ψ fórmulas existenciais: $\varphi = \exists x \varphi'$ e $\psi = \exists x \psi'$. As fórmulas de comparação de testemunhas para φ e ψ são dadas por:*

$$\varphi \leq \psi := \exists x(\varphi'(x) \land \forall y < x \neg \psi'(x))$$
$$\varphi < \psi := \exists x(\varphi'(x) \land \forall y \leq x \neg \psi'(x)).$$

8.7 Incompletude

Lema 8.7.8 (Lema da Redução Informal) *Suponha que φ e ψ sejam Σ_1^0 estritas, $\varphi_1 := \varphi \leq \psi$ e $\psi_1 := \psi < \varphi$. Então*
(i) $\mathbb{N} \models \varphi_1 \to \varphi$
(ii) $\mathbb{N} \models \psi_1 \to \psi$
(iii) $\mathbb{N} \models \varphi \lor \psi \leftrightarrow \varphi_1 \lor \psi_1$
(iv) $\mathbb{N} \models \neg(\varphi_1 \land \psi_1)$.

Demonstração. Imediata da definição. □

Lema 8.7.9 (Lema da Redução Formal) *Sejam φ, ψ, φ_1 e ψ_1 como no lema acima.*
(i) $\vdash \varphi_1 \to \varphi$
(ii) $\vdash \psi_1 \to \psi$
(iii) $\mathbb{N} \models \varphi_1 \Rightarrow\, \vdash \varphi_1$
(iv) $\mathbb{N} \models \psi_1 \Rightarrow\, \vdash \psi_1$
(v) $\mathbb{N} \models \varphi_1 \Rightarrow\, \vdash \neg\psi_1$
(vi) $\mathbb{N} \models \psi_1 \Rightarrow\, \vdash \neg\varphi_1$
(vii) $\vdash \neg(\varphi_1 \land \psi_1)$.

Demonstração. (i)–(iv) são conseqüências diretas da definição e da Σ_1^0-completude.
(v) e (vi) são exercícios em dedução natural (use $\forall uv(u < v \lor v \leq u)$); e (vii) segue de (v) (ou (vi)). □

Teorema 8.7.10 (Indecidibilidade de PA) *A relação $\exists y Prova(x, y)$ não é recursiva. Versão popular:* $\vdash$ *não é decidível para* **PA**.

Demonstração. Considere dois conjuntos recursivamente enumeráveis efetivamente inseparáveis A e B com fórmulas Σ_1^0-definidas estritas $\varphi(x)$ e $\psi(x)$. Defina $\varphi_1(x) := \varphi(x) \leq \psi(x)$ e $\psi_1(x) := \psi(x) < \varphi(x)$.
então $n \in A \Rightarrow \mathbb{N} \models \varphi(\overline{n}) \land \neg\psi(\overline{n})$
$\Rightarrow \mathbb{N} \models \varphi_1(\overline{n})$
$\Rightarrow\, \vdash \varphi_1(\overline{n})$
e $n \in B \Rightarrow \mathbb{N} \models \psi(\overline{n}) \land \neg\varphi(\overline{n})$
$\Rightarrow \mathbb{N} \models \psi_1(\overline{n})$
$\Rightarrow\, \vdash \neg\varphi_1(\overline{n})$.

Seja $\hat{A} = \{n \mid\, \vdash \varphi_1(\overline{n})\}$, $\hat{B} = \{n \mid\, \vdash \neg\varphi_1(\overline{n})\}$, então $A \subseteq \hat{A}$ e $B \subseteq \hat{B}$. **PA** é consistente, portanto $\hat{A} \cap \hat{B} = \emptyset$. $\hat{A}$ é recursivamente enumerável, mas, em razão da inseparatividade efetiva de A e B, não recursivo. Suponha que $\{\ulcorner\sigma\urcorner \mid\, \vdash \sigma\}$ seja recursivo, i.e. $X = \{k \mid Form(k) \land \exists z Prova(k, z)\}$ é recursivo. Considere f com $f(n) = \ulcorner\varphi_1(\overline{n})\urcorner$, então $\{n \mid \exists z Prova(\ulcorner\varphi_1(\overline{n})\urcorner, z)\}$ também é recursivo, i.e. $\hat{A}$ é um separador recursivo de A e B. Contradição. Por conseguinte, X não é recursivo. □

Da indecidibilidade de **PA** imediatamente obtemos uma vez mais o teorema da incompletude:

Corolário 8.7.11 **PA** *é incompleta.*

Demonstração. (a) Se **PA** fosse completa, então do teorema geral "teorias completas axiomatizáveis são decidíveis" seguiria que **PA** era decidível.
(b) Em razão de $\hat{A}$ e $\hat{B}$ serem ambos recursivamente enumeráveis, existe um n com $n \notin \hat{A} \cup \hat{B}$, i.e. $\nvdash \varphi(\overline{n})$ e $\nvdash \neg\varphi(\overline{n})$. □

Observação. Os resultados acima não são de forma alguma ótimos; pode-se representar as funções recursivas em sistemas consideravelmente mais fracos, e daí provar sua incompletude. Existe um número de subsistemas de **PA** que são finitamente axiomatizáveis, como, por exemplo, o sistema Q de Raphael Robinson (cf. Smorynski, *Logical number theory*, p. 368ff), que é incompleto e indecidível. Usando esse fato obtém-se facilmente:

Corolário 8.7.12 (Teorema de Church) *A lógica de predicados é indecidível.*

Demonstração. Sejam $\{\sigma_1, \ldots, \sigma_n\}$ os axiomas de Q, então $\sigma_1, \ldots, \sigma_n \vdash \varphi \Leftrightarrow \vdash (\sigma_1 \wedge \ldots \wedge \sigma_n) \to \varphi$. Um método de decisão para a lógica de predicados nos forneceria, portanto, um método para Q. □

Observações.

1. Como **HA** é um subsistema de **PA**, a sentença de Gödel γ é certamente independente de **HA**. Portanto, $\gamma \vee \neg\gamma$ não é um teorema de **HA**. Pois se **HA** $\vdash \gamma \vee \neg\gamma$, então pela propriedade da disjunção para **HA**, teríamos **HA** $\vdash \gamma$ ou **HA** $\vdash \neg\gamma$, o que é impossível para a sentença de Gödel. Logo, temos um teorema específico de **PA** que não é demonstrável em **HA**.
2. Como **HA** tem a propriedade da existência, pode-se percorrer a primeira versão da prova do teorema da incompletude, evitando-se o uso de ω-consistência.

Exercícios

1. Mostre que f com $f(n) = \ulcorner t(\overline{n}) \urcorner$ é recursiva primitiva.
2. Mostre que f com $f(n) = \ulcorner \varphi(\overline{n}) \urcorner$ é recursiva primitiva.
3. Encontre o que $\varphi \to \varphi \leq \varphi$ significa para um φ como acima.

Referências

Os seguintes livros são recomendados para leitura adicional:

J. Barwise (ed.) *Handbook of Mathematical Logic*. North-Holland Publ. Co., Amsterdam 1977.

G. Boolos. *The Logic of Provability*. Cambridge University Press, Cambridge 1993.

E. Börger. *Computability, Complexity, Logic*. North-Holland Publ. Co., Amsterdam 1989.

C.C. Chang, J.J. Keisler. *Model Theory*. North-Holland Publ. Co., Amsterdam 1990.

D. van Dalen. Intuitionistic Logic. In: Gabbay, D. and F. Guenthner (eds.) *Handbook of Philosophical Logic. 5*. (Second ed.) Kluwer, Dordrecht 2002, 1–114.

M. Davis. *Computability and Unsolvability*. McGraw Hill, New York 1958.

M. Dummett. *Elements of Intuitionism*. Oxford University Press, Oxford, 1977 (second ed. 2000).

J.Y. Girard. *Proof Theory and Logical Complexity. I*. Bibliopolis, Napoli 1987.

J.Y. Girard, Y. Lafont, P. Taylor. *Proofs and Types*. Cambridge University Press, Cambridge 1989.

J.Y. Girard, *Le point aveugle, cours de logique, tome 1 : vers la perfection*. Editions Hermann, Paris, 2006.

J.Y. Girard, *Le point aveugle, cours de logique, tome 2 : vers l'imperfection*. Editions Hermann, Paris, 2006.

P. Hinman *Recursion-Theoretic Hierarchies*. Springer, Berlin 1978.

S.C. Kleene. *Introduction to meta-mathematics*. North-Holland Publ. Co., Amsterdam 1952.

S. Negri, J. von Plato. *Structural Proof Theory*. Cambridge University Press, Cambridge 2001.

P. Odifreddi. *Classical Recursion Theory*. North-Holland Publ. Co. Amsterdam 1989.

J.R. Shoenfield. *Mathematical Logic*. Addison and Wesley, Reading, Mass. 1967.

J.R. Shoenfield. *Recursion Theory*. Lecture Notes in Logic 1. Springer, Berlin 1993.

C. Smoryński. *Self-Reference and Modal Logic*. Springer, Berlin 1985.

C. Smoryński. *Logical Number Theory I*. Springer, Berlin 1991. (Volume 2 is forthcoming).

K.D. Stroyan, W.A.J. Luxemburg. *Introduction to the theory of infinitesimals*. Academic Press, New York 1976.

A.S. Troelstra, D. van Dalen. *Constructivism in Mathematics I, II*. North-Holland Publ. Co., Amsterdam 1988.

A.S. Troelstra, H. Schwichtenberg. *Basic Proof Theory*. Cambridge University Press, Cambridge 1996.

Índice Remissivo

$I_1, \ldots, I_4$, 77
$L(\mathfrak{A})$, 64
Mod, 107
$RI_1, \ldots, RI_4$, 93
$SENT$, 60
VL, 59
$VLig$, 60
Δ_0-fórmula, 242
Σ_1-fórmula, 242
Σ_1^0-correta, 254
ω-completa, 252
ω-consistente, 252
$\simeq$, 220
Álgebra de Boole, 20
álgebra booleana, 146
átomo, 57
índice, 220, 221
Łos, 141

fórmula negativa, 167

abela-verdade, 15
absurdum, 7
algoritmo, 211, 219
aritmética de Heyting, 185
axioma da extensionalidade, 156
axioma da indução, 156
axiomatizável, 144

barra de Sheffer, 26
BHK-interpretação, 160
bissimulação, 182
Brouwer, 159, 160, 179

caminho, 199

catraca, 34
codificação de Cantor, 216, 219
codificação de Gödel, 216
completo, 43
composição, 211
comprimento, 217
concatenação, 217
conclusão, 28, 192
conjunção, 15
conjuntos funcionalmente completos, 24
conservativa, 50, 201
consistente, 201
constantes, 55
converge, 222
conversão, 195, 201
conversão de permutação, 204
conversiàon, 193
corpos algebricamente fechados, 111, 120
corretude, 37
corte, 192
corte de Dedekind, 157

decidível, 187
decidabilidade, 43
decidibilidade, 186
Dedekind, 113, 211
Dedekind-finito, 154
dedução natural, 28, 151
definição explícita, 133
definição por casos, 215, 222
definição por recursão, 59
derivação normal, 196
designadores rígidos, 169
deslocamento da dupla negação, 172

Índice Remissivo

diagonalização, 219
discriminador, 221
disjunção, 15
diverge, 222
Dummett, 187

equivalência, 17
esquema da compreensão, 151
estrutura, 55
estrutura de segunda ordem, 150
extensão conservativa, 133, 182

fórmula, 57, 150
fórmula aberta, 60
fórmula de corte, 192
fórmula de corte maximal, 197
fórmula fechada, 60
fórmula prenex, 189
falsum, 17
fecho algébrico, 146
filter, 137
filtragem, 186
filtro livre, 137
finitamente axiomatizável, 144
fip, 138
forçamento, 170
forma normal, 196
forma normal conjuntiva, 24
forma normal disjuntiva, 24
função característica, 214
função fatorial, 213
função predecessor, 213
função recursiva, 222
função recursiva parcial, 220
função recursiva primitiva, 211, 212
funções de Skolem definíveis, 189
funções iniciais, 211

Gentzen, 28, 192
grupo abeliano, 80
grupo ordenado, 145

Heyting, 160, 179

identidade, 176
identidade de Leibniz, 155
identificação de variáveis, 212
imersão elementar, 143
implicação, 16
inconsistente, 39

indecidibilidade de **PA**, 254, 255
independente, 44
instância de substituição, 63
interpolante, 45
interpretação de Brouwer–Heyting–Kolmogorov, 160
interpretação via provas, 160
irredutível, 195

Kleene, S.C., 220, 224
Kolmogorov, 160
Kronecker, 160

lógica Boole-valorada, 57
lógica Heyting-valorada, 57
lema da existência de modelo, 175
lema de Zorn, 139

máquina abstrata, 220
máquina universal, 221
máquinas de Turing, 221
maximamente consistente, 41
minimização, 225
minimização limitada, 215
model da lógica de segunda ordem, 153
modelo, 66
modelo cheio, 150
modelo de Kripke, 169
modelo de Kripke em árvore, 186
modelo de Kripke linear, 186
modelo de Kripke modificado, 177
modelo principal, 153
monus, 213

negação, 16
normaliza para, 196
normalização, 32, 196
normalização fraca, 206

ocorrência, 59
operações que ligam variáveis, 59
operador de substituição, 60
ordem de uma trilha, 200
ordem linear, 180

parâmetro, 195
parênteses de Kleene, 222
permutação de variáveis, 213
posto de corte, 197, 206
Prawitz, 192

predicado de demonstrabilidade, 251
predicado de existência, 220
predicado de Rosser, 253
premissa, 28
premissa maior, 192
premissa menor, 192
primo, 216
princípio da independência da premissa, 171
princípio do menor número, 240
princípio do terceiro excluído, 28
produto cartesiano, 139
propriedade da disjunção, 178, 208, 209
propriedade da existência, 178, 208, 209
propriedade da interseção finita, 138
propriedade da normalização fraca, 196
propriedade da subfórmula, 200, 207
propriedade de Church-Rosser, 210
propriedade de normalização forte, 196

quantificação limitada, 215
quantificadores, 53

recursão por curso de valores, 218
recursão primitiva, 212
reduz para, 195
regra de eliminação, 28
regra de introdução, 28
relação n-ária, 55
relação binária, 55
relação de identidade, 55
relação de igualdade, 55, 176
relação de separação, 179
relação recursiva, 222
relação recursiva primitiva, 214
relação unária, 55
representabilidade, 243
reticulado de Rieger–Nishimura, 189

satisfatível, 67
segmento de corte, 204
segmento de corte maximal, 204
semântica de Kripke, 168
semi-representável, 246

seqüência de Cauchy, 185
seqüência de Fibonacci, 217
seqüência de redução, 195
Smoryński, 219, 254, 256
Smoryǹski, 180
Statman, 182
subfórmula estritamente positiva, 207
substituição, 211
substituição simultânea, 61
subtração de corte (monus), 213

teorema S_n^m, 223
teorema da compaccidade, 143
teorema da completude, 50, 153, 176
teorema da corretude, 173
teorema da incompletude, 252, 254
teorema da recursão, 224
teorema da substituição, 165
teorema de Glivenko, 168, 187
teorema do ponto fixo, 251
teoria, 100
teoria das ordens lineares, 180
teoria prima, 174
termo fechado, 60
tradução da dupla negação, 185
tradução de Gödel, 166
trilha, 199, 207
Turing, A., 221

ultrafiltro, 137, 141
ultrafiltro principal, 138
ultrapotencia, 142
ultraproduto, 141
uniformidade, 224
universo, 55

válido, 150
valor absoluto, 214
valoração, 17
van Dalen, 182
variável dummy, 233
variável própria, 194
verum, 17

www.ingramcontent.com/pod-product-compliance
Lightning Source LLC
Chambersburg PA
CBHW071703160426
43195CB00012B/1562